大坝病险评估及除险加固技术

龚晓南　贾金生　张春生　主编

U0172547

中国建筑工业出版社

图书在版编目（CIP）数据

大坝病险评估及除险加固技术/龚晓南，贾金生，
张春生主编. —北京：中国建筑工业出版社，2021.5
ISBN 978-7-112-26076-8

Ⅰ．①大…　Ⅱ．①龚…②贾…③张…　Ⅲ．①水库-
大坝-安全-研究　Ⅳ.①TV698.2

中国版本图书馆 CIP 数据核字（2021）第 068413 号

　　根据党中央、国务院"十四五"期间有关工作部署，为切实加快推进水库大坝除险加固，消除存量隐患，于 2025 年底前完成现有病险水库除险加固以及新增病险水库的除险加固工作，特组织国内有关专家编写了本书。

　　本书重点探讨除险加固新技术和新方法，提出病险水库评估方法和体系，全面推进病险水库除险加固工作，提高防灾和供水保障能力，总结梳理我国水库除险加固技术的进展和面临的主要问题。全书共六章，主要内容包括：概述；大坝检查、检测和监测技术；大坝安全评估技术；大坝除险加固技术；风险评估与应急预案；发展展望。

　　本书可供从事水利水电研究的科技人员及高等院校相关专业的师生参考。

　　责任编辑：辛海丽
　　责任校对：张惠雯

大坝病险评估及除险加固技术

龚晓南　贾金生　张春生　主编

*

中国建筑工业出版社出版、发行（北京海淀三里河路 9 号）

各地新华书店、建筑书店经销

霸州市顺浩图文科技发展有限公司制版

北京同文印刷有限责任公司印刷

*

开本：787 毫米×1092 毫米　1/16　印张：23¼　字数：577 千字
2021 年 5 月第一版　　2021 年 5 月第一次印刷
定价：98.00 元
ISBN 978-7-112-26076-8
（37673）

各单位主要撰稿人

浙江大学

龚晓南　周　建

中国水利水电科学研究院、中国大坝工程学会

贾金生　陈祖煜　丁留谦　温彦锋　胡　晓　郑璀莹　邓　刚　王玉杰
夏世法　徐　耀　孙志恒　周　虹　郝巨涛　赵剑明　卢正超　周秋景
崔　炜　蔡　红　张　磊　姜　龙　杨正权　李炳奇　杨艳红　黄　昊
岳跃真　张家宏　杨伟才　马　宇　王　琳　刘小生　陈丹妮　郑理峰

中国电建集团华东勘测设计研究院有限公司

张春生　侯　靖　吴旭敏　郑子祥　王玉洁　傅春江　戴杨春　陈　乔

中国电建集团昆明勘测设计研究院有限公司

张宗亮　唐　力　陈思宇　周梦樊　杨　蓉

四川大学

许唯临　张建民

水利部大坝安全管理中心、南京水利科学研究院

盛金保　王士军　马福恒　张士辰　胡　江

水利部水利水电规划设计总院

刘志明　汤洪洁

中国电力建设集团有限公司

宗敦峰　赵明华

中国电建集团中南勘测设计研究院有限公司

冯树荣　刘要来　蒋立新　王亚雄　祁　进

长江科学院

汪在芹　廖灵敏　肖承京　张　达　冯　菁　邵晓妹

国家大坝安全工程技术中心、长江勘测规划设计研究院

谭界雄　王秘学　李　星

国家能源局大坝安全监察中心

沈海尧　孙辅庭　周建波　杨彦龙

黄河水利科学研究院

王远见　张　雷　李昆鹏　杨　磊　刘　忠　鲁立三　张　敏　唐凤珍
郑佳芸

中南大学

李帝铨

浙江省建筑设计研究院

袁　静　　刘兴旺

水电水利规划设计总院

周兴波

序　一

随着筑坝历史的延长和筑坝数量大幅度增加，水库的老化和病险问题一直是困扰着国际筑坝行业的大问题，也是我国防洪安全的重大隐患。中华人民共和国成立后，筑坝事业快速发展，根据《2018年全国水利发展统计公报》，我国水库数量由成立初期348座增加到9.88万座，其中，约有87％的水库建于20世纪90年代之前，约95％为小型水库，而小型水库中更是有75％以上建于1958～1976年这段时间，坝型以土石坝为主。限于当时经济技术条件，这一时期建设的水库大坝普遍遗留较多工程安全隐患，汛期溃坝现象经常发生。尤其1975年8月发生的大洪水（简称"75·8"大水）中，包括河南板桥、石漫滩两座大型水库在内的62座水库（其中小型58座）溃决，造成重大人员伤亡和经济损失。病险水库对下游广大人民群众生命财产安全已经构成严重威胁，也严重影响其防洪、供水、灌溉、发电等功能和效益正常发挥，成为国家水安全的短板和薄弱环节。为了维护人民群众生命财产安全，保障国家防洪安全、供水安全、粮食安全，促进经济社会可持续健康发展，迫切需要实施病险水库除险加固工作。

党中央国务院高度重视病险水库除险加固工作，自20世纪90年代，开展了一轮又一轮的病险水库除险加固。尤其进入21世纪之后，国家综合国力大幅度提升，使病险水库加固的步伐加快。2000年、2004年国家先后分两批对近4000座大中型和重要小型病险水库进行加固。2006年中央经济工作会议再次对病险水库除险加固作出部署，提出全面完成大中型和重要小型病险水库除险加固任务，水利部、发展改革委、财政部为此编制了《全国病险水库除险加固专项规划》，在此基础上国务院专门召开全国病险水库除险加固工作电视电话会议，明确用3年时间全面完成《专项规划》确定的病险水库除险加固任务。2010年全国多流域发生大洪水，当年国务院出台《关于切实加强中小河流治理和山洪地质灾害防治的若干意见》，同期水利部、财政部编制完成小（1）型水库除险加固规划，开始了对小型病险水库的全面加固。2011年中央出台1号文件，召开中央水利工作会议，进一步要求到2015年底前全面完成小型病险水库除险加固任务。党的十九大之后，遵循生命至上的理念，按照高质量发展的要求，病险水库加固工作进一步深化，范围进一步拓展。2021年，国务院办公厅发布《国务院办公厅关于切实加强水库除险加固和运行管护工作的通知》，将水库除险加固和运行管护工作提到了前所未有的高度，并明确了水库除险加固和运行管护工作的目标任务：2025年底前，全部完成2020年前已鉴定病险水库和2020年已到安全鉴定期限、经鉴定后新增病险水库的除险加固任务；对"十四五"期间每年按期开展安全鉴定后新增的病险水库，及时实施除险加固；健全水库运行管护长效机制。

跨越20余年的时空，党中央国务院对病险水库除险加固工作持之以恒的高度重视，政策的支持力度和加固的投资力度均为世界罕见。作为水库大坝的建设者，应当深感责任重大，使命艰巨，更要以坚定笃行的担当意识，严谨科学的精神，精湛可靠的技术，精准细致的管理，保障水库大坝安全，全面推进病险水库除险加固工作，谱写除险加固新篇章。

第一，确保病险水库除险加固质量安全。病险水库除险加固工作要坚决遵循习近平总书记人民至上、生命至上的崇高精神，认真落实党中央、国务院关于病险水库除险加固的决策部署，立足新发展阶段、贯彻新发展理念、务求病险水库除险加固的高质量。尤其要按照习近平总书记关于水库大坝安全的重要指示，特别强调病险水库除险加固的质量与安全，坚持安全第一，务必做到加固一座，消除安全风险一座，使每一座水库真正成为保障下游人民抵御洪水的安全屏障。

第二，切实做好病险水库除险加固的技术方案。病险水库加固后能否彻底消除病根，科学的技术方案是前提。我国病险水库的病险问题呈多样化，主要表现为防洪标准低、泄洪能力不足，抗震标准低、大坝稳定性差，坝体或坝基渗漏严重、输放水及泄洪建筑物老化或损坏，金属结构或机电设备不能正常运行、管理设施和观测设备不完善等问题。消除这些水库大坝的病险问题，一要针对我国老旧水库大坝数量多的特点，及时对水库大坝进行定期安全鉴定，建立水库大坝鉴定评估体系，及时发现病情险情，摸清水库大坝安全风险所在。二要根据水库大坝病险情况科学制定加固工程方案。要按照高质量发展和建设现代化基础设施的要求，力求加固工程方案全面、彻底、现代、可靠。三要按照创新要求，善于在加固方案中运用新理念、新技术、新工艺、新材料，使病险水库大坝病险状况得以根除，工程寿命得以大幅度延伸，水库功能得到综合性利用，水库大坝生态环境面貌得以焕然一新。

第三，借助智能技术充分发挥加固水库的综合效益。当前，北斗、大数据、智能化、物联网、移动互联网和云计算等新一代信息技术快速发展，不仅可以成为水库大坝除险加固的有力工具，也可以成为更好发挥水库综合效益的有力工具。我国年调节和多年调节水库居多，运行中生活、生产、生态用水矛盾突出。水库大坝加固工程要结合建设水库雨水情测报、大坝安全监测等设施，建立健全水库安全运行监测系统和智能化调度系统。要充分利用大数据、云计算、人工智能等信息技术，提高水库来水预报、水库安全状况评价、经济社会供水需求分析、下游河流生态需水分析等方面的能力和水平，实现雨情、水情、工情、经济社会用水等的精准预报、精准调度，更好安排好生活、生产、生态用水，安排好防洪、抗旱、供水、发电等不同功能的需求，全面提高水库综合利用效益。

病险水库除险加固，既是除水库病险，也是除人民心中的忧患；固大坝安全，也是固人民群众的福祉。《大坝病险评估及除险加固技术》一书总结了除险加固的技术进展，梳理了新形势下面临的主要问题，收录了病险评估的案例经验，体现了我国坝工专家的辛勤智慧。是总结，是传承，是展望，也是责任。

是为序。

2021 年 4 月

序　二

水库作为江河防洪体系的重要组成部分，发挥着巨大的作用。经过几十年建设，我国主要江河初步形成了以水库、堤防、蓄滞洪区为主体的拦、排、滞、分相结合的防洪工程体系。水库作为控制性工程，利用其自身的防洪库容，拦洪削峰，在防洪体系中发挥着重要作用。

我国是世界上水库最多的国家，现有各类水库 9.8 万座，但是 75％的大型水库、67％的中型水库、90％的小型水库是 1958～1976 年建成的。受当时经济、技术条件限制，水库建设标准低、质量差。在我国现有的水库中，大多数水库的使用期已达 30～50 年甚至更长的时间，随着使用年限的增加，工程本身进入老化期，加上维修养护投入不到位，很多水库出现了一些安全隐患，妨碍了水库大坝发挥正常的功能。久而久之，工程"积病成险"，亟须除险加固。

目前我国大量的病险水库已经成为防洪心腹之患，一旦垮坝失事，后果严重。因此，采取合理的措施，加大投入，加强水库除险加固，加强水库安全管理，保障工程安全非常必要，也十分紧迫。

水库安全事关人民群众生命财产安全，党中央、国务院高度重视水库安全问题。习近平总书记多次作出重要指示批示，强调要坚持安全第一，加强隐患排查预警和消除，在"十四五"时期解决防汛中的薄弱环节，确保现有水库安然无恙。党的十九届五中全会通过的《中共中央关于制定国民经济和社会发展第十四个五年规划和二〇三五年远景目标的建议》，明确提出要"加快病险水库除险加固"。李克强总理 2020 年 11 月 18 日主持召开国务院常务会议，指出今年我国遭遇了历史上较为严重的洪涝灾害，许多水库尤其是小型水库受到了影响。加强病险水库除险加固已成当务之急。李克强总理明确要求，对现有病险水库，2025 年底前要全面完成除险加固，对新出现的病险水库，及时除险加固。

近年来，各地区各有关部门按照党中央、国务院决策部署，集中开展了几轮大规模的病险水库除险加固，取得明显成效。经过多年的努力，大中型病险水库基本解决了病险问题，小型水库除险加固也加大了投入力度。按照国务院统一部署，水利部、发展改革委、财政部先后开展并实施了 6 批次 6.4 万余座病险水库除险加固任务。但仍有 1.65 万座小型水库除险加固项目遗留问题、1.2 万座存量病险水库和新出现的约 5600 座水库除险加固任务需要处理。亟须建立病险水库除险加固长效机制，稳定资金投入渠道，严格执行大坝定期安全鉴定制度，对现有病险水库除险加固技术总结提升，不断完善和优化病险水库除险加固方案，及时消除安全隐患。

本书总结回顾水库除险加固之机，对水库大坝建设、运行、维护，特别是除险加固工程建设过程中发现的病险及溃坝机理，研发的病险评估方法、除险加固技术、风险预警及应急预案等进行了全面系统地概述，供有关方面借鉴和参考，将对未来的水库大坝建设和除险加固工作起到重要的指导和借鉴作用。同时，也希望以此为基础，进一步加强交流与合作，共同推进水库大坝建设及管理创新，保障经济社会高质量发展，以更好地服务于我国全面建设社会主义现代化国家新征程。

　　谨序。

张建云

2021 年 4 月

前　言

　　水库大坝通过合理调节水量、增加水资源利用量等，在保障国家防洪、供水、粮食和生态安全等方面发挥了不可替代的作用。随着人口不断增加和城市化水平不断提高，导致全球对水、粮食、能源和防洪安全等方面需求不断增加。水库大坝是满足经济社会发展需求和提高人们生活水平的重要基础设施。与此同时，水库大坝管理不善也有可能引起溃决，从而给下游区域带来重大安全风险，包括对人民生命、财产和环境带来危害。为此，国际大坝委员会专门发布世界宣言，强调大坝的管理者和大坝工程师肩负的重大责任，强调要确保所有新建和已建大坝在从建设到退役的整个生命期的安全性，并呼吁以更安全的大坝让世界更美好！

　　党中央、国务院高度重视水库大坝安全。自1998年特大洪水发生以来，已对2800多座大中型和6.9万多座小型病险水库实施了几轮大规模的除险加固，水库安全状况大幅度提升，取得了明显的成效。尤其进入21世纪后，我国平均年溃坝率降为0.045‰，低于世界上公认的0.1‰的低溃坝率国家。但我国水库大坝众多，情况复杂，部分水库大坝随着岁月的推移，接近或达到了设计使用年限，或因超标洪水、地震等原因毁损，安全隐患依然是极为严重的。为切实加强水库除险加固和运行管护工作，"十四五"期间水库大坝除险加固的总体要求是坚持以人民为中心的发展思想，立足新发展阶段、贯彻新发展理念、构建新发展格局，加快推进水库大坝除险加固，及时消除安全隐患。2022年底前，有序完成2020年已到安全鉴定期限水库的安全鉴定任务；2025年底前，全部完成2020年经鉴定后新增病险水库的除险加固任务。

　　大坝病险评估及除险加固工作贯穿大坝全生命期，对确保大坝安全运行至关重要。由中国大坝工程学会、水利部大坝安全管理中心主办，浙江大学滨海和城市岩土工程研究中心、华电电力科学研究院有限公司、杭州国家水电站大坝安全和应急工程技术中心有限公司、浙江浙峰科技有限公司承办的"全国病险水库评估和除险加固技术前沿研讨会"，旨在加强全国各有关单位坝工专家交流，探讨病险水库评估方法以及除险加固新技术、新措施，推进病险水库除险加固工作、提高防灾和供水保障能力。为提升会议交流效果，会议主、承办单位组织全国各地坝工专家编写出版《大坝病险评估及除险加固技术》一书，以总结梳理我国水库除险加固技术的进展和面临的主要问题，汇编了近年来我国病险水库加固的相关技术及案例。主要内容包含6章，即：概述；大坝检查、检测和监测技术；大坝安全评估技术；大坝除险加固技术；风险评估与应急预案；发展展望。各章分别由水利部大坝安全管理中心盛金保、中国电建集团昆明院张宗亮、中国电建集团中南院冯树荣、长江科学院汪在芹、中国水利水电科学研究院陈祖煜、中国电建集团华东院侯靖组织牵头编写。

　　全书由龚晓南、贾金生和张春生负责统稿，刘志明、汤洪洁、郑璀莹、邓刚、孙志恒、周虹、陈丹妮负责各章的审稿和编辑工作。在编写过程中，各位编者充分总结提炼，参考和引用了大量文献资料，在此谨向参与本书编写和审稿工作的专家深表谢意。

新的发展环境、新的发展阶段给坝工行业提出新的挑战和新的发展目标。面对高质量发展的新要求，坝工建设者必须认真贯彻落实习近平总书记关于水库大坝建设管理的要求，以创新为动力，调整价值取向，把公共安全放在首要位置，把质量、安全、绿色作为行业的核心价值取向，把风险防控与生态环境保护放在更加突出的地位，做好病险水库除险加固。

由于编者能力和水平有限，书中纰漏之处在所难免，敬请读者批评指正。

编者

2021 年 4 月

目　　录

序一

序二

前言

第1章　概述 ……………………………………………………………… 1

　1.1　发展现状 ………………………………………………………… 1

　　1.1.1　我国水库大坝及其管理基本情况 ………………………… 1

　　1.1.2　大坝安全鉴定（定检）制度和相关法规与技术标准 ……… 2

　　1.1.3　我国大坝安全状况和除险加固总体情况 ………………… 14

　1.2　新的形势和挑战 ………………………………………………… 26

　　1.2.1　党和政府对大坝安全和除险加固提出了更高要求 ……… 27

　　1.2.2　大坝运行环境和功能需求发生了巨大变化 ……………… 29

　　1.2.3　大坝安全内涵正在不断丰富和发展 ……………………… 30

　　1.2.4　大坝安全管理和加固仍然面临一系列挑战 ……………… 32

　参考文献 …………………………………………………………… 39

第2章　大坝检查、检测和监测技术 ………………………………… 42

　2.1　大坝巡视检查与监测 …………………………………………… 42

　　2.1.1　巡视检查 …………………………………………………… 42

　　2.1.2　大坝监测系统评价 ………………………………………… 48

　　2.1.3　大坝监测成果分析 ………………………………………… 52

　　2.1.4　大坝监测内容 ……………………………………………… 56

　　2.1.5　典型工程案例 ……………………………………………… 58

　2.2　大坝渗漏检测 …………………………………………………… 64

　　2.2.1　大坝渗漏成因 ……………………………………………… 64

　　2.2.2　大坝渗漏类型与特征 ……………………………………… 65

　　2.2.3　大坝渗漏探测内容 ………………………………………… 65

　　2.2.4　大坝渗漏探测方法 ………………………………………… 65

　　2.2.5　典型工程案例 ……………………………………………… 67

　2.3　水工建筑物水下检测 …………………………………………… 72

　　2.3.1　水下检测准备工作 ………………………………………… 73

　　2.3.2　水下检测方法 ……………………………………………… 74

　　2.3.3　典型工程案例 ……………………………………………… 77

　2.4　闸门启闭机检测 ………………………………………………… 84

2.4.1　外观与现状检测 ･･････････････････････････ 84

2.4.2　腐蚀检测 ･･････････････････････････････････ 85

2.4.3　材料检测 ･･････････････････････････････････ 86

2.4.4　钢结构焊缝无损检测 ･･････････････････････ 87

2.4.5　应力检测 ･･････････････････････････････････ 89

2.4.6　振动检测 ･･････････････････････････････････ 90

2.4.7　启闭力检测 ･･･････････････････････････････ 90

2.4.8　启闭机运行状况检测 ･････････････････････ 91

2.5　边坡监测 ･････････････････････････････････････ 93

2.5.1　边坡监测工作内容 ････････････････････････ 93

2.5.2　边坡监测的主要方法与技术 ･･･････････････ 94

2.5.3　典型工程案例 ･････････････････････････････ 95

2.6　坝前淤积检测 ･････････････････････････････････ 97

2.6.1　坝前三维地形量测技术 ････････････････････ 98

2.6.2　坝前淤积剖面量测技术 ････････････････････ 98

2.6.3　坝前淤积泥沙深层取样技术 ･･･････････････ 99

2.6.4　坝前淤积基本特性检测技术 ･･･････････････ 99

2.6.5　典型工程案例 ････････････････････････････ 100

参考文献 ･･･ 103

第3章　大坝安全评估技术 ･･････････････････････････ 108

3.1　大坝防洪安全性 ･･････････････････････････････ 108

3.1.1　概述 ･･････････････････････････････････････ 108

3.1.2　防洪标准复核 ････････････････････････････ 109

3.1.3　设计洪水复核 ････････････････････････････ 109

3.1.4　调洪计算 ････････････････････････････････ 114

3.1.5　大坝抗洪能力复核 ････････････････････････ 115

3.2　大坝结构安全性 ･･････････････････････････････ 116

3.2.1　混凝土重力坝 ････････････････････････････ 117

3.2.2　混凝土拱坝 ･･････････････････････････････ 121

3.2.3　碾压式土石坝 ････････････････････････････ 123

3.3　泄洪消能建筑物结构安全评价 ･････････････････ 126

3.3.1　概述 ･･････････････････････････････････････ 126

3.3.2　泄洪隧洞结构安全评价 ････････････････････ 129

3.4　闸门及启闭机安全性和运行可靠性 ･･･････････ 130

3.4.1　概述 ･･････････････････････････････････････ 130

3.4.2　闸门及启闭机安全性和运行可靠性评估技术 ･････ 130

3.5　抗震安全评估 ････････････････････････････････ 135

3.5.1　概述 ･･････････････････････････････････････ 135

3.5.2　评价内容 ････････････････････････････････ 135

3.5.3　评价依据 ････････････････････････････････ 136

　　　3.5.4　评价方法 ·· 136

　　　3.5.5　综合评价 ·· 138

　　3.6　库岸和边坡稳定性 ·· 138

　　　3.6.1　概述 ·· 138

　　　3.6.2　评价内容 ·· 138

　　　3.6.3　评价依据 ·· 140

　　　3.6.4　评价方法 ·· 141

　　　3.6.5　综合评价 ·· 148

　　3.7　水库泥沙淤积风险 ·· 150

　　　3.7.1　概述 ·· 150

　　　3.7.2　水库淤积风险影响因子识别 ···································· 150

　　　3.7.3　水库淤积风险评估方法 ·· 150

　　参考文献 ·· 152

第4章　大坝除险加固技术 ·· 155

　　4.1　大坝稳定加固 ·· 155

　　　4.1.1　土石坝稳定加固 ·· 155

　　　4.1.2　拱坝坝肩稳定加固 ·· 165

　　　4.1.3　重力坝深层抗滑稳定加固 ······································ 168

　　4.2　大坝渗漏治理 ·· 170

　　　4.2.1　存在的关键技术问题 ·· 171

　　　4.2.2　大坝渗漏治理技术 ·· 172

　　　4.2.3　典型工程案例 ·· 191

　　4.3　大坝水下缺陷处理 ·· 200

　　　4.3.1　大坝水下工程技术问题 ·· 201

　　　4.3.2　混凝土坝渗漏水下处理技术 ···································· 206

　　　4.3.3　面板坝渗漏水下处理技术 ······································ 215

　　　4.3.4　水下加固技术展望 ·· 219

　　4.4　边坡治理 ·· 220

　　　4.4.1　边坡加固工程措施 ·· 221

　　　4.4.2　典型案例 ·· 222

　　4.5　大坝抗震加固 ·· 225

　　　4.5.1　混凝土坝抗震加固 ·· 225

　　　4.5.2　土石坝抗震加固 ·· 228

　　4.6　泄水建筑物抗冲磨修复技术 ······································ 239

　　　4.6.1　泄水建筑物抗冲磨修复材料及技术 ······························ 239

　　　4.6.2　典型工程案例 ·· 248

　　参考文献 ·· 256

第5章　风险评估与应急预案 ·· 260

　　5.1　风险评估技术 ·· 260

    5.1.1　概述 •• 260

    5.1.2　大坝风险标准 ••••••••••••••••••••••••••••••••••••• 261

    5.1.3　大坝风险识别 ••••••••••••••••••••••••••••••••••••• 265

    5.1.4　大坝风险分析 ••••••••••••••••••••••••••••••••••••• 273

    5.1.5　大坝风险评估 ••••••••••••••••••••••••••••••••••••• 285

  5.2　溃坝风险分析 •• 293

    5.2.1　概述 •• 293

    5.2.2　经验参数模型 ••••••••••••••••••••••••••••••••••••• 294

    5.2.3　一维简化物理模型 •••••••••••••••••••••••••••••• 296

    5.2.4　精细化通用计算模型 •••••••••••••••••••••••••• 306

    5.2.5　典型溃坝案例 ••••••••••••••••••••••••••••••••••••• 308

  5.3　应急预案与管理要求 ••••••••••••••••••••••••••••••••••• 319

    5.3.1　概述 •• 319

    5.3.2　应急预案编制要求 •••••••••••••••••••••••••••••• 321

    5.3.3　应急预案编制要点 •••••••••••••••••••••••••••••• 325

  参考文献 ••• 336

第6章　发展展望 •• 342

  6.1　加快推进空天地监测检测一体化系统研究与应用 ••••• 343

    6.1.1　"北斗"高精度、全天候、无限量程变形监测 ••• 343

    6.1.2　基于遥感技术的精细化、多样化、体系化监测 ••• 344

    6.1.3　基于机器视觉的日常检查监测 ••••••••••••••• 344

    6.1.4　智能传感器应用 ••••••••••••••••••••••••••••••••• 345

    6.1.5　智能移动终端推广应用 ••••••••••••••••••••••• 345

    6.1.6　复杂条件下的隐患快速探测 ••••••••••••••••• 346

    6.1.7　深水复杂环境下检查检测及处理一体化装备 ••• 346

    6.1.8　基于无人船的水库智能巡查等智能巡检技术装备 ••• 346

  6.2　进一步完善大坝安全评价技术 •••••••••••••••••••••••• 347

    6.2.1　大坝安全评价标准 •••••••••••••••••••••••••••••• 347

    6.2.2　防洪安全性评价方法 •••••••••••••••••••••••••• 348

    6.2.3　结构安全性评价方法 •••••••••••••••••••••••••• 349

    6.2.4　渗流安全性评价方法 •••••••••••••••••••••••••• 350

    6.2.5　基于风险的安全评估方法 •••••••••••••••••••• 351

  6.3　不断推进大坝除险加固技术创新和发展 •••••••••••• 352

    6.3.1　高水头下混凝土面板堆石坝的面板破损水下修补 ••• 352

    6.3.2　泄洪设施进水口结构高流速冲刷破损干地施工修复 ••• 353

    6.3.3　泄洪设施高流速冲刷破损水下修补 •••••••• 353

    6.3.4　危险边坡或高陡边坡应急加固治理 •••••••• 354

  6.4　加大数字化智能化技术的应用 •••••••••••••••••••••••• 354

  6.5　创新发展建议 ••• 356

第1章

概　述

1.1　发展现状

1.1.1　我国水库大坝及其管理基本情况

我国水资源短缺且时空分布不均,水旱灾害一直是影响中华民族发展的心腹之患。"兴水利、除水害"历来是治国安邦的大事。中华人民共和国成立以来,党和国家始终把治水兴水摆在重要位置,在水库大坝建设方面取得辉煌成就。根据《2018 年全国水利发展统计公报》,全国(不含港澳台地区)现有各类水库 98822 座,总库容 8953 亿 m^3,其中大型水库 736 座,占 0.7%;中型水库 3954 座,占 4.0%;小型水库 94132 座,占 95.3%。按坝型统计,土石坝 90718 座,占 91.8%;混凝土坝 2372 座,占 2.4%;其他坝型 5732 座,占 5.8%。按坝高统计,15m 以上约 3.74 万座,占 37.6%,其中 30m 以上约 6500 座,100m 以上 216 座,200m 以上 18 座。按坝龄统计,大多兴建于 20 世纪 50~70 年代,约占 87.1%。

水库大坝是国家重大基础设施,是经济社会发展和国家重大战略实施的基本保障。大坝安全事关防洪安全、供水安全、粮食安全、能源安全、生态安全,是国家水安全和公共安全的重要组成部分。水库防洪保护 3.1 亿人口、132 座大中城市、4.8 亿亩农田。三峡枢纽工程建成后,大大提高了长江中下游防洪标准,为中下游防洪安全提供了基本保障;小浪底水利枢纽大大提高了黄河中下游防洪、防凌、供水及调水调沙能力,为确保黄河安澜打下坚实基础。1998 年长江、松花江特大洪水期间,全国共有 1335 座大中型水库参与拦洪削峰,拦蓄洪量达 532 亿 m^3,减免农田受灾面积 3420 万亩,减免受灾人口 2737 万人,避免 200 余座城市进水。2020 年汛期,长江、淮河、太湖等流域均遭遇 1998 年以来最严重的汛情,三峡枢纽、新安江水电站、石漫滩水库等中上游大中型水库群发挥关键拦洪削峰和错峰作用,确保了江河安澜和人民生命财产安全,洪灾损失与历史同比大幅度降低。全国水库年供水 2700 亿 m^3,占供水能力的 40%;为 3.57 亿亩耕地、100 多座大中城市提供了可靠和优质水源。面广量大的小型水库为分散的农业人口解决了人畜饮水安全问题,为粮食安全提供可靠灌溉水源。截至 2020 年底,全国水电装机容量达到 3.8 亿 kW,折合标煤约 3.75 亿 t,在非化石能源消费中的比重保持在 50% 以上,为工农业生产和国民经济发展提供了可靠清洁能源,对减轻大气污染和控制温室气体排放发挥了重要作用。水库大坝拦蓄形成人工湖，改善当地生态环境，给当地群众提供亲水平台，提高周边环境质量和生活水平，是生态文明建设的重要载体。"十四五"时期经济社会发展要以推动高质量发展为主题，水库大坝在保障国家水安全、公共安全和支撑绿色发展、生态文明建设、长江大保护、黄河高质量发展、乡村振兴等国家战略中的基础性作用更加凸显。

我国水库大坝分属多部门所有，其中水利部门管理的水库大坝 96603 座，占大坝总数的 97.8%，在水利部大坝安全管理中心注册登记；能源部门管理的水电站大坝 600 座，占水库大坝总数的 0.6%，在国家能源局大坝安全监察中心注册登记；交通、建设、农业、林业、司法等其他部门管理的水库大坝 1500 余座，大多在水利部大坝安全管理中心注册登记。

1991 年，《水库大坝安全管理条例》颁布实施以来，我国水库大坝安全运行管理制度逐步建立健全，目前已经建立了从组织管理、注册登记、调度运用、检查监测、维修养护、安全鉴定（病险评估）、除险加固、应急预案直至降等报废，涵盖水库大坝全生命周期的制度体系（图 1.1-1），有效促进和规范了大坝安全管理工作。

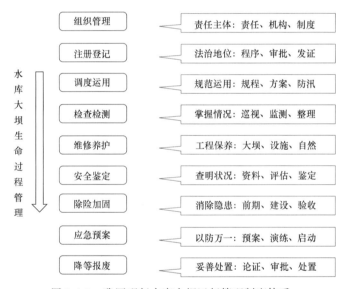

图 1.1-1　我国现行水库大坝运行管理制度体系

大坝安全评价是大坝安全鉴定（定检）的主要技术工作，相当于人的健康体检，除险加固则相当于人的大病手术。从图 1.1-1 可以看出，安全鉴定亦即病险评估和除险加固也是水库大坝安全管理两项最重要的制度要求，是贯穿大坝全生命周期持续开展的重要工作，对确保大坝安全运行至关重要，也是 1999 年以来和"十四五"期间水利中心工作头等重要的大事。

1.1.2　大坝安全鉴定（定检）制度和相关法规与技术标准

水库大坝在蓄水兴利的同时，也存在无法回避的潜在风险，特别是当前高坝大库越来越多，下游人口、财富和基础设施不断积聚，加上工程先天不足、结构老化和性能劣化、管理手段落后以及变化环境下的极端气候事件和地震、地质灾害等各种不利因素影响，水库大坝失事风险始终存在。我国板桥和石漫滩水库（1975）、沟后水库（1993），以及法国马尔帕塞（Malpasset）拱坝（1959），意大利瓦伊昂（Vajont）拱坝（1963），美国提堂（Teton）坝（1976）、奥罗维尔（Oroville）坝（2017），俄罗斯萨扬舒申斯克水电站（Sayano-Shushenskaya）（2009）等均发生造成重大人员伤亡和严重后果的溃坝或事故，警示我们，大坝安全不仅仅是工程安全问题，更是事关公共安全的重大课题。党中央、国务院历来高度重视大坝安全问题。十八大以来，习近平总书记多次就大坝安全做出重要指示批示，强调要坚持安全第一，加强隐患排查预警，及时消除安全隐患。《中共中央关于制定国民经济和社会发展第十四个五年规划和二〇三五年远景目标的建议》明确提出"十四五"期间要加快病险水库除险加固。2020年11月18日召开的国务院常务会议明确要求，2025年底前全面完成现有病险水库大坝除险加固，对新出现的病险水库大坝及时除险加固。

1.1.2.1 大坝工程等别和安全标准

我国现行水库大坝工程等别划分和安全标准主要基于工程规模和功能效益指标建立。（1）依据《防洪标准》GB 50201和《水利水电工程等级划分及洪水标准》SL 252或《水电枢纽工程等级划分及设计安全标准》DL 5180，按照库容、防洪保护与供水对象重要性、治涝、灌溉、发电等效益指标及在国民经济中的重要性对水库大坝进行分类，亦即确定工程规模和工程等别，工程规模分为大（1）型、大（2）型、中型、小（1）型、小（2）型，对应工程等别分为5等，即Ⅰ等、Ⅱ等、Ⅲ等、Ⅳ等、Ⅴ等，具体见表1.1-1，其中城镇、工矿企业、供水对象重要性划分标准见表1.1-2。（2）根据工程规模确定大坝级别，对应工程等别，大坝级别分为5级，分别为1级坝、2级坝、3级坝、4级坝、5级坝；同时规定，对2、3级大坝，如坝高超过一定高度，其级别可提高一级，具体见表1.1-3，但水库工程等别和大坝洪水标准并不提高；对坝高超过200m的大坝，其级别应为1级，其设计标准应专门研究论证，并报上级主管部门审查批准。（3）按建筑物级别，依据《水利水电工程等级划分及洪水标准》SL 252、《防洪标准》GB 50201、《中国地震动参数区划图》GB 18306、《水工建筑物抗震设计标准》GB 51247及相关设计规范确定大坝防洪标准、抗震设防标准、安全加高、结构安全系数、控制应力、容许渗透坡降等，以及管理机构和管理设施配置标准，上述指标构成了现行我国水库大坝安全标准，如表1.1-4～表1.1-8所示。按照《水库工程管理设计规范》SL 106，中型以上水库才必须设置管理机构，配备专职管理人员和相关管理设施。

水库工程规模和工程等别划分标准　　　　　　　　表 1.1-1

工程等别	水库		防洪			治涝	灌溉	供水		水电站
	工程规模	水库总库容（$10^8 m^3$）	保护城镇及工矿企业的重要性	保护农田面积（10^4亩）	保护区当量经济规模（10^4人）	治涝面积（10^4亩）	灌溉面积（10^4亩）	供水对象重要性	年引水量（$10^8 m^3$）	装机容量（MW）
Ⅰ	大（1）型	≥10	特别重要	≥500	≥300	≥200	≥150	特别重要	≥10	≥1200
Ⅱ	大（2）型	10～1.0	重要	500～100	300～100	200～60	150～50	重要	10～3	1200～300
Ⅲ	中型	1.0～0.10	比较重要	100～30	100～40	60～15	50～5	比较重要	3～1	300～50

续表

工程等别	水库		防洪			治涝	灌溉	供水		水电站
	工程规模	水库总库容（$10^8 m^3$）	保护城镇及工矿企业的重要性	保护农田面积（10^4亩）	保护区当量经济规模（10^4人）	治涝面积（10^4亩）	灌溉面积（10^4亩）	供水对象重要性	年引水量（$10^8 m^3$）	装机容量（MW）
IV	小(1)型	0.10~0.01	一般	30~5	40~10	15~3	5~0.5	一般	1~0.3	50~10
V	小(2)型	0.01~0.001		<5	<10	<5	<0.5		<0.3	<10

城镇、工矿企业、供水对象重要性划分标准 表 1.1-2

城镇、工矿企业及供水对象重要性	城市和供水对象	工矿企业	
	常住人口（10^4人）	规模	货币指标（10^8元）
特别重要	≥150	特大型	≥50
重要	150~50	大型	50~5
比较重要	50~20	中型	5~0.5
一般	<20	小型	<0.5

大坝分级与提级标准 表 1.1-3

工程等别	大坝级别	提级标准	
		坝型	坝高(m)
I	1		
II	2	土石坝	90
		混凝土坝、浆砌石坝	130
III	3	土石坝	70
		混凝土坝、浆砌石坝	100
IV	4		
V	5		

大坝防洪标准［重现期（年）］(SL 252、GB 50201) 表 1.1-4

大坝级别	山区、丘陵区			平原区、滨海区	
	设计	校核		设计	校核
		混凝土坝、浆砌石坝	土石坝		
1	1000~500	5000~2000	可能最大洪水（PMF）或 10000~5000	300~100	2000~1000
2	500~100	2000~1000	5000~2000	100~50	1000~300
3	100~50	1000~500	2000~1000	50~20	300~100
4	50~30	500~200	1000~300	20~10	100~50
5	30~20	200~100	300~200	10	50~20

大坝抗震设防标准（GB 18306、GB 51247） 表 1.1-5

大坝级别	场地地震基本烈度 J	抗震设防类别	设计烈度 J_C	地震作用效应计算方法
1	≥Ⅵ度	甲类	$J_C=J+1$	动力法
2		乙类	$J_C=J$	动力法或拟静力法
3	≥Ⅶ度	丙类	$J_C=J$	
4、5		丁类	$J_C=J$	拟静力法或着重采取抗震措施

土石坝坝坡抗滑稳定最小安全系数（计及条块间作用力计算方法）（SL 274） 表 1.1-6

运用条件	大坝级别			
	1	2	3	4、5
正常运用条件	1.50	1.35	1.30	1.25
非常运用条件Ⅰ	1.30	1.25	1.20	1.15
非常运用条件Ⅱ	1.20	1.15	1.15	1.10

混凝土重力坝坝基面抗滑稳定安全系数 K（抗剪强度计算公式）
（《混凝土重力坝设计规范》SL 319） 表 1.1-7

荷载组合		大坝级别		
		1	2	3
基本组合		1.10	1.05	1.05
特殊组合	Ⅰ	1.05	1.00	1.00
	Ⅱ	1.00	1.00	1.00

大坝安全加高值（m） 表 1.1-8

大坝级别	土石坝（SL 274）			混凝土坝、浆砌石坝	
	设计	校核		正常蓄水位	校核洪水位
		山区、丘陵区	平原区、滨海区		
1	1.5	0.7	1.0	0.7	0.5
2	1.0	0.5	0.7	0.5	0.4
3	0.7	0.4	0.5	0.4	0.3
4、5	0.5	0.3	0.3	0.3	0.2

1.1.2.2 大坝安全鉴定制度

《水库大坝安全管理条例》（1991 年 3 月 22 日中华人民共和国国务院令第 78 号发布。2010 年 12 月 29 日国务院第 138 次常务会议修改，2011 年 1 月 8 日中华人民共和国国务院令第 588 号公布，自公布之日起施行）第二十二条规定："大坝主管部门应当建立大坝定期安全检查、鉴定制度。汛前、汛后，以及暴风、暴雨、特大洪水或者强烈地震发生后，大坝主管部门应当组织对其所管辖的大坝安全进行检查。"

1. 水库大坝安全鉴定

水利部根据《水库大坝安全管理条例》要求，1995 年颁布了《水库大坝安全鉴定办法》（水管〔1995〕86 号），2003 年修订（水建管〔2003〕271 号），规定水库大坝实行定期安全鉴定制度，对坝高 15m 及以上或库容 100 万 m^3 以上的已建水库大坝，应在工程（含新建和加固）竣工验收后 5 年内进行首次安全鉴定，以后每隔 6～10 年开展一次全面鉴定。期间，当大坝出现严重险情或水库运行条件发生重大改变时，应对大坝安全进行复核或组织全面鉴定。

水库大坝安全鉴定的相关责任单位包括鉴定组织单位、鉴定承担单位、鉴定审定部门，其中鉴定组织单位为水库管理单位或水库主管部门（业主）；鉴定承担单位为具有相应资质的设计院、科研院所及高校；鉴定审定部门按照"分级负责"原则由各级水行政主管部门承担。大型水库和影响县城安全或坝高50m以上的中型水库由省级水行政主管部门审定；中型水库和影响县城安全或坝高30m以上的小型水库由地（市）级以上水行政主管部门组织审定；其他小型水库由县级以上水行政主管部门审定；流域机构审定其直属水库大坝安全鉴定意见；水利部审定部直属水库大坝安全鉴定意见。

水利部大坝安全管理中心负责对全国水库大坝安全鉴定工作进行技术指导，并对列入中央病险水库除险加固专项规划的大中型病险水库安全鉴定成果进行核查。鉴定承担单位在现场安全检查与检测、工程地质勘察、观测资料分析等工作基础上，按照现行有关规范对水库大坝安全性态进行评估，评定大坝安全等级。水库大坝安全等级分为一类坝、二类坝、三类坝。

2. 水电站大坝安全定期检查

国家电力监管委员会2004年12月1日发布了《水电站大坝运行安全管理规定》（国家电力监管委员会令第3号），其第十九条规定，水电站大坝定期检查每五年进行一次，检查时间一般不超过1年；其第二十条规定，发生特大洪水、强烈地震或者发现可能影响水电站大坝安全的异常情况，水电站运行单位应当向国家能源局大坝安全监察中心提出特种检查申请。

新建工程的第一次定期检查，在工程竣工安全鉴定完成5年后进行。已运行40年以上的大坝，大坝主管单位应当结合定期检查进行全面复核鉴定；对有潜在危险的重要大坝，大坝主管单位应当根据现行技术规程规范，及时进行安全评价。

国家能源局大坝安全监察中心组织定期检查，并组成专家组。专家组根据水电站大坝的具体情况，确定专项检查项目和内容。水电站运行单位组织具有相应资质的单位进行专项检查，并向国家能源局大坝安全监察中心提交有关专项检查情况的专题报告。国家能源局大坝安全监察中心对专题报告进行审查，并根据水电站大坝实际运行情况，对水电站大坝的结构性态和安全状况进行综合分析，评定水电站大坝安全等级，提出定期检查报告，形成定期检查审查意见报电监会备案。

国家能源局大坝安全监察中心委托水电站大坝主管单位组织实施的定期检查，由水电站大坝主管单位提出专家组名单。国家能源局大坝安全监察中心审查专家组的组成，审查专家组确定的专项检查项目和内容，并派人参加定期检查。专家组向水电站大坝主管单位提出定期检查报告。国家能源局大坝安全监察中心审查专家组提出的定期检查报告，必要时对有关的专题报告复审，评定水电站大坝安全等级，形成定期检查审查意见报电监会备案。

国家能源局大坝安全监察中心接到特种检查申请后，组织专家组确定检查项目和内容。对需要进行专项检查的项目，由水电站运行单位组织具有相应资质的单位进行专项检查，并向国家能源局大坝安全监察中心提交有关专项检查情况的专题报告。国家能源局大坝安全监察中心综合检查情况，提出特种检查报告。

水电站大坝安全等级分为正常坝、病坝和险坝三级。国家能源局大坝安全监察中心定期将水电站大坝定期检查和特种检查的结果，向国务院水行政主管部门通报。

1.1.2.3 大坝病险标准

我国水库大坝病险标准主要根据工程安全程度划分。

水库大坝根据是否符合大坝安全标准要求，分为一类坝、二类坝和三类坝。

"一类坝"是指大坝洪水标准满足规范要求，无明显工程质量缺陷，各项复核计算结果满足规范要求，管理设施完善，维修养护到位，管理规范，能按设计标准正常运行的大坝。

"二类坝"是指现状洪水标准不满足规范要求，但满足水利部颁布的《水利枢纽工程除险加固近期非常运用洪水标准》（水规〔1989〕21号）；大坝整体结构安全、渗流安全、抗震安全满足规范要求，运行性态基本正常，但存在工程质量缺陷，或安全监测等管理设施不完善，维修养护不到位，管理不规范，在一定控制运用条件下才能安全运行的大坝。

"三类坝"是指大坝洪水标准不满足《水利枢纽工程除险加固近期非常运用洪水标准》（水规〔1989〕21号），或者工程存在严重质量缺陷与安全隐患，不能按设计正常运行的大坝，也称之为病险水库大坝，应进行除险加固，或做降等与报废处理。

水电站大坝根据工程安全程度分为正常坝、病坝和险坝。

"正常坝"是指设计标准符合现行规范要求；坝基良好，或者虽然存在局部缺陷但不构成对大坝整体安全的威胁；坝体稳定性和结构安全度符合现行规范要求；大坝运行性态总体正常；近坝库区、库岸和边坡稳定或者基本稳定。相当于水库大坝中的"一类坝"。

"病坝"是指设计标准不符合现行规范要求，并已限制大坝运行条件；坝基存在局部隐患，但对大坝不构成失事威胁；坝体稳定性和结构安全度符合规范要求，结构局部已破损，可能危及大坝安全，但大坝能够正常挡水；大坝运行性态异常，但经分析不构成失事危险；近坝库区塌方或者滑坡，但经分析对大坝挡水结构安全不构成威胁。相当于水库大坝中的"二类坝"。

"险坝"是指设计标准低于现行规范要求，未采取结构补强、改造或改变运行条件等措施，明显影响大坝安全；坝基存在隐患并已危及大坝安全；坝体稳定性或者结构安全度不符合现行规范要求，又未采取工程或非工程措施，危及大坝安全；坝体存在事故迹象（包括缺口或失事）；近坝库区发现有危及大坝安全的严重塌方或滑坡迹象。相当于水库大坝中的"三类坝"。

病坝、险坝应当限期除险加固、改造和维修，在评定为正常坝之前，应当改变运行方式或者限制运行条件。

按工程安全程度对大坝病险进行分类，便于管理，可操作性强，相关管理法规与技术标准已形成体系，是除险加固的主要决策依据。但该病险标准没有考虑溃坝风险，当同时有大量"三类坝"或"险坝"需要除险加固时，难以保证高风险的病险水库大坝优先得到除险加固。

1.1.2.4 管理办法和技术标准

水库大坝安全鉴定和水电站大坝定检的法规依据是《水库大坝安全管理条例》。为推动水库大坝安全鉴定和水电站大坝定检制度的落实，水利部 1995 年发布《水库大坝安全鉴定办法》（水管〔1995〕86 号），2003 年修订（水建管〔2003〕271 号），确立了水库大坝定期安全鉴定制度，并于 2000 年发布了其配套技术标准《水库大坝安全评价导则》SL 258；国家电力监管委员会 2004 年 12 月 1 日发布《水电站大坝运行安全管理规定》（国家电力监管委员会令第 3 号），确立了水电站大坝定检制度，并于 2005 年发布《水电站大坝安全定期检查办法》（电监安全〔2005〕24 号），明确了水电站大坝定检的组织、程序、范围、内容以及现场检查、安全评价技术要求。

1.《水库大坝安全鉴定办法》（水建管〔2003〕271 号）

1）适用范围与基本规定

本办法适用于坝高 15m 以上或库容 100 万 m^3 以上的水库大坝。坝高小于 15m 或库容在 10 万～100 万 m^3 之间的小型水库大坝参照执行。大坝包括永久性挡水建筑物，以及与其配合运用的泄洪、输水和过船等建筑物。

水利部对全国水库大坝安全鉴定工作实施监督管理。水利部大坝安全管理中心对全国水库大坝安全鉴定工作进行技术指导。

县级以上地方人民政府水行政主管部门和流域机构按照分级管理原则对水库大坝安全鉴定意见进行审定。水利部审定部直属水库的大坝安全鉴定意见；流域机构审定其直属水库的大坝安全鉴定意见；省级水行政主管部门审定大型水库和影响县城安全或坝高 50m 以上中型水库的大坝安全鉴定意见；市（地）级水行政主管部门审定其他中型水库和影响县城安全或坝高 30m 以上小型水库的大坝安全鉴定意见；县级水行政主管部门审定其他小型水库的大坝安全鉴定意见。

水库主管部门（单位）负责组织所管辖水库大坝的安全鉴定工作；农村集体经济组织所属的水库大坝安全鉴定由所在乡镇人民政府负责组织。

2）基本程序及组织

水库大坝安全鉴定包括现场安全检查、大坝安全评价、大坝安全鉴定技术审查和大坝安全鉴定意见审定等基本程序。

鉴定组织单位负责委托大坝安全评价单位（鉴定承担单位）对大坝安全状况进行分析评价，并提出大坝安全评价报告和大坝安全鉴定报告书；鉴定审定部门或委托有关单位组织并主持召开大坝安全鉴定会，组织专家审查大坝安全评价报告，通过大坝安全鉴定报告书；鉴定审定部门审定并印发大坝安全鉴定报告书。

大型水库和影响县城安全或坝高 50m 以上中型水库的大坝安全评价，由具有水利水电勘测设计甲级资质的单位或者水利部公布的有关科研单位和大专院校承担；其他中型水库和影响县城安全或坝高 30m 以上小型水库的大坝安全评价由具有水利水电勘测设计乙级以上（含乙级）资质的单位承担；其他小型水库的大坝安全评价由具有水利水电勘测设计丙级以上（含丙级）资质的单位承担。

大型水库和影响县城安全或坝高 50m 以上中型水库的大坝安全鉴定专家组由 9 名以上专家组成，其中具有高级技术职称的人数不得少于 6 名；其他中型水库和影响县城安全或坝高 30m 以上小型水库的大坝安全鉴定专家组由 7 名以上专家组成，其中具有高级技术职称的人数不得少于 3 名；其他小型水库的大坝安全鉴定专家组由 5 名以上专家组成，其中具有高级技术职称的人数不得少于 2 名。

3）工作内容

现场安全检查包括查阅工程勘察设计、施工与运行资料，对大坝外观状况、结构安全情况、运行管理条件等进行全面检查和评估，并提出大坝安全评价工作的重点和建议，编制大坝现场安全检查报告。

大坝安全评价包括工程质量评价，运行管理评价，防洪能力复核，大坝结构安全、渗流安全、抗震安全评价，金属结构安全评价，大坝安全综合评价等。

大坝安全评价过程中，应根据需要补充地质勘探与土工试验，补充混凝土与金属结构安全检测，对重要工程隐患进行探测等。

对鉴定为三类坝、二类坝的水库，鉴定组织单位应当对可能出现的溃坝方式和对下游可能造成的损失进行评估，并采取除险加固、降等或报废等措施予以处理。在处理措施未落实或未完成之前，应制定保坝应急措施，并限制运用。

2.《水库大坝安全评价导则》SL 258

水库大坝安全鉴定和水电站大坝定检的专业性、技术性很强，大坝病险评估是其中的关键和核心技术工作。由于缺少相应的技术标准支撑，早期水库大坝安全鉴定工作进展缓慢，鉴定成果质量不高。鉴于此，水利部于2000年颁布了《水库大坝安全评价导则》SL 258—2000，作为《水库大坝安全鉴定办法》的配套技术标准，明确了水库大坝安全评价的具体技术要求及安全类别评定标准，提高了《水库大坝安全鉴定办法》的可操作性。

SL 258—2000颁布以后，对保障水库大坝安全运行、规范与指导水库大坝安全鉴定工作、确保病险水库除险加固的针对性和科学性，发挥了重要作用。由于《水库大坝安全鉴定办法》2003年进行了修订，SL 258—2000所引用的部分标准也先后修订，一批涉及水库大坝安全与管理的新法规与技术标准先后颁布实施，与此同时水库大坝安全评价的技术手段、方法、标准、处置对策等不断进步和丰富完善，1999年以后大规模开展的病险水库除险加固工程建设也积累了很多新的认识和经验，为反映上述新的变化、认识和技术进步，2017年颁布实施了修订后的《水库大坝安全评价导则》SL 258—2017。

相比于SL 258—2000，SL 258—2017拓展了适用范围，对首次大坝安全鉴定与后续大坝安全鉴定提出了不同要求，对缺少基础资料的小型水库大坝安全评价工作做了简化规定；对原各章的基础资料要求进行了归并，增加了基础资料、现场安全检查及安全检测、安全监测资料分析等章节，对工程质量、运行管理、渗流安全、结构安全、抗震安全、金属结构安全评价，以及大坝安全综合评价等章节内容进行了修订完善。

SL 258—2017共12章和2个附录，主要技术内容包括：现场安全检查及安全检测、安全监测资料分析、工程质量评价、运行管理评价、防洪能力复核、渗流安全评价、结构安全评价、抗震安全评价、金属结构安全评价、大坝安全综合评价等。

3.《坝高小于15m的小（2）型水库大坝安全鉴定办法（试行）》（水运管〔2021〕6号）

由于《水库大坝安全鉴定办法》和《水库大坝安全评价导则》适用范围不包括坝高小于15m的小（2）型水库，导致坝高小于15m的小（2）型水库大坝安全鉴定工作缺乏制度约束，也缺乏监督依据。为规范坝高小于15m的小（2）型水库大坝安全鉴定工作，水利部于2021年1月发布了《坝高小于15m的小（2）型水库大坝安全鉴定办法（试行）》（水运管〔2021〕6号）。

1）基本规定

坝高小于 15m 的小（2）型水库大坝实行定期安全鉴定制度。新建、改（扩）建、除险加固的水库，首次安全鉴定应在竣工验收后 5 年内完成，未竣工验收的应在蓄水验收或投入使用后 5 年内完成，以后应每 10 年内完成一次。运行中遭遇大洪水、强烈地震等影响安全的重大事件，工程发生重大事故或出现影响安全的异常现象后，应及时组织安全鉴定。

县级以上地方人民政府水行政主管部门对本行政区域内所管辖的坝高小于 15m 的小（2）型水库大坝安全鉴定工作实施指导和监督，负责审定大坝安全鉴定意见。

水库主管部门或业主单位（产权所有者）负责组织所管辖的水库大坝安全鉴定工作。乡镇人民政府、农村集体经济组织所管辖的水库大坝安全鉴定工作，由水库所在乡镇人民政府或其委托的单位负责组织（以下简称鉴定组织单位）。

大坝安全分类标准如下：

一类坝：大坝现状防洪能力满足《防洪标准》GB 50201 和《水利水电工程等级划分及洪水标准》SL 252 要求，大坝工作状态正常，不存在影响工程安全的质量缺陷，能按设计标准正常运行的大坝。

二类坝：大坝现状防洪能力满足《防洪标准》GB 50201 和《水利水电工程等级划分及洪水标准》SL 252 要求，大坝工作状态基本正常，但存在部分工程质量缺陷或一般安全隐患，不会对工程安全造成重大影响，在一定控制运用条件下能安全运行的大坝。

三类坝：大坝现状防洪能力不满足《防洪标准》GB 50201 和《水利水电工程等级划分及洪水标准》SL 252 要求，或者存在影响工程安全的严重工程质量缺陷或安全隐患，不能按设计标准正常运行的大坝。

2）程序及组织

大坝安全鉴定包括安全评价、技术审查和意见审定三个基本程序。

鉴定组织单位委托具有水利水电勘察和设计丙级以上资质的单位或省级以上水行政主管部门公布的具备安全评价能力的有关单位（以下简称安全评价单位）开展安全评价，提出安全评价报告。

鉴定审定部门或委托有关单位组织并主持召开大坝安全鉴定会，对大坝安全评价报告开展技术审查，通过大坝安全鉴定报告书。

鉴定审定部门审定并印发大坝安全鉴定报告书。

安全鉴定专家组一般由从事水文、地质、水工、金属结构和工程管理等专业的专家组成，可根据工程特性实际确定。专家人数不少于 5 人，专家组组长应为具有高级技术职称的水利工程专业技术人员或具有相应能力的县级以上水行政主管部门负责人；其他专家应为具有工程师技术职称或相应能力的专业技术人员，其中至少有 2 名具有工程师技术职称。安全鉴定专家组人员中水库主管部门所在行政区域以外的专家人数不得少于三分之一。

3）安全评价工作内容

安全评价工作包括资料整理复核、现场安全检查、专题评价和编制安全评价报告等。

判别大坝安全类别采用现场安全检查和专题评价相结合方式。现场安全检查能够满足大坝安全类别判别需要的，可不进行专题评价。当水库存在库区淤积严重、水文条件明显改变、坝体结构运行性态表现不明、病险问题复杂等情况，且通过现场安全检查不能判别大坝安全类别的，必须开展有关专题评价。

资料整理复核主要包括大坝工程特性、工程地质、水文资料、大坝设计、施工、运行、检查、监测、除险加固、维修养护、以往安全鉴定情况及管理情况等资料的收集整理复核。

现场安全检查包括查勘工程现场，查阅工程设计、施工与运行资料，与管理人员或熟悉工程情况的人员座谈等，重点关注水库大坝防洪、渗流（穿坝建筑物）、结构、金属结构等安全问题，同时反映水雨情测报、安全监测、防汛交通、通信条件、管理用房等设施问题以及下游河道、周边环境问题，填写现场安全检查表，并提出开展工程测量、质量检测、勘探试验、专题评价等意见和建议。

有关专题评价的主要内容如下：

（1）防洪能力专题评价包括防洪标准复核、设计洪水复核、调洪计算、大坝抗洪能力复核等。

（2）渗流安全专题评价主要复核大坝渗流控制措施和渗流性态是否正常，应特别关注土石坝穿坝建筑物、刚性建筑物与土石坝结合部位的接触渗流安全问题。

（3）结构安全专题评价主要复核大坝变形、强度与稳定性是否满足规范要求。土石坝重点分析变形与抗滑稳定，关注是否存在裂缝、塌陷等；混凝土坝、砌石坝、泄洪建筑物、输水建筑物重点分析强度与稳定，关注是否存在沉降、倾斜、开裂、错位等。

（4）金属结构安全专题评价主要复核泄洪建筑物、输水建筑物的闸门、启闭机及电气设备、供电保障可靠性等。

专题评价所需基础资料欠缺的，安全评价单位应按照有关技术标准采用专业设备补充工程测量、质量检测、勘探试验等相关工作，安全评价单位若不具备相应工程勘察或检测等资质，应委托具有相应资质的单位开展。

4. 《水电站大坝安全定期检查办法》（电监安全〔2005〕24 号）

1）适用范围

电力系统投入运行的大、中型水电站大坝。

2）定检组织

国家电力监管委员会（以下简称电监会）负责全国电力系统水电站大坝定检的监督管理工作，电监会派出机构具体负责辖区内大坝定检的监督管理工作，电监会大坝安全监察中心（以下简称大坝中心）负责大坝定检的具体工作。

大型工程、高坝、工程安全特别重要和存在问题较多的大坝的定检由大坝中心负责组织；对其他大坝，经大坝主管单位（或业主单位，下同）申请，大坝中心可以委托其组织定检。

大坝主管单位负责落实大坝定检经费，并督促水电站运行单位协助开展大坝定检工作。

水电站运行单位负责完成大坝运行总结报告和现场检查报告，组织有资质的相关技术服务单位进行专项检查，并做好大坝定检中的各项准备、配合等工作。

大坝定检应当组织专家组进行。专家组的组成应当根据工程规模和大坝的具体情况确定。专家组成员应当具有较高的技术水平、丰富的工程经验和高级工程师以上职称。专家组人数一般为 6~9 人。为保持大坝定检工作的连续性，专家组中至少要有 1 名参加过该大坝上一次定检的专家或者较熟悉本工程的专家。直接参与大坝建设和管理的专家人数不应超过专家组总人数的三分之一。

大坝定检专家组的主要职责是：确定大坝定检工作计划；确定专项检查的项目、内容和技术要求；全面审阅有关大坝安全的原始数据、资料、报告和记录；审查专项检查报告；参加现场检查；评价大坝安全等级；提交大坝定检报告。

大坝中心组织的定检，由大坝中心聘请专家组成专家组，专家组向大坝中心提交大坝定检报告，水电站运行单位组织有资质的相关技术服务单位向专家组提交专项检查报告。

大坝主管单位组织的大坝定检，由大坝主管单位提出专家组名单，报大坝中心审查。大坝中心应当派人参加专家组。专家组向大坝主管单位提交大坝定检报告，经大坝主管单位审核后报送大坝中心。

大坝中心对大坝定检报告进行审查，评定大坝安全等级，形成大坝定检审查意见，报电监会备案后通知大坝主管单位和运行单位，同时抄送电监会有关派出机构。

3) 定检范围、内容与要求

大坝定检范围包括：与大坝安全有关的横跨河床和水库周围垭口的所有永久性挡水建筑物、泄洪建筑物、输水和过船建筑物的挡水结构以及这些建筑物与结构的地基、近坝库岸、边坡和附属设施。

大坝定检主要检查大坝的运行情况与工作性态；对大坝存在的主要问题应当进行系统排查，明确指出影响大坝安全的重点部位和薄弱环节，并有针对性地提出可操作的建议和意见；对于大坝监测系统，提出重点监控的部位、项目和要求；应当注意搜集上游大坝对受检查大坝安全可能产生不利影响的数据资料，系统评价梯级开发方式下大坝的安全。

大坝定检工作包括以下主要内容：

(1) 制订大坝定检工作计划和工作大纲；

(2) 组织大坝定检专家组；专家组对大坝以往的运行状况与工作性态进行总结、检查、系统排查和评价，提出定检工作重点，确定定检工作大纲；

(3) 总结上一次大坝定检（安全鉴定）以来大坝运行状况，提出运行总结报告；

(4) 进行现场检查（含必要的水下检查）并提出现场检查报告；

(5) 根据大坝实际状况，进行必要的专项检查并提出专项检查专题报告；

(6) 审查专项检查专题报告，提出审查意见；承担专项检查的技术服务单位按专家组审查意见补充完善专题报告；

(7) 评价大坝安全状况、初评大坝安全等级，并提出大坝定检报告；

(8) 评定大坝安全等级，形成大坝定检审查意见。

专家组应当针对大坝具体情况，从以下方面选择确定必需的专项检查项目，水电站运行单位根据专家组的要求委托有资质的技术服务单位进行专项检查：

(1) 地质复查；

(2) 大坝的防洪能力；

(3) 结构复核或者试验研究；

(4) 水力学问题复核或试验研究；

(5) 渗流复核（土石坝、软土地基）；

（6）施工质量复查；

（7）泄洪闸门和启闭设备检测和复核；

（8）大坝安全监测系统鉴定和评价；

（9）大坝安全监测资料分析；

（10）结构老化检测和评价；

（11）需要专项检查和研究的其他问题。

对存在明显老化现象的大坝和已运行40年以上的大坝，应开展老化危害性检查与安全评价。对混凝土坝应当重点检查混凝土的碳化、裂缝、渗漏溶蚀、冻融冻胀、冲磨空蚀、水质侵蚀等病害程度及对大坝安全影响；对土石坝应当重点检查防渗和排水设施的老化程度及对大坝安全影响；对坝基应当重点检查抗渗能力、承载能力等变化情况，分析其对大坝安全的影响。

大坝设计复核，应当按照现行设计规范对大坝防洪、地质参数、结构强度、结构稳定性、渗流和水力学问题进行复核或者试验，复核时应当考虑实际荷载和已查明的结构缺陷的影响，必要时应当进行补充勘探。在大坝运行条件（外荷载及自身结构性态）及有关技术规范与工程安全鉴定或者上次大坝定检复核时无重大变化，且有关问题已作明确结论的，可以不作本专题复核。

大坝施工质量复查，应当复查施工阶段主要数据和资料，其内容包括基础处理、坝体和隐蔽工程的原始数据资料，必要时可采用取芯、试验、检测等手段补充检测、试验资料。如施工原始数据资料未作系统整理的，或者主要施工资料不全的，或者建筑物发生重大缺陷而对施工质量有怀疑的，应当列专题复查。在工程安全鉴定或者上次大坝定检时已经过复查，大坝运行条件（外荷载及自身结构性态）及有关技术规范无重大变化，且有关问题已作明确结论的，可以不作专题复查。

大坝安全监测系统鉴定及评价，应当根据相关规范的规定和工程的重点部位和薄弱环节的情况，对现有监测系统、监测项目、仪器或者设备进行现场检查或率定，并将测值与历史监测数据进行对比分析，对各项监测设备的可靠性、长期稳定性、监测精度和采用的监测方法以及监测的必要性进行评价，提出监测仪器设备的封存、报废及监测项目的停测、恢复或者增设、改变监测频次和监测系统更新改造的意见和建议。

大坝安全监测资料分析，应当以资料准确性判断为基础，进行深入的定性、定量分析，评判大坝安全性态，其中应当突出趋势分析和异常现象诊断。对大型工程、重要大坝和高坝的关键监测项目，宜提出安全警戒值，以指导大坝运行。

水电站运行单位应当向大坝定检专家组提供大坝定检有关资料，包括大坝（含改扩建和补强加固工程）的勘测、设计、施工、监理、验收等文件、资料，历次大坝定检报告（首次大坝定检时提供工程竣工安全鉴定报告）及其附件，以及大坝运行总结和现场检查报告。大坝运行总结应全面总结水库运行原则、操作程序和运行情况，总结上一次大坝定检（或安全鉴定）以来水库和大坝运行情况、大坝补强加固和改建情况、闸门及启闭机（包括主、备电源）的运行和维修改造情况、安全监测设施的有效性和更新改造等情况，总结监测资料分析的主要成果，提出大坝存在的主要问题、隐患及处理建议等；大坝现场检查报告包括根据大坝工程特点检查可能影响大坝安全的所有缺陷、异常或者设备故障等内容。应当包含对泄洪消能设施中有可能破损的深孔、底孔过流部分、消能设施、下游冲刷坑进行水下检查的内容；对结构安全有明显影响的裂缝等缺陷，检查的详细情况；对坝前及水库淤积严重的断面测量情况。

4）现场检查

现场检查应当按专家组要求，由现场检查组负责完成。现场检查组由水电站运行单位负责组织，大坝主管单位、水电站运行单位和有关专家参加。

现场检查应尽量安排在对运行影响较小、大多数受检结构部位易于观察和可以进行试验的时段。

现场检查组应当在检查中按检查要求和检查项目进行详细记录，填写《大坝安全现场检查表》，并对大坝的裂缝、渗水等有缺陷的部位确定位置，做好素描、照相和摄像。参加现场检查的人员均应在现场检查表上签字。

水电站运行单位应当根据日常巡查、年度详查和现场检查组的检查成果，提出现场检查报告。现场检查报告的主要内容包括：

（1）工程简介和检查情况；

（2）现场审阅的数据、资料和设备、设施的运行情况；

（3）运行期间大坝承受的最大荷载及其不利工况、泄洪设施的运行情况；

（4）现场检查结果；

（5）存在问题；

（6）现场检查照片、录像和图纸；

（7）结论和建议。

5）安全评价

大坝定检专家组应当根据大坝实际运行情况，对大坝的结构性态和安全状况进行全面综合分析，审查专项检查报告，从以下方面评价大坝安全状况和评定大坝安全等级并提出大坝定检报告：

（1）大坝的防洪能力；

（2）结构的承载能力和稳定性（含地基、边坡和近坝库岸）；

（3）消能防冲效果；

（4）大坝防渗体（含地基）的工作状态；

（5）结构（含地基、边坡和近坝库岸）运行性态；

（6）泄洪设施运行的可靠性；

（7）结构耐久性；

（8）监测系统的完备性和可靠性。

大坝定检报告的主要内容应当包括检查情况、安全状态分析说明、大坝安全存在的问题、补强加固和更新改造的建议、评价结论、大坝安全等级。有关函件公文、历次大坝定检结论、分析材料、收集的现场资料与试验数据、专题论证以及个别咨询报告等均应当作为附件。

1.1.3 我国大坝安全状况和除险加固总体情况

1.1.3.1 大坝主要病害和特征

我国水库大坝87%以上建于20世纪50～70年代，坝型以土石坝为主，占92%。

限于当时经济技术条件，许多水库属"边勘测、边设计、边施工"的"三边"工程，普遍存在建设标准低、设计方案不合理、工程质量差等问题，在基础处理、工程布置、建筑物结构等方面存在先天缺陷，加上疏于维护、工程老化以及超标准洪水、强烈地震等自然灾害影响，水库大坝病险问题突出，不仅严重影响其功能和效益正常发挥，而且存在较高的溃坝风险，对下游广大人民群众生命财产安全构成巨大威胁。1960年、1961年、1963年三年期间，全国溃坝数量均超过150座，1973年全国溃坝570座，是中华人民共和国成立以来溃坝最多的一年，其后发生了"75·8"特大洪水，导致河南板桥、石漫滩水库在内的62座水库（其中小型58座）溃决，造成2.6万余人死亡，数百万人无家可归。

根据全国水库安全状况调研及病险水库"三类坝"鉴定成果核查资料，大中型水库和小型水库病害特点显著不同。

1. 大中型水库病险问题

大中型水库前期勘测设计工作较为完善，选择对象合理，施工质量总体可控，但早期工程也受建设资料不足、设计施工水平有限、工期短、造价低等因素影响，不少水库存在"先天不足"。大中型水库病险问题主要表现在以下几个方面：

1）由于水文系列短或者水文计算参数选用不合理，导致防洪标准不能满足设计要求。

大伙房水库是典型实例。1995年7月浑河流域发生大洪水，浑河流域的设计洪水成果增大很多，经复核该水库实际抗御洪水标准已达不到原设计要求，且浑河下游抚顺、沈阳两大城市及农田防洪均达不到设计要求。

2）工程安全标准偏低。随着时代的进步、设计规范或标准的更新以及施工设备的发展，工程抗震标准、大坝填筑或碾压设计标准、结构稳定安全系数等均有所提高，导致原设计采用的安全标准偏低。

新丰江水电站是典型实例。1958年7月15日该工程正式开工，1960年10月25日首台机组并网发电，1962年土建工程竣工。水库大坝设防烈度按地震基本烈度Ⅵ度考虑。水库于1959年10月下闸蓄水后，库坝区开始频频发生有感地震；1960年9月大坝按地震烈度Ⅷ度进行第一期抗震加固。一期加固工程即将完成之际，1962年3月19日，在库区距大坝东北约1.1km处又发生震级6.1级的强烈地震，相应坝区地震烈度为Ⅷ度；大坝整体稳定经受了考验，但在右岸13～17号坝段108.50m高程出现了长达82m的水平裂缝，在左岸2号和5号坝段以及溢流面也有较短小裂缝。二期加固工程大坝按Ⅸ度半地震与正常蓄水位116.00m组合进行加固。

3）早期认知不足，导致不能达到原设计的工程功能要求。

毛家村水库是典型实例。该水库泄洪洞于1958年扩大初步设计完成即进行施工，原设计最大泄流量为$1320m^3/s$，由于原设计对斜井式泄洪洞和高速水流尚缺乏经验，且施工中存在体型曲线、表面平整度及混凝土强度等方面的缺陷，泄洪隧洞虽经消缺和补强加固及反弧段改建，并增设了掺气槽，但泄洪能力仍然难以维持原设计水平。

4）泄水、输水、发电建筑物以及金属结构、机电等设备老化，影响工程运行的安全性。

佛子岭水库工程是典型实例。该工程是中华人民共和国成立初期第一批治淮骨干工程之一，1952年1月开工建设，1954年11月竣工。1964年6月17日10时15分经历了一次5.25级地震，大坝未发现异常；1969年7月发生了一次特大洪水漫坝，漫坝时间持续25小时15分，最高洪水位130.64m，超过防浪墙顶1.08m；洪水漫坝后检查，坝体本身结构完整，变位正常，说明工程建设质量很好。但到了21世纪初期，佛子岭水库运行近50年，存在年久失修、运行设备陈旧等问题，降低了防洪度汛能力，对下游造成极大的安全隐患，于2002年完成除险加固工程。

5）受管理水平及资金所限，管理设施较为落后或维护不当，需更新改造。

2. 小型水库病险问题

小型水库数量大、分布广，建设和运行管理水平均较低，在进行除险加固工作前，多数水库存在工程标准偏低、建设质量较差、老化失修严重、工程管理落后、配套设施不全、缺乏良性的管理体制与机制等一系列问题，致使水库安全隐患严重，制约着水库效益的发挥。小型水库病险问题主要表现在以下几个方面：

1）水库安全标准低。因水文系列变化或水库运用方式改变，导致水库防洪标准降低，大坝坝顶高程不满足规范要求，水库泄洪能力不足。按《中国地震动参数区划图》GB 18306—2015及现行水工抗震规范复核，很多水库抗震标准低于现行规范要求。许多水库大坝坝体断面不足、坝坡或坝体抗滑不稳定、坝体裂缝等。

2）坝体、坝基渗漏严重。大坝，尤其是土石坝，存在坝基渗漏、绕坝渗漏、接触冲刷破坏、散浸、沼泽化、流土、管涌等严重问题，危及大坝安全。

3）输、放水及泄洪建筑物老化、破坏较为普遍。许多水库存在输、放水建筑物断裂、冲蚀、漏水等问题，严重影响建筑物结构的整体性，特别是遇坝下埋管时，极易导致接触冲刷破坏，危及坝体安全。金属结构和机电设备老化、锈蚀严重、止水失效，正常运转非常困难，严重影响水库安全。

4）生物破坏。在南方气候湿润地区，土石坝普遍存在白蚁危害。四川省约80%的土石坝存在蚁害，2001年大路沟水库溃坝就是白蚁破坏引起的。

5）管理设施、通信、观测设备等不完善。大多数病险水库的水文测报、大坝观测系统不完善，大部分小型病险水库没有水文测报及大坝观测系统；许多水库的管理设施陈旧落后，没有通信预警系统，防汛公路标准低，甚至没有防汛道路。

3. 大坝病害特征

1）病险大坝数量多、占比高。由于"先天不足、后天失调"，我国病险水库基数大，迄今纳入全国病险水库除险加固专项规划实施的病险水库大坝超过7.2万座，占我国水库总数的3/4。据统计，全国目前仍有1.2万座存量病险水库尚未实施除险加固；已实施除险加固的小型水库中，尚有1.65万座未竣工验收脱险，存在遗留问题，影响正常运行。

2）病险大坝分布广、威胁大。除上海外，全国各省（自治区、直辖市）都有病险水库。病险大坝不仅严重影响其功能和效益正常发挥，而且存在较高的溃坝风险，对下游广大人民群众生命财产和基础设施安全构成巨大威胁。

3）病险问题复杂、治理难。早期修建的水库大坝普遍存在建设标准低、清基不彻底、筑坝材料控制不严、压实度不足、坝下埋涵结构缺陷和接触渗漏、防渗体系不完善和性能劣化以及工程老化、淤积、生物破坏等一系列隐蔽工程质量缺陷和安全隐患，病险问题复杂，往往多种病险并存，治理难度大。

1.1.3.2 病险水库除险加固总体情况

党和政府历来高度重视病险水库除险加固工作，先后组织实施了多批病险水库除险加固项目。截至 2019 年底，纳入全国性病险水库除险加固专项规划的水库大坝共计 7.3 余万座。

"75·8"大洪水之前，限于当时的经济社会发展水平，病险水库并未引起足够重视。"75·8"特大洪水导致河南板桥、石漫滩水库在内的 62 座水库溃坝失事后，病险水库及其除险加固问题开始受到重视。1976～1985 年，国家投资对全国 65 座大型水库实施了以提高防洪标准为主的除险加固工程建设。1986 年和 1992 年，国家又先后确定了第一批 43 座、第二批 38 座，共计 81 座全国重点病险水库进行防洪达标、抗震加固、防渗处理等除险加固工程建设，其中大型水库 69 座，影响 30 万人口以上城市的重要中型水库 12 座。这 81 座病险水库大部分已经于 2000 年底前除险加固完毕。

由于当时尚未建立水库大坝安全鉴定制度，上述病险水库加固前并未进行全面安全评价，只能针对运行中暴露的主要险情和安全隐患进行处理。

1998 年大水以后，特别是 2000 年以来，国家实施积极的财政政策，将涉及人民生命财产安全的重大事宜列入公共财政支持的重点，中央加大了病险水库除险加固的投资力度，开展了规模空前的病险水库除险加固工作。按照国务院统一部署，截至 2010 年底，水利部、发展改革委、财政部先后开展并实施了 5 批次病险水库除险加固规划，累计安排中央补助资金 643.59 亿元，地方配套了一批资金，共实施了近 9200 座病险水库除险加固工作。

2010 年以来，国家加大了对小型水库除险加固的投入力度。按照国务院统一部署，水利部、发展改革委、财政部先后开展并实施了《全国重点小型病险水库除险加固规划》（2010 年）、《全国重点小（2）型病险水库除险加固规划》（2011 年）、"一般小 2 型"（2011 年）、"新增小型"（2014 年）、《全国中小河流治理和病险水库除险加固、山洪地质灾害防御和综合治理总体规划》（2012 年）、《加快灾后水利薄弱环节建设实施方案》（2017 年）等 6 批次 6.4 万余座病险水库除险加固任务。这段时期病险水库除险加固的特点是小型病险水库占比较大，占规划安排总数的 99.5%，大型水库仅有 30 座，中型水库仅有 290 座。

1. "一期规划"及实施情况

为贯彻中央指示精神，1999～2001 年，水利部组织编制了《全国病险水库水闸除险加固专项规划报告》，简称"一期规划"，在全国确定了 1346 座病险水库，从 2001 年开始，要求 5 年时间完成。其中大型 145 座、重点中型 584 座、西部地区重点小（1）型 484 座、西部地区一般中型 133 座，规划总投资 297.5 亿元，其中中央补助 165.9 亿元，地方配套 131.6 亿元。"一期规划"外又增加了病险水库共 273 座，其中重点中型水库 67 座，西部一般中型水库 12 座，西部重点小（1）型水库 194 座。"一期规划"共下达投资 311.45 亿元，其中中央资金 171.85 亿元，地方配套 139.59 亿元。

2. "二期规划"及实施情况

至 2003 年底，除一期规划部分完成项目外，还有大批老病险水库和新出现的病险水库急需除险加固，这些水库大多分布于偏远山区或贫困地区，难以单靠地方各级政府的力量实施完成。鉴于此，根据国家发展和改革委的安排，2003～2004 年，水利部组织有关单位，编制完成了《全国病险水库除险加固二期工程规划》（简称"二期规划"）。"二期规划"在"一期规划"的基础上，根据水库大坝安全鉴定的结论，充分考虑水库的重要程度、目前的运行状况以及失事后的危害程度等因素，将"一期规划"未实施的项目以及未纳入前期规划的项目进行了筛选，共确定了 2112 座病险水库，规划总投资 347.94 亿元，其中中央投资 179.93 亿元。要求从 2005 年起，用 3～4 年时间完成。从分类来看，东部地区为大、中型病险水库，中部地区为大、中型和保护县城或重要基础设施的重点小（1）型病险水库，西部地区（含吉林省延边自治州、湖北省恩施自治州和湖南省湘西自治州）为大、中型和保护建制镇以上或重要基础设施的重点小（1）型病险水库。

3. "专项规划"前规划外的加固项目

《全国病险水库除险加固专项规划》实施前，中央还根据实际需要对确需加固的 192 座病险水库实施了除险加固。共下达投资 45.06 亿元，其中中央资金 22.43 亿元，地方配套 22.63 亿元，用于 192 座次病险水库除险加固，包括大型 41 座，中型 112 座，小型 39 座。

4. "专项规划"及实施情况

2006 年中央经济工作会议提出，集中力量用 2～3 年时间基本完成全国大中型和重点小型病险水库除险加固任务。2007 年 1 月，水利部部署开展了全国水库安全状况普查，并在此基础上，结合原第一、二期规划未实施的中央补助项目编制形成《全国病险水库除险加固专项规划》（简称"专项规划"）。确定 3 年实施项目共 6240 座，其中大型 86 座、中型 1096 座、小型 5058 座，规划总投资 657 亿元，其中中央补助投资 391 亿元。

5. "东部重点小型规划"及实施情况

考虑到东部小型水库未列入一、二期规划以及"专项规划"，为完成中央提出的病险水库除险加固目标任务，全面规划东部地区现有重点小型病险水库除险加固任务，与"专项规划"项目同步实施完成，早日消除安全隐患，2009 年，水利部、财政部组织编制完成《东部地区重点小型病险水库除险加固规划》（简称"东部重点小型规划"），作为"专项规划"的补充。规划列入重点小型除险加固项目 1116 座，规划总投资 50.22 亿元，其中中央投资 16.74 亿元。

6. "重点小型规划"及实施情况

2010 年入汛以来，江西、广西、贵州和新疆等地先后有 5 座小型水库溃坝失事，进一步加快小型病险水库除险加固尤显迫切。为全面贯彻落实 2010 年中央 1 号文件"按期完成规划内病险水库除险加固任务，统筹安排其余病险水库除险加固"的要求和中央农村工作会议精神，2010 年 7 月，经国务院同意，水利部会同财政部组织编制了《全国重点小型病险水库除险加固规划》，将 5400 座小（1）型病险水库纳入规划，规划总投资 244.04 亿元，其中中央投资 165 亿元。规划实施年限为 3 年。规定部分项目由中央财政专项资金负担、其余项目由地方自筹资金负担的方式组织实施，要求中央、地方建设资金同步到位，工程项目同步实施，建设任务同步完成。

7. "重点小（2）型规划"及实施情况

国务院 2010 年 7 月 31 日第 120 次和 9 月 15 日第 126 次常务会议，提出了要在巩固大中型水库除险加固的基础上，进一步加快小型水库除险加固步伐。为此，按照党中央、国务院的部署，经过对基本情况进行调查摸底，在各地分别编制省级小（2）型水库除险加固规划的基础上，2011 年 4 月，水利部、财政部编制了《全国重点小（2）型病险水库除险加固规划》，规划将坝高 10m 及以上且库容 20 万 m³ 及以上的 15891 座重点小（2）型病险水库全部纳入，总投资 381.4 亿元，全部由中央财政安排专项资金解决，要求于 2013 年底前完成。所有项目由地方负总责，统一组织、同步实施、加快建设、限期完成，国务院有关部门监督指导，实施年限为 3 年。

8. "一般小（2）型规划"及实施情况

在《全国重点小（2）型病险水库除险加固规划》实施同时，仍有 2.5 万余座一般小（2）型水库存在病险问题。国务院 2011 年第 145 次常务会议要求在继续巩固大中型和重点小型病险水库除险加固成果的基础上，加快其余小型水库除险加固步伐，全面消除水库安全隐患。根据国务院精神，2.5 万余座一般小（2）型病险水库由各地在省级规划中明确具体项目，由地方负总责组织实施，建设资金由各地自行解决，国务院有关部门监督指导，与重点小（2）型规划同步启动。上报国务院备案的规划数为 25227 座，签订责任书的规划数为 25378 座，规划实施完成时各省认定总数为 25040 座。

9. "新增小型"及实施情况

2014 年底，财政部、水利部决定由中央财政定额补助，地方统筹使用，对新出现的小型病险水库实施除险加固。新增项目主要为全国第一次水利普查中新增和历次规划外的小（1）型及坝高 10m 以上、库容 20 万 m³ 以上的重点小（2）型病险水库。本批次共列入小型病险水库 4073 座，其中小（1）型 1132 座，小（2）型 2941 座，全部由中央财政安排专项资金解决。

10. "三位一体规划"及实施情况

2010 年汛期，局地强降雨引发部分中小河流漫堤溃堤、一些小水库出险、局部爆发山洪地质灾害，特别是甘肃舟曲发生特大山洪泥石流灾害，造成重大人员伤亡和财产损失。2010 年国务院出台了《关于切实加强中小河流治理和山洪地质灾害防治的若干意见》，按照国务院要求，发展改革委会同教育部、民政部、财政部、国土资源部、环境保护部、住房和城乡建设部、水利部、农业部、国家林业局、中国气象局等部门，开展规划编制工作。2012 年 3 月，国务院批复了《全国中小河流治理和病险水库除险加固、山洪地质灾害防御和综合治理总体规划》，将"全国重点小型规划"确定的 5400 座小（1）型病险库和"重点小（2）型规划"确定的 15891 座重点小（2）型病险水库纳入规划的同时，新增列入 320 座新出现大中型病险水库，其中大型 30 座，中型 290 座。

11. "灾后水利薄弱环节"的规划项目情况

2016 年，受超强厄尔尼诺事件和拉尼娜现象的先后影响，我国洪涝灾害呈现多年少有的南北并发、多地齐发态势，全国发生多次大范围强降雨过程，江河堤防、水库等大量防洪工程高水位、超标准、长时间运用，防汛抗洪经受了严峻考验。部分中小河流漫堤溃堤、小型水库漫坝出险，不少农田和农业设施遭到损毁，部分城市和圩区发生严重内涝，暴露出我国防洪减灾体系仍存在一些突出薄弱环节。按照党中央、国务院关于做好防汛抗洪抢险救灾工作的决策部署，2017 年，水利部、发展改革委、财政部联合印发《加快灾后水利薄弱环节建设实施方案》，纳入小型病险水库除险加固项目13437座，其中中央补助项目12128座，地方自筹资金项目1309座，已于2020年底前完成。

12. "十四五"期间病险水库除险加固目标

根据2020年11月18日国务院常务会议部署，"十四五"期间，2022年底前要完成1.65万座小型水库除险加固项目遗留问题加固处理；2025年前要完成现有1.2万座存量病险水库和新出现的约5600座水库除险加固任务。同时，建立病险水库除险加固长效机制，稳定资金投入渠道，严格执行大坝定期安全鉴定制度，对病险水库大坝综合应用除险加固和降等报废措施，及时消除安全隐患。

1.1.3.3 病险水库除险加固工程措施

按照"分级负责"原则，病险水库除险加固事权主要在地方。但由于我国水库大坝主要以防洪、灌溉等公益性功能为主，水库主管部门（业主）和运行管理单位绝大多数自身无力承担除险加固经费，目前主要由中央财政和地方政府财政按比例分担，分东部、中部、西部，中央财政分别给予1/3、1/2、2/3的加固经费补助，其余部分由省级以下财政再按一定比例分担，各地规定不一。

病险水库除险加固的主要技术流程包括安全鉴定；鉴定成果核查，列入中央专项规划的大中型病险水库安全鉴定成果由水利部大坝安全管理中心牵头组织开展书面和现场核查，小型水库由各省水行政主管部门组织核查；初步设计由具有相应资质的设计单位承担；初步设计审查，按照"分级负责"原则，分别由水利部、流域机构、地方水行政主管部门或发展改革委承担；除险加固工程实施由地方政府或水库主管部门（业主）组织，验收由水行政主管部门组织。

当前病险水库除险主要以采取工程措施进行除险加固为主。

1. 水库防洪能力不足的加固处理

提高水库防洪能力的加固措施主要有两种：一是加高大坝，增加水库调蓄能力；二是增建或扩建泄洪设施，扩大泄洪能力。

2. 防渗加固

1）基础渗漏处理

（1）压重。当大坝下游出现管涌或流土时，可采用反滤压重的办法。

（2）排水降压。当地基上部弱透水层较薄时，可在下游坝脚平行坝轴线开挖减压沟作排水降压设施，沟深直抵下部强透水层，并加反滤保护；当弱透水层较厚挖沟困难时，可采用减压井作为排水降压设备。

（3）截水槽。在上游坝脚附近沿坝轴线方向开挖黏土截水槽，直至弱风化基岩，截断坝基渗漏。适用于坝基强透水覆盖层及基岩强风化层不深的大坝。

（4）铺盖。在上游坝脚前铺设弱透水材料（黏土或土工膜）形成铺盖，达到坝基防渗的目的。

（5）帷幕灌浆。通过灌浆在坝基中形成防渗帷幕，控制透水层的渗漏，减少渗流量，防止坝基受侵蚀作用而产生集中渗流、冲刷等现象。

（6）岩溶灌浆。在岩溶发育地区，当坝基存在集中渗漏通道时，通过钻孔、冲填级配料形成反滤条件，然后再灌注水泥浆液，堵塞集中漏水通道。

（7）防渗墙。在强透水坝基中建造混凝土防渗墙，彻底截断坝基渗漏通道，是目前最为常用的坝基渗漏处理方法。可根据覆盖层的厚度与颗粒组成情况，以及当地的施工手段和施工条件，选择地下混凝土、锯槽、射水造槽法、板桩灌注、高压喷射等不同施工方式的防渗墙。

（8）垂直铺塑防渗。适用于坝高矮，坝线长，坝基为粉土或粉砂、细砂的平原水库。

2）绕坝渗漏处理

（1）铺盖。沿上游山坡铺设弱透水材料（黏土或土工膜）形成铺盖，封闭绕坝渗漏的进口，适用于斜墙坝与均质坝的非陡崖状山坡。

（2）帷幕灌浆。当岸坡风化层较厚、裂隙发育，而原施工未开挖结合槽或结合槽深度不足时，可采用帷幕灌浆处理。灌浆帷幕应与坝体及坝基防渗工程可靠连接。

（3）接触灌浆。当岸坡岩体较为完整，坝体与岸坡之间仅存在接触渗漏时，可只对接触面进行灌浆处理。

（4）岩溶灌浆。在岩溶发育地区，应通过灌浆堵塞两坝端山体中的集中漏水通道。

（5）下游贴坡反滤保护。在绕坝渗流出口处设置贴坡反滤，防止渗流冲蚀。

3）坝体渗漏处理

（1）劈裂灌浆。20世纪70～80年代曾在我国得到广泛使用。但据调研，实际防渗效果不能令人满意，很多大坝在运行若干年后，坝体渗漏又重新恶化。该法在低"胖"坝尚可使用，对高"瘦"坝则不宜采用。

（2）斜墙防渗。在上游面填筑黏土斜墙或铺设土工膜进行防渗，下端与坝基截水槽或坝前黏土铺盖相连接。

（3）垂直铺塑。结合坝基垂直铺塑一并施工，适用于平原水库。

（4）防渗墙。目前广泛使用的有冲抓套井回填黏土、高压喷射、倒挂井法、低弹模混凝土等多种施工方式或形式，往往与坝基防渗处理一并施工。

（5）防渗墙与铺设土工膜相结合防渗。上游某一高程（如死水位）以下采用防渗墙防渗，以上铺设土工膜防渗，目前也使用较多。

（6）下游导渗。在可能最高出逸点以下设置贴坡反滤，保护渗流出口免遭冲蚀和产生渗透变形。一般只作为辅助或应急处理手段。

4）坝体与建筑物接触面渗漏处理

（1）开挖回填与防渗刺墙相结合。开挖结合部位的填土，加设1～2道不小于3～4倍水头的混凝土刺墙，然后重新回填黏土。

（2）劈裂灌浆。在墙体一侧坝轴线上游进行，灌浆范围约3倍水头，在土坝与边墙的结合面用水泥浆或掺黏土的黏土水泥浆，离墙远的地方可用黏土浆。

对小型病险水库的防渗加固处理，除非渗漏特别严重，应慎用防渗墙加固方案。因为往往经济上不可行，而且很可能带来上游坡稳定问题。建议主要以渗流出口的反滤保护为主，必要时可结合灌浆处理，不仅投资较少、施工技术简单，而且可结合下游排水体翻修或补充，以及坝坡整治及培厚加固等工程措施一并施工。

3. 土石坝结构加固

土石坝常见的结构病害为裂缝和坝坡失稳。

1）裂缝处理

（1）设置保护层。干缩裂缝和冻融裂缝多发生在黏土均质坝的表面及黏土心墙坝的坝顶。可设置块石、碎石、砂土、混凝土等材料的护坡与坝顶保护层，保护层的厚度应大于冻土深度。

（2）开挖回填。将裂缝全部挖除，然后用与周围介质相同的土料回填压实，是最常用的裂缝处理方法，适用于对所有类型浅层裂缝的处理。

（3）充填灌浆。当裂缝深度较大时，可对浅层裂缝进行开挖回填处理，深层则采用充填灌浆处理。对滑坡裂缝应慎用灌浆，以防滑坡进一步发展。

（4）劈裂灌浆。对深层隐蔽裂缝，可采用劈裂灌浆予以处理。主要适用于断面宽大的均质坝和宽心墙坝，但不适用于处理滑坡裂缝，并可能对防渗体造成新的裂缝。

2）坝坡稳定加固

（1）降低坝体浸润线。通过前述防渗处理降低坝体浸润线，提高土体的有效应力，从而增加下游坝坡的抗滑稳定性。

（2）加强排水。在下游坡存在滑动可能的范围内，设置倒滤暗沟及翻筑排水棱体，以增加其抗滑稳定性。

（3）放缓坝坡。可结合坝坡整治将其适当放缓，达到满足稳定性的要求。

（4）减载与削坡相结合。对一些坝高有富余的大坝，可采取坝顶削土减载，再进行削坡的处理措施。

（5）固脚。在上游坝脚砌筑浆砌石或在下游坝脚设置干砌石挡土墙固脚。

（6）坝脚盖重。在上游坝脚抛填块石压重，增加抗滑力；下游坝脚可填筑透水材料盖重，既增加抗滑力，又起到排水降压作用。

3）抗震加固

地震对土石坝的危害较大，常见的震害包括裂缝、震陷、坝坡失稳和沙土液化。裂缝与坝坡失稳的加固处理方法同前。

考虑震陷后，如现状坝顶高程不足，应加高大坝或增设防浪墙。

砂土抗地震液化加固方法基本可分为置换法、加密法和压重法三类。置换法的加固思路是，将液化区砂土挖去，重新填筑石渣料等抗液化性能较好的材料；加密法的加固思路是，采用振冲、振动碾压、强夯、爆炸振密等加密方法，提高砂土的密实度，使砂土达到抗地震液化能力；压重法的加固思路是，在液化区砂土表面加压重，提高砂土的有效应力，从而使砂土达到抵抗地震液化的能力。

4. 混凝土坝加固

1）裂缝处理

裂缝修补处理的基本方法有表面修补法、内部修补法和锚固法。位于混凝土表面且其表面有防渗漏、抗冲磨等要求的裂缝，应进行表面处理；对削弱结构整体性、强度、抗渗能力和导致钢筋产生锈蚀的裂缝，要进行内部处理；对危及建筑物安全运用和正常功能发挥的裂缝，除进行表面处理、内部处理外，还需采取锚固或预应力锚固等结构措施进行处理。

2）碳化处理

混凝土碳化最好采用柔性防碳化涂料修补，若碳化深度较大，可凿除松散部分，洗净进入的有害物质，将混凝土衔接面凿毛，用聚合物砂浆或细石混凝土填补，最后以柔性防碳化涂料保护。

3）补强加固

常见的混凝土结构补强加固方法有外包钢法、粘（或锚）钢（或碳纤维）法、预应力法、加大截面法、增设杆件（支点）法。

4）渗漏处理

渗漏加固处理的基本原则为"上堵下排，以堵为主，以排为辅"。应尽可能从混凝土内部将渗水通道和孔隙封闭。当无法有效地对渗水通道和孔隙进行封闭时，可采用表面嵌填、粘贴、涂刷等方法作为辅助手段，对混凝土表面进行防渗处理。

混凝土渗漏处理常见工艺有化学灌浆、表面嵌填、粘贴、涂刷以及水下渗漏处理等，渗漏修补材料主要包括快速堵漏材料、充填材料、灌浆材料、表面覆盖材料。

5）新老界面处理

新老混凝土接合面传统处理方法为人工凿毛、风镐打毛、风砂枪和高压水冲毛，用于新老混凝土界面的粘结材料主要分无机和有机材料两类。无机类有水泥或水泥砂浆，其主要缺点是粘结性差，达不到消除薄弱界面的目的。有机类虽粘结强度相对较高，但与混凝土的线膨胀系数相差太大，易变形剥离，并且耐久性差、价格高、需干面施工、有毒。

6）过流表面修补加固

过流表面缺陷修补包括升坎的凿除和磨平以及蜂窝、麻面的凿除与填补，经常使用的修补材料主要有预缩砂浆、环氧胶泥、环氧砂浆、丙乳砂浆、小石混凝土、自密实混凝土、喷混凝土（砂浆）。水泥基类的材料变形性能与被修补面比较接近，施工操作简单，具有碱性防锈作用，而且性能稳定，施工中通常优先考虑使用。有机合成类材料力学指标优越，且对细小缺陷的修补效果比较好，但存在老化问题，因而常用在运行要求比较高且又不受阳光直射的部位。

7）混凝土植筋加固

植筋锚固施工是在按要求已凿毛的混凝土上用金刚石钻机、电锤等机械设备，按选定的参数成孔，并对孔壁进行处理后，注入配制的结构胶。然后，植入准备好的钢筋，固化后达到植筋加固的要求。

8）低强混凝土加固

凡是低于设计强度一定范围，不能满足建筑物运行的混凝土，即为低强混凝土。低强混凝土是否需要处理、采用何种方式处理，要结合建筑物的重要性和具体部位，进行具体评估和分析。对于高速过流面，必须进行加固处理；对不以强度为主要控制指标的内部混凝土或确认可以利用后期强度又不影响安全运行的，则可不处理或从简处理。

低强混凝土加固常用方法有局部凿除修补、整块挖除重浇及浸渍增强。将低强部分的混凝土凿除后，用修补材料予以填补，修补材料包括预缩砂浆、环氧砂浆、聚合物改性水泥砂浆、一级配混凝土等，强度应比基材高1～2个等级；低强混凝土范围占整个结构块比率较大且难以修复时，应整块挖除重浇；浸渍增强方法适合于混凝土表面浅层低强处理。

5. 坝下涵管及隧洞加固

1）改坝下涵管为隧洞。过去修建的很多水库输水建筑物采用坝下涵管，由于坝体变形、涵管质量差及结构不完善等原因，大量涵管断裂或止水破坏漏水，产生接触冲刷，严重威胁大坝安全。因此，坝下涵管如属坞工结构，坐落在土基上，洞身存在断裂漏水现象后，最好废弃封堵，并建议在岸边改建隧洞。如在原地重建，应特别注意涵管与坝体填土之间的防渗处理。

2）加钢筋混凝土衬砌。在原隧洞断面上加钢筋混凝土衬砌，以满足结构安全和防渗要求。该方法减小了隧洞过水断面，对输水量有一定影响。

3）加钢内衬。在原涵洞或隧洞中增加钢衬使其满足结构安全和防渗要求。钢衬与洞壁之间的空隙灌注水泥砂浆使钢衬与原洞壁形成整体。由于钢衬糙率减小，增加钢衬后一般不会减少输水流量。

4）加贴高强碳纤维布内衬。对于混凝土衬砌隧洞，如抗裂性能不足或存在裂缝、空蚀等问题，在其洞壁粘贴1~3层高强碳纤维布内衬，可以达到补强和防渗加固的目的。

6. 其他病害加固处理

病险水库的闸门、启闭机及其控制设备，大多已到报废折旧年限，陈旧老化，一般采取拆除更换的处理。

对存在生物破坏的大坝，可在下游采用块石、碎石护坡，防止动物打洞；白蚁危害应防重于治、防治结合，预防措施包括灯光捕杀、诱集捕杀、纱罩捕杀；灭治措施有追巢翻挖、熏烟毒杀、灌浆等。

对大坝安全监测与防汛交通等管理设施不完善的病险水库，应按有关规范要求予以增补与更新改造。

1.1.3.4 水库降等和报废

在大规模开展病险水库除险加固的同时，水利部于2003年出台了《水库降等与报废管理办法（试行）》（水利部令第18号）。2013年、2019年又先后颁布技术标准《水库降等与报废标准》SL 605—2013、《水库降等与报废评估导则》SL/T 791—2019。截至2017年底，全国共降等或报废水库1693座，其中降等819座（中型3座、小型816座），报废874座（中型3座、小型871座），在消除水库大坝安全隐患和风险、优化管理资源配置、降低运行管理成本、促进病险水库除险加固科学决策等方面发挥了积极作用。2020年，水利部将研究提出小型水库降等报废管理要求，编制并完成水库降等报废年度工作计划，持续推动水库降等与报废工作有序开展。

水库降等与报废涉及降等与报废标准、影响评估、善后处理等方方面面问题，需要科学决策。降等与报废并不意味着可以随意处置，需要进行必要论证和程序控制，并采取适当措施进行善后处理和生态修复，避免产生社会和生态等方面的负面影响，确保在遭遇洪水或地震等情况时不出现新的安全问题。

1. 降等报废适用条件

符合下列条件之一的病险水库可通过降等达到除险目的：

1）因规划、设计、施工等原因，实际工程规模达不到原设计等别标准，扩建技术上不可行或经济上不合理的；

2）水库淤积严重，现有库容低于原设计等别标准，恢复库容技术上不可行或经济上不合理的；

3）原设计效益大部分已被其他水利工程代替，且无进一步开发利用价值，或水库功能萎缩已达不到原设计等别规定的；

4）实际抗御洪水标准不能满足规范要求或工程存在严重质量问题，除险加固经济上不合理或技术上不可行，降等可保证安全和发挥相应效益的；

5）因征地、移民或在库区淹没范围内有重要基础设施等原因，致使水库自建库以来不能按原设计标准正常蓄水，且今后也难以解决的。

符合下列条件之一的病险水库可通过报废达到除险目的：

1）防洪、灌溉、供水、发电、养殖及旅游等效益基本丧失或被其他工程替代，无进一步开发利用价值的；

2）库容基本淤满，无经济有效措施恢复的；

3）建库以来从未蓄水运用，无进一步开发利用价值的；

4）遭遇洪水、地震等灾害，工程严重毁坏，无恢复利用价值的；

5）库区渗漏严重，功能基本丧失，加固处理技术上不可行或经济上不合理的；

6）病险严重，且除险加固技术上不可行或经济上不合理，降等仍不能保证安全的。

2. 水库报废决策方法

虽然许多案例已经证实水库报废对生态环境恢复能起到积极作用，但由于对拆坝影响认知的局限性以及影响的复杂性、难以预期性，不能对拆坝的生态后果一味乐观。

拆坝前需进行科学的决策分析，系统地评估拆坝影响。在科学技术和案例资料的助力下，从生态环境、社会经济、拆坝后果等多方面，开展针对分析或综合评估，研究报废方案的可行性。决策时应尽可能选用通用、成熟、简便的方法，如数学模型、物理模型、类比分析以及专业判断等方法。

数学模型法适用于能定量评估的水质、水温、局地气候等环境要素及洪水淹没等风险影响；物理模型法根据相似原理，通过建立与原型相似的模型进行试验，评估有关环境要素及因子的影响。适用于无法建立数学模型，或对数学模型结果进行验证的情形；类比法即根据工程情况相近、自然地理条件相似的已有工程案例，采用定性或者定量方法类比该水库报废的生态环境影响；专业判断法适用于难以进行定量评估的指标，如文物、景观、人群健康影响等。

1.1.3.5 病险水库除险加固效果评估

病险水库除险加固工程的效果如何评估，是仍需探索解决的难题。

为实现病险水库除险加固效果定量化、模型化评价，采用系统工程原理和层次分析方法，充分考虑病险水库除险加固特点和治理效果影响因素，从除险加固方案、安全性态改善程度、除险加固效益等方面入手，可以建立病险水库除险加固效果评价指标体系（图1.1-2）。指标体系中既含有定性指标又含有定量指标，分为四个层次。既可以对病险水库除险加固效果进行综合评价，又可以选取其中的单项指标对除险加固治理的某一方面进行评价。

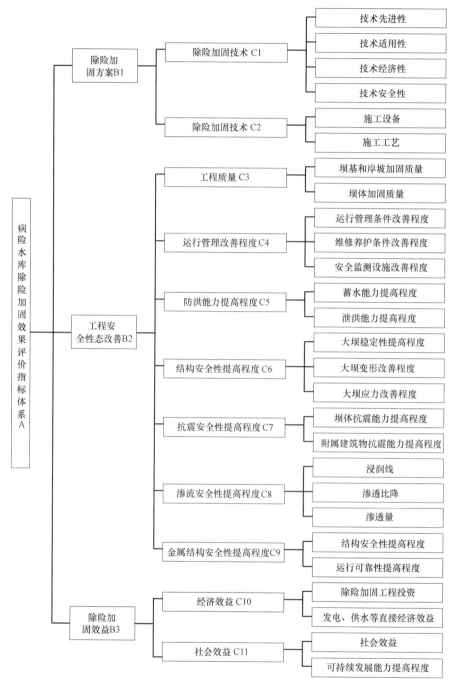

图 1.1-2 病险水库除险加固效果评价指标体系

1.2 新的形势和挑战

  大坝病险评估相当于人的健康体检，除险加固则相当于人的大病手术，是水库大坝安全管理两项最重要的制度，对确保大坝安全运行至关重要。但由于体制机制掣肘、投入不足、技术力量薄弱、基础资料不充分、监管不到位等多种原因，水库大坝定期安全鉴定制度执行情况并不理想，全国目前有 3.1 万座水库未按规定时限及时开展安全鉴定，而且鉴定成果质量不高，大坝病险看不清、看不准的问题还突出存在。1999 年以来，中央和地方政府投入数千亿巨额资金对 7.2 万余座病险水库大坝进行了除险，远超出当初编制全国病险水库除险加固专项规划时的测算数量。病险水库除险加固在取得巨大成就的同时，也暴露安全鉴定等前期工作质量不高、除险加固决策机制欠科学、技术标准不配套、配套资金到位率低、先天工程质量缺陷和隐蔽工程除险加固技术难度大等一系列问题，导致部分水库重复加固后仍未脱险，少数水库加固过程中或加固后溃坝或出现重大险情事故，全国病险水库除险加固专项规划迄今无法收尾。据初步统计，目前全国仍有 1.2 万座存量病险水库尚未实施除险加固，已实施除险加固的小型水库中，尚有 1.65 万座未竣工验收，存在遗留问题，影响正常运行。反映当前的病险水库除险加固决策与实施机制还有待进一步完善，安全诊断（病险评估）和除险加固技术及标准还有待进一步完善。

1.2.1 党和政府对大坝安全和除险加固提出了更高要求

党的十九大提出，中国进入中国特色社会主义的新时代，"创新、协调、绿色、开放、共享"成为社会经济发展主旋律，生态文明建设成为国家战略。面对我国社会主要矛盾和治水主要矛盾的深刻变化，面对人民对优质水资源、健康水生态、宜居水环境的美好生活追求，面对绿色发展、转型发展、生态文明建设、快速城镇化、政府职能转变、社会公众广泛参与等新的发展理念和运行环境变化，面对新形势对水库大坝安全赋予的新内涵、新要求，我国大坝安全和除险加固既面临一系列挑战，也面临新的发展机遇。

水库大坝是国家重大基础设施，是经济社会发展和国家重大战略实施的基本保障。大坝安全是国家水安全和公共安全的重要组成部分，事关国家防洪安全、供水安全、粮食安全、能源安全、生态安全，事关人民群众生命财产安全，党中央、国务院历来高度重视。十八大以来，习近平总书记多次就大坝安全做出重要指示批示，强调要坚持安全第一，加强隐患排查预警，及时消除安全隐患，"十四五"时期要重点解决防汛中的薄弱环节，确保水库大坝安然无恙。

2014 年 3 月 14 日，习近平总书记在中央财经领导小组专题研究水安全问题的会议上指出，我国水资源时空分布不均及水旱灾害突出等老问题仍有待解决，水资源短缺、水生态损害、水环境污染等新问题越来越突出，明确提出"节水优先、空间均衡、系统治理、两手发力"的新时期治水思路，赋予了新时代治水的新内涵、新要求、新任务，为强化水治理、保障水安全指明了方向，也为新形势下进一步做好水库大坝安全管理工作指明了方向。

2016 年初，习近平总书记在重庆召开的深入推动长江经济带发展座谈会上强调，当前和今后相当长一个时期，要把修复长江生态环境摆在压倒性位置，共抓大保护，不搞大开发；2018 年 4 月，在武汉召开的深入推动长江经济带发展座谈会上，习近平总书记系统阐述了共抓大保护、不搞大开发和生态优先、绿色发展的丰富内涵。2019 年 9 月 18 日，习近平总书记在黄河流域生态保护和高质量发展座谈会上强调，要坚持绿水青山就是金山银山的理念，坚持生态优先、绿色发展，以水而定、量水而行，因地制宜、分类施策，上下游、干支流、左右岸统筹谋划，共同抓好大保护，协同推进大治理，着力加强生态保护治理、保障黄河长治久安、促进全流域高质量发展，让黄河成为造福人民的幸福河。长江全流域现有各类水库大坝 5.2 万余座，超过我国水库大坝总数的一半；黄河全流域现有近 3200 座水库大坝，这些水库大坝在长江大保护和黄河高质量发展中除了需要更好地承担防洪、灌溉等传统功能外，还需要承担提供优质水资源、健康水生态、宜居水环境等新的功能，给水库大坝安全管理与科学调度运用提出了新的目标、新的任务、新的要求。

2018 年 7 月，习近平总书记针对防汛抢险救灾工作作出重要指示，强调要牢固树立以人民为中心的思想，全力组织开展抢险救灾工作，最大限度减少人员伤亡，妥善安排好受灾群众生活，最大程度降低灾害损失。要加强应急值守，全面落实工作责任，细化预案措施，确保灾情能够快速处置。要加强气象、洪涝、地质灾害监测预警，紧盯各类重点隐患区域，开展拉网式排查，严防各类灾害和次生灾害发生。2018 年 10 月，中央财经委员会第三次会议强调防灾减灾与安全，要建立高效科学的自然灾害防治体系，提高全社会自然灾害防治能力，为保护人民群众生命财产安全和国家安全提供有力保障。要针对关键领域和薄弱环节，推动建设若干重点工程。要实施灾害风险调查和重点隐患排查工程，掌握风险隐患底数；实施防汛抗旱水利提升工程，完善防洪抗旱工程体系；实施应急救援中心建设工程，建设若干区域性应急救援中心；实施自然灾害监测预警信息化工程，提高多灾种和灾害链综合监测、风险早期识别和预报预警能力；实施自然灾害防治技术装备现代化工程，加大关键技术攻关力度，提高我国救援队伍专业化技术装备水平。水库大坝既是自然灾害防治工程体系不可或缺的组成部分，其自身也可能成为地震、暴雨洪水、地质滑坡等重大自然灾害次生灾害的载体和重大风险源。2020 年 2 月 14 日，习近平总书记在抗击新冠肺炎疫情讲话中强调，确保人民群众生命安全和身体健康，是我们党治国理政的一项重大任务，要针对这次疫情暴露出来的短板和不足，总结经验、吸取教训，完善重大疫情防控体制机制，健全国家公共卫生应急管理体系，提高应对突发重大公共卫生事件的能力水平。水库溃坝是典型的突发公共安全事件，可能造成巨大的人员伤亡和生态灾难，国内外均有惨痛教训，习近平总书记上述针对抗击新冠肺炎疫情的讲话精神，同样适用于水库大坝突发事件应急管理体制机制建设与完善，以提高全社会应对突发重大公共安全事件的能力水平。因此，水库大坝安全诊断、风险识别与预警、除险加固、应急处置也是国家自然灾害防治体系建设的重点环节与重要任务。

2019 年全国水利工作会议指出，我国治水的主要矛盾已经发生深刻变化，从人民群众对除水害兴水利的需求与水利工程能力不足的矛盾，转变为人民群众对水资源水生态水环境的需求与水利行业监管能力不足的矛盾。当前，我国水库大坝安全管理仍以传统的工程安全理念和目标为主，未来应聚焦变化环境、流域尺度、全生命周期，重点向兼顾工程安全、公共安全、生态安全的系统安全理念，以及资源优化、绿色发展、提质增效、风险防控、智慧管理和支撑可持续发展等方向发展。

2020 年 10 月召开的党的十九届五中全会通过《中共中央关于制定国民经济和社会发展第十四个五年规划和二〇三五年远景目标的建议》，明确提出"十四五"期间要"加快病险水库除险加固"。2020 年 11 月 18 日，李克强总理主持召开国务院常务会议，明确要求对现有病险水库 2025 年底前要全面完成除险加固，对新出现的病险水库要及时除险加固。2020 年 12 月初，水利部在福建召开全国水库除险加固和运行管护工作会议，学习贯彻党的十九届五中全会精神和习近平总书记有关重要批示，全面落实 11 月 18 日国务院常务会议部署，安排部署"十四五"期间全国水库除险加固和运行管护工作。水利部部长鄂竟平强调，要充分认识水库大坝安全的极端重要性，进一步增强紧迫感、责任感。各级水利部门要认真践行水利改革发展总基调，按照"十四五"总体安排，列出任务清单、制定实施办法、落实投资任务、细化工作举措、强化属地责任、加大问责力度，确保完成水库除险加固和运行管护任务。毫无疑问，"十四五"期间，水库大坝安全鉴定和病险水库除险加固将成为水利中心工作和重点工作，时间紧、任务重，必须科学谋划和精心组织。

1.2.2 大坝运行环境和功能需求发生了巨大变化

我国大规模的水库大坝建设是在 20 世纪 50～70 年代，尚处于以农业经济为主的社会主义发展初始阶段，首要解决的是广大人民群众温饱和生存基本安全保障问题，防洪和灌溉是当时修建水库大坝的主要目的。经过 70 年的发展，特别是改革开放以来取得重大成就和显著进步，我国经济社会已经发生了翻天覆地的变化，已从当初的农业社会发展到接近工业化社会，城镇化率从 1949 年的 10.64% 提高到现今超过 60%，并将进一步持续提升，迎来从温饱不足到小康富裕的伟大飞跃，进入了中国特色社会主义新时代，社会主要矛盾和治水主要矛盾已发生深刻变化。伴随经济社会发展，城镇化率不断提高，产业结构不断调整升级，河湖长制全面推行，社会公众广泛参与，生态文明和美丽乡村建设成为广大人民群众追求标准越来越高美好生活的重要组成部分，水库大坝运行环境发生了巨大变化，对水库功能的需求也发生了重大变化。总体上看，防洪减灾和综合兴利功能要求更高，农业灌溉功能需求相对下降，发电功能（主要为小水电）逐渐萎缩，供水、生态等功能需求逐渐凸显，在大坝安全鉴定和除险加固时需要考虑运行环境和功能需求变化对大坝安全运行和调度的影响，并采取必要的工程和非工程措施。

第一是水库供水功能需求大幅提升。目前水库年供水 2700 亿 m^3，占全国总供水能力的 40%，为包括北京、天津、香港等 100 多座大中城市提供了可靠水源。丹江口水库是南水北调中线工程水源地，每年可供水 95 亿 m^3，已成为京津冀豫 4 省市受水区的主要水源，从根本上改变了受水区的供水格局，为京津冀协同发展、雄安新区建设等重大战略实施，以及改善华北地区生态提供了可靠的优质水资源支撑；杭州千岛湖配供水工程于 2019 年 9 月正式通水运行，新安江水库将成为杭州市主水源，每年可为杭州市提供 10 亿 m^3 优质水资源，发挥保障杭州城市供水安全、提升饮水水质的重要功能；吉林省中部城市引松供水工程从第二松花江丰满水库调水至吉林省中部地区，向长春市、四平市、辽源市及其所属 8 个市、县、区以及沿线 26 个乡镇提供生活、工业供水，并改善农业用水和生态环境，设计年引水量近 10 亿 m^3。2005 年以来，为解决 5.2 亿农村人口人畜饮水安全问题，面广量大的小型水库作为主要集中供水水源地，发挥了重要作用。在浙江等经济发达地区的新农村建设中，水库成为乡村集中供水的主水源地。随着工业化的发展，很多水库也成为工业企业和现代农业发展的主要水源，甚至以水定产，成为产业布局和企业发展规模的控制因素。

第二是水库生态功能要求越来越高。珠江流域利用水库调度压咸补淡，保障澳门和珠江三角洲供水安全；丰满水库在应对松花江水质污染突发事件中发挥了关键作用。2016

年河长制全面推行后，为维持河流健康生命，很多水库被要求泄放生态流量，承担原设计没有的保护生态环境功能。"引岳济淀"生态应急补水工程从 2004 年起，每年自岳城水库调水约 4 亿 m³ 到白洋淀，使白洋淀生态危机得到根本解决，对于保护白洋淀物种多样性、改善华北地区小气候具有重要意义。新疆大西海子水库位于塔里木河干流，距下游台特玛湖 320km，总库容 1.68 亿 m³，是塔里木河梯级开发链中最末端水库，1960 年建成，原设计主要功能为农业灌溉。根据 2001 年国务院批复的《塔里木河近期综合治理规划报告》，大西海子水库 2005 年完全退出农业灌溉，专门用于给塔里木河尾闾湖泊—台特玛湖生态供水，是我国第一座专门用于生态供水的水库。在经济发达和城市周边地区，水库形成人工湖，成为水景观平台，成为人民群众休闲场所，改善当地生态环境，提高周边环境质量和生活水平、促进当地经济社会发展，全国现有大批水库被更名为"湖泊"，如千岛湖（浙江新安江水库）、雁栖湖（北京北台上水库）、天目湖（江苏沙河水库）、万佛湖（安徽龙河口水库）已成为著名的生态旅游和休闲场所。生态水库建设、水库生态修复、水库生态功能提升等理念开始受到关注、推广，并在一些地区付诸实践，在未来的大坝除险加固工程建设时，应更加重视水库生态修复和生态功能提升。

第三是社会和公众越来越关注大坝安全和风险。早期我国鲜有开展面向普通民众的大坝安全教育，导致水库大坝安全运行管理公众参与程度低，水库周边群众对水库功能、调度运用、风险、水资源利用与保护、水环境、水库管理和保护范围及其禁止行为等知之甚少，不关心涉及水库安全运行、功能发挥、水资源和水环境保护、隐患处置等事宜。随着经济社会发展，水库大坝的防洪保安和综合兴利功能进一步彰显，同时很多水库被打造为亲水平台，吸引公众关注和参与水库管理，使公众进一步了解水、亲近水，大坝安全和风险已成为社会、公众和舆论关注的热点，人人重视大坝安全、爱惜水资源、关心水环境的良好社会氛围逐步形成，这也成为进一步重视和做好大坝安全评估和除险加固工作的动力和监督压力。

1.2.3　大坝安全内涵正在不断丰富和发展

大坝安全是个古老的课题，人类从开始筑坝以来就一直在研究。大坝安全的理念和内涵随着经济社会发展而不断拓展和丰富完善。

国际大坝委员会（ICOLD）于 1982 年在巴西里约热内卢成立了大坝安全技术委员会，1987 年发布了 59 号通告《大坝安全指南》，大坝安全定义为"将大坝实际状态和那些导致其溃决或恶化的状态区分开来的范围"。从这个定义看，大坝安全就是表征大坝工程性态的一种范围，在这个范围内，大坝不发生破坏、溃决、恶化。反之，如果一座大坝没有出现破坏、溃决、恶化等状态，大坝安全就得到实现。很显然，这个定义强调的是大坝工程性态。

围绕这个定义，传统大坝安全理念的核心是大坝工程安全，即如何使大坝工程保持良好的性态。大坝工程性态包括工程质量、防洪能力、抗渗能力、结构稳定性、抗震能力等几方面，其内涵体现在设计、施工、运行管理等各个环节。

20 世纪 90 年代以来，发达国家的大坝安全理念发生了明显变化，内涵不断拓展和丰富。

澳大利亚国家大坝委员会（ANCOLD）1994 年发布《大坝安全管理指南》，取代

1976 年发布的《大坝运行、维护和监测指南》，其中最重要的一个原因就是"大坝溃决常常是一场毁灭性的灾难，可能导致下游生命和经济损失以及环境破坏，并使业主遭受难以承受的财产和收益损失"，大坝安全的内涵已延伸至公众生命、环境。

加拿大大坝协会（CDA）1999 年发布了大坝安全导则，该导则中没有对大坝安全进行定义，但定义了安全的大坝（safe dam）："不会将不可接受的风险强加给公众和财产，能够满足政府、工程安全和公众安全准则的大坝。"与 1987 年国际大坝委员会的主要聚焦于工程性态的定义相比，该定义已经增加了政府、公共安全，以及不可接受风险等重要对象和理念。

世界银行（WB）2002 年发布《大坝安全法律框架比较研究报告》，将大坝安全定义为不存在"影响大坝建筑物和附属建筑物安全运行，以及对公众生命、健康、财产及大坝周边环境可能造成危害的各种因素"，明确大坝安全内涵包括公共安全、生态环境。

美国陆军工程师团（USACE）2004 年 4 月发布《大坝安全——政策与过程》，将大坝安全定义为："大坝安全是保障大坝结构完整性和良好工程性态的艺术和科学，使大坝不会对公众、财产和环境造成不可接受的风险，需要综合运用工程准则、经验和风险管理理念体系，去认识大坝是一座结构物，它的安全功能不是由原设计和施工所唯一确定的。大坝安全也包括了各种措施和方法，用于确认或预测大坝缺陷和溃坝后果，并用于证实、重视、降低、消除或补救不可接受风险至合理可能的范围。"从这个定义看，大坝安全不仅包括工程安全、公共安全、生态（环境）安全，还包括保障大坝安全的工程和非工程措施，进一步丰富了大坝安全内涵，形成了系统安全理念，包括：

1）大坝安全是一种艺术和科学，大坝不但能够挡水，而且能够长期保持良好的工程性态；

2）大坝风险需要控制在社会和公众可接受的范围内；

3）需要持续对大坝安全进行监控和对大坝风险进行评估；

4）大坝安全包括将风险降低至可接受范围的一系列工程和非工程措施。

可以看出，大坝安全的定义近 30 年来已经发生了巨大变化。在 20 世纪 70～80 年代，包括我国在内，均将大坝安全狭义地理解为大坝的工程特性，只要大坝不破坏、溃决和恶化，大坝就是安全的。自 20 世纪 90 年代以来，大坝安全的定义除包括传统的工程性态之外，还延伸至大坝风险，即溃坝可能造成的生命和经济损失以及环境破坏，以及将风险控制在公众可接受范围的一切措施。简而言之，大坝安全不仅要关注工程安全，还需要关注溃坝对下游公共安全、生态安全构成的潜在风险，并综合采取工程措施和非工程措施，将风险控制在可接受范围以内。

进入 21 世纪，大坝安全不仅是一门保障大坝工程安全的工程学科，更是保障下游公共安全、生态环境安全，将大坝风险降至社会、公众可接受范围以内的综合性学科。

当前，中国进入中国特色社会主义新时代，片面强调工程安全的传统大坝管理理念已经落后，不符合新形势对水库大坝安全赋予的新内涵、提出的新要求。借鉴国际经验，进一步丰富和完善大坝安全内涵，构建兼顾工程安全、公共安全、生态安全的系统大坝安全理念，是中国经济社会发展到现阶段的必然要求，是新形势下水库大坝安全管理发展方向。在大坝安全评估和除险加固工程建设中，也必须体现系统安全理念。

1.2.4 大坝安全管理和加固仍然面临一系列挑战

1. 突发和不测事件发生的频度和强度增加，水库大坝应急保障能力仍相对薄弱

近年来，极端暴雨、特大洪水、地震、地质灾害、异常干旱、超强台风等极端事件出现的频度和强度明显增加，威胁水库大坝安全运行，加上水库淤积、工程老化等自然因素以及非法超蓄、疏于管理等人为因素影响，每年仍有少数水库因此出险甚至溃坝，造成重大损失和社会影响。2008年"5·12"汶川特大地震造成全国2400余座水库大坝出险，高危以上险情大坝379座，其中位于震中附近的坝高156m的紫坪铺水库面板堆石坝产生明显沉降和水平位移，同时面板接缝错位、止水撕裂，事关下游成都平原1000余万人生命财产安危，举国关注。2008年汛期，广东省接连遭遇台风暴雨袭击，全省损坏各类水库大坝近150座。2009年7月2日，广西卡马小（1）型水库在除险加固过程中遭遇暴雨洪水出现大坝坍塌重大险情，紧急转移7400余人，损失巨大。2010年初，西南特大干旱造成大量水库干涸，大坝与库盆干裂，影响安全蓄水；汛期全国有11座水库大坝溃决，多为台风暴雨引起，其中7月28日吉林大河小（1）型水库洪水漫顶溃坝，造成38人死亡和失踪；7月初，青海格尔木市温泉大（2）型水库遭遇特大洪水，大坝出现渗水翻砂险情，投入大量的人力、物力长时间进行抢险。2012年8月10日，浙江省舟山市岱山县沈家坑小（2）型水库溃坝，导致10人死亡，27人受伤。2013年2月初半个月内连续发生3起非汛期溃坝事故，分别为全国防汛重点中型水库山西曲亭水库、黑龙江星火小（1）型水库、新疆联丰小（2）型水库，均为渗透破坏导致的责任事故，社会影响强烈；5月5日，甘肃翻山岭小（1）型水库又在初次蓄水过程中因渗透破坏溃坝；7月27日，山东朱家远小（2）型水库受连续强降水影响，大坝裂缝滑坡溃决，紧急转移3740人。2018年7月19日，内蒙古增隆昌中型水库受超标准洪水影响，副坝因接触渗漏破坏溃决，主坝出现下游滑塌险情；8月1日新疆哈密射月沟小（1）水库因洪水漫顶溃坝，导致28人死亡；8月3日，青海中坝小（1）型水库出现大坝下游坡滑坡重大险情；8月4日，湖北东方山小（1）型水库大坝又出现严重渗漏险情，紧急疏散水库下游居民2896人。2020年我国遭遇1998年以来最严重汛情，共导致131座大中型水库、1991座小型水库出现不同程度水毁，江西长罗水电站和广西沙子溪水库溃坝失事，其中长罗水电站溃坝导致下游2人死亡。

洪水漫顶和渗透破坏是我国水库溃坝的主要原因。基于水库大坝工程特点和破坏机理，无论哪种原因导致的溃坝事故，其发生、发展往往是一个持续时间比较长的过程，如果事先通过洪水预报、检查监测发现事故征兆，及时采取有效的应急处置措施，绝大多数情况下可以控制事态发展，避免溃坝事故发生，至少可以延缓溃坝发生发展过程，为人员转移赢得时间，这里有很多经验和教训。洪水漫顶导致的溃坝事故，从降雨、径流入库、洪水上涨、漫顶冲刷、溃坝，这个过程往往持续数小时乃至数天时间，如果考虑紧急泄洪、拓挖泄洪设施、坝顶临时加高、坝顶防护等人工干预手段，持续的时间会更长。"75·8"板桥、石漫滩两座水库漫顶溃坝，8月2日即受3号台风影响当地普降暴雨，出现历史罕见大洪水，到8日凌晨1:00左右漫顶溃坝，前后持续时间近6天；吉林桦甸市大河水库于2010年7月28日清晨6:00多因洪水漫顶溃决，当地政府和水利局凌晨3:00即接到险情报告，但未及时组织下游群众转移，而持续暴雨自7月27日即已开始；

新疆哈密射月沟水库于2018年8月1日9：10开始洪水漫顶，10：17左坝肩溃口形成，而降雨从当日凌晨2：00开始，5：00开始暴雨。渗透破坏导致的土石坝溃决事故，从防渗体系失效、渗透变形发生发展、形成渗漏通道、渗漏通道扩大、坝体坍塌、冲刷、溃坝，持续的时间则可能更长。青海沟后水库于1993年8月27日22：00时左右因面板顶周边缝漏水导致坝体滑坡溃坝，溃坝洪水约23：20到达下游13km的海南州政府所在地——恰卜恰镇，当日约20：00即有人发现下游坝面护坡石缝中有渗水水流，如果此时开启导流兼泄洪洞泄水，完全可以避免溃坝事故发生；溃坝后也完全有时间通知并组织下游恰卜恰镇居民转移，从而避免288人死亡的惨剧发生。2004年1月21日13：30，正在除险加固过程中的新疆生产建设兵团八一水库管理人员发现新建泄洪闸出现接触渗漏险情，当即报告，有关方面立即组织抢险，因天气严寒，抢险条件恶劣，无法控制险情发展，大坝仍于22日凌晨溃决，不过在抢险的同时组织转移了水库下游13800人，无人伤亡。甘肃小海子水库除险加固工程2004年10月竣工，蓄水后坝后即出现渗漏现象，一直没有引起重视，未采取任何处理和防范措施，2007年4月19日大坝因渗透变形急剧发展而溃坝，前后持续长达2年半的时间。浙江舟山沈家坑水库2012年8月10日溃坝前50天前大坝已出现裂缝漏水，村民多次向当地政府反映，没有引起重视，事发前1天，还有人去镇政府反映水库漏水问题。黑龙江农垦海伦农场星火水库2013年2月2日2：00因溢洪道闸室左侧翼墙与土坝结合部接触渗漏溃坝，2月1日17：05即有人发现下游坝脚有渗水现象。山西洪洞县曲亭水库2013年2月16日10：00因大坝左侧灌溉洞接触渗漏溃坝，15日7：00有人发现灌溉洞进水口附近库面有旋涡，判断灌溉洞渗透破坏致洞顶坍塌，随即组织抢险并紧急泄水降低水位，所幸在抢险的同时紧急疏散了下游群众，无人员伤亡。事后调查分析，灌溉洞渗透破坏在2月15日前一周即已发生，只是当时正值春节期间，无人巡查发现，贻误了最佳抢险时机，即使如此，一天多的抢险滞缓了溃坝到来，为下游群众安全转移赢得了足够时间。由于地质条件和地表植被情况差异显著，我国西北地区水库溃坝特点和中东部、东北、西南等地区有很大区别。西北地区植被稀少，径流形成速度快，易形成突发性洪水；同时，西北地区筑坝土料黏粒含量低，抗渗能力差，容易出现渗透破坏，且发展速度快。南方和东北地区植被好，产汇流慢，洪水预警时间相对较长；同时，筑坝土料黏粒含量高，不易发生渗透变形，抵抗洪水冲刷的能力也强，一些低矮土石坝甚至可以短时间抵御洪水漫顶而不溃坝。因此，西北地区水库更容易发生洪水漫顶和渗透破坏导致的溃坝事故，这也是近年来西北地区水库数量少、反而溃坝事故多的重要原因之一。

在高度重视水库大坝安全和洪水预报、安全诊断、应急抢险等技术不断取得进步的今天，仍不时有水库溃坝和重大险情发生，反映当前应对水库突发事件的水平和能力仍有欠缺。

第一是洪水预报和工程安全监测设施不完善，巡视检查和安全监测制度未严格执行，溃坝突发事件监测预警能力不足。根据水利部大坝安全管理中心2016年开展的全国水库大坝安全监测调研资料，大型水库尚有10%无任何安全监测设施，中型水库有1/3无安全监测设施，小型水库90%以上无安全监测设施。即使有监测设施的，也有很大一部分存在监测项目不全、测点布置不合理、监测设施完好率不高、不按规范要求开展观测、观测资料不及时整理分析等各种问题，没有真正发挥监测设施作为大坝安全"耳目"的作用。事实上，对中小型水库而言，仪器监测固然重要，人工巡视检查是更加有效的突发事件监测预警手段。但由于管理人员的专业素养和责任心不足，日常巡视检查制度往往并没有严格执行，2013年初山西曲亭水库、黑龙江星火水库、新疆联丰水库三起溃坝事故有一个共同特点，都不是水库管理人员第一时间发现的事故征兆，贻误了最佳抢险时机；或巡视检查流于形式，检查时间、线路、人员不固定，随意性较大，记录不规范甚至不做记录；或对发现的问题缺乏专业分析判断能力，任其向恶化的方向发展，2007年4月19日溃决的甘肃小海子水库即是如此。应针对水库大坝工程特点与可能致灾因子、破坏模式，针对性设置必要的水情测报和工程安全监测设施，并严格执行安全监测和巡视检查制度，及时发现事故征兆并报告，为应急抢险和人员转移赢得最佳时机。

第二是水库主管部门、管理人员和公众风险意识单薄，不能合理防范和规避风险。风险无处不在，水库大坝风险客观存在，但我们更多的是从正面宣传水库大坝重要性，而往往避谈其潜在风险，也缺乏面向普通民众的大坝风险与逃生避险宣传、培训和演练，导致水库主管部门和管理人员以及水库周边公众对水库大坝风险认知程度低，对如何做好溃坝风险防范、如何应对溃坝洪水、如何转移以及转移路线、安置点等知之甚少，不能主动采取科学有效的风险防范措施，出现突发事件时不了解也不知道如何规避溃坝风险，公众甚至不配合和阻碍应急转移。2018年8月1日溃决的新疆射月沟水库，其管理站就设在大坝下游河滩地，洪水漫顶后管理人员首先遭遇灭顶之灾；洪水漫顶紧急时刻，当地居民不配合撤离，部分已撤离居民不顾劝阻又从返回家中而失去生命。应加强水库大坝风险的社会宣传，针对水库管理人员和溃坝洪水淹没区风险人口，采取适当方式普及大坝风险和风险防控的基本知识，提高管理人员和公众的风险意识，并通过培训和演练，使公众了解报警与撤离信号、撤离路线和安置点等，一旦真正遭遇可能导致溃坝的突发事件时，能积极配合应急处置。

第三是突发事件应急预案有效性和可操作性差，无法真正发挥科学指导应急处置的作用。溃坝属典型突发公共安全事件，应急处置不及时和不当可能造成重大生命和财产损失，国内外均有惨痛教训。应急预案（emergency preparedness plan，EPP）是避免或减少溃坝对下游生命、财产、基础设施、生态环境造成灾难性后果而预先制定的方案，是提高水库大坝运行管理单位及政府、水行政主管部门、社会、公众应对水库突发事件能力，降低溃坝风险的重要非工程措施，也是最重要的大坝风险管理工具。国务院于2006年1月发布了《国家突发公共事件总体应急预案》；2007年，《突发事件应对法》颁布实施，突发公共安全事件应急管理成为各级政府和相关责任主体的法律责任。原国家防办2005年发布了《洪水风险图编制导则（试行）》，2006年3月发布了《水库防洪应急预案编制大纲》，要求所有水库编制防洪应急预案。水利部2006年4月发布了《关于加强水库安全管理工作的通知》，要求所有水库编制突发事件应急预案，并于2007年5月发布了规范性文件《水库大坝安全管理应急预案编制导则（试行）》（水建管〔2007〕164号），2015年又在研究与实践基础上出台了技术标准《水库大坝安全管理应急预案编制导则》SL/Z720，标志水库突发事件应急管理成为现代大坝安全管理的基本制度之一。从行业管理角度来说，应急预案一旦批复，即成为具有约束性和强制性的大坝风险管理文件，因此，编制水库突发事件应急预案不仅是贯彻落实国家法律要求与确保公共安全的一个重要举措，也可强化地方政府、水行政主管部门、水库主管部门和管理人员的风险意识和责任意识。但由于重视程度不够、缺乏经费支持、国家层面的地理信息基础数据资料共享机制尚未形成、基础资料匮乏、编制单位技术力量薄弱等各种原因，很多水库编制的应急预案流于形式、内容空洞、随意性大，科学性、有效性和可操作性尚有很大差距，缺少突发事件分析和洪水风险图等关键技术内容，应急组织体系不清晰，预警和应急响应级别及其关键措施缺乏依据、针对性不强，缺少人员转移路线与安置点的科学规划，也不履行审批手续和备案管理要求，权威性和约束性大打折扣，常常成为应付专项检（督）查的一纸空文，真正遭遇突发事件时，无法发挥科学指导应急处置的作用，以致茫然失措，不能及时和正确应对。同时，由于缺少配套的管理办法，应急预案谁编、谁提供资金、谁审查批准、谁组织演练等关键问题都模糊不清。应加强《水库大坝安全管理应急预案编制导则》SL/Z 720的宣贯、培训和资金投入力度，从国家层面尽快建立溃坝淹没范围地理信息等基础数据共享机制，切实提高水库突发事件应急预案（EPP）编制的科学性和可操作性。同时，对编制完成的应急预案，应通过适当的方式进行宣传、培训和演练，使参与应急处置的相关人员掌握突发事件应急处置的流程和各自的职责，公众充分了解和熟悉报警与撤离信号、撤离路径与避难场所。

第四是应急设施缺失，应急准备不足，影响工程抢险效果和人员转移效率。水库大坝大多地处偏僻，特别是中小型水库，交通与通信条件较差，遭遇特大暴雨、洪水、地震等突发事件时，容易导致交通和通信中断，使得险情和汛情无法及时报送，抢险物料和设备无法顺利送达大坝现场，水库现场事先储备的抢险物料和设备往往非常有限，无法及时组织有效的抢险，只能眼看着险情发展、恶化，直至溃坝，无以应对、束手无策，如果此时又缺乏报警手段，则可能造成巨大的人员伤亡。2004年1月21日新疆生产建设兵团八一水库接触渗漏险情发生时，当时天气严寒，事先没有任何应急准备，所有车辆和施工机械油箱全部放空，施工人员和建设管理人员均已放假欢度春节，只能临时组织武警官兵采用人工方式抢险，效率大打折扣，最终无法阻止溃坝发生；2010年7月28日吉林大河水库溃坝前，当地政府和水利局凌晨3:00接到险情报告后，由于没有应急准备，未能采取有效抢险手段打开闸门泄洪，也没有及时发出撤离警报和组织下游群众转移，眼看着大坝洪水漫顶溃决，38人失去宝贵生命；2013年2月16日山西洪洞县曲亭水库出现大坝左侧灌溉洞接触渗漏险情时，正值春节假期，作为全国防汛重点中型水库，现场无人值班，谈不上任何应急准备，接到险情报告，有关方面慌忙赶赴现场，临时组织应急抢险，最终险情无法控制，所幸在抢险的同时疏散了下游群众，避免了人员伤亡；2018年8月1日的溃决新疆哈密射月沟水库，也是眼看着洪水漫顶溃坝，未采取任何有效的抢险措施。早期导致严重人员伤亡的溃坝事故大多事先未发出警报，或警报时间很短，人员来不及转移。所幸近年来通信技术进步迅速，通信基础设施不断完善，通信手段多样化，大多能提前通知下游人员转移，溃坝死亡数量比早期大大下降。应针对可能突发事件抢险需要，做好应急准备各项工作，在水库大坝现场储备必要的抢险物料和装备，同时加强应急交通、通信、报警等应急设施建设与保障，并做好预案，确保紧急情况下交通、通信畅通，紧急情况能第一时间报送给大坝安全与防汛责任人及当地应急部门和水库主管部门，抢险物料和设备能根据抢险需要及时运达大坝现场，报警信号和人员转移指令能顺利传达到洪水淹没范围内的所有公众。

第五是险情快速诊断与应急抢险能力不足，仍存在技术和装备短板。在大坝安全责任制不断健全，检查监测制度、汛期值班制度逐步落实的今天，绝大多数溃坝事故事先均有征兆被发现，给险情研判和应急抢险留有一定时间的窗口期，但最终无法实施有效抢险中止事态发展，反映当前的大坝险情快速诊断技术和应急抢险能力仍有不足，存在技术和装备短板。其一是突发险情应急勘察、监测、检测技术和装备能力不足，由于地处偏僻、现场环境恶劣，险情发生后，一些大型勘察、检测设备无法迅速运抵现场，或因天气恶劣、洪水滔滔，工作人员无安全保障，无法在现场正常开展勘察、监测与检测活动，无法及时查明和研判险情性质、严重程度和发展趋势，从而无法提出科学有效、针对性强的抢险方案，影响抢险效果或造成不必要的损失；其二是紧急构建应急泄洪设施的能力不足。我国早期溃坝事故超过 50% 为洪水漫顶造成。进入 21 世纪以来，由于洪水预报水平提高和除险加固防洪达标工程建设，洪水漫顶溃坝事故大幅度下降，所占比例也大大下降，但近年来局地极端暴雨洪水发生的频率增加，仍时有防洪标准偏低的小型水库发生洪水漫顶溃坝事故，如 2010 年 7 月 28 日溃决的吉林大河水库和 2018 年 8 月 1 日溃决的新疆射月沟水库，均面对不断上涨的洪水束手无策，眼睁睁地看着大坝漫顶溃决，教训极为惨痛。其三是土石坝接触渗漏险情抢险技术和装备能力不足。我国水库土石坝大多建有坝下埋涵，少数在土坝上布置有溢洪道，接触渗漏问题突出。近年来，除少数洪水漫顶溃坝事故外，其他绝大多数都是坝下埋涵或溢洪道接触渗漏导致的溃坝，如 2004 年春节当日溃决的新疆生产建设兵团八一水库，2005 年 4 月 28 日溃决的青海省英德尔水库，2007 年 7 月 11 日溃决的内蒙古岗岗水库，2013 年初相继溃决的山西曲亭、黑龙江星火、新疆联丰三座水库，2018 年 7 月 19 日溃决的内蒙古增隆昌水库，这些溃坝事故多组织了抢险，但因抢险技术和装备能力不足未能成功。应汲取已有溃坝抢险经验教训，针对不同类型水库大坝突发事件特点，研发溃坝险情快速检测与诊断成套技术和小型化装备；针对土石坝穿坝建筑物，研发接触渗漏、溃坝堵口和毁损快速抢险与修复技术、材料和装备；针对超标准洪水，研发快速构建应急泄洪通道的装备和工艺，大幅提高水库大坝应急抢险能力和水平。

2. 高坝大库越来越多，但深水检测与修补加固技术和装备落后，安全保障手段不足，长期安全运行面临巨大风险

我国现有坝高超过 70m 的高坝 300 余座，其中坝高 100m 以上 216 座，坝高 200m 以上的特高坝 17 座，还有 15 座 200m 以上的特高坝正在建设过程中或拟建，数量居世界第一。相对于中低坝，高坝大库潜在风险高，一旦出险甚至溃坝，将引起巨大的社会恐慌，造成难以承受的灾难性后果。

法国、意大利、美国、苏联等曾在不同时期引领大坝技术发展的国家，都有先后发生过高坝大库失事造成重大生命财产损失的惨痛教训。1959 年 12 月 2 日，法国坝高 66m 的马尔帕塞（Malpasset）拱坝因坝肩失稳整体溃决，下游 12km 处弗雷瑞斯（Frejus）城镇部分被毁，死亡 421 人，财产损失达 300 亿法郎。1963 年 10 月 9 日，当时世界上最高的双曲薄拱坝，坝高 262m 的意大利瓦依昂（Vajont）拱坝近坝库岸滑坡造成巨大水体涌出，最大浪高 250m，漫顶浪高 150m，冲向下游村镇时立波高 70m，滑坡开始至灾难发生不超过 7min，巨浪在无预警下席卷下游 5 个村庄，导致 1925 人遇难。经计算，巨浪对大坝的冲击力是广岛原子弹威力的 2 倍。美国提堂（Teton）坝为心墙土石坝，最大坝高 126m，建成于 1975 年，1976 年 6 月 5 日因渗流破坏溃坝，超过 3 亿 m³ 的库水在 5h 内泄空，导致 11 人死亡，2.5 万人无家可归，直接经济损失 4 亿美元。俄罗斯萨扬舒申斯克水电站（Sayano-Shushenskaya）为混凝土重力拱坝，坝高 242m，总库容 313 亿 m³，装机 6400MW，是俄罗斯最大的水电站，1963 年始建，1978 年第一台机组发电，因苏联解体后维修养护不善，2009 年 8 月 17 日，机组超负荷运转而保护系统未起作用，导致 2 号水轮机固定螺栓脱落，顶盖飞出，发电机转子被抛出，发生水灾，淹没厂房，事故造成 75 人死亡，13 人失踪，损失 130 亿美元，在国际坝工界造成重大影响。美国奥罗维尔（Oroville）坝为心墙堆石坝，最大坝高 234.7m，总库容 44 亿 m^3，是美国最高大坝，2017 年 2 月 10 日泄洪时发现溢洪道泄槽出现巨大塌坑并迅速发展，从而应急启用非常溢洪道泄洪，当局 12 日下令当地 18.8 万名居民紧急疏散，造成巨大恐慌，引起全世界舆论的高度关注和国际坝工界对高坝大坝安全的深刻反思。

我国高坝最惨痛的溃决事故是 1993 年 8 月 27 日溃决的青海沟后砂砾石面板坝，最大坝高 71m，尽管库容仅 330 万 m^3，属小（1）型工程，仍造成 288 人死亡。近年来，我国有数座坝高超过 100m 的大坝出现重大险情。2008 年 "5·12" 汶川特大地震中，高 156m 的紫坪铺面板堆石坝出现明显沉降、水平位移，以及上游面板脱空与接缝错位、止水撕裂等震损险情，事关下游成都平原安危，全社会高度关注，成为媒体和舆论关注的焦点；2012 年 8 月 24 日，高 106m 的新疆斯木塔斯面板堆石坝在初期蓄水过程中，左岸古河槽出现严重渗漏，导致厂房后边坡失稳，不得不采取防渗加固处理，但由于无法准确查明水下渗漏通道，防渗加固并没有取得预期效果。湖南白云水电站大坝是我国 20 世纪 90 年代初建设的最高混凝土面板堆石坝，坝高 120m，1998 年 12 月下闸蓄水，初期运行状态总体正常，但自 2008 年 5 月开始，渗漏量明显增大，2010 年 10 月达到 800L/s，2012 年 9 月达到 1240L/s，大坝安全受到严重威胁，不得不放空水库进行加固处理。云南鲁地拉碾压混凝土重力坝坝高 140m，2013 年 6 月 29 日，生态放水孔闸门破坏，蓄水一泄而空。2013 年 11 月 17 日，高 140.3m 的新疆吉勒布拉克面板堆石坝导流洞封堵门失控造成库水位骤降，56h 水位降落 100m，致使坝前下部铺盖与盖重区滑塌，面板止水破坏，导流洞进出口结构损坏，经多次加固后仍然渗漏量偏大（超过 500L/s）。

国内外现有的水下渗漏检测定位技术和设备多为试验性应用，准确性不高。国外水下机器人作业平台虽然能够满足高坝大库深水探测与水下修补加固作业，但引进面临技术壁垒以及成本和维护费用高等突出问题，"十三五" 国家重点研发计划专门立项研发适应大坝深水环境载人潜水器，该潜水器虽已制造出样品，仅能搭载观测设备和简单的作业机械手，仍属侦测级的，作业级的载人深水潜水器和搭载工具还有待进一步攻关研发。我国人工潜水虽能实现百米级的水下检测与作业，但效率低、成本高、安全风险大。目前，坝高超过 100m 的高坝大库一旦出现渗漏等险情，往往需要放空水库才能查明渗漏部位和严重程度，周期长，不仅贻误最佳抢险时机，也严重影响发电、供水、灌溉，损失巨大，何况还有一些高坝大库不具备放空条件。深水底孔闸门一旦因变形、淤积等原因卡阻，没有成熟的技术解决方案，遭遇突发事件要求紧急放空水库时往往束手无策，严重影响大坝安全运行。应站在事关全局和国家安全的战略高度上，继续深化攻关，突破高坝大库深水安全保障技术和装备瓶颈，研发适应高坝大库深水环境缺陷检测及修补加固成套技术和装备，为确保高坝大库安全运行提供技术保障。

3. 水库大坝安全管理仍以传统手段为主，现代高新技术应用不足，信息化水平低，智能化、智慧化管理与监管尚处于探索研究阶段

当前，我国水库大坝建设水平世界领先，但管理水平相对滞后，仍以传统的人工手段为主，多源信息全面感知能力弱、信息化应用程度低、智能化刚刚起步、智慧管理尚处于探索研究中，导致安全隐患早期识别、洪水预报和预测预警能力不足，难以科学、合理地动态调度运用，防洪功能和综合效益不能充分发挥，应急决策技术支撑能力薄弱、时效差。

2011年《中共中央国务院关于加快水利改革发展的决定》指出，推进水利信息化建设，全面实施"金水工程"，加快建设国家防汛抗旱指挥系统和水资源管理信息系统，提高水资源调控、水利管理和工程运行的信息化水平，以水利信息化带动水利现代化。水库大坝安全运行管理信息化是水利信息化的重要组成部分，是实现防洪保安、水资源合理配置、人畜饮水安全的重要保障。但水库大坝运行管理信息化建设受传统观念、技术经济条件制约，长期处于滞后状态，安全监测、水情测报、通信等信息化基础设施建设投入严重不足，设施缺失、老化失修、完好率低等现象普遍存在，信息化专业技术人才匮乏，信息资源共享渠道不畅，信息分析应用与预警薄弱，区域信息管理平台协同性差，大坝运行管理主体与安全监督主体难以互联互通，很多大中型水库开发建设的信息管理系统成为摆设，已经成为推进水利信息化建设的薄弱环节和突出短板，与保障水库大坝安全运行和效益充分发挥的要求极不适应。新一届水利部党组高度重视水利信息化建设，正在大力整合相关信息资源，通盘考虑、整体规划、协同推进，目前正在开发建设水利安全生产监管信息化工程（一期）和"水利一张图"，其中"水利一张图"包含矢量数据（国家基础地理数据、水利基础数据、水利业务专题）、遥感影像、地貌渲染图等，按OGC标准进行组织，提供包括网络地图切片服务（WMTS）、网络地图服务（WMS）、网络要素服务（WFS）和数据处理服务（WPS）等，各水利业务应用可根据需要，分别调用基础和专业服务，聚合形成符合专业特点和应用需求的特定地图服务，将为水利信息资源整合共享、业务应用协同、提高水利业务和政务应用水平和能力的提供重要平台支撑。水利部大坝安全管理中心于2019年底建成"全国大型水库大坝安全监测监督平台"一期工程，目前进入试运行阶段，可实现全国水利行业管辖所有大型水库大坝安全管理信息的在线监管；实现部属17座大型水库和50座地方管辖重要大型水库大坝安全监测信息实时采集与报送、在线分析、智能诊断、实时预警，为水库突发事件应急处置提供远程会商平台与技术支撑；每年向水利部提供全国水库大坝安全年度报告，掌握全国大型水库大坝安全运行性态，丰富国家防汛抗旱指挥系统信息资源。该平台能否真正发挥安全监测、监管的作用，主要取决于全国大型水库信息化基础设施的完善程度。

当前，5G、物联网、大数据、移动互联网、云计算、人工智能等新一代信息技术与经济社会深度融合，深刻改变社会管理和公共服务方式及水平。智慧社会的理念由IBM公司于2008年首先提出，次年该公司推出的《智慧地球赢在中国》计划书重点提出了"智慧城市""智慧交通""智慧电力""智慧医疗"和"智慧银行"等方案。与其他领域相比，水库大坝智慧管理的内涵更加丰富和深刻，虽然目前已有BIM、AI与VR等现代信息技术应用于水利水电工程设计与安全监控领域，但与智慧城市、智慧交通、智慧电力等相比仍有很大差距，信息透彻感知、数据融合、智能监控、精准预知、决策支持、智慧监管与协同管理能力更是薄弱。应用新一代信息技术手段进一步提升水库大坝安全监控与突发事件应急管理水平及行业监管能力，是国家层面的重大需求。在国家大数据战略、综合防灾减灾规划、"十三五"规划纲要，以及水利改革发展规划、智慧水利发展目标中，均将信息化、大数据、智慧管理等列为重要任务。为贯彻习近平新时期治水方针和网络强国战略思想，落实"水利工程补短板、水利行业强监管"的水利改革发展总基调，构建"安全、实用"水利网信系统，推进国家水治理体系和治理能力现代化，水利部于2019年编制了《智慧水利总体方案》，作为当前和今后一段时期智慧水利的建设依据。下一步需要以物联网＋、云平台、分布式集群技术等为核心，应用无人机摄影、图像识别、机器视觉等现代高新技术与机器学习、数据挖掘等智能分析算法，构建具有空间基础信息、安全监测信息、服役环境信息全方位透彻感知和智能识别能力，为水库大坝安全健康诊断、智能监控、提质增效、智慧监管、突发事件早期预警与应急决策等提供科技保障。

4. 病险水库大坝问题复杂，除险加固仍存在关键技术短板

我国水库大坝建设先天不足，隐蔽工程先天质量缺陷多，加上结构老化、性能劣化和淤积等影响，大坝病险问题复杂，但现有隐患探测、安全监（检）测和安全诊断技术很难精准查明隐蔽工程质量缺陷和安全隐患的具体部位、范围和严重程度，从而无法保证除险加固方案的针对性和合理性；现有除险加固技术、材料和装备很难彻底消除大坝先天质量缺陷和隐蔽工程安全隐患；大坝深水缺陷修补加固仍存在装备瓶颈和技术短板，耗时、代价大、效果差；淤积防治、生态清淤、淤积物资源化利用等方面也存在经济技术制约因素；随着运行年限增长，大坝工程老化病害日趋严重，要求投入的加固改造费用快速增长，但相关技术能力不足；除险加固效果后评估方法尚不完善，评价指标及其赋值、赋权主观因素影响大，往往难以对除险加固效果做出客观真实的评判。需要针对病险水库大坝安全隐患特点，研发大坝隐蔽工程（穿坝涵管、防渗体）质量缺陷和安全隐患高效精准无损探测装备与解析技术，隐蔽工程隐患加固成套实用技术和装备，大坝深水缺陷修补加固装备、材料和技术，大坝老化病害防治材料与工艺，水库生态清淤及淤积物资源化利用成套技术和装备，除险加固效果后评估理论和方法等。

参考文献

［1］ 中华人民共和国水利部. 2018年全国水利发展统计公报［M］. 北京：中国水利水电出版社，2019.

［2］ 刘宁. 21世纪中国水坝安全管理、退役与建设的若干问题［J］. 中国水利，2004（23）：27-30.

［3］ 孙继昌. 中国的水库大坝安全管理［J］. 中国水利，2008，20：10-14.

［4］ 孙金华. 我国水库大坝安全管理成就及面临的挑战［J］. 中国水利，2018，20：1-6.

［5］ 陈生水. 新形势下我国水库大坝安全管理问题与对策［J］. 中国水利，2020，22.

［6］ 全国大型水库水电站大坝安全调研工作协调小组办公室. 全国大型水库水电站大坝安全调研总报告［R］. 2014，7.

［7］ 张建云，盛金保，蔡跃波，等. 水库大坝安全保障关键技术［J］. 水利水电技术，2015，46：1-10.

［8］ 钮新强. 水库病害特点及除险加固技术［J］. 岩土工程学报，2010，（1）：153-157.

［9］ 盛金保，刘嘉炘，张士辰，等. 病险水库除险加固项目溃坝机理调查分析［J］. 岩土工程学报，2008，30（11）：1620-1625.

［10］ 李宏恩，盛金保，何勇军. 近期国际溃坝事件对我国大坝安全管理的警示［J］. 中国水利，2020，（16）.

［11］ 牛云光. 病险水库加固实例［M］. 北京：中国水利水电出版社，2002.

［12］ 汝乃华，牛运光. 大坝事故与安全·土石坝［M］. 北京：中国水利水电出版社，2001.

［13］ 张启岳. 土石坝加固技术［M］. 北京：中国水利水电出版社，1999.

［14］ 谭界雄，任翔. 我国小型病险水库病害特点及除险加固技术［J］. 中国水利，2011，14：55-58.

［15］ 盛金保，赫健，王昭升. 基于风险的病险水库除险决策技术［J］. 水利水电科技进展，2008，28（2）：25-29.

［16］ 严祖文，魏迎奇，李维朝. 水库除险加固技术方案关联分析与决策［J］. 中国水利水电科学研究院学报，2012，10（2）：153-159.

［17］ 谭界雄，位敏. 我国水库大坝病害特点及除险加固技术概述［J］. 中国水利，2010，18：17-20.

［18］ 王立彬，燕乔，毕明亮. 病险水库除险加固中混凝土防渗墙新型接头的研究［J］. 长江科学院院报，2009，26（10）.

［19］ 严祖文，彭雪辉，张延亿. 病险水库除险加固风险决策［M］. 北京：中国水利水电出版社，2011.

［20］ 盛金保，厉丹丹，等. 大坝风险评估与管理关键技术研究进展［J］. 中国科学：技术科学，2018，10：1057-1067.

［21］ 盛金保，等. 水库大坝风险及其评估与管理［M］. 南京：河海大学出版社，2019.

［22］ 向衍，等. 水库大坝主要安全隐患挖掘与处置技术［M］. 南京：河海大学出版社，2019.

［23］ 马福恒，等. 水库大坝安全评价［M］. 南京：河海大学出版社，2019.

［24］ 彭雪辉，《中国水库大坝风险标准研究》［M］. 北京：中国水利水电出版社，2015.

［25］ Dam Safety Guidelines. ICOLD Bulletin 59，1987.

［26］ Guidelines on risk assessment. Australian National Committee on Large Dams，1994.

［27］ Dam safety guidelines. Canadian Dam Association，1999.

［28］ Deniel D B，Alessandro P，Salman M A S. Regulatory frameworks for dam safety. The World Bank，2002.

［29］ Department of the army US Army Corps of Engineers. Safety of dams-policy and procedures［R］. 2014，3.

［30］ Valiani A，Caleffi V，Zanni A. Case study：Malpasset dam-break simulation using a two-dimensional finite volume method［J］. Journal of Hydraulic Engineering-ASCE，2002，128：460-472.

［31］ Paronuzzi P，Rigo E，Bolla A. Influence of filling-drawdown cycles of the Vajont reservoir on Mt. Toc slope stability［J］. Geomorphology，2013，191：75-93.

［32］ Muhunthan B，Pillai S. Teton dam，USA：uncovering the crucial aspect of its failure［C］. Proceedings of the Institution of Civil Engineers-Civil Engineering，2008，161：35-40.

［33］ Vahedifard F，AghaKouchak A，Ragno E，et al. Lessons from the Oroville dam［J］. Science，2017，355：1139-1140.

［34］ 王健，王士军. 全国水库大坝安全监测现状调研与对策思考［J］. 中国水利，2018，20.

［35］ 贾金生，等. 通过萨扬-舒申斯克水电站事故原因分析看机电设备安全运行问题. 第十八次中国水电设备学术讨论会论文集［M］. 北京：中国水利水电出版社，2011：329-336.

［36］ 伏安. 石漫滩、板桥水库的设计洪水问题［J］. 中国水利，2005，16：39-41.

［37］ 李君纯. 青海沟后水库溃坝原因分析［J］. 岩土工程学报，1994，16：1-14.

［38］ 王昭升，等. 水库大坝风险管理探索与思考［J］. 中国水利，2013，8：52-54.

［39］ 赵雪莹，等. 小型水库溃坝初步统计分析与后果分类研究［J］. 中国水利，2014，10：33-35.

［40］ 彭雪辉，等. 我国水库大坝风险评价与决策研究［J］. 水利水运工程学报，2014，3：49-54.

［41］ Louis J M A，Tigran N，Sebastian J V. Multilevel Monte Carlo for reliability theory［J］. Reliability Engineering and System Safety，2017，165：188-196.

[42] Ranjan K，Achyuta K G. Mines systems safety improvement using an integrated event tree and fault tree analysis [J]. Journal of The Institution of Engineers (India)：Series D，2017，98：1-8.

[43] 吴世伟. 结构可靠度分析 [M]. 南京：河海大学出版社，2002.

[44] Thompson J R，Sorenson H R，Gavin H，et al. Application of the coupled MIKE SHE/MIKE 11 modelling system to a lowland wet grassland in southeast England [J]. Journal of Hydrology，2004，293：151-179.

[45] Chira I M，Chira R. The hydrological modeling of the Usturoi Valley - Using two modeling programs - WetSpa and HecRas [J]. Carpathian Journal of Earth and Environmental Sciences，2006，1：53-62.

[46] Donghyeok P，Kim S，Kim T. Estimation of break outflow from the Goeyeon Reservoir using DAMBRK model [J]. Journal of the Korean Society of Civil Engineers，2017，37：459-466.

[47] Wang S J，Li S Y，Zhou X B. FREAD's dam-break system-based back analysis on failure process of landslide dam [J]. Water Resources and Hydropower Engineering，2017，48：148-154.

[48] Zhang J Y，Li Y，Xuan G X，et al. Overtopping breaching of cohesive homogeneous earth dam with different cohesive strength [J]. Science in China Series E：Technological Sciences，2009，52：3024-3029.

[49] 盛金保，赫健，王昭升. 基于风险的病险水库除险决策技术 [J]. 水利水电科技进展，2008，28：25-29.

[50] Li D D，Zhang S C，Cai Q，et al. Human reliability calculation method in dam risk analysis [J]. Revista de la Facultad de Ingeniería U. C. V.，2017，32：61-69.

[51] 周建平，等. 特高坝及其梯级水库群设计安全标准研究Ⅰ：理论基础和等级标准 [J]. 水利学报，2015，46：505-514.

[52] 周建平，等. 梯级水库群大坝风险防控设计研究 [J]. 水力发电学报，2018，37：1-10.

[53] 向衍，等. 中国水库大坝降等报废现状与退役评估研究 [J]. 中国科学：技术科学，2015，45：1304-1310.

[54] 向衍，等. 水库大坝退役拆除对生态环境影响研究 [J]. 岩土工程学报，2008，30：1758-1764.

[55] 赵雪莹. 水库报废决策及其生态环境影响评价方法和修复对策研究 [R]. 南京：南京水利科学研究院，2017.

[56] 盛金保，赵雪莹，王昭升. 水库报废生态环境影响及其修复 [J]. 水利水电技术，2017，48：95-101.

第**2**章

大坝检查、检测和监测技术

2.1　大坝巡视检查与监测

大坝的巡视检查和监测是保证大坝安全的重要工作，也是一切大坝安全检测的基础依据，对大坝进行定期的巡视检查和不间断监测可以及时发现大坝存在的安全隐患。巡视检查作为常规的检查方法，现已逐步智能化、自动化，科学高效地管理大坝巡检工作和巡检成果；仪器检测方法也随着科技的发展进度，在测量方法和精度上都有了很大的提升，通过巡视检查智能系统的建立配合仪器检测方法，可全面覆盖工程上空间和时间发生的异常现象点。

2.1.1　巡视检查

大坝安全监测方法包括巡视检查和采用仪器监测两种方法，两者缺一不可，同样重要。一方面测点布置在空间上工程发生的异常现象不一定都能被有限的测点全面覆盖；另一方面，工程发生异常现象的时间也不一定恰好与规范规定的监测周期相重合。实践表明，大多数险情都是先通过巡视检查发现的。因此，巡视检查和仪器监测应结合进行。

2.1.1.1　巡视检查要求

巡视检查分为日常巡视检查、年度巡视检查和特别巡视检查三类。工程施工期、初蓄期和运行期均应进行巡视检查。

日常巡视检查的频次应根据工程阶段确定，施工期检查频次 8～4 次/月；水库首次蓄水至达到（或接近）正常蓄水位后再持续 3 年止，检查频次 30～8 次/月；初蓄期后的时期检查频次 3～1 次/月；但遇特殊情况和工程出现不安全征兆时，应增加测次。

年度巡视检查应在每年的汛前汛后、冰冻较严重地区的冰冻和融冰期，按规定的检查项目，对土石坝进行全面或专门的巡视检查。检查次数，不应少于 2 次/年。

特别巡视检查应在坝区遇到大洪水、暴雨、有感地震、库水位骤变以及其他影响大坝安全运用的特殊情况时进行，必要时应组织专人对可能出现险情的部位进行连续监视。

2.1.1.2　巡视检查项目及内容

1. 坝体

1）坝顶有无裂缝、异常变形、积水等现象；防浪墙有无开裂、挤碎等情况。

2）迎水坡护面或护坡是否损坏，有无裂缝、剥落、滑动等现象。块石护坡有无块石翻起、松动、塌陷等损坏现象。混凝土面板堆石坝面板之间接缝的开合情况和缝间止水设施的工作状况；面板表面有无不均匀沉陷情况、破损、裂缝、水流侵蚀现象。

3）背水坡及坝趾有无裂缝、剥落、滑动等现象；表面排水系统是否通畅；草皮护坡植被是否完好；滤水坝趾、减压井（或沟）等导渗降压设施有无异常或破坏现象。

2. 坝基和坝区

1）坝基基础排水设施是否正常；渗漏水的水量、水质等有无变化；基础廊道是否有裂缝、渗水等现象。

2）坝体与岸坡连接处有无错动、开裂等现象；两岸坝端区有无裂缝、滑动、崩塌等。

3）坝趾近区有无阴湿、渗水、管涌、流土或隆起等现象；排水设施是否完好。

4）坝端岸坡有无裂缝、滑动迹象；护坡有无隆起、塌陷或其他损坏现象。

3. 输泄水洞（管）

1）引水段有无堵塞、淤积、崩塌。

2）进水口边坡坡面有无新裂缝、塌滑发生，原有裂缝有无扩大、延伸；地表有无隆起或下陷；排（截）水沟、排水孔是否通畅；有无新的地下水露头，渗水量有无变化。

3）进水塔（或竖井）混凝土有无裂缝、渗水、空蚀或其他损坏现象，塔体是否形变。

4）洞（管）身洞壁有无裂缝、坍塌、渗水等现象；原有裂（接）缝有无变化。

5）出水口在放水期水流形态、流量是否正常；停水期是否有水渗漏；出水口边坡坡面有无新裂缝、塌滑发生，原有裂缝有无扩大、延伸；地表有无隆起或下陷。

6）消能工有无冲刷、磨损、淘刷等现象，下游河床及岸坡有无异常冲刷、淤积等情况。

7）工作桥是否有不均匀沉陷、裂缝、断裂等现象。

4. 溢洪道

1）进水段（引渠）有无坍塌、崩岸、淤堵或其他阻水现象；流态是否正常。

2）内外侧边坡、护面及支护结构有无损伤，表面排水设施和排水孔工作是否正常。

3）堰顶或闸室、闸墩、胸墙、边墙、溢流面、底板有无裂缝、渗水、冲刷等现象；伸缩缝、排水孔是否完好。

5. 闸门及启闭机

1）闸门、门槽、闸门启闭、吊点等有无变形、裂纹、脱焊、锈蚀等损坏现象，工况是否灵活，结构是否牢固可靠，有无钢丝断股、绳卡松动等现象。

2）启闭机能否正常工作；制动、限位设备是否准确有效。

6. 近坝岸坡

1）岸坡有无冲刷、开裂、崩塌及滑移现象。

2）岸坡护面及支护结构有无变形、裂缝及位错。

3）岸坡地下水露头有无异常，表面排水设施和排水孔工作是否正常。

2.1.1.3 检查方法和要求

1. 检查方法

巡视检查的方法有常规方法和特殊方法，具体操作如下：

1）常规方法：主要依靠目视、耳听、手摸、鼻嗅等直观方法，可辅以锤、钎、量尺、放大镜、望远镜、照相摄像设备等工（器）具，也可利用视频监视系统辅助现场检查。

2）特殊方法：采用钻孔取样、注水或抽水试验，水下检查或水下电视摄像等手段，根据需要进行适当的检测与探测。该方法主要用于定期检查和应急检查。

2. 检查工作要求

巡视检查前应详细制定检查程序，程序中应包括检查项目、检查顺序、记录格式编制报告的要求以及检查人员的组成和职责等内容，检查工作具体要求如下：

1）巡视检查必须是熟悉本工程情况的管理人员参加。

2）日常巡视检查人员应相对稳定，检查时应带好必要的辅助工具和记录笔、簿。

3）年度巡视检查和特别巡视检查，均须安排好水库调度，为检查输水、泄水建筑物或进行水下检查创造条件；做好电力安排，为检查工作提供必要的动力和照明；采取安全防范措施，确保工程、设备及人身安全。

2.1.1.4　检查记录与报告

1. 记录和整理

1）每次巡视检查均应按表 2.1-1 做好记录。如发现异常情况，应详细记述时间、部位、险情和绘出草图，并摄影或录像。

2）现场记录必须及时整理，登记专项记录表，还应将本次巡视检查结果与以往巡视检查结果进行比较分析，如有问题或异常现象，应立即进行复查，以保证记录的准确性。

2. 报告和存档

1）日常巡视检查中发现异常现象时，应及时分析原因并采取应急措施，后报主管部门。

2）年度巡视检查和特别巡视检查结束后，应及时对发现的问题采取应急措施，然后根据设计、施工、运行资料进行综合分析比较，编制详细报告，并立即报告主管部门。

3）各种巡视检查的记录、图件和报告等均应及时整理归档。

巡视检查记录表　　　　　　　　　　　表 2.1-1

工程名称：　　　　日期：　　年　　月　　日　　库水位：　　　m　　天气：

巡视检查部位		损坏或异常情况	备注
坝体	坝顶、防浪墙、迎水坡/面板、背水坡、坝趾、排水系统、导渗降压设施		
坝基和坝区	坝基、基础廊道、两岸坝端、坝趾近区、坝端岸坡、上游铺盖		
输、泄水洞(管)	引水段、进水口、进水塔(竖井)、洞(管)身、出水口、消能、闸门、动力及启闭机、工作桥		
溢洪道	进水段(引渠)、内外侧边坡、堰顶或闸室、溢流面、消能工、动力及启闭机、工作(交通)桥、下游河床及岸坡		
近坝岸坡	坡面、护面与支护结构、排水系统		
其他(包括备用电源等情况)			

注：被巡视检查的部位若无损坏和异常情况时应写"无"字。有损坏或出现异常情况的地方应获取影像资料，并在备注栏中标明影像资料文件名和存储位置

检查人：　　　　　　　　　　　　　　　　　　　　　　负责人：

2.1.1.5 智能巡检系统

1. 系统组成

大坝智能巡检管理系统是综合信息技术在大坝安全巡视检查中的应用。当前，大坝智能巡检系统通常采用嵌入式系统、地理信息系统、移动网络通信、LBS基站定位、RFID感知、条码扫描、数据库等技术进行开发，是水库大坝安全巡视检查综合管理平台。

大坝智能巡检系统的主要设备包括巡检点标识、巡检仪、后台管理机和智能巡检软件。通过本地数据线、远程或本地无线网络实现数据交换，能与水库自身的GIS平台或者各省市的"一张图"系统互联和信息共享。系统网络拓扑图如图2.1-1所示。

实际运行中，巡检仪可通过本地USB接口、蓝牙、WIFI等无线网络与后台管理机进行通信，也可以通过移动网络等远程实时与后台管理机通信，方便对巡检业务进行管理，对巡检结果进行查询。同时，巡检应用系统通过统一的数据接口将数据库服务器中的巡检信息作为服务，提供给上级主管部门或省、市一级的"一张图"系统。

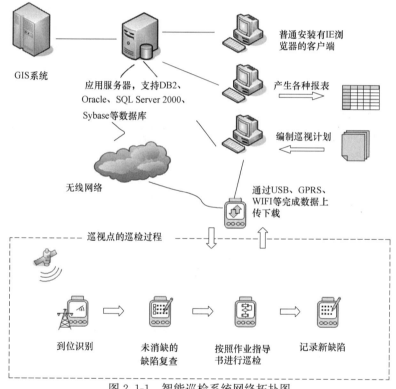

图2.1-1 智能巡检系统网络拓扑图

水库智能巡检系统的功能可分为现场巡检、任务管理、过程及成果管理三部分，如图2.1-2所示。

1）现场巡检

主要对应具体负责现场巡视检查的巡视员，内容包括任务接收、任务执行与协调、任务上报，采用预设巡视点与重点巡视部位结合的方法，及时发现包括塌陷、裂缝开合、水流侵蚀等异常现象，同时检查设备的老化或缺损等缺陷。

2）任务管理

主要对应巡检计划的制定者或具备应急处置能力的高级管理者，内容包括任务路径规

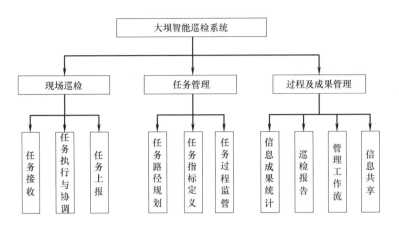

图 2.1-2　智能巡检系统组成

划、任务指标定义、任务过程监管。任务管理是根据规范、各地的巡检管理办法以及水库的实际情况，制定不同时期的巡检计划，规定具体的巡视时间、内容和方法，确定巡检路线和顺序。

3）过程及成果管理

主要对应的是水库有关工作管理人员、水库安全评价专家组、上级部门中的监管人员、数据共享的潜在用户，甚至是全体社会公众，内容包括信息成果统计、巡检报告、管理工作流、信息共享。过程及成果管理可对水库整体安全的信息进行监管，对水库运行管理进行监督考核等，优化巡检管理工作、提高巡检安全应急处置能力。

除上述三大部分外，系统维护人员也是缺一不可的组成，专门从事系统运行维护工作，完成包括专业巡查任务实现、软硬件维护、系统升级调试。

水库智能巡检系统的数据库为该系统的核心，内容包括工程基础资料、地理信息、巡检信息、工作流支持、报警与事件处理、方法库等，是大坝智能巡检系统运作的数据支撑，其总体结构图如图 2.1-3 所示。

图 2.1-3　巡检系统数据库组成

2. 系统软件功能

1）巡检仪客户端功能

巡检仪客户端通常的功能包括：判别用户是否合法，阻止非法用户登录系统；巡视前准备的提醒；同步最新数据；发布巡检任务书操作，按照不同的作业要求，采用遍历巡检方式、自由巡检方式、指令巡检方式三种作业指导书巡视方式完成作业指导书；快捷录入巡检缺陷处；巡检记录查询与上报；未消除缺陷和隐患的警示；到位判断；任务与记录变动展示；巡检点属性查看；巡检部位信息查看；警示信息操作；巡视规程及帮助文件等。如图 2.1-4 所示。

图 2.1-4 巡检仪客户端功能

2）巡检管理平台功能

巡检管理平台由巡检数据通信处理系统、巡检业务管理系统、巡检过程与成果信息管理系统、后台维护系统等部分组成，如图 2.1-5 所示。

图 2.1-5 巡检管理平台软件界面

2.1.2 大坝监测系统评价

　　大坝安全监测系统评价从监测系统完备性及可靠性两个方面进行总体评价，并对监测设施的增设、修复更新、封存停测、报废和巡视检查提出意见。评价方法主要包括资料复查、现场检查、现场测试、精度分析、历史测值评估等。大坝安全监测系统评价框图如图2.1-6所示。

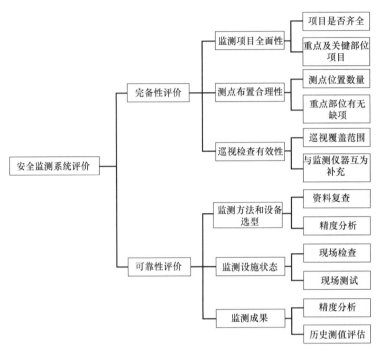

图 2.1-6　大坝安全监测系统评价框图

2.1.2.1 监测系统可靠性评价

　　安全监测设施可靠性评价的主要内容是针对现有各类监测项目，对监测方法和设备选型、监测设施工作状态、监测成果三个方面进行评价。

　　1. 监测方法和设备选型

　　监测方法评价通过资料复查、现场检查、精度分析等，评价监测方法是否合适，具体应根据检查其理论精度、观测限差要求、闭合差超限处理方法等是否符合规范规定；监测成果的计算公式、计算参数、单位是否正确；监测成果方向规定是否与规范一致。

　　监测仪器设备选型评价通过资料复查、现场检查等，根据监测目的、工作条件、精度要求、监测量值变化范围，评价设备选型是否合适，评价内容包括仪器功能是否达到监测目的、仪器材质、仪器量程等是否符合现场需求、仪器精度是否满足规范要求。

　　2. 监测设施工作状态

　　监测设施工作状态评价从现场检查状况、现场测试结果和维护情况三个方面进行评价，包括监测设施外观、保护情况、周边环境、安装情况等内容。

　　现场测试主要根据各类仪器的原理、埋设方式、可能条件对其稳定性和准确性等运行性能指标进行测试检验，评论各项指标是否合格，主要评价内容和评价标准见表2.1-2。

各类监测设施运行性能指标评判标准　表 2.1-2

监测类别	监测设施	评价内容	评价标准
环境量	浮子式水位计	测值准确性	≤±2.0cm
	钢弦式压力水位计	频率极差	频率测值≤1000Hz 时,频率极差≤2Hz 频率测值>1000Hz 时,频率极差≤3Hz
		温度极差	温度极差≤0.5℃
		绝缘电阻	绝缘电阻值≥0.1MΩ
	气介质超声波水位计	测值准确性	测量范围为 0.8~5m 时,≤±3.0cm 测量范围为 0.8~10m 时,≤±4.5cm
	翻斗式雨量计	测值准确性	≤±4%
	虹吸式雨量计	测值准确性	≤±0.05mm
	铜、铂电阻温度计	测值稳定性	电阻值测值极差≤0.05Ω
		绝缘电阻值	绝缘电阻值≥0.1MΩ
	热敏电阻温度计	测值稳定性	温度测值极差<1/2 精度
		绝缘电阻	绝缘电阻值>1MΩ
	钢弦式温度计	频率极差	频率测值≤1000Hz 时,频率极差≤2Hz 频率测值>1000Hz 时,频率极差≤3Hz
		温度极差	温度极差≤0.5℃
		绝缘电阻	绝缘电阻值≥0.1MΩ
变形	垂线	线体稳定性	读数的差值≤±0.2mm
		光学垂线坐标仪初始值检验	平均值与初始值差≤±1mm
		光学垂线坐标仪间隙差	间隙差≤±0.2mm
		遥测垂线坐标仪准确性	标准位移与测得位移之差≤0.5mm
		垂线测读仪器复位误差检验	测值互差≤0.2mm
	引张线	线体复位检验	测值的差值≤0.15mm
		线体三角形试验	人工观测差值≤±0.5mm, 自动化观测差值≤±0.3mm
		遥测引张线仪准确性	人工与自动化观测成果差值≤±0.5mm, 自动化观测与三角形试验理论值 差值≤±0.3mm
	激光准直系统	测值短期稳定性	测值中误差≤±0.10mm
		平均无故障时间	≥6300h
		数据缺失率	≤3%
		测量真空度	<66Pa
		保持真空度	<20kPa
		漏气率	<120Pa/h
		抽真空时间	<1h
	引张线式水平位移计	线体复位	线体复位差≤±2mm
		测值稳定性	测值极差≤±2mm

监测类别	监测设施	评价内容	评价标准
变形	静力水准	管路连通性及测值准确性	实测与理论差值≤±2倍测试精度
	测斜管	活动式测斜仪零漂量	实测零漂量稳定
	电磁式沉降仪	测值稳定性	测值极差≤±2mm
	水管式沉降仪	测值稳定性	测值极差≤±2mm
渗流	测压管和地下水位孔	灵敏度测试	差值≤±20mm
		渗压计准确性测试	差值≤±2倍测试精度
	量水堰	测值准确性	差值≤±10%
埋入式仪器	五芯差动电阻式仪器	测值稳定性	电阻比测值极差≤±3×10^{-4},电阻值测值极差≤±0.05Ω
		绝缘电阻	绝缘电阻值≥0.1MΩ
	四芯差动电阻式仪器	测值稳定性	电阻比测值极差≤±3×10^{-4},电阻值测值极差≤±0.05Ω
		正反测电阻比检验	$Z_t - N ≤ ±5$
		绝缘电阻	绝缘电阻值≥0.1MΩ
	铜电阻式温度计仪器	测值稳定性	电阻值测值极差≤±0.05Ω
		绝缘电阻	绝缘电阻值≥0.1MΩ
	钢弦式仪器	频率极差	频率测值≤1000Hz时,频率极差≤±2Hz 频率测值>1000Hz时,频率极差≤±3Hz
		温度极差	温度极差≤±0.5℃
		绝缘电阻	绝缘电阻值≥0.1MΩ
测量仪器仪表	差动电阻式读数仪	读数准确性	电阻比与标准值之差≤±1×10^{-4}, 电阻值与标准值之差≤±0.02Ω
	钢弦式读数仪	读数准确性	频率与标准值之差≤±0.2Hz
监测自动化系统	差动电阻式仪器采集模块	读数准确性	电阻比各项误差≤±3×10^{-4}
	振弦式式采集模块	读数准确性	频率各项误差≤±1Hz
	遥测垂线坐标仪、真空激光、引张线仪	短期稳定性	测值中误差≤±0.10mm
	差动电阻式仪器	短期稳定性	电阻值测值中误差≤±0.02Ω, 电阻比测值中误差≤±2×10^{-4}
	钢弦式仪器	短期稳定性	测值中误差≤±1Hz
	采集模块	平均无故障时间	≥6300h
		数据缺失率	≤3%

3. 监测成果

监测成果评价的主要内容是通过对历史测值的时空变化规律和实测精度分析,结合巡视检查记录，评价监测成果是否合理可信，反映出监测设施工作状态有无异常。通过过程线分析，结合相关性图、空间分布图等方法，可判断变形量、渗流（扬）压力、渗流量、应力、应变等物理量的变化规律及其与相应环境量之间的相关关系，如周期性、趋势性、变化类型、发展速率等。当出现异常观测值时，可对仪器频率、电阻等测读值进行分析，查明原因。

2.1.2.2 监测系统完备性评价

安全监测系统完备性评价，主要内容是结合大坝的结构特点和实际运行性态，在安全监测设施可靠性评价的基础上，对现有可靠的各监测设施布置的合理性、监控大坝安全的全面性进行评价。主要包括监测项目全面性、测点布置合理性和巡视检查有效性三方面内容。

（1）监测项目全面性评价

根据规程规范要求，复查必设监测项目是否设置齐全，梳理大坝的重点和关键部位，核查这些部位是否布置有相应的监测项目。

监测项目全面性评价基于现状鉴定为可靠或基本可靠的监测设施，考量监测工程运行安全性态关键参数的重要监测项目是否全面，具体为监测项目中现存基本可靠测点的空间布局能否覆盖工程全部监测范围，能否监控重点部位、兼顾一般部位，关联监测项目是否相互匹配，重要监测项目是否有适当的冗余。若重要监测项目无缺项，重要监测项目和一般监测项目布置均合理，则认为安全监测设施完备。

（2）测点布置合理性评价

测点布置合理性评价依据规程规范等相关要求开展。复查测点是否布置在合适的、需要的部位和方向上，能否真实、可靠、敏感地反映各工程部位，特别是重点和关键部位的变形、渗流、应力等效应量的变化情况，能否为工程安全性评价提供必要的监测数据。

（3）巡视检查有效性评价

根据监测项目全面性及测点布置合理性的评价内容及结果，核查巡视检查的项目和路线能够覆盖监控工程安全的需要，巡视检查成果能否与仪器监测互为补充和印证。巡视检查的路线、频次、内容、记录等是否满足要求，重点检查部位是否明确，检查成果是否反映工程运行状况。

2.1.2.3 监测系统总体评价

在监测系统可靠性和完备性评价的基础上，对监测系统进行综合评价，监测系统运行状况评级结果由监测系统完备性和可靠性综合确定，分为正常、基本正常和不正常，并根据目前状况制定出今后的监测方案，如优化各观测项目的监测周期、增减监测项目、将仪器进行分类（报废、封存停测、继续观测）。大坝安全监测系统运行状况评价准则见表2.1-3。

大坝安全监测系统运行状况评价准则表　　　　　　　　　　表 2.1-3

可靠性评级 ＼ 完备性评级	完备	基本完备	不完备
可靠	正常	正常	基本正常
基本可靠	正常	基本正常	不正常
不可靠	不正常	不正常	不正常

2.1.3　大坝监测成果分析

2.1.3.1　监测资料管理与分析的基本要求

监测资料管理与分析是大坝安全管理的核心内容，《水库大坝安全管理条例》第十九条规定："大坝管理单位必须按照有关技术标准，对大坝进行安全监测和检查；对监测资料应当及时整理分析，随时掌握大坝运行状况。发现异常现象和不安全因素时，大坝管理单位应当立即报告大坝主管部门，及时采取措施。"据此，各规程规范对监测资料的管理与分析提出了具体的要求。从大坝安全管理的角度，对监测资料的管理与分析的要求是：对监测数据、检查资料及有关资料进行系统的整理整编，实现文档化及电子化信息管理；进行必要的定量和定性分析，对坝的工作性态做出及时的分析、解释、评估和预测，为有效监控大坝安全、指导大坝运行和维护提供可靠的依据。

为达到上述目标，必须做到以下几点要求：

（1）监测资料要准确、连续、系统。包括监测数据、检查资料及有关资料在内的监测资料应来源可靠、通过合理性检查和可靠性检验，计算成果应经过审查。

（2）监测信息管理系统要实用、可靠。管理系统要提供日常管理、入库整编、图表制作、查询及必要的可视化分析等功能。

（3）资料整理和分析要及时。应做到及时整理资料，及时分析上报。分析成果（图表、简报、报告）要及时满足建筑物安全监测的需要，与运行管理相适应。遇有重大环境因素变化（如大洪水、较高烈度地震等）或监测对象出现异常或险情时，要迅速做出反应。

（4）资料分析既要反映全面，又要突出重点。从空间上应反映大坝各主要部位的情况，从时间上要全面反映建筑物在施工期、初蓄期和正常运行期全过程的性态，从项目上要全面反映建筑物在荷载作用下的位移场、温度场、应变场及应力场等多方面的状况。

（5）实现"人—资料—工具"结合。尽可能实现高素质的分析管理人员与准确的资料和可靠的分析管理工具（软件及硬件）的完美结合。

（6）加强人员管理。根应据工程的具体情况，因地制宜地制定完善管理制度，做好监测资料的管理与分析工作的组织、分工和协调，充分发挥安全管理人员的能动性，做好各层次数据、信息和分析成果、知识技能的共享以及传递，建设保障有力的大坝安全管理队伍。

2.1.3.2　监测资料的整理与整编

1. 监测资料的收集

监测资料是整理分析的基础，为了做好监测成果分析工作，应收集、积累的主要资料有以下三个方面：

1）监测资料

（1）监测成果资料，包括现场记录本，曲线图，监测报表，整编资料，监测分析报告等。

（2）监测设计及管理资料，包括监测设计技术文件和图纸，监测规程，分析图表等。

（3）监测设备及仪器资料，包括监测设备竣工图，埋设、安装记录，仪器说明书等。

2）水工建筑物资料

（1）坝的勘测、设计及施工资料，包括坝区地形图，坝区地质资料，基础开挖竣工图，地基处理资料，坝工设计及计算资料，坝的水工模型试验和结构模型试验资料，混凝土施工资料，坝体及基岩物理学性能测定成果等。

（2）坝的运用、维修资料，包括上下游水位，气温，水温，降水，泄洪，地震资料，坝的缺陷检查记录，维修加固资料等。

3）其他资料

包括国内外坝工监测成果及分析成果，各种技术参考资料等。

2. 监测资料的整理与整编

监测资料整理是将原始的现场监测数据进行一定的加工后成为便于使用的成果资料，常包括数据检验、物理量计算、监测数值的填表和绘图等环节。监测资料整编则是将有关基本资料、监测成果图表、初步分析成果等汇编刊印成册，并生成规范要求的电子文档。

大坝监测资料整理、整编的具体工作应参照有关技术规程的要求执行。以下仅作几点补充说明。

1）数据检验

对现场监测的数据或自动化仪器所采集的数据，应检查作业方法是否合乎规定，各项被检验数值是否在限差以内，是否存在粗差或系统误差。若判定监测数据超出限差时，应立即重测。

对于系统误差，应根据物理判别法、剩余误差监测法、马林可夫准则法、误差直接计算法、阿贝或阿贝-黑尔美特检验法、符号检验法等予以发现和鉴别，分析其发生原因，并采取修正、平差、补偿方法加以消除或减弱。

对于随机误差，要通过重复性量测数据用计算均方偏差的方法评定其实测值监测精度，并且通过对各监测环节的精度分析及误差传递理论推算间接量测值的最大可能误差。

对粗差应采用物理判别法及统计判别法，根据一定准则（如拉依塔准则、肖维内准则、格茹布斯准则、狄克逊准则等）进行谨慎的检查、判别、推断，对确定为监测异常的数据要立即重测，已经来不及重测的粗差值应予以剔除。

2）物理量计算

经检验合格的监测数据，应按照一定的方法换算为监测物理量，如水平位移、垂直位移、扬压力、渗漏量、应变、应力等。数据计算应遵循方法合理、计算准确的原则，采用的公式要正确反映物理关系，使用的计算机程序要经过考核检验，采用的参数要符合实际情况。

监测基准值将影响每次监测成果值，必须慎重准确地确定。基准值是计算监测物理量的相对零点，一般宜选择水库蓄水前数值或低水位期数值，各种基准值至少应连续监测两次，合格后取均值使用。

3）监测数值的填表和绘图

所有监测物理量（包括环境因素变量及结构效应变量）数值都应填入相应的表格或存入计算机。各种监测数据应做成必要的图形来表示其变化关系。一般常绘制效应监测量及环境监测量的过程线、分布图、相关图及过程相关图。

4）监测资料整编

监测资料整编一般以一个日历年为一整编时段，每年整编工作须在下一年度的汛期前完成，整编对象包括水工建筑物及其地基、环境因素等各监测项目在该年的全部监测资料。整编工作包括汇集资料，对资料进行考证、检查、校审和精度评定，编制整编监测成果表及各种曲线图，编写监测情况及资料使用说明，将整编成果刊印等。

2.1.3.3 监测资料分析

监测资料分析应坚持定性分析和定量分析相结合以及单项目单点分析与多项目多点综合分析相结合的原则。定性分析主要通过表格化、图形化以及与监测指标等手段，分析监测物理量的量值大小（方向）、时空分布规律、相关性、合理性等。定量分析通过建立数学模型，分析确定水位、气温、降雨等对大坝变形、渗流、应力应变等效应量的影响及变化。

1. 常用的初步分析方法

1）绘制测值过程线

过程线是以观测时间为横坐标，所考查的测值为纵坐标点绘的曲线。它反映了测值随时间而变化的过程，由过程线可以看出测值变化有无周期性，最大最小值，一年或多年变幅，变化梯度（快慢），有无反常的升降等。

2）绘制测值分布图

分布图是以横坐标表示测点位置，纵坐标表示测值所绘制的台阶图或曲线。它反映了测值沿空间的分布情况。由图可看出测值分布有无规律，最大、最小数值在什么位置，各点间特别是相邻点间的差异大小等。

3）绘制相关图

相关图是以纵坐标表示测值，以横坐标表示有关因素（如水位、温度等）所绘制的散点加回归线的图。它反映了测值和该因素的关系，如变化趋势、相关密切程度等。

4）对测值作比较对照

（1）和上次测值相比较，看是连续渐变还是突变。

（2）和历史极大、极小值比较，看是否有突破。

（3）和历史上同条件（水库水位、温度等条件相近）测值比较，看差异程度和偏离方向（正或负）。比较时最好选用历史上同条件的多次测值作参照对象，以避免片面性。

（4）和相邻测点测值作比较，看差值是否在正常范围之内，分布情况是否符合规律。

（5）在有关项目之间作比较，如扬压力与涌水量、水平位移和挠度、坝顶垂直位移和坝基垂直位移等，看它们是否有不协调的异常现象。

（6）和设计计算、模型试验数值比较，看变化和分布趋势是否相近，数值差别有多大。

（7）和规定的安全控制值相比较，看测值是否超过。

（8）和预测值相比较，看出入大小是偏于安全还是偏于危险。

2. 测值影响因素分析

分析观测值的变化规律及异常现象时，必须了解有关影响因素。一般来说，有观测因素、荷载因素、结构因素等，分述如下。

1）观测因素

得到观测成果后，首先对其分析有无粗差和系统误差。有粗差的测值应舍去不用，有系统误差的测值应加以改正。然后，根据统计分析方法求出随机误差。当多次测值始终都在误差范围以内变动时，认为测值未发生变化或其变化被误差所掩盖；当此种变动超出误差范围时，认为测值有变化，此时应进一步从内因（坝的结构因素）和外因（坝的荷载条件）的变化上来考察测值发生变动的原因、规律性，并判断测值是否异常。

2）荷载因素

以混凝土坝为例说明荷载因素。作用在混凝土坝上的荷载，主要有坝的自重、上、下游静水压力、溢流时的动水压力、冰压力、扬压力、淤沙压力、回填土压力、地震作用、温度变化影响等。例如，在混凝土坝建成后的变形及渗透观测分析中，自重已是定值，不随时间而变化；动水压力、波浪压力、冰压力比较次要，对测值影响不大；淤沙及回填土压力一般也较次要，且变化较缓慢，大的地震发生机会少，较难遇到；扬压力主要取决于上、下游水压力和温度变化影响。许多情况下，当下游水位（对岸坡坝段则是下游地下水位）变幅不大且水深相对上游水深较小时，可只考虑上游水压力对水库水位的变化和温度变化的影响。水库水位决定了坝前水深，作用在坝上游任一点的静水压强和该点处水深成正比。作用在坝任一水平截面以上的静水压力和该截面上水深的平方成正比。水库水位就决定了上游水压力，而水压力是混凝土坝上最主要的荷载之一，因此大多数观测值都和水库水位有密切关系。水库水位越高，坝的变形和渗透就越大，应力状况也越不利，甚至出现不安全情况，因此高水位时的观测及其资料分析就显得特别重要。

3）结构因素

结构因素包括坝基和坝体两个部分。

坝基结构因素主要是地质条件和基础处理情况。地质条件包括坝基岩石的均匀性、弹性模量、泊松比、抗压强度及抗剪强度数值，断层等。这些条件对观测值都有影响，如岩性不均一，可能引起基础沉陷和位移的不均一，还会影响坝体下部应力、应变的分布值。基础处理情况包括坝基开挖、固结灌浆、帷幕灌浆、排水以及软弱破碎带的处理情况等，这些措施的目的是防止基础出现滑动、开裂、压坏、不均匀沉陷、大的渗漏、溶蚀、管涌、软化和坝肩或边坡失稳等。处理较彻底的，变形及渗漏较小，应力状况较好；反之则较差。

坝体结构因素主要是坝的尺寸和构造、混凝土的质量和特性在坝运用中的结构变化等。坝体各个坝段的高度和尺寸是不相同的，坝段高的由于承受荷载较大通常其变形、应力和渗透也较大，反之则较小。在坝的运用过程中，结构情况还可能发生变化而影响测值，如混凝土及岩石的徐变可影响变形及应力，混凝土内部的溶蚀和沉积会使一些裂隙加大或充填而造成渗漏量及渗透位置的改变，坝面的风化、冰融会加剧入渗等。

大坝结构条件在各坝段各有不同，在坝建成后基本上是不变或少变的，而荷载则周期性地经常在变化，因此大坝观测成果的数值在空间分布上主要取决于结构条件，在时间发展上则主要取决于荷载变化。另一方面，荷载在各个坝段也是不同的，对测值的空间分布也发生影响，同时，结构条件随着时间的推移总会发生变化，有时甚至是质的变化，这也会影响到测值的过程变化。

3. 监测资料的定量分析与数学模型

由于大坝实际监测中存在的空间及时间上的离散与连续、确定性与随机性的内在矛盾，仅有初步的定性分析是不够的，需要结合大坝结构的特点、材料特性、坝基地质条件以及施工情况并运用坝工理论和相应的数学方法，建立适当的数学模型，对原因量和效应量的资料进行有效及充分的信息提取，并在此基础上进行动态及全面的综合分析，才能得到对大坝效应量监测值的定量变化规律的深入认识，掌握大坝运行性态的趋势性变化，进而实现大坝安全监控的目标。

大坝监控数学模型是利用大坝原因量及效应量的测值系列建立起来的具有一定的构造形式的数学模型，可以反映效应量与原因量之间的定量变化规律。目前，常用的大坝监控数学模型可以分为统计模型、确定性模型和混合模型等。

4. 使用定量分析数学模型应注意的问题

对建立的定量分析数学模型，应进行必要的合理性检验，检验后发现模型结构和参数不合理或不满意时应作校正。可采取通过坝工理论分析调整模型结构、用反分析校正参数、对残差系列再建模的组合模型进一步提取有规律成分等措施。分析人员需要具备在坝工理论、不同建筑物监测量的正常性态、异常趋势及其原因、数学模型的能力及其局限性等方面的经验。

2.1.4 大坝监测内容

在大坝病险评估过程中，经常会发现原有的监测设施布设不足，可靠性差，或者部分损坏后不能满足大坝安全监测的完备性要求，导致不能全面对大坝安全进行及时监控。对于已建成后运行一段时间的大坝，若在病险评估后需要进一步对现有大坝开展安全监测的补充措施，以满足系统可靠性、完备性要求，其可选用的监测技术和方法不如大坝建设过程中的可选择性多，针对大坝不同的需求及可实施性，仅对可开展的监测技术和方法进行介绍。

2.1.4.1 变形监测

1）表面变形监测标点

表面变形监测标点主要分为水平位移监测标点和垂直位移监测标点。水平位移监测标点用于监测水工建筑物和边（滑）坡岩土体的表面水平位移，垂直位移监测标点用于监测水工建筑物和边（滑）坡岩土体的表面垂直位移。

表面变形监测标点的主要测量部件是强制对中基座和水准标芯。在长期、经常性监测的表面水平位移监测点上，现场浇筑混凝土观测墩，在顶部安装强制对中基座，作用是使仪器设备和观测目标严格对中。水准标芯是作为垂直位移标点上的辅助观测设备，其球面顶部高程的变化能够真实反映附着目标的垂直位移变化。

2）垂线系统

垂线系统通常由垂线、悬挂（或固定）装置、吊锤（或浮桶）、观测墩、测读装置（垂线坐标仪、光学坐标仪、垂线瞄准器）等组成。常用的垂线有正垂线和倒垂线。

正垂线观测系统通常采用 1.5～2mm 的不锈钢丝，下端挂上 20～40kg 的重锤，用卷扬机悬挂在坝顶的某一固定点，通过竖直井到达坝底基点。根据观测要求，沿垂线在不同高程处及基点设置观测墩，利用固定在墩上的坐标仪，测量各观测点相对于此垂线的位移值。

倒垂线观测系统垂线下端固定在基岩深处的孔底锚块上，上端与浮筒相连，在浮力作用下，钢丝铅直方向被拉紧并保持不动。在各观测点设观测墩，安置仪器进行观测，即得到各测点相对于基岩深处的绝对挠度值。

3）裂缝计

裂缝计用于监测水工建筑物裂缝的开合度，也可用于监测建筑物混凝土施工缝、土体内的张拉缝以及岩体与混凝土结构的接触缝等。

裂缝计与测缝计的结构形式基本相同，裂缝计是测缝计改装的一种仪器，分为埋入式裂缝计和表面裂缝计；对于病险坝的裂缝监测，多采用表面裂缝计。

表面裂缝计用于监测一般表面裂缝，测值为两端固定点间的相对位移（距离）变化值。

4）GNSS 监测技术

全球导航卫星系统（Global Navigation Satellite System，GNSS）为单机单天线变形监测系统，目前 GNSS 可以接受美国 GPS、俄罗斯 GLONASS、欧洲 Galileo 及中国的北斗。系统由空间部分（人造地球卫星）、地面监控部分（分布在地球赤道上的若干个卫星监控站）、注入站和主控站、用户部分（接收卫星信号的设备）组成。

与传统监测方法相比，GNSS 监测技术不受通视条件限制、成本低、效率高、误差小、自动化程度高、对操作人员专业技术能力要求低。

5）激光准直系统

由于激光具有良好的方向性和单色性，具有较长的相干距离，采用经准直的激光束作为测量的基准线，可以实现有较长工作距离、较高测量精度的位移自动化观测。真空激光准直系统在一个人为创造的真空环境中，完成各测点的测量采样，其观测精度受环境影响较小，长期工作稳定可靠，测量精度可达 $0.5 \times 10^{-6} L$（L 为激光准直的长度）以上，可用于直线形混凝土大坝的水平、垂直方向位移监测。

6）三维激光扫描

三维激光扫描仪集成了高速 3D 扫描技术、高精度全站仪技术、高分辨率数字图像测量技术以及超站仪技术等多项先进的测量技术，能够以多种方式获得高精度的测量结果。

7）合成孔径雷达干涉测量技术（INSAR）

INSAR 就是 Sar 在平行轨道上对同一地区获取两幅及以上的单视复数影像来形成干涉，得到该地区的三维地表信息。

8）多维度变形测量

多维度变形测量系统是基于物联网系统架构研制的一套以 MEMS 传感器为核心敏感元件的系统。这套系统可以为大跨度建筑物结构体的连续变形规律监测提供高精度、高可靠性的自动化监测方案。

2.1.4.2 渗流监测

1）测压管

测压管适用于建筑物基础扬压力、渗透压力和地下水位监测。通过读取测压管管内水头压力以监测建筑物基础扬压力、渗透压力或地下水位。测压管水位的观测，可采用尺式水位计，测尺长度的最小刻度 1mm，应带有不锈钢温度测头，且耐用、防腐蚀。

2）量水堰

量水堰适用于各类大坝的渗透流量监测，渗流量监测设施应根据其大小和汇集条件进行设计。当流量在 1～300L/s 之间时，宜采用量水堰法。

2.1.4.3 应力应变监测

锚索（杆）测力计用于监测各种锚索（杆、桩）、螺栓等对岩体或支柱（墩、座）、隧道与地下洞室中的支架以及大型预应力钢筋混凝土结构的荷载，可同时兼测埋设点的温度。锚索（杆）测力计由承压钢筒以及均布在其周边的应变传感器组成，外部用保护罩进行密封，当承压钢筒承受压力产生轴向变形时，均布在钢筒周边的应变传感器也与钢筒同步变形，通过测量这些应变传感器即可以推算出钢筒所承受的荷载力，从而可以获得锚索（杆）所承受的轴向荷载。

2.1.4.4 其他

根据大坝安全评价需求，还可开展上下游水位、气温、降雨等环境量监测，水质监测、强震监测等，同时若有的监测仪器损坏的，可按照相关要求开展修复或者更换工作。

2.1.5 典型工程案例

2.1.5.1 混凝土坝应用案例

柬埔寨甘再水电站工程位于柬埔寨西南贡布省境内 Kamchay 河干流上，距首都金边西南部约 150km，坝址距省会城市贡布约 15km。工程等别为 Ⅱ 等，水库工程规模属大（2）型，大坝枢纽工程由拦河坝、PH3 引水系统和 PH3 发电厂房等主要建筑物组成。水库校核洪水位 151.88m，设计洪水位 150.00m，正常蓄水位 150.00m，死水位 130.00m，水库总库容 7.173 亿 m^3，死库容 3.542 亿 m^3，正常蓄水位以下库容 6.813 亿 m^3，有效库容 3.271 亿 m^3，库容系数 19.9%，为完全年调节水库。拦河坝最大坝高 112m。

在对工程安全监测系统问题进行梳理后发现甘再水电站安全监测系统存在一定问题，不能实现对大坝安全的有效监控，现对存在的问题及对应的解决方案进行介绍。

1. 变形监测

（1）垂线系统

问题：未布置一套完整的正倒垂线，需要完善挠度变形监测。

解决方案（图 2.1-7）：增加两套垂线系统，分别位于 4 号坝段的电梯井附近（坝左 0+046.000）和 7 号坝段（坝右 0+126.750），则坝顶引张线分 3 段布置，每段引张线长度分别为 155m、175m 和 200m。布置方式为：左岸垂线系统（坝左 0+046.000）由 1 条倒垂和 2 条正垂组成，分别为倒垂 IP9（50m，从 43m 廊道钻孔至坝基以下 48m）、正垂 PL1-1（45m，88m 廊道至 43m 廊道）、正垂 PL1-2（65m，坝顶至 88m，120m 廊道增加 1 个测点）；右岸垂线系统（坝右 0+126.750）由 1 条倒垂和 2 条正垂组成，分别为倒垂 IP10（50m，从 60m 廊道钻孔至坝基以下 44m）、正垂 PL2-1（60m，由 120m 廊道直接钻孔至 60m 廊道，不经过 88m 廊道）、正垂 PL2-2（33m，坝顶至 120m 廊道）。

（2）引张线系统

问题：坝顶引张线系统长为 524m，120m 廊道引张线系统长为 426.6m，单套引张线系统长度过长不利于系统长期稳定工作。坝顶和 120m 廊道引张线系统目前已发生线体、测头、浮船碰壁现象，已不满足坝体水平位移监测要求。廊道内引张线系统保护管的支撑结构间距过大，导致保护管有垂直变形，影响线体位移。引张线两端的张紧端和固定端处测点（EX1-1、EX1-12、EX2-1、EX2-8、EX3-1、EX3-5）布置不合理。

解决方案（图 2.1-8）：根据上述垂线系统的布置方案，将坝顶及 120m 廊道引张线系

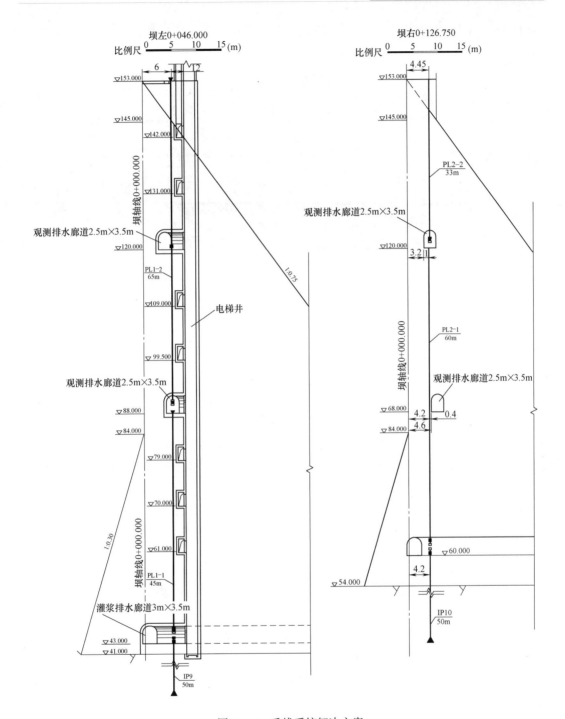

图 2.1-7 垂线系统解决方案

统分三段布置，由原 2 套变为 6 套系统，原有浮托式引张线全部改为无浮托式引张线。坝顶原引张线 EX1（12 个测点）分段为 153-EX1（2 个测点，长 155m）、153-EX2（3 个测点，长 175m）和 153-EX3（3 个测点，长 200m），测点总数由 12 个减少为 8 个。120m 廊道原引张线 EX2（8 个测点）分段为 120-EX1（2 个测点，120m）、120-EX2（3 个测点，175m）和 120-EX3（2 个测点，135m），测点数由 8 个减少为 7 个。对 88m 廊道内的引张线系统 EX3 的保护管加密支撑结构。

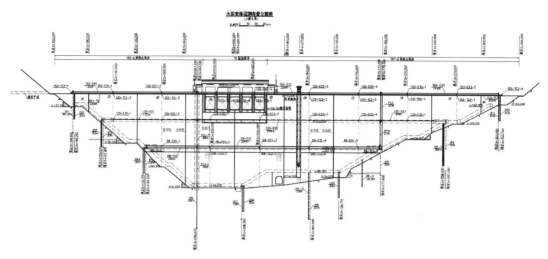

图 2.1-8　引张线系统、静力水准系统、双金属管标解决方案

（3）双金属管标及静力水准系统

问题：坝顶、120m 廊道和 88m 廊道静力水准 TC1、TC2、TC3 一端布置有双金属管标作为工作基点，但另一端未布置校核工作基点。坝基 60m 廊道和 43m 廊道静力水准无基准点，只能观测坝基相对变形。双金属管标安装埋设方法错误，管内被混凝土充填堵死，限制了钢、铝管的变形，不能满足作为静力水准系统工作基点的要求。坝顶及 88m 廊道静力水准管路存在漏液现象，已不能正常观测。整体上静力水准监测数据不能够反映坝体垂直位移的变化规律。

解决方案：原 3 套双金属管标安装方法错误，需重新钻孔埋设，另在右岸新增 3 套双金属管标，分别作为坝顶和 88m 廊道改造的静力水准系统、60m 廊道和 43m 廊道原静力水准系统的基准点。新布置的双金属管标如下：SJ1、SJ2 和 SJ3 在原位置附近重新钻孔，分别作为坝顶左岸、120m 廊道和 88m 廊道静力水准系统的基准，SJ4 布置在 43m 廊道的右端，SJ5 布置在 60m 廊道的右端，分别作为该层廊道静力水准系统的基点，SJ6 布置在坝顶右端的观测房内，作为坝顶右岸静力水准系统的基准。改造坝顶和 88m 廊道原两套静力水准系统，将坝顶静力水准系统进行一分为二分段布置。坝顶原静力水准 TC1（12 个测点）变为 153-TC1（5 个测点）和 153-TC2（5 个测点），测点数由 12 个减少为 10 个。88m 廊道原静力水准 TC3 重新改造，测点布置位置不变，测点数仍为 5 个。

（4）基础变形

问题：由于倒垂线 IP4 的位移较大，需要进一步了解该部位基础变形情况。

解决方案：为了解该部位基础变形情况，在其旁边增加一个测斜孔 IN1-5，测斜孔的钻孔深度为 50m，大于倒垂线 IP4 的钻孔深度 30m。

2. 渗流监测

（1）测压管

问题：上游灌浆廊道内测压管 UP3-1～10 以及坝基纵向廊道的第一个测压管 UP1-1

和 UP2-1 均位于坝基灌浆帷幕孔的上游，达不到监测帷幕防渗效果的目的，以上布置均不合理。

解决方案：将上游灌浆廊道内测压管 UP3-1～10 以及坝基纵向廊道的第一个测压管 UP1-1 和 UP2-1 全部向下游平移至灌浆帷幕孔与排水孔之间重新钻孔，钻孔位置位于坝基灌浆帷幕孔下游侧。每个测压管内布置 1 支渗压计，用以遥测测压管内水位，同时孔口布置压力表，进行人工比测。

（2）绕坝水位孔

问题：左坝肩绕坝渗流测压管全部位于左岸补强帷幕灌浆上游，达不到监测绕坝渗流的目的；以上布置均不合理。

解决方案：在左右岸边坡分别布置 3 个水位孔，其中 1 个位于补强灌浆帷幕与原灌浆帷幕之间，2 个位于补强灌浆帷幕后，以监测左右岸绕坝渗流情况。每个测压管内布置 1 支渗压计，用以遥测水位孔内水位。

（3）量水堰计

问题：量水堰计安装在水流转弯处，表面水流不平顺，布置不合理。

解决方案：分别将 6 个量水堰计的安装位置调整至量水堰堰板前 1.5m 左右的水流平顺处。

2.1.5.2 土石坝案例

黏土心墙坝是利用坝址附近的土石材料填筑而成，防渗体位于大坝中央，采用黏土构成，而两边以透水性大的土料（如砂砾）组成坝壳。坝壳可以是块石、砂砾石、砂质土和风化料等。上游坝壳采用透水性大的土料，以便迅速降低上游坝壳在库水位降落的瞬时浸润线，以利于上游坡的稳定。下游坝壳可以全部采用透水性大的块石、砂砾石等，对于该种坝型，其安全监测布设在《土石坝安全监测技术规范》SL 551 中作了明确规定。在坝址附近透水性材料缺乏情况下，下游坝壳也可采用透水性小的土或风化料作为代替料，但在心墙与代替料之间设透水性较大的排水层，以降低心墙下游浸入线，以利下游坡稳定。对于该种坝型，设计将心墙下游渗水通过排水层排水，代替料不存在饱和水，以保证下游坝坡稳定。在实际工程中，由于降雨、两岸绕渗、排水层淤堵等原因可能造成代替料存在饱和水，对于这种特殊情形，《土石坝安全监测技术规范》SL 551 中没有做专门说明，现依据工程案例对下游坝壳采用代替料填筑的黏土心墙坝的渗流安全监控方案进行探讨。

1）心墙坝结构

福建省山美水库，黏土心墙坝坝顶长 315m，坝顶宽 8m，最大坝高 75.5m，坝顶高程 105.48m。上游坡采用块石及砂砾石填筑，上游块石与心墙设砂砾石过渡带。黏土心墙顶宽 5m，顶部高程 104.48m。下游坡采用砂壤土及砂砾石填筑，下游自基础至 42.48m 高程铺设砂砾石水平排水层，42.48m 以上填砂壤土代替料，砂壤土与黏土心墙之间设置砂砾石竖向排水层。大坝黏土心墙基础挖到弱风化基岩，混凝土截水墙底部进行固结灌浆及帷幕灌浆。大坝于 1972 年建成运行，其结构见图 2.1-9。

2）渗流安全监控方案优化

（1）大坝原有监测设施

1975 年后，大坝埋设测压管 21 根，分别为 0+106 断面 1 根，0+120 断面 3 根，0+160 断面 1 根，0+170 断面 4 根，0+180 断面 1 根，0+220 断面 3 根，0+240 断面 1 根；

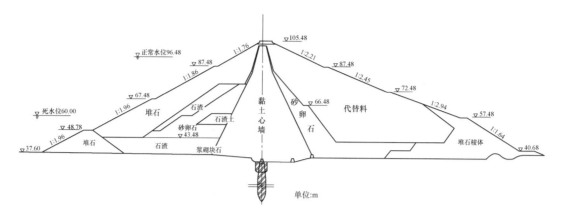

图 2.1-9　大坝典型断面结构图

背水坡高程 87.48m 平台有 3 根，高程 72.48m 平台有 4 根，平面布置见图 2.1-10。

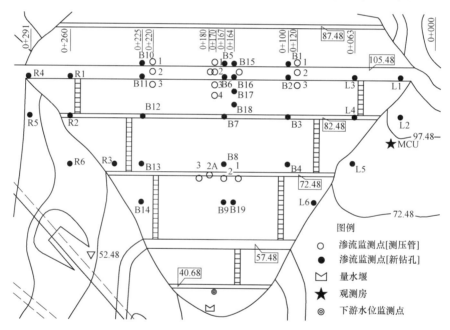

图 2.1-10　大坝渗流监测平面布置图

　　经原有测压管资料初步分析，大坝代替料内存在饱和水，浸润线偏高，与原设计心墙后渗水经排水层排出不符。但大坝原有监测设施只监测坝体心墙及代替料内渗流压力，而对心墙与坝基接触面、心墙后竖向排水层、水平排水层、两坝肩绕渗均未监控。

　　（2）一期监控方案

　　为了更全面地掌握大坝渗流性态，分析坝基与心墙接触面的渗透压力及两坝肩渗流压力分布，代替料与水平排水层之间是否存在非饱和区，心墙后竖向排水层是否淤堵，探明大坝下游坝壳代替料内饱和水来源，2004 年进行一期监控方案实施。

　　在分析原有测压管资料基础上，在大坝 0+100、0+167、0+225 断面布设 14 条钻孔铅垂线 28 个测点，左右岸各布设 6 条钻孔铅垂线 6 个测点。主要监控心墙、心墙与坝基接触部位、代替料、水平砂卵石层部位及两坝肩的渗流压力分布，典型断面见图2.1-11。

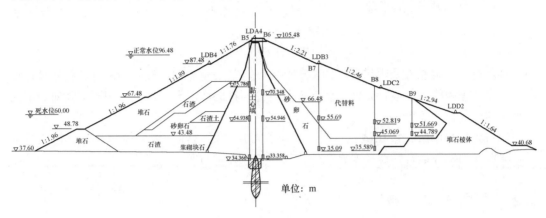

图2.1-11 典型断面渗流监测布设图

一期钻孔资料及监控成果分析表明：河床部位截水槽前基岩与心墙接触带渗流压力水位与库水位相近，坝基截水槽承受渗透坡降相对较大；大坝下游代替料中存在饱水区，浸润线较高；目前水平排水层内排水效果良好，各测点水位值比较稳定，水平排水层与代替料之间存在非饱和区，由于两者之间缺乏反滤层，代替料中细粒在垂直渗流作用下可能流失到水平排水层中，引起水平排水层局部淤堵；大坝两坝肩渗流压力水位偏高，绕渗严重。

（3）二期监控方案

针对一期监控成果，为进一步证实大坝截水槽前坝基与心墙接触面的高渗透压力、心墙后竖向排水层是否淤堵；探明大坝下游坝壳代替料内饱和水来源，2006年进行二期监控方案实施，在0+164横断面心墙上部、截水槽前坝基与心墙接触面、竖向排水层、代替料部位布设了5条钻孔铅垂线9个测点，其布设见图2.1-12。

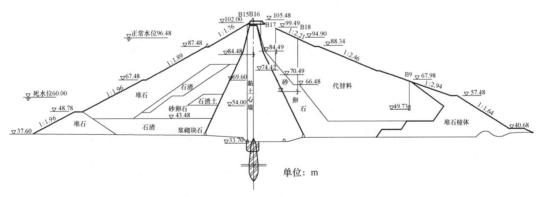

图2.1-12 0+164断面监测设施布设图

二期钻孔试验资料与监控成果分析表明：证实大坝截水槽前坝基与心墙接触面的渗透压力偏高，这是由于河床段坝基清基不彻底、河床段帷幕前测点水位与库水位基本相同；心墙内水位高，心墙后竖向排水层上部存在淤堵，心墙存在向代替料渗水的可能。

通过对钻孔试验资料及监控成果综合分析：大坝左右坝肩地下水位偏高，代替料渗透系数偏小，心墙后竖向排水体上部排水失效，代替料以下的水平排水体上部局部淤堵，导致下游代替料存在饱和区；代替料内各测点水位与库水位相关，同时与两岸绕坝渗流相关，代替料饱水区主要来源于两岸绕渗及心墙上部渗水。

3）启示

（1）对于下游坝壳采用代替料的黏土心墙坝，其安全监测不仅要满足有关技术规范要求，还要考虑因施工及运行条件改变形成与设计不符的渗流异常性态，需要加强对心墙后排水层和代替料的监控。

（2）充分利用已有钻孔试验资料，如土料分层、渗透性、水位等，及时分析监控成果，掌握大坝实际运行性态及变异，优化反馈监控方案与实施工序。

2.2 大坝渗漏检测

大坝的渗流问题，在水库大坝的整体安全中占有重要地位。据国内外大坝失事原因的调查统计，因渗流问题而失事的比例仅次于洪水漫顶，高达 $30\% \sim 40\%$。对土石坝而言，渗透水流除浸湿土体降低其强度指标外，当渗透力大到一定程度时，将导致坝坡滑动、防渗体被击穿、坝基管涌、流土等重大渗流事故，直接影响大坝的运行安全。对于混凝土大坝，坝基扬压力的大小关系到大坝的抗滑稳定及受力安全；两岸坝肩渗透压力（地下水位）的高低关系到坝肩岸坡岩体的抗滑稳定安全。

2.2.1 大坝渗漏成因

造成大坝渗漏的原因比较复杂，按工程枢纽建设条件可分为自然地质因素和人为因素；按工程部位分为基础原因、坝体原因和大坝与基础接触带的原因。

自然地质因素：包括地形地貌、地层岩性、地质构造和水文地质条件等。

1）地形地貌：坝址及库区存在地形上的垭口，库盆封闭条件不好，库岸山体单薄，存在下切较深的邻谷，山区河谷急剧拐弯处等都是造成水库渗漏的原因；

2）地层岩性：大坝坐落于透水性岩层如砂岩，可溶岩地层之上；

3）地质构造和水文地质：工程枢纽区断层构造发育，岩体受到破坏后发生渗漏；

4）水文地质条件：库水向地下水补给的情况，也是造成水库渗漏的因素之一。

人为因素：包括设计原因、施工原因和运维原因。

1）设计原因：设计不合理，如防渗体系设计深度和延伸长度不够；

2）施工原因：施工质量存在缺陷，如填筑材料不合要求，防渗帷幕灌浆质量不过关等；

3）运维原因：运行管理不到位，如对隐患不重视、不及时处理等。

在渗漏部位上分为基础、坝体和大坝与基础接触带发生的渗漏。

1）基础原因：坝基出现渗漏或绕坝渗漏，防渗帷幕、防渗墙存在缺陷，质量差，铺盖不均匀有凹坑等；

2）坝体原因：建设期存在质量缺陷，如设计、施工、材料等方面，运营管理期问题，如裂缝、大坝沉降变形过大、结构防水材料老化等；

3）基础接触带：坝肩接触或水工建筑物之间接触不够紧密，基础面处理不好、清基不彻底、齿槽问题等。

2.2.2　大坝渗漏类型与特征

大坝渗漏可分为坝区渗漏和库区渗漏。坝区渗漏指大坝建成后，库水在坝上、下游水位差作用下，经坝基、坝肩岩、坝体中的岩土体裂隙、孔隙或喀斯特通道向坝下游渗漏的现象，包括坝基渗漏、坝体渗漏和绕坝渗漏；库区渗漏包括由于饱和库岸和库底岩、土体而引起的暂时性渗漏和库水沿透水层、溶洞、断裂破碎带等引起的永久性渗漏。

水库大坝根据筑坝材料分为混凝土坝和土石坝。由于填筑土石坝的土料和坝基的砂砾石散粒体结构，颗粒间存在大量的孔隙，土石坝都具有一定的透水性。在水压力的作用下，水流必然会沿着孔隙渗向下游，造成坝体、坝基和绕坝的渗漏，影响坝体稳定。

混凝土坝主体材质为混凝土，由于混凝土是脆性材料，其抗拉强度远小于抗压强度，在建造混凝土坝时，如何防止裂缝始终是一个问题。混凝土坝渗漏主要是大坝横缝止水结构损坏、施工缝或结构缝损坏，以及泄水门槽、底板损坏（淤积）、消能建筑物损坏等。

2.2.3　大坝渗漏探测内容

渗漏检测工作内容包括渗漏入水口探测、渗漏路径探测、渗漏隐患探测和提出合理的处理意见和建议等。其中，渗漏入水口探测主要是探明渗漏入水口的平面位置、范围、分布高程等情况；渗漏路径探测是探明渗漏入水口与渗漏出水点之间路径的走向、平面范围和分布高程等，分析判断渗漏对周围介质的破坏情况；渗漏隐患探测是对工程枢纽区存在的洞穴、裂缝、松软层、沙层、溶蚀破碎带等渗漏隐患进行探测，以便及时处理，做到防患于未然。

2.2.4　大坝渗漏探测方法

大坝渗漏探测方法可分为库区渗漏源探测方法、渗漏路径检测方法。渗漏入水口探测工作主要是在库区开展，以水域探测工作为主，普查类方法主要有伪随机流场拟合法、水上自然电场法及水体流速测试法，详查或验证类方法主要有连通试验、ROV摄像喷墨检查或潜水员摄像（摸排）等。渗漏路径和渗漏隐患探测工作主要是在库岸、大坝等部位开展，物性参数主要以电性和电磁类方法为主，以弹性参数为辅。根据工作开展方式，可分为地面方法和孔内方法，其中地面常用的方法有高密度电法、自然电场法、直流激发极化法等。

伪随机流场拟合法是目前应用比较广泛且效果比较理想的方法，适合渗漏入水口普查和详查，从探测的部位上来看，渗漏入水口的探测；声呐探测方法适合于水下渗漏入水口的精确定位，应用的范围较广，但该方法的效率一般；潜水员或者水下机器人等方法适合于水下渗漏入水口的精确定位，不适合大范围开展普查工作。直流电阻率法、自然电场法、瑞雷面波法适合探测深度在100m之内的土坝或者土石坝坝体评价和渗漏隐患探测。电磁法中，探地雷达适合做30m以内的精细探测，分辨能力较强，探测效率高，对土石坝（面板缺陷）和混凝土坝的探测效果都不错；瞬变电磁法适合探测30～300m范围内的探测，探测效率高，是大坝渗漏路径探测和隐患探测常用的方法，但费用高，效率低。故针对大坝渗漏探测，应采用多种方法，多部位进行综合探测，成果的解释结合地质、水文、设计、监测及前期的施工和运维资料进行综合分析，以取得理想的效果。

除上述常规探测方法，我国"双频激电法之父"何继善院士创新性地提出了拟流场法，该方法可在水中观测，具有高灵敏、高精度、强抗干扰能力、高效率等特点。在探测区域适当地布置场源建立人工电流场（图 2.2-1），使得渗流场与电流场具有相比拟的边界条件，达到电流场拟合渗流场的目的，通过分析特殊编码波形电流场与渗漏水流场的内在联系，可实现渗漏入水口快速、准确的探测。

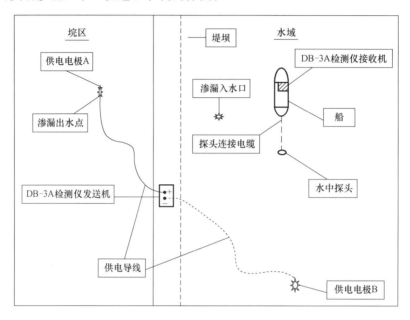

图 2.2-1　DB-3A 普及型堤坝管涌渗漏检测仪实际工作布置示意图

此外，为全面监视测区渗漏情况，实时传输采集数据确定渗漏区域，何继善院士发明了流体内全流场可视三维流向、流速测量装置，追踪探测异常区域内全流场的三维流向、流速，进而准确圈定渗漏（管涌）区域，指导汛期抢险（图 2.2-2）。

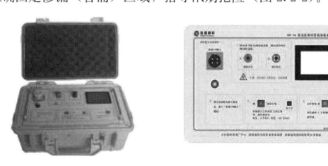

图 2.2-2　普及型堤坝管涌渗漏检测仪发送机

对于拟流场法的解译，通过建立拟流场法堤坝隐患探测的数学物理模型，开发了堤坝管涌、渗漏通道探测有限元模拟算法，获得复杂条件下拟流场法探测结果的各种理论曲线，提高了拟流场法探测的解释水平（图 2.2-3）。

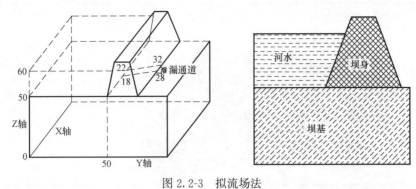

图 2.2-3　拟流场法

2.2.5　典型工程案例

1. 鸭嘴河水电站渗漏检测

鸭嘴河水电站大坝为混凝土面板堆石坝，水库正常蓄水位 3300m，死水位 3240m，坝顶高程 3305.8m，最大坝高 135.8m，坝顶全长 271m，坝顶宽度 12m。大坝迎水面为钢筋混凝土面板，面板顶部厚度为 30cm，并随高度降低逐渐加厚，底部最大厚度为 77.9cm。大坝下游量水堰水量约 $0.5m^3/s$（库水位高程约 3277m），坝脚出水点主要分布于量水堰的右部。

探测方案选择：渗漏入水探测采用伪随机流场法＋ROV 喷墨检查；大坝面板缺陷采用红外热成像技术＋地质雷达＋超声横波三维成像技术＋侧扫声呐；渗漏路径探测采用反磁通瞬变电磁法＋电磁波 CT 技术。

取得成果：伪随机流场法＋ROV 喷墨检查查明了渗漏入水口位置和规模；红外热成像技术＋地质雷达＋超声横波三维成像技术＋侧扫声呐查明了大坝面板缺陷位置；反磁通瞬变电磁法＋电磁波 CT 技术查明了渗漏路径。目前该水电站已经进入堵漏施工阶段，堵漏效果理想（图 2.2-4～图 2.2-9）。

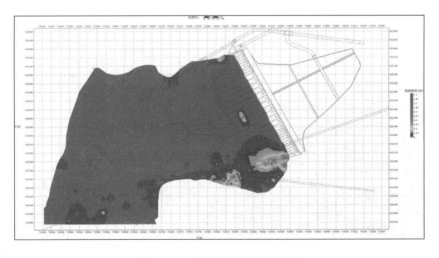

图 2.2-4　伪随机流场法成果图

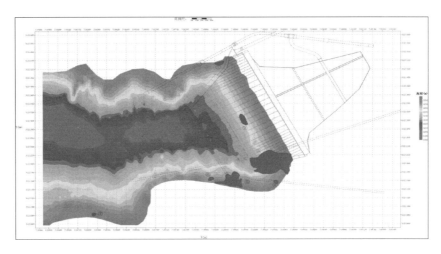

图 2.2-5　渗漏入水口平面分布图

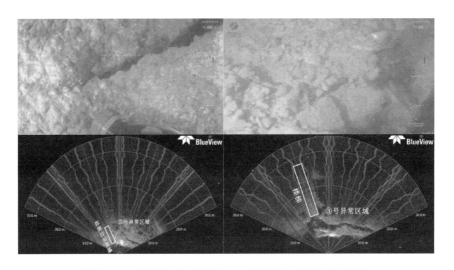

图 2.2-6　渗漏入水口位置 ROV 摄像和二维声呐扫描图

图 2.2-7　大坝面板侧扫声呐成果图

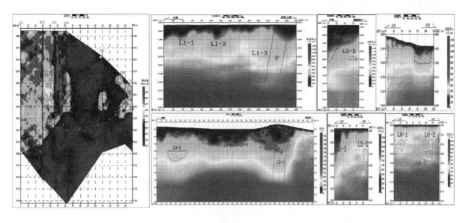

图 2.2-8 电磁波 CT 和瞬变电磁法探测渗漏路径成果图

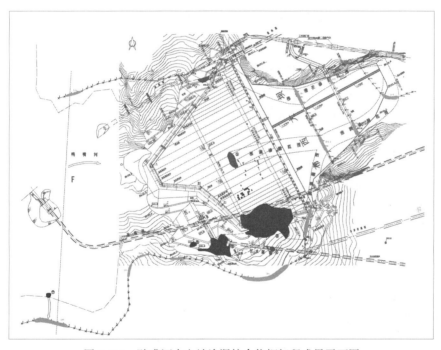

图 2.2-9 鸭嘴河水电站渗漏综合物探解释成果平面图

2. 株树桥水库渗漏检测

株树桥水库是一座大 II 型水库,最大蓄水量 $2.78×10^8 m^3$,是浏阳、长沙等地数百万人的饮用水源。大坝自下闸蓄水后便严重漏水,最大渗漏流量 1600L/s,达世界同类型坝第二位。已明显危及大坝的安全,引起了国家、省、市等各级领导和专家的广泛关注。从1996 年起多次组织专家研究大坝的漏水原因及治理方案,并先后采用水下摄像、潜水员探测、常规物探、钻探等手段,重点开展了对面板及接缝、周边缝等的漏水调查,但效果一直不理想。

株树桥水库查漏的主要困难在于:水深达 50m;近坝区库底钢管等金属干扰;发电厂的接地网通过坝基沿至库底的覆盖层内;面板堆石坝坝体下部含水(30%),无法在坝体上追索渗漏通道。

针对株树桥水库查漏的困难性、特殊性，为提高查漏的三维准确度，更便于识别干扰源，除重点应用中南大学研制的流场法 DP-2 音乐型堤坝渗漏检测仪快速追索外，同时开展了库底电流密度矢量场法和自然电场法，并对不同深度做了对比试验，最后用海流计和自行研制的两分量流速计在异常地段量测水流场分布。

主要成果：

（1）库底地形图

用声呐对离坝中心轴线 350m 范围内的库底地形进行了测定（图 2.2-10），综合深度误差 $\Delta h < 0.3m$。

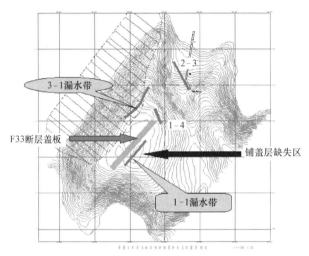

图 2.2-10 湖南省浏阳市株树桥水库水下地形图（声呐测定）

（2）电流场拟合库底水流场矢量图

库底（包括岩石基础、趾板、周边缝、面板）的水流场直接反映了库底漏（渗）水点的分布情况。由图 2.2-11 可见，发电进水口的异常特别明显，除此以外，在 L8、L9、

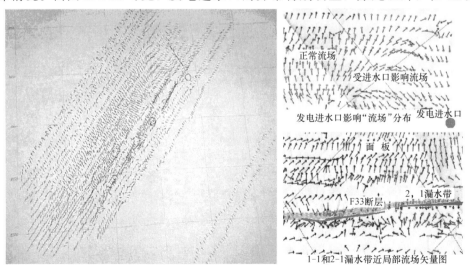

图 2.2-11 湖南省浏阳市株树桥水库流场法探测渗漏矢量图

L10、L11 块面板的趾板一带和 F33 断层部位等也出现了异常。

（3）株树桥水库漏水区域（点、带）定位图

根据库底流场矢量图和异常综合剖面图、平面图，确定了漏水区域，见图 2.2-12。

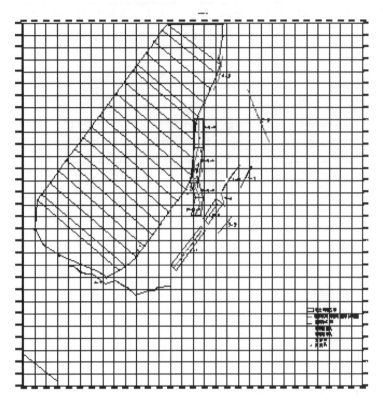

图 2.2.12 湖南省浏阳市株树桥水库漏水区域定位图

试堵效果：封堵 1-1 区时，量水堰水位下降，且 90min 后水变黄，说明黏土颗粒被漏水大量带走，因而漏水量大，漏水通道畅通。封堵 3-1 漏水带时，情况相似。

漏水带黏土封堵期间下游量水堰水位及库水位记录　　　　表 2.2-1

日期	下游量水堰水位(m)	水色	上游库水位(m)	日期	下游量水堰水位(m)	水色	上游库水位(m)
1999.4.5	102.872	黄	148396	99.4.12	102.854	黄	147.81
1999.4.6	102.868	黄	149.02	4.13	102.852	黄	147.60
1999.4.7	102.862	黄	148.76	4.14	102.852	黄	147.33
1999.4.8	102.860	黄	148.59	4.15	102.852	黄	147.44
1999.4.9	102.858	黄	148.48	4.16	102.852	黄	147.47
1999.4.10	102.857	黄	148.32	1.17	102.858	黄	147.47
1999.4.11	102.855	黄	148.10	4.18	102.862	黄	147.87

漏水带黏土封堵期间下游量水堰水位及库水位记录 表 2.2-2

日期	下游量水堰水位(m)	水色	上游库水位(m)	日期	下游量水堰水位(m)	水色	上游库水位(m)
1999.5.1	102890	黄	150.02	5.6	102867	黄	149.00
1999.5.2	102882	黄	149.85	5.7	102862	黄	148.72
1999.5.3	102877	黄	149.66	5.8	102862	黄	148.48
1999.5.4	102872	黄	149.45	5.9	102862	黄	148.18
1999.5.5	102867	黄	149.23	5.10	102862	黄	147.87

1-1 与 3-1 漏水带堵漏效果比较 表 2.2-3

漏水带	1-1	3-1
量水堰水位降	2.0cm	2.8cm
库水位变化	下降 1.5m	下降 2.15m
量水堰水色	黄	黄
水色变浑时间	90min	120min

水下电视查证发现：

L9 面板：1 号渗漏点，缝长大约 4m 被麻袋掩盖；13 号异常点，周围有许多麻袋和黏土；15 号异常点，齿状陡坎，上有许多麻袋堆积。

L10 面板：2 号渗漏点，周围堆满了麻袋，像个落水洞，可见钢筋；3 号渗漏点，周围有麻袋堆积，漏斗形，可见钢筋；4 号渗漏点，漏洞水流速大，可见麻袋呈网状挂在钢筋上；5 号渗漏点，麻袋、黄泥形成许多坑；6 号渗漏点，为麻袋堆积的一空洞；7 号渗漏点，混凝土呈破碎状，周围麻袋堆积；8 号渗漏点，断裂状缝，周围为麻袋堆积。L8～L10 面板部位为确定的 3-1 漏水带。

株树桥水库管理局放干水库后，发现 L9、L10 面板破坏严重。黏土麻袋位于 L9、L10、L11 面板周边缝上方，有部分麻袋已进入面板破裂处。

中南大学首次提出左岸存在渗漏，放空后发现 L1 面板破裂。

2.3 水工建筑物水下检测

随着科技的发展，我国水下工程检测技术得到了较大提高，呈现手段多样化、范围深水化、检测可视化、测量精确化等特点；根据不同原理，发展形成了潜水员和水下电视结合检测法、水下机器人检测法、声波法、示踪法、电法、电磁法、流场法和水下磁粉探伤技术等多种方法。

对于土质防渗体土石坝，下游坝坡可水上干地进行，而对于上游坝坡水下部分，则需水下测量与检测，确定上游水下大坝体型与断面。对于非土质防渗体土石坝诸如混凝土面板堆石坝、沥青混凝土面板坝以及重力坝等，则大多需要采用多种水下检测方法进行检测。

目前，对水工建筑物水下检测主要包括大坝渗漏、结构缝止水、混凝土缺陷、泄洪建筑物磨损、金属结构等。

2.3.1 水下检测准备工作

制定检测方案应依据检测目的、检测区域工况、检测部位等因素综合考虑，而一个可行性高、适用性强、检测结果准确的方案，是查明水工建筑物缺陷分布情况、提出运行现状评估和维护建议的关键。在对不同水工建筑物进行检测前，首先需进行资料收集、技术、设备等的前期工作准备，具体为：

1）开工准备

（1）资料收集：搜集整理历年检测成果、原始地形资料、建筑物竣工资料等。

（2）作业环境踏勘：确定作业区域建筑物特点、作业水域情况（水深、水温、水动力条件），水下检测设备的安放和布设位置。

（3）准备水上工作平台，满足使用和设备布置要求，具有足够的承载力和稳定性；并按照作业要求布置工作平台和水下检测所用设备与器具。

（4）对所有用于本项工程的仪器、仪表、设备和工具的可靠性和安全性进行使用前的检测与调试。

（5）在进场或作业前，为保证检测项目安全进行，对全体作业人员进行技术交底和安全作业教育。

2）技术准备

（1）熟悉之前的水下检测结果并对修补过的部位和存在缺陷的部位进行重点掌握，以便此次水检具有针对性，对上次修补部位进行重点检测，并将检测结果与之前的检测结果进行对比，看是否有新增缺陷以及原有的缺陷是否有扩大的趋势。

（2）熟悉图纸、明确施工任务，编制详细的实施性施工组织设计，学习有关技术标准及施工规范。

（3）进一步摸清现场情况及周边环境，便于施工时采取保护措施并组织好交通，避免发生意外事故。

（4）施工前对测量仪器进行校核，并对业主所交付的测量基准点进行检测复核，复核后上报发包人工程师审核认可，最后按施工需要加密控制网。

（5）做好技术交底工作，明确施工目标，并做好职工上岗前各种质量、安全、文明施工意识的教育工作。

3）人员准备

根据施工进度计划，组织施工班组陆续进场，并对技术性工种的施工人员进行岗位培训，实行持证上岗。

4）设备准备

（1）根据施工进度计划结合施工实际情况，及时做好机械设备的保养工作，并根据施工需要及时进场。

（2）准备工作完成后，根据泄水建筑物工程部位的特点进行专项专案检测。泄水建筑物虽包含消力齿、水垫塘、泄水闸、泄洪洞等多种工程部位，但不同工程部位的检测方法不尽相同，但总思路大致统一为"面积性普查与局部详查"相结合，根据不同工程部位的特点进行。

2.3.2　水下检测方法

常规的巡视检查是基于有检查通道等有利条件的水工建筑物水上部分，而对于建筑物水下部分的检查和运行状态评估的工作，受技术手段的制约，开展十分有限，尤其是针对深水环境和复杂工程部位更是如此。

对于建筑物水下部分的观察和检测，传统方法是由潜水员携水下摄像设备实行，多是靠人工探摸、录像来确定异常情况，该方法成本大、作业周期长、作业深度有限（多在60m水深内，部分在100m水深范围内），检测结果依赖于潜水员的业务素质，且存在一定的人身安全风险，对于水工建筑物水下检测作业局限性较大。随着水下探测技术的发展，探测方法逐步由水下无人潜航器搭载光学跟踪探测设备替代，这种新型水下探查技术在水工建筑物水下检测作业中展现了准确、高效的特点，不仅能清晰地展示探测目标的水下三维结构，且检测结果可由多种检测技术相互配合、支撑，相互验证，解决了传统检测方式存在的录像不清晰、无法量化获得缺陷信息、定位不准确等问题。

水工建筑物水下检测所采用的主要新技术有水下声呐（多波束声呐、二维声呐、三维声呐）、水下三维激光、水下无人潜航器（搭载光学成像设备等）等方法。

针对水工建筑物的不同部位，通过采用单一检测技术或联合检测技术可对水下缺陷或淤积的三维空间形态精确量化，客观反映缺陷或淤积的表观影像，获得清晰、准确的检测结果。

1）多波束声呐技术

（1）适用条件：适用于开阔区域的水下检测，水深、水温等作业工况要满足多波束作业要求。

（2）技术原理：利用超声波原理进行工作，信号接收单元由 n 个成一定角度分布的相互独立的换能器完成，每次能采集到 n 个实测数据信息，所采集数据经计算归位后，可直观、准确地反映出待测物体的轮廓、表观情况等信息。

多波束探测系统组成见图 2.3-1，包括多波束换能器、定位设备、罗经、数据采集和

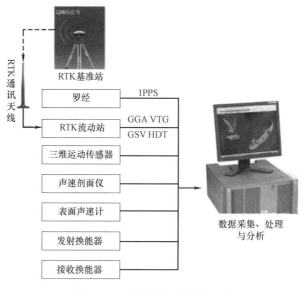

图 2.3-1　多波束探测系统组成

处理系统。其中换能器可同时发射多个声波束，实现对海底的条带式测量，定位设备和罗经赋予所采集数据位置信息，经处理系统归算反映真实地物结构。

（3）现场测试：测线布置平行于等深线走向，尽量保持匀速平直呈"井"字形，使得条带覆盖检测区域；为保证数据准确度还需布置准确性测线、测量测线、校准测线；针对重点部位适当加密测线。测线布置完毕后安装多波束探测系统，固定多波束主体于载体上，安装换能器、表面声速探头、固定罗经、三维运动传感器及 RTK 流动站并连接好各单元。连接完毕量测船体各感应器之间的相对位置，具体操作如下：船体坐标系定义船右舷方向为 X 轴正方向，船头方向为 Y 轴正方向，垂直向上为 Z 轴正方向。分别量取 RTK 天线、定位罗经天线、接受换能器相对于参考点（三维运动传感器中心点）的位置关系，往返各量一次，取其中值；待准备工作就绪后，确保设备安装无误即可下水进行探测作业，作业中控制船速，按所布置测线全覆盖扫描检测区域，相邻测线重合度至少达到 20%，针对特殊立面结构可调整测量参数获取较好的点云数据。得到的多波束数据用相关专业软件进行姿态校正处理、实测数据噪声干扰预处理、各条测线实测数据合并。完成数据合并后，对得到的水深及位置进行精细处理，其主要内容是对两条相邻测线重叠覆盖范围的噪声干扰逐一进行筛选、删除，以保留高精度的水深数据。

（4）资料解释：主要包括噪声点的删除、通过三维成图软件制作等深图、剖面图、地形图等成果，查明缺陷的分布和规模。

2）侧扫声呐技术

（1）适用条件：适用于开阔区域的水下普查，作业工况要满足侧扫作业要求。

（2）技术原理：侧扫技术兴起于国外海洋测绘领域，是一种主动式声呐，从安装在船体两侧（船载式）或安装在拖鱼内（拖曳式）的换能器中发出声波，利用声波反射原理获取回声信号图像，根据回声信号图像分析水底地形、地貌和障碍物，检查水下物体的表面结构等。

侧扫声呐系统主要由三部分组成，分别是水声换能器、集线盒、传输电缆及甲板控制电脑。水声换能器，即拖鱼，该单元功能为发射脉冲信号并接受来自水底的回波信号；集线盒主要为拖鱼提供电源，并且实现拖鱼与甲板控制电脑之间的实测数据的实时上传与下载；传输电缆连接集线盒与拖鱼，用于传输实测数据以及电源；甲板控制电脑，主要功能是实时控制拖鱼的探测参数，监视拖鱼的探测信号、探测数据与定位数据的融合等功能。

（3）现场作业：以定制冲锋舟为侧扫声呐探头的载体，侧扫声呐的安装有两种方式：一种是固定安装于"T 形架"下部，使发射换能器与探测目标尽量保持垂直；另一种是将声呐探头通过长度适中的绳子牵引，拖曳在船体后方，由尾翼控制平衡，跟随冲锋舟的行进而采集水下影像信息。侧扫声呐系统作业仍采用多波束定位使用的 GPS RTK 技术提供定位参数，将 RTK 输出每秒 5 个的定位信息接入侧扫声呐采集控制软件 OTech，采集软件将实时显示探测系统所处的空间位置。在采集控制软件 OTech 上调试频率等参数，记录行进过程中所采集的高分辨率水下影像信息。

（4）资料解释：侧扫声呐采用 Ocean Tech Side Scan Sonar 处理软件，回放影像，通过截取探测目标的影像，观察反射度所反映的异常信息，量取其相对位置及尺寸。

3）二维声呐技术

（1）适用条件：适用于区域范围较小的水下检测，常用作局部区域和结构的精细检查。

（2）技术原理：二维声呐技术原用于海洋船舶行进过程中的防撞系统，后随着人类对海洋资源需求的不断增长以及成像声呐技术的快速发展，成像声呐逐步发展为水下目标物体检测的重要技术，尤其是搭载于无人潜航器的作业方式，大大提高了检测效率和灵活性，被广泛应用于水下检测中。声呐系统通过向物体表面激发声学脉冲，并接收来自目标的反射，根据水声学原理来进行目标表观检测。二维声呐系统主要由声呐主体、载体、集线盒、传输电缆及甲板控制电脑组成。声呐主体发射脉冲信号并接受来自水底的回波信号；载体为声呐提供动力而集线盒提供电源，实现声呐与甲板控制电脑之间的实测数据交换；传输电缆连接集线盒与声呐主体，用于传输实测数据以及电源；甲板控制电脑，实时控制探测参数，接受实时信号等功能。

（3）现场作业：二维成像声呐检查现场作业常搭载于水下无人潜航器或潜水员携带，在多波束和侧扫声呐的普查结果下，针对局部区域，对缺陷和异常逐一进行详查，对缺陷尺寸（长、宽、高）进行量化，描述缺陷规模以及分布情况。检测时按照预定路线沿测线行进水下摄像检查，初步判断异常的空间分布情况，对发现缺陷或疑似缺陷的部位进行记录，为缺陷部位详查提供依据。对重点区域普查有缺陷区域，采用观察型水下无人潜航器系统搭载水下高清彩色摄像头、二维图像声呐等，对缺陷和异常逐一进行详查，通过详查探明各个重要缺陷的规模及分布部位等信息。

（4）资料解释：绘制缺陷分布图，对缺陷规模进行标记，制作统计缺陷统计表，为普查异常区提供验证。

4）水下无人潜航器

（1）适用条件：水下无人潜航器适用于对检测范围小、结构精细的部位进行详查，检测区域内，要求水动力条件弱、所承载的检测设备不超过水下无人潜航器所能承载的最大负荷。

（2）技术原理：水下无人潜航器技术可用于搭载水下探测、检测传感器、工具包及辅助定位设备（如声学传感器、光学传感器、水下激光尺度仪、罗经、惯导、深度计、高度计、机械臂、示踪剂等）对水工建筑物表观缺陷或异常情况的详查。

潜航器系统一般包括推进器、脐带缆、多元传感器接口、陆上控制监控单元等，数据采集软件控制本体单元的水下作业状况和航行轨迹，通过网络端口实时回传数据，并通过监视窗口调试检测参数并储存数据。

（3）现场作业：检测时按照预定路线沿测线行进水下摄像检查，初步判断异常的空间分布情况，对发现缺陷或疑似缺陷的部位进行记录，为缺陷部位详查提供依据。对重点区域普查有缺陷区域，采用观察型水下无人潜航器系统搭载水下高清彩色摄像头、二维图像声呐等，对缺陷和异常逐一进行详查，通过详查探明各个重要缺陷的规模及分布部位等信息。

（4）资料解释：针对典型缺陷影像图，分析缺陷规模、深度和性状，并对其进行解译，编制报告。

5）潜水员水下摸查

（1）适用条件：适用于对泄水建筑物局部特殊部位的详查，要求作业环境水动力条件弱且水深不超过100m。

（2）技术原理：经过专业训练的潜水员，携带彩色高清摄像仪或二维图像声呐对水下结构物进行摸查并全程录像。采用近观目视、探摸、敲击的方法进行检查，并对破损的具体长度、宽度、深度及位置情况进行直观描述，通过潜水电话将检查情况传输给水上记录员，记录员须做详细记录。在记录员记录的同时，潜水员应对破损情况进行多角度录像。

2.3.3 典型工程案例

1. 雅砻江桐子林水电站消力池、海漫检测

四川桐子林水电站坝顶长度440.43m，坝顶高程1020m，最大坝高69.50m，从左到右由左岸挡水坝段、河床式厂房坝段、河床4孔泄洪闸坝段、导流明渠3孔泄洪闸坝段和右岸挡水坝段等建筑物组成。

为查明导墙、护坦、海漫区域等常年被水流冲蚀区域是否存在淘刷、破损、剥落、露筋、开裂、裂缝、冲蚀等缺陷，根据作业工况采用多波束声呐、侧扫声呐、水下无人潜航器搭载图像声呐开展检测作业。

首先，采用水下三维声呐扫描技术对河床泄洪闸过流面进行普查，工区内沿左右岸方向及上下游方向布设测线，在重点区域（如明渠左导墙立面、基础淘蚀区、海漫，厂坝下游导墙立面等）进行测线加密布置，确保重点检查区域内水下全覆盖探测（图2.3-2）。

经检测得到汛后河床泄洪闸过流面水下等深图（图2.3-3），直观地反映出检测区域水下地形地貌情况；然后，通过水下地形实测成果与往年汛后成果进行高程差对比分析（图2.3-4）和绘制水底地形剖面曲线图，得出结论：该电站护坦范围内未见混凝土淘蚀现象，较历年检查数据无明显差异；浇筑的海漫范围内，经历一个汛期后形态仍然与上年保持一致。

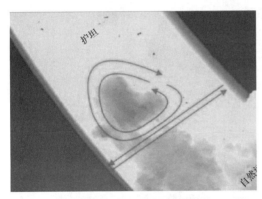
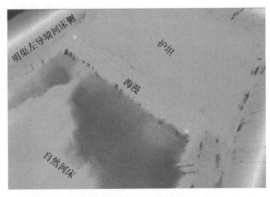
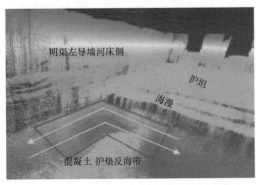
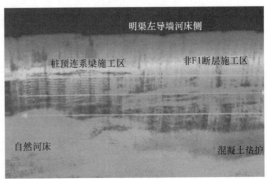

图2.3-2 重点区域三维声呐普查航迹布置

针对多波束普查异常位置和导墙、边墙等重点立面结构，以多波束普查结果为导向，采用二维图像声呐与侧扫声呐对其进行联合检测并相互验证（图2.3-5、图2.3-6），详查

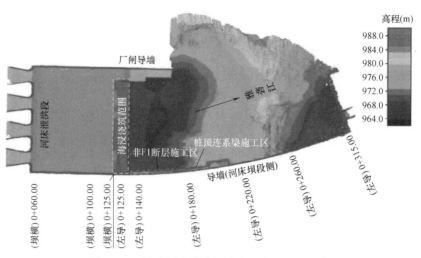

图 2.3-3　汛后河床泄洪闸过流面水下地形总览

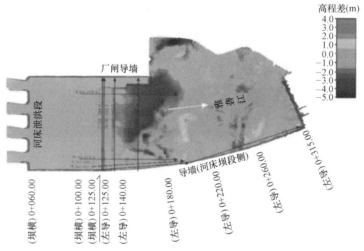

图 2.3-4　汛后河床泄洪闸过流面水下地形对比

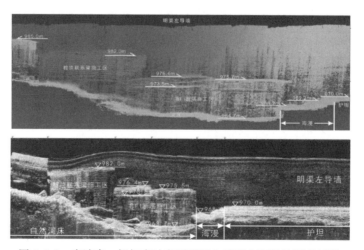

图 2.3-5　多波束、侧扫声呐实测明渠左导墙水下结构形态情况

结果与历年数据对比得出，该电站明渠左导墙未发生明显变化，海漫施工区顶部存在轻微冲刷，下游边缘钢模板出露部分经过汛期冲刷已基本缺失等缺陷状况。

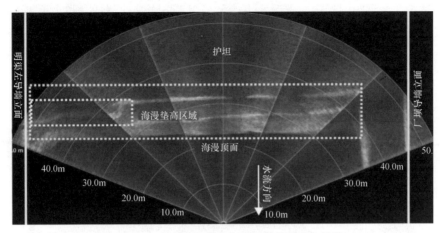

图 2.3-6 二维图像声呐实测海漫顶面形态情况

最终，通过多波束声呐技术普查结合侧扫声呐、二维声呐详查，查明了该电站水下泄能建筑所存在缺陷的位置、现状和变化情况，与往年检测结果和竣工资料相比较，为电站的运营和维护提供准确、有效的数据支撑。

2. 大渡河沙坪二级水电站泄洪闸检测

沙坪二级水电站枢纽建筑物主要由左岸河床式厂房、拦河闸坝坝段和右岸连接坝段等建筑物组成，最大坝高 63m，坝轴线全长 319.4m。河床式厂房布置在左岸阶地上，安装 6 台单机容量为 5.8 万 kW 灯泡贯流式机组，装机容量 34.8 万 kW，多年平均发电量为 16.10 亿 kW·h。

为查明泄洪闸是否存在混凝土破裂等表观缺陷，采用多波束声呐技术和 ROV 搭载彩色高清摄像设备对 5 个泄洪闸进行详细检测（图 2.3-7、图 2.3-8），经检测，混凝土表观未发现明显缺陷，且相较于设计高程对比未发生明显变化。

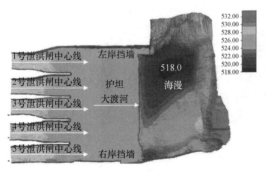

图 2.3-7 泄洪闸、护坦及海漫数字高程模型

图 2.3-8 彩色摄像设备实测泄洪闸进口情况

3. 大渡河深溪沟水电站坝流道、流道衬砌检测

深溪沟水电站坝顶全长 222.5m，坝顶高程为 EL.662.50m，厂房坝段最大坝高 106.0m，泄洪闸最大闸高 49.5m。其中 3 孔泄洪闸沿坝轴线总长 39.0m，为同一闸室单元，闸室形式为胸墙式平护坦宽顶堰，孔口尺寸 7.0m×17.0m（宽×高），闸室顺水流方

向长 65.0m，闸护坦顶面高程为 EL.620.00m，护坦厚 7.0m。为掌握深溪沟水电站 3 孔泄洪闸门槽运行情况，需开展闸门槽水下检查。

该电站 3 孔泄洪闸门槽运行情况水下检测采用水下声呐检测技术和水下无人潜航器光学检查进行综合检测。

（1）首先，采用水下声呐对流道进行覆盖扫描，得到流道结构三维点云数据（图 2.3-9）。

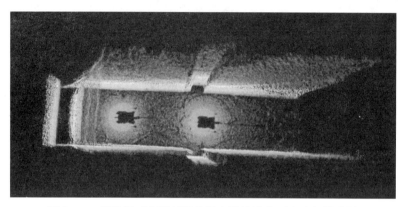

图 2.3-9 泄洪闸工作弧门门槽及上游流道水下声呐扫描成果

（2）接着，采用水下无人潜航器搭载水下二维声呐对 3 孔泄洪闸门槽及其上下游流道，以测站的形式进行面积性普查，发现缺陷部位进行加密测试，初步确定异常位置。测线布置见图 2.3-10。采用水下无人潜航器搭载水下高清光学摄像设备对 3 孔泄洪闸门槽及其上游过流面进行探查，对水下声呐检测成果发现的缺陷或存在疑问的范围进行详细探测，并进一步确认混凝土结构、钢结构表观缺陷的位置及表面淤积情况。

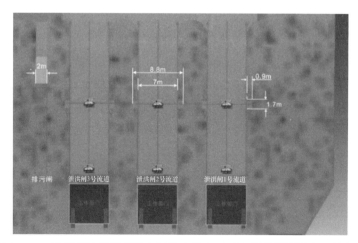

图 2.3-10 泄洪闸检修门槽及上下游流道水下无人潜航器测线布置俯视图

通过采用水下无人潜器搭载水下光学摄像设备以及水下声呐进行水下检查，通过检查，3 孔泄洪闸闸门门槽整体完好，未发现明显混凝土结构、钢结构缺陷，只是在 2 号泄洪闸门槽上游侧发现局部混凝土剥落，缺陷尺寸约为 0.2m（长）×0.12m（宽）×0.2m（深），检测成果见图 2.3-11。综合两种检测方法的探测成果，对圈定的异常位置进行分析，最终确定混凝土缺陷或淤积层的规模、类型、深度等参数，为后期处理提供依据。

图 2.3-11　泄洪闸工作弧门门槽上游局部混凝土剥落摄像图

4. 澜沧江糯扎渡水电站泄洪洞检测

糯扎渡水电站左岸泄洪隧洞进口底板高程为 721.0m，全长 950m。有压洞段由进口及渐变段、内径 12m 的圆形洞段和左、右孔段、检修闸门井段组成，圆形洞段后分为左、右孔过渡到闸门井，两孔各长 30m，由中隔墩（厚度为 0～5m）分隔，桩号范围为 0＋217.27m～0＋247.27m。工作闸门为 2 孔，孔口尺寸 5m×9m。根据前期放空检查资料中右岸泄洪洞有压洞段主要缺陷部位的分布情况，本次水下检查采用水下无人潜航器开展左岸泄洪洞水下检查作业，以左岸泄洪洞中隔墩前缘为重点。考虑到洞室结构受力特点和施工质量缺陷可能性较大的部位，以进口及渐变段顶板中线附近、圆形洞段顶拱及左右矮边墙结合处、方形洞段转折处及顶板等部位作为检查次重点。

作业现场以停靠于泄洪洞进口拦污栅前的作业船只作为指挥水下无人潜航器的地面单位平台，操作水下无人潜航器通过泄洪洞进水口进入隧洞内开展检查作业。检查作业主要分为进口渐变段及圆形洞段检查、中隔墩左孔检查、中隔墩右孔检查、隔墩前缘检查。检查成果如下：

（1）进口渐变段及圆形洞段：按照进口及渐变段顶板、左下角、右下角及圆形洞段顶板、左右矮边墙三条检查线路进行了水下检查。检查结果表明，洞壁衬砌混凝土结构完好，见图 2.3-12。

（2）中隔墩左孔：按照左孔左上角、右上角、右下角（中隔墩左下角）三条检查线路进行了水下检查，左上角、右上角检查时兼顾顶板混凝土检查。检查结果表明，衬砌混凝土结构完好，中隔墩左侧立面轻微磨蚀，局部施工缝冷激张开，见图 2.3-13。

（3）中隔墩右孔：按照右孔左上角、右上角、右下角三条检查线路进行了水下检查，左上角、右上角检查时兼顾顶板混凝土检查。检查结果表明，衬砌混凝土结构完好，中隔墩右侧立面轻微磨蚀，见图 2.3-14。

图 2.3-12　进口渐变段及圆形洞段混凝土水下检查影像

中隔墩左侧立面局部存在裂缝　　　　　　　　角圆弧段及顶板混凝土结构完好

右下角及底板混凝土结构完好　　　　　　　　中隔墩左侧立面磨蚀、麻面

图 2.3-13　中隔墩左孔洞段混凝土水下检查影像

5. 金沙江观音岩水电站上游坝面水下检查

观音岩水电站水库正常蓄水位 1134m，死水位 1122m，电站装机容量 3000（5×600）MW。正常蓄水位以下库容 20.72 亿 m³，调节库容 3.83 亿 m³，具有周调节能力。

为分析大坝上、下游坝面裂缝的分布情况和成因，消除隐患，并制定合理的施工处理措施，采用水下无人潜航器对整个混凝土大坝上游坝面结构缝和混凝土裂缝的分布及渗漏情况进行检查（图 2.3-15、图 2.3-16）。

11 号坝段 EL.1053m 以下、14 号坝段 EL.1083m 以下、16 号坝段 EL.1076m 以下、24 号坝段 EL.1071m 以下发育有总体稍倾向左岸的裂缝，其中 16 号坝段裂缝倾向、倾角多次变化；裂缝向底部一直延伸进淤积层，无法定位底端位置，可见缝长 14～51m；各坝段估计缝宽 1.5～5mm。

圆弧段及顶板混凝土结构完好

左上角及顶板混凝土结构完好

中隔墩底部混凝土结构完好

中隔墩右侧立面混凝土冲蚀、麻面

图 2.3-14 中隔墩右孔洞段混凝土水下检查影像

图 2.3-15 上游坝面典型裂缝

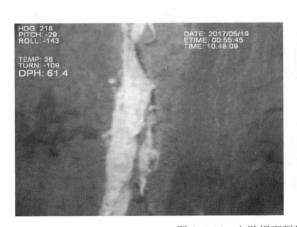

图 2.3-16 上游坝面裂缝化灌后典型图像

2.4 闸门启闭机检测

本节主要对水库大坝闸门和启闭机检测技术进行叙述，为大坝金属结构检测提供技术支撑。依据现行规范的要求，闸门和启闭机检测主要包括外观与现状检测、腐蚀检测、材料检测、无损检测、应力检测、振动检测、启闭力检测、启闭机运行状况检测、启闭机考核试验等内容。

2.4.1 外观与现状检测

1. 闸门外观检测

闸门经过多年的运行，各构件、部件都可能出现不同程度的变形、损伤、折断、脱落、裂纹等情况，应在全面检查的基础上，采用适宜的量测工具及仪器设备对闸门外观形态进行检测并记录。外观检测前应详细了解闸门（含拦污栅）制造、安装、运行、保养、检修等情况。闸门外观检测时，将闸门提出水面即可。对水下部位的埋件和混凝土结构，可采用水下机器人进行检测。

主要检测应包括以下内容：闸门门体外观；闸门支承行走装置外观；闸门吊杆、吊耳外观；闸门止水装置外观；闸门埋件外观；闸门平压设备（充水阀或旁通阀）外观；闸门锁定装置外观。

2. 固定卷扬式启闭机现状检测

检查内容包括对机架、制动器、减速器、卷筒及开式齿轮副、传动轴及联轴器、滑轮组钢丝绳外观情况、材质损耗、运行是否正常进行检测。

3. 移动式启闭机现状检测

检测内容包括对门架（桥架）、制动器、减速器、卷筒及开始齿轮副、传动轴及联轴器、滑轮组、钢丝绳等进行变形、损伤、焊缝表面缺陷及腐蚀状况等缺陷检测。检测方法可采用钢直尺配合测线、游标卡尺、扭矩扳手等仪器，必要时采用高精度全站仪、水准仪和无损探伤仪等进行检测。

4. 液压启闭机现状检测

检测内容包括对机架、液压缸、活塞杆、液压系统、液压缸进行损伤、变形、焊缝表面缺陷、腐蚀状况、仪表的灵敏度、准确度、外部和内部泄漏等检测。检测方法可采用游标卡尺、扭力扳手等进行检测，必要时可采用渗透或磁粉探伤方法进行表面裂纹检查。

5. 电气设备和保护装置现状检测

检测内容包括启闭机的现地控制设备或集中监控设备应进行设备完整性检测、启闭机电气设备和供配电线路的绝缘及接地系统应进行可靠性检测。检测方法可主要采用目视，对照原设计项目校核目前的现地控制设备或集中监控设备的完整性，对比原设计校核荷载限制装置、行程控制装置、开度指示装置及仪表是否齐全，再通过现场试验检查其有效性、准确性、灵敏性及可靠性，检查仪表显示装置的稳定性。

2.4.2 腐蚀检测

1. 腐蚀量检测

（1）腐蚀量检测可采用测厚仪、测深仪、深度游标卡尺等量测仪器和量测工具进行。

（2）腐蚀量检测前应对被检部位表面进行清理，去除表面附着物、污物、腐蚀物等。

（3）腐蚀量检测应遵循下列原则：

① 检测断面应位于构件腐蚀相对较重部位；

② 每个构件（杆件）的检测断面应不少于3个；

③ 闸门面板应根据板厚及腐蚀状况划分为若干个测量单元，每个测量单元的测点应不少于5个；

④ 对于构件（杆件）的隐蔽部位，宜增加检测断面和测点数量；

⑤ 对于严重腐蚀的局部区域，宜增加检测断面和测点数量；

⑥ 检测时宜除去构件表面涂层；如果带涂层测量，应扣除相应的涂层厚度。

（4）腐蚀量检测数量应按《腐蚀数据统计分析标准方法》JB/T 10579的规定进行统计和分析处理。

（5）腐蚀量检测应得到下列结果：

① 构件（杆件）的腐蚀量及其频数分布状况，构件（杆件）的平均腐蚀量、平均腐蚀速率（mm/a）、最大腐蚀量；

② 结构整体的腐蚀量及其频数分布状况，结构整体的平均腐蚀量、平均腐蚀速率（mm/a）、最大腐蚀量；

③ 构件（杆件）严重腐蚀局部区域的平均腐蚀量、最大腐蚀量、平均腐蚀速率（mm/a）和最大腐蚀速率（mm/a）。

2. 数据处理

腐蚀检测后，要进行两方面的工作：首先，对腐蚀部位及分布状况的表观形态进行拍照，加以整理，进行文字描述；然后，对腐蚀状况定量检测的数据整理并分析。根据腐蚀程度判断金属结构是否报废。

3. 腐蚀程度评定

腐蚀程度鉴定需对腐蚀情况进行整体描述。对闸门、启闭机主要构件从涂层状况、蚀坑外貌、蚀坑深度、蚀坑密度及构件削弱程度等方面对构件腐蚀情况进行评级，具体标准如表2.4-1所示。

腐蚀程度评定标准　　　　　　　　表2.4-1

腐蚀状况评价标准	涂层状况	A级:表面涂层基本完好，局部有少量蚀斑或不太明显的蚀迹； B级:涂层局部脱落； C级:表面涂层大片脱落，脱落面积不小于100mm×100mm，或涂层与金属分离且中间夹有腐蚀皮； D级:涂层已全部脱落
	蚀坑外貌	A级:金属表面无麻面现象或只有少量浅而分散的蚀坑； B级:有明显的蚀斑、蚀坑； C级:有密集成片的蚀坑； D级:蚀坑较深且密集成片

腐蚀状况评价标准	蚀坑深度	A级:不明显,可不测; B级:蚀坑深小于0.5mm,或虽有较深的蚀坑,深度在1.0~2.0mm之间,但较分散; C级:深度在1.0~2.0mm; D级:构件局部有很深的蚀坑,深度在3.0mm以上,并有蚀损,出现孔洞、缺肉等现象
	蚀坑密度	A级:300mm×300mm范围内只有1~2个蚀坑,密集处不超过4个; B级:300mm×300mm范围内不超过30个蚀坑,密集处不超过60个; C级:300mm×300mm范围内超过60个蚀坑,或麻面现象严重,在300mm×300mm范围内虽不超过60个蚀坑,但深度在2.5mm以上; D级:蚀坑密集成片,已无法计数
	构件削弱程度	A级:构件无削弱; B级:构件尚未明显削弱; C级:构件已有一定程度的削弱; D级:构件已严重削弱

2.4.3　材料检测

材料检测是对在役水工钢闸门和启闭机进行安全检测的一项重要内容。水工钢闸门和启闭机使用多年之后,部分构件老化、锈蚀、化学性能以及力学性能都可能发生变化。是否还能安全、可靠地运行,必须进行全面检测。

材料检测目的是通过在钢闸门和启闭机上采取试样,对其进行力学性能、硬度和化学元素分析比较,然后确定材料型号和性能,以验证钢闸门和启闭机主要结构件的材料型号和性能符合设计图纸要求,并为复核计算提供技术支撑。

2.4.3.1　材料检测的原则

(1)现场条件允许取样时,按机械性能试验要求取样进行机械性能试验,同时分析材料的化学成分,确定材料型号和性能。

(2)现场条件不允许取样进行机械性能试验时,可采用光谱分析仪或在受力较小的部位钻取屑样分析材料的化学成分,同时测定材料硬度换算得到材料的抗拉强度值,经综合分析确定材料型号和性能。

(3)取样点应位于结构件受力较小、便于修复的部位,并事先确定修复焊接措施。试样割取部位不得有锐角,周边呈圆弧过渡,圆弧半径不得小于3倍板厚且不小于30mm。

(4)可采用先进、可靠的无损检测方法进行材料检测。

2.4.3.2　检测方法

闸门和启闭机的材料检测应尽可能采用无损检测,配合局部破损抽检的方法,具体可分为现场无损检测和室内试验两种方式。

1. 现场无损检测

主要包括化学成分和硬度检测,即在经过处理的零部件表面采用便携式电感耦等离子体原子发射光谱仪直接测试其化学元素含量,使用里氏硬度计或布氏硬度计直接测试其硬度。

1)化学分析检测

化学成分可以通过化学的、物理的多种方法来分析鉴定,目前应用最广的是化学分析法和光谱分析法，其中光谱分析法具有检测速度快，人为误差小、精度高的特点。闸门和启闭机零部件的现场化学分析检测主要采用便携式荧光光谱仪（XRF），可对各类金属材料成分除碳元素（C）外的其他元素进行定性及定量分析。

2）硬度检测

硬度检测的特点是经检测后被测试件不被破坏，留在试件表面的痕迹很小，在大多数情况下对使用无影响，基本可以视为无损检测。

金属的硬度值与抗拉强度存在一定关系，故许多情况下只测定硬度而不进行拉伸试验。硬度试验具有不破坏工件和工作效率高等有点。闸门和启闭机零部件的现场化学分析检测主要采用便携式里氏硬度计或手持式布氏硬度计检测。

2. 室内检测

主要包括现场无法完成的化学成分分析、金相检测、盐雾试验，以及拉伸、冷弯、冲击、硬度等力学性能检测，即在现场局部破损取样，然后在室内使用碳硫分析仪、分光光度计、金相显微镜、盐雾试验机，以及万能试验机、冲击试验机、洛氏硬度计、韦氏硬度计等仪器设备进行检测。

1）化学分析检测

对现场不能检测的碳和硫元素，通过室内化学分析进行检测。

2）金相试验

金相检验是检测金属材料性能的重要手段之一，我们知道金属材料的性能和它的化学成分、组织状态有着密切的关系。材料的化学成分确定后，它的性能就取决于材料的组织状态。

3）材料耐腐蚀盐雾试验

为检测闸门和启闭机零部件的耐腐蚀性，可进行盐雾试验，依据标准为《人造气氛腐蚀试验 盐雾试验》GB/T 10125 和《金属基本体上金属和其它无机覆盖层 经腐蚀试验后的试样和试件的评级》GB/T 6461。

4）力学性能检测

力学性能检测依据为《金属材料 拉伸试验 第 1 部分：室温试验方法》GB/T 228.1、《金属材料 弯曲试验方法》GB/T 232、《金属材料 夏比摆锤冲击试验方法》GB/T 229，使用的仪器设备有万能试验机、冲击试验机、钢直尺、游标卡尺等。

2.4.4 钢结构焊缝无损检测

水工钢闸门、启闭机等水工金属结构大多是用不同厚度的钢板经过焊接而成的，当焊缝或钢板内部存在缺陷时，结构的整体性就被破坏，机械性能（特别是强度）会明显下降，这对于受复杂应力作用的闸门及启闭机等结构是极其危险的。因此，需采用无损检测技术对结构焊缝缺陷进行检测，并分析其对闸门和启闭机结构的影响。

2.4.4.1 检测内容

闸门和启闭机主要结构的一类、二类焊缝和受力复杂、易于产生疲劳裂纹的零部件，应进行无损检测。

无损检测的重点为检查闸门和启闭机的焊缝内部缺陷情况，特别对于由于闸门振动可能引起的裂纹的部位应加强检测。受力复杂、易于产生疲劳裂纹的零部件，采用渗透或磁粉探伤方法进行表面裂纹检查；发现裂纹时，应进行超声波探伤，以确定裂纹走向、长度和深度。探伤中发现的裂纹，需分析其产生原因并判断发展趋势。

2.4.4.2 常用无损检测技术

常用的无损检测技术主要有超声检测、磁粉检测、渗透检测、射线检测、涡流检测。每种无损检测方法均有各自的优点和使用局限性，检测方法对缺陷的检出率受到很多因素的影响，包括缺陷的部位、类型、大小与走向等。不同检测方法检测结果也不完全相同，针对不同的检测对象及其可能产生的缺陷，必须合理地选择最合适的检测方法。

针对钢闸门和启闭机的现场检测，通常采用超声和磁粉进行检测，在此主要介绍这两种方法。

1. 超声检测技术

超声波探伤是利用超声波在介质中遇到界面产生反射的性质及其在传播时产生衰减的规律，来检测缺陷的无损检测方法。超声波脉冲（通常为 1.5MHz）从探头射入被检测物体，如果其内部有缺陷，缺陷与材料之间便存在界面，则一部分入射的超声波在缺陷处被反射或折射，原来单方向传播的超声能量有一部分被反射，通过此界面的能量就相应减小。这时，在反射方向可以接收到此缺陷处的反射波，而在传播方向接收到的超声能量将会小于正常值，这两种情况的出现都能够证明缺陷的存在。

1）纵波脉冲反射法

用单探头（一个探头兼作反射和接收）探伤的原理如图 2.4-1 所示。脉冲发生器产生高频电脉冲激励探头的压电晶片振动，使之产生超声波。超声波垂直入射到工件中，当通过界面 A、缺陷 F 和底面 B 处，均有部分超声波被反射回来，这些反射波各自经历了不同的往返路程后回到探头上，探头重新将其转变为电脉冲，经接收放大器放大，在荧光屏上显示出来。其对应点的波形分别称为始波 A'、缺陷波 F' 和底波 B'。当被测工件中无缺陷存在时，则在荧光屏上只能见到始波 A' 和底波 B'。缺陷的位置（深度 AF）可根据各波形的间距之比等于所对应的工件中的长度之比求出，即：

$$AF = \frac{AB}{A'B'} \times A'F' \tag{2.4-1}$$

其中，AB 是工件的厚度，可以直接测出，$A'B'$ 和 $A'F'$ 可从荧光屏上读出。

缺陷的大小可用当量法确定。这种探伤方法叫纵波探伤或直探头探伤。

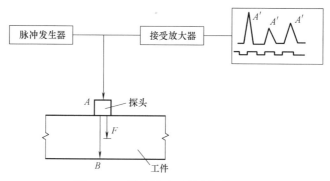

图 2.4-1 纵波脉冲反射法探伤原理

2）横波脉冲反射法

振动方向与传播方向相同的波称为纵波；振动方向与传播方向相垂直的波称为横波。当入射角不等于零的超声波入射到固体介质中，且超声波在此介质中的纵波和横波的传播速度均大于在入射介质中的传播速度时，同时产生纵波和横波。由于材料的弹性模量 E 总是大于剪切模量 G，因而纵波的传播速度总是大于横波的传播速度。根据几何光学的折射规律，纵波折射角也总是大于横波折射角。当入射角足够大时，可以使纵波等于或大于 90°，从而使纵波在工作中消失，这时就得到了单一的横波。图 2.4-2 为单探头横波探伤的示意图。横波入射工件后，遇到缺陷时便有一部分被反射回来，可以从荧光屏上见到脉冲信号，如图 2.4-2（a）所示；若探头离工件端面很近，会有端面反射，如图 2.4-2（b）所示，应该注意与缺陷区分；若探头离工件端面很远，横波又没有遇到缺陷，有可能由于过度衰减而出现如图 2.4-2（c）所示的情况（超声波在传播中存在衰减）。

横波探伤的定位在生产中采用标准试块调节或三角试块比较法。缺陷的大小同样用当量法确定。

除上述两种方法外，还有穿透法、TOFD（Time Of Flight Diffraction）检测技术、相控阵技术等方法。

2. 磁粉探伤

磁粉探伤又称 MT 或者 MPT（Magnetic Particle Testing），适用于钢铁等磁性材料的表面附近进行探伤的检测方法，利用铁受磁石吸引的原理进行检查。在进行磁粉探伤检测时，使被测物受到磁力的作

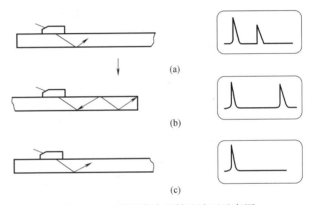

图 2.4-2　横波脉冲反射法波型示意图

用，将磁粉（磁性微型粉末）散布在其表面；然后缺陷的部分表面所泄漏出来的磁力会将磁粉吸住，形成指示图案。指示图案比实际缺陷要大数十倍，因此很容易便能找出缺陷。

2.4.5　应力检测

1. 静应力检测

闸门及启闭机的静态检测常用的方法是应变电测法，其工作原理是：用专用胶粘剂将电阻应变片（简称应变片或应变计）粘贴在试验的构件表面上，应变片因感受构件测点的应变而使自身的电阻改变，利用电阻应变仪（简称应变仪）将应变片的电阻变化转换成电信号并放大，然后显示出应变值或输出给记录仪记录，再根据测得的应变值转换成应力值，达到对闸门或启闭机进行实验应力分析的目的。

静应力检测使用的主要仪器设备有静态电阻应变仪、应变片等。静态电阻应变仪是测量结构及材料在静荷载作用下的变形和应力的仪器。运用它将被测应变转换成电阻率变化进行测量，最后用应变的标度指示出来。

检测时首先对结构进行受力分析，然后找出应力较大的危险截面及所需检测的部位。如以测量最大应力为目的，应在可能为最大应力的部位上布置测点；当要了解某一断面应力分布的规律时，就要沿断面上连续布置若干测点。确定应力点后粘贴应变片，并测量记

录应力值，注意在应变测量中，由于环境影响、导线过长、应变片的电阻值不标准，应变仪与应变片的灵敏度系数不一致等影响。此时，应变仪显示的应变并非测点的真实应变，需经修正才能得到真实应变。

2. 动应力检测

闸门在脉动水压力的作用下，引起强迫振动（不一定共振），闸门的各部分将产生动应力。附加动应力对闸门的强度、安全运行均产生影响，尤其是对运行多年的旧闸门影响更大。为了解闸门运行时产生的动应力，就要对闸门的动应变进行测试。

测试闸门的振动应变的方法很多，通常采用的是应变电测法。首先，利用应变计中的金属丝的电阻应变效应（金属丝的电阻值随其机械变形而变化），将闸门构件的应变量转变为电阻的相对变化量；然后，通过动态电阻应变仪的电桥电路等将电阻变化转变成电压信号，放大、检波、滤波后输入记录分析仪器中记录、显示或分析，即得到动应变的时程曲线样本 $X(t)$。进一步通过数理统计分析便得到测试闸门的动应变最大值、均值 μ_x、正均方根值 ψ_x、标准差 σ_x 和概率密度函数 $p(x)$ 等数据。

2.4.6 振动检测

水工钢闸门在启闭过程中，由于水流的动水脉动压力的作用，闸门产生了振动，此外，闸门在启闭过程中，由于闸门与支承之间的摩擦也会引起闸门振动。为此，必须弄清闸门振动的根源和振动对闸门（强度、刚度及稳定性）的影响。解决闸门振动问题的方法有两种：一是理论计算；二是动态检测。

闸门的动态检测应包括：测试闸门的自由振动参数（动态特性参数——周期、频率、振型及阻尼），即闸门的模态参数；闸门的强迫振动响应（响应的幅频特性及相频特性）的动应力、振动加速度和动位移，闸门的共振条件及阻尼对闸门振动响应的影响；闸门的防震、隔震和消震等。闸门的动态特性参数检测方法很多，如共振法、脉动法和锤击法等。

动应变是时间的函数，需用仪器测定、记录下来，再通过仪器分析、计算，才能得到所需的数据。不失真地记录动态应变是保证测试精度的基础，为此，应对动应变的特性有所了解。工程中的应变通常可分为周期性应变、瞬态应变和随机应变三类。

2.4.7 启闭力检测

启闭力检测是为工程管理单位提供制定闸门运行管理措施和方法、是否需要维修、加固或拆旧换新的理论依据。闸门在多年运行之后，其摩擦阻力会发生变化，所需启闭力也会发生变化，故检测时对闸门上下游水位进行测量，应选择在达到或接近设计水位的状态下进行启闭力的检测。

闸门启闭力检测的主要内容包括测定闸门在达到或接近设计水位下的启门力、闭门力、持住力，测定"全关—开启——定开度"过程的启门力时程曲线和闸门"全开—关闭——定开度"过程的闭门力时程曲线；并确定在此情况下的最大启门力、最大持住力和最大闭门力。

根据启闭机的形式和现场条件，启闭力检测可采用直接检测法或间接检测法。直接检测法是采用拉压传感器或测力计直接测量启闭力，即通过在定滑轮轴承座或卷筒轴承座上安装压力传感器，或在钢丝绳与荷重间串入拉力传感器，测量压力或拉力，并根据传感器的安装位置，扣除额外构件（如吊具及钢丝绳等）的质量，计算得到启闭力。而间接检测法采用动态应力检测系统或应变计等，采用动态应力检测系统时通过测量吊杆（吊耳）、传动轴的应力换算得到启闭力。一般包括应力测试法、振动测试法、液压启闭机油压测试法、钢丝绳张力测试法等。间接测试法具有对现场工况要求不高、传感器安装方便等优点，故现场检测中被广泛采用。

其中应力测试法适用于各种启闭机类型，应变片布置方法灵活，技术成熟，应用广泛，是现场检测中比较常用的一种启闭力测试方法，对应变片法详述如下：

对于卷扬式启闭机的启闭力检测，由于启闭机减速箱输出轴中部处于纯扭状态，一般采用间接法测启门力。其测点布置在减速箱输出轴的中部，沿轴线45°方向贴一动态应变片作为测力工作片，其他应变片（一个应变片沿轴线方向，一个应变片沿垂直轴线方向，即横向）为精度验证片。此外，为更准确地测量或校核这一方法所测的启闭力，也可在吊点、吊杆或闸门吊耳等构件上布置应变片进行测试，但这些部位受力较复杂，每个吊点至少应有3片应变片，通过主应力计算启门力。

2.4.8 启闭机运行状况检测

1. 检测内容

检测内容包括对启闭机的运行噪声情况、制动器的制动性能、滑轮组的转动灵活性、双吊点启闭机的同步偏差、移动式启闭机的行走状况荷载限制装置、行程控制装置、开度指示装置的精度及运行可靠性、现地控制设备或集中监控设备的运行可靠性等。

2. 检测方法

检测方法以目测、尺测、数据采集对比分析及影像资料描述为主。

3. 启闭前检查

1）电气及机械设备检查

（1）整个线路的绝缘电阻必须大于 0.5MΩ 才可开始通电试验；

（2）试验中各电动机和电气元件温升不应超过各自的允许值，试验应采用该机自身的电气设备；

（3）电动机运行应平稳，三相电流不平衡度不应大于 ±10%，并应测出电流值；

（4）电气设备应无异常发热现象；

（5）所有保护装置和信号应准确可靠；

（6）所有机械部件在运转中不应有冲击声，开放式齿轮啮合工况应符合要求；

（7）制动器应无打滑、无焦味和无冒烟现象；

（8）荷重指示器与高度指示器的读数应能准确反映闸门在不同开度下的启闭力值，误差不得超过±5%。

2）启闭机试运转前检查

（1）液压式启闭机

① 油缸试运转前运行区域内的一切障碍物应清除干净保证闸门及油缸运行不受卡阻；

② 滤油芯应清洗或更换，试运转前液压系统的污染度等级应不低于 NAS9 级；

③ 环境温度应不低于设计工况的最低温；

④ 机架采用焊接固定的应检查焊缝是否达到要求；对采用地脚螺栓固定的应检查螺母是否松动；

⑤ 电器回路中的单个元件和设备均应进行调试；

⑥ 油泵第一次起动时，应将油泵溢流阀全部打开，连续空转 30min，油泵不应有异常现象。

（2）固定卷扬式启闭机

① 检查所有机械部件、连接部件、各种保护装置及润滑系统等的安装、注油情况，其结果应符合要求，并清除附近所有杂物。

② 检查钢丝绳绳端的固定，固定应牢固，在卷筒、滑轮中缠绕方向应正确。

③ 检查电缆卷筒、中心导电装置、滑线、变压器以及各电机的接线是否正确，是否有松动现象存在，并检查接地是否良好。

④ 对于双电机驱动的起升机构，应检查电动机的转向是否正确和转速是否同步；双吊点的起升机构应使两侧钢丝绳尽量调至等长。

⑤ 检查运行机构的电动机转向是否正确和转速是否同步。

（3）螺杆式启闭机

① 传动零件运转平稳，无异常声音、发热和漏油现象；

② 行程开关动作应灵敏可靠；

③ 对于装有荷载控制装置、高度指示装置的螺杆启闭机，应对传感器信号的发送、接收等进行专门测试，保证动作灵敏，指示正确，安全可靠；

④ 双吊点启闭机同步升降应无卡阻现象。

（4）台车式启闭机

① 检查所有机械部件、连接部件、各种保护装置及润滑系统等的安装、注油情况，其结果应符合设计要求，并清除轨道两侧所有杂物；

② 检查钢丝绳固定压板应牢固，缠绕方向应正确；

③ 检查电缆卷筒、中心导电装置、滑线、变压器以及各电机的接线是否正确和是否有松动现象存在，并检查接地是否良好；

④ 对于双电机驱动的起升机构，应检查电动机的转向是否正确；双吊点的起升机构应检查吊点的同步性能；

⑤ 检查行走机构的电动机转向是否正确。

（5）电动葫芦式启闭机

① 开动前应认真检查设备的机械、电气、钢丝绳、吊钩、限位器等是否完好可靠；

② 不得超负荷起吊；起吊时，手不准握在绳索与物件之间；吊物上升时严防撞顶；

③ 使用拖挂线电气开关起动，绝缘必须良好；正确按动电钮，操作时注意站立的位置；

④ 单轨电动葫芦在轨道转弯处或接近轨道尽头时，必须减速运行。

（6）门机

① 金属结构有无变形，其连接是否松动，钢丝绳的缠绕及固紧情况；

② 电动机、制动器、减速器、高度限位器、荷载限制器是否可正常运行；

③ 门架连接处的螺栓是否拧紧；

④ 传动轴是否转动灵活无卡阻；

⑤ 车轮在启动和制动时是否打滑。

（7）闸门及门槽检查

启闭前，应从以下几方面对闸门及门槽进行检查：

① 当闸门吊起时，看看闸门有无变形、裂纹、脱焊、锈蚀等损坏现象；

② 门槽有无卡堵、气蚀等情况；

③ 启闭是否灵活；

④ 开度指示器是否清晰、准确；

⑤ 止水设施是否完好。

2.5 边坡监测

岩土工程中边坡及滑坡的失稳破坏，都有一个从渐变到突变的发展过程，单凭人们的直觉是难以发现的，必须依靠精密的监测仪器和适宜的技术方法进行周密监测。通过监测保证工程的施工、运行安全；同时，又通过监测验证设计、优化设计来提高设计水平。本节在对边坡监测技术与内容进行介绍的基础上，以 AGI 边坡监测系统为例，通过监测成果与数值仿真的相互验证，对系统的可靠性与计算模型及参数选取的正确性进行了评价。

2.5.1 边坡监测工作内容

边坡监测工作贯穿于工程施工、运行管理的全过程，主要是通过对边坡坡体表面和内部一些力学参数、几何参数的量测，评判被监测坡体的稳定程度，确定变形发展速率，据此划分边坡坡体的安全状态，为工程建设、设计规划及施工提供技术支持。伴随着边坡体的活动，在边坡体上主要发生位移（变形）变化；在坡体蠕动发展过程中，随着滑动面的逐渐形成和剪错，坡体内部的一些性质也会变化，如滑面上含水量增加、滑带土体抗剪强度降低等，因此，可以被用来监测的参数主要有：变形、压力、渗流等参数。另外，外界因素（如降雨量、地震、人工爆破等）也能够促使边坡失稳。在某些条件下，也需要对这些影响因素进行监测。边坡监测的主要工作内容见表 2.5-1，具体监测类别与项目见表 2.5-2。

边坡监测主要工作内容　　　　　　　　　　表 2.5-1

序号	工作名称	工作内容
1	监测设计	总体监测方案设计、监测项目设置及仪器设备选型；监测系统布置图绘制、观测技术要求编写
2	监测设备安装埋设	仪器设备检验、率定、安装；做好施工记录；填写考证表
3	现场巡查与观测	按相关规范和工程需要，定时、定期进行现场巡查和观测并做好记录
4	监测成果分析	及时整理现场巡查与观测成果，绘制图表进行分析；发现异常及时分析原因；定期评判边坡运行状态，研究边坡变化规律；编写成果分析报告

边坡监测主要类别与项目　　　　　　　　　　　　表 2.5-2

序号	监测类别	监测项目
1	变形	表面变形
		内部变形
		裂缝与接缝
		边坡位移
2	渗流	渗流量
		渗流压力
3	压力	孔隙水压力
		土压力
4	环境量	水位
		降雨量

2.5.2　边坡监测的主要方法与技术

1. 宏观地质观测法

宏观地质观测法是用常规的地质路线调查方法，对崩塌、滑坡的宏观变形迹象和其他有关的各种异常现象进行定期的观测、记录。该方法不仅适用于各种类型的崩塌滑体在不同变形发展阶段的监测，而且监测内容比较丰富，获得的前兆信息直观、可信度高。

2. 简易观测法

简易观测法是通过人工观测边坡中地表裂缝、鼓胀、沉降、坍塌、建筑物变形及地下水、地温等的变化。具体实施时，主要通过设置骑缝式简易观测标志，用钢尺等测量工具直接进行观测。简易观测法对于发生病害的边坡进行观测较为合适，也可结合仪器的监测资料进行综合分析，初步判定滑坡体所处的变形阶段，以及中短期滑动趋势。

3. 设站观测法

设站观测法是在充分了解现场工程地质背景的基础上，在边坡上设立变形观测点（线状观测点或网状观测点），并在变形区影响范围之外的稳定地段，设置固定观测基点，用测量仪器，如经纬仪、水准仪、测距仪、摄影仪及全站型电子测速仪、GPS 接收机等，监测变形区内各点的位移变化（或坐标 x、y、z 改变）的一种有效的监测方法，根据采用的仪器类型的不同，又分为大地测量法、近景摄影测量法。

4. 仪表观测法

仪表观测法是用精密仪器仪表对变形的斜坡体进行地表及深部的位移、倾斜（沉降）动态变化、裂缝相对张开、闭合、下沉、错动变化及地声、应力应变等物理参数与环境影响因素进行监测。监测的参数内容丰富、精度高、灵敏度高，仪器的测程可调、仪器便于携带，可以避免恶劣环境对测试仪表的损害，观测成果含义直观、可靠度高。该方法适用于斜坡体变形的中、长期监测。目前，监测仪器根据监测内容或对象的不同，可分为坡体位移监测、地下倾斜监测、坡体地下应力测试和环境变量监测。

5. 远程监测法

随着电子制造技术和计算机技术的发展，许多先进的自动遥控型的监测系统不断出现，为边坡工程、特别是边坡崩塌和滑坡的自动化连续监测创造了有利条件。其中，远距离无线数据传输是远程监测法最基本的特点。由于监测活动的自动化程度高，能够实现全天候连续观测，因此监测过程省时、省力和安全，已经成为当前和未来滑坡监测发展的主要方向。

6. 声发射方法

针对岩石或岩体在受力作用时，会不断发生破坏，而破坏形式主要表现为裂纹的产生、扩展及岩体断裂。在裂纹形成或扩展时，由于应力松弛，岩体中贮存的部分能量以应力波的形式被释放出来，在这过程中就会产生声发射，根据声发射的不同规律可以推断岩石内部的形态变化，可以反推岩石的破坏机制。

7. 时域反射法

时域反射技术（Time Domain Reflectometry，TDR）是一种电子测量技术，目前，TDR 技术以其方便、安全、经济、数字化及可远程控制等优点而受到广泛应用。一个完整的 TDR 滑坡监测系统，一般由 TDR 同轴电缆、电缆测试仪、数据记录仪、远程通信设备以及数据分析软件等几部分组成。

8. 光时域反射法

光时域反射法的测量原理是，传感器输出信号能够反映被测参数（如裂缝）在空间上的变化情况，输出信号主要沿着光纤向前传输，但也有部分信号向后散射，通过光波的传输速度，就能够确定光源到被测点的距离。光时域反射技术能够快速确定滑坡中的变形、应力大小，以及失效的位置，真正实现多点准分布式测量过程。

以上介绍的是边坡监测的主要监测技术，但是这些技术有的仅适合于某些特殊的情况，例如，声发射监测技术主要适合于岩质坡体；TDR 时域反射法不能适合于形不成剪切面的情况，而有的监测方法中的成果数据单一。随着监测技术的快速发展，多种监测手段构成复杂的监测系统是边坡监测技术发展的必然趋势。复杂的监测系统发展坚持的原则为：可靠性原则、多层次原则、以位移作为主要的监测对象、方便适用的原则。这样的监测系统实际上是一种多参数的采集仪器，利用一台仪器就可以控制多个数据采集传感器，并且根据不同边坡的特点，通过选用不同的传感器来任意组合想要采集的数据，最后通过无线网络系统传输到远程中心或其他地方的计算机中，根据专家经验来综合判定被监测坡体的工作状态。

2.5.3　典型工程案例

1. 试验段选取

山东德州防淤固堤工程，结合生态袋的特点，并考虑监测仪器埋设、数据采集便利等问题，选定 97＋900～98＋060 其中一段 20m 作为试验段。20m 试验段中，10m 为生态袋加固堤段（又分为方案 1、方案 2、方案 3），10m 为无加固堤段。

1）在围堤背河侧作为护坡（方案 1）

为了加以分析比较不同坡度的稳定性，试验按两种坡度进行了生态袋的铺设。试验段长度为 3.5m，具体布设方式如图 2.5-1 所示。

2）在围堤背河侧作护脚，临河侧作护坡（方案 2）

试验段长度 3.5m，具体布设方式如图 2.5-2 所示。

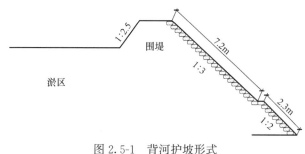

图 2.5-1　背河护坡形式

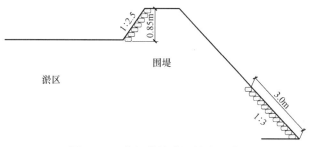

图 2.5-2　临河护坡背河护脚形式

3）在围堤内布直立心墙形式（方案3）

试验段长度3m，具体布设方式如图 2.5-3 所示。

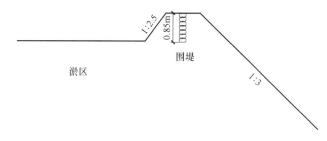

图 2.5-3　直心墙形式

2. 表面变形监测成果及分析

试验段各断面观测点随时间沿坐标系 X、Y 单方向持续增长，二期淤沙施工过程中观测期内加固区 W1 点累积偏移量最小，仅为 5.1mm，而无加固断面 W4 测点偏移量达 47.6mm，方案1实施加固效果明显，通过对比加固区测点 CX2 与非加固区测点 CX3，试验段 CX2 水平位移偏移量仅为 11.7mm，防护效果明显。三期淤沙施工过程中观测期内加固区 W6、W7 点偏移值为 38.0mm，向围堤外侧偏移量较小，无加固区 W9 点偏移量值为 51.8mm，偏移量较大。

试验段各断面观测点随时间沿坐标系 H 负方向（即沉降方向）持续增长，W1-W5、CX1-CX3 至 2009 年 7 月 31 日观测期内竖向位移变形量未达到稳定，W 点最大竖向变形量为 17～23mm，CX 点最大竖向变形量为 11～14mm；W6-W9 点 2009 年 7 月 31 日始测，竖向位移量沿 H 负向持续增加后趋于稳定，观测期内加固区最大竖向位移量为 66～73mm，远离加固区竖向位移量偏移较大，偏移值达到 151mm。由此可见，试验段围堤加固效果明显。

3. 内部位移变形监测成果及分析

测斜仪 CX1 到试验结束时,都没有明显的破坏,测斜管在围堤内的变化呈非线性的,测斜管下部和上部的位移不等速的,平均水平位移在 8mm 左右;测斜仪 CX2 观测期间平均水平位移在 50mm 左右,2009 年 8 月 2 日出现脱坡,仪器数据超限,破坏时测斜管的水平最大变形量达到 143cm;测斜仪 CX3 的平均水平位移在 88mm 左右,2009 年 8 月 1 日左右出现脱坡,仪器数据超限,破坏时测斜管的水平变形有 143cm,CX1~CX3 测斜仪临近破坏时的累计水平变形对比如表 2.5-3 所示。

破坏时不同测斜仪的累计水平变形对比统计表 表 2.5-3

测斜管号	深度(m)	偏向围堤外侧方向位移(mm)	位置	对比分析
CX1	−1.3	8.0	靠近加固区	非加固区测斜仪 CX3 同一深度临近破坏时累计水平变形量最大,试验段加固防护效果明显
	−2.6	6.0		
CX2	−1.3	44.6	加固区内	
	−2.6	22.4		
CX3	−1.3	88.0	远离加固区	
	−2.6	44.0		

表 2.5-3 表明位于非加固区测斜仪 CX3,同一深度临近破坏时累计水平变形量最大,偏移量分别为 44mm 及 88mm,加固区及其附近的测斜仪 CX1、CX2 偏移量较小,CX2 为 22.4mm 及 44.6mm,测斜仪 CX1 受加固区保护,几乎不发生破坏,由此可见试验段围堤加固效果明显。

4. 渗压水位监测成果及分析

测压管水位监测过程中,由于围堤施工造成管内淤堵,测压管自埋设后无法量测水位。渗压计监测成果表明,围堤区处于非饱和状态,无自由水,渗压计对围堤土体渗流压力场反映不明显。

5. 土压力监测成果及分析

土压力的增长过程分为两个阶段,2009 年 7 月 22 日之前的土压力大约是 20kPa,随后逐渐增大到 40kPa,断面 1、断面 2 的土压力计监测到的最大水平土压力均为 40kPa 左右,见表 2.5-4。

最大水平土压力对比统计表 表 2.5-4

土压力计编号	最大水平土压力(kPa)	位 置	对比分析
YL1	40	加固区内	两断面最大水平土压力相同
YL2	40		

2.6 坝前淤积检测

水库泥沙问题是河流发展演变、规划治理及综合利用的一个重要问题,水库淤积泥沙的监测是研究水库泥沙演变规律的基础，因此如何获取高精度水库淤积泥沙监测数据至关重要。水库淤积泥沙监测技术主要包括三维地形量测技术、剖面量测技术、深层取样技术以及基本特性检测技术。

在水库大坝加固工程中主要为水库坝前的水下地形测量和勘察。水下地形测量主要为查明坝前淤积物，并评价其对水库、大坝的安全影响。水下地形测量包括定位和测深两大部分，定位的作用是不言而喻的，目前的水上定位手段有光学仪器定位、无线电定位、水声定位、卫星定位和组合定位。平面位置的控制基础主要是陆上已有的国家等级控制点，卫星定位如采用差分方式，其岸台亦多采用已知控制点，以求坐标系统的统一。水上定位同时，测量水的深度是确定水下地形的重要内容。

2.6.1 坝前三维地形量测技术

水库三维地形量测技术主要包括多波束测深技术、无人机航测技术。其中，多波束测深技术主要用于水库水下地形全覆盖测量，无人机航测技术主要用于水库陆地地形全覆盖测量。

1. 多波束测深技术

多波束测深系统是由多个子系统组成的综合系统，一般由声学子系统、数据采集子系统、数据处理子系统和外围辅助设备四部分组成。其中，以换能器为核心的声学子系统，包括多波束发射接收换能器阵（声呐探头）和多波束信号控制处理电子系统，主要负责波束的发射和接收；数据采集子系统完成波束的形成，将接收到声波信号转换为数字信号，记录声波往返换能器面和水底的时间；外围设备主要包括定位传感器、姿态传感器、声速剖面仪和电罗经，其主要功能是实现测量船瞬时位置、姿态、航向的测定以及水中声速传播特性的测定，提供大地坐标的 DGPS 差分卫星定位系统，测量船横摇、纵摇、艏向、升沉等姿态数据，测区水位数据和声速剖面信息等；以工作站为核心的数据处理子系统，主要负责声波信号、定位、船姿、声速剖面和水位等观测信息的综合处理（数据显示、输出、储存），最终完成测点波束脚印坐标和深度值的计算，并绘制出水底地形的三维特征。

2. 无人机航测技术

无人机航测系统一般由飞行平台、任务装置、地面控制站、发射与回收系统组成。首先要收集测区资料，对测区所处地理位置、地形地貌等进行评估；然后根据成果要求和已有无人机航测设备，确定是否可以飞行；确定可以飞行后，在地面站软件进行航线规划，设置飞行高度、重叠度、起降场等，形成飞行计划，必要时可进行现场踏勘；进行像控点布设、采集，根据测区地形地貌，也可在飞行任务完成后进行像控点采集；将飞行计划上传至飞行控制系统，进行起飞、飞行、降落，采集影像数据、记录飞行的 POS（Position Orientation System）数据、获取飞行数据；地面监测系统显示无人机飞行航迹，地面工作人员据此监视无人机工作情况；飞行任务完成后，下载航测数据，最终通过计算分析，绘制出陆地地形的三维特征。

2.6.2 坝前淤积剖面量测技术

水库淤积泥沙剖面的量测主要采用浅地层剖面仪来完成。浅地层剖面仪是利用声波探测浅地层剖面结构和构造的仪器设备，可穿透水底一定深度的淤泥层、砂质层和基岩层，可任意选择扫频信号组合，实时设计调整工作参量，实现连续走航，具有高分辨率、强穿透力和高效的特点。

浅地层剖面仪主要由水下单元（湿端）、甲板单元（干端）和系统软件组成。探测船在走航过程中，设置在船上或其拖曳体上的换能器向水下铅直发射大功率低频脉冲的声波，抵达水底时，部分反射，部分向地层深处传播，由于地层结构复杂，在不同界面上又都有部分声波被反射，这样，依据这些反射界面的特性和深度不同，在船上接收到回波信号的时间和强度也不同，通过对回波信号的放大和滤波等处理后，送入记录器，最终在移动的干式记录纸上显现不同灰度的点组成的线条，清晰地描绘出淤积泥沙的剖面结构。

2.6.3 坝前淤积泥沙深层取样技术

黄河水利科学研究院在吸取各种取样设备的机械原理和设计理念的基础上，针对采样设备贯入力量不足、取样深度浅、扰动大、成功率低等问题，通过深入系统研发，集成了一套适合内陆水库深层泥沙取样的 DDC-Z-3 型振动活塞取样设备。

DDC-Z-3 型振动式柱状取样设备总重约 1.5t，总长 4.5m，底座最大直径 2.8m，振动器参数为 7.5kW、380V/AC、50～60Hz，适用水深范围为 0～200m，取样长度和直径分别为 0～4m 和 ϕ70mm，适用于江、河、湖、水库、海洋中纯砂和硬黏土等硬底质的沉积物柱状取样。

2.6.4 坝前淤积基本特性检测技术

1. 泥沙物理特性检测技术

1) 泥沙级配

泥沙级配是指沙样中各级粒径的分布情况，通常用泥沙级配曲线表示。泥沙级配能反映泥沙的母岩性质，表现被水流分选的强弱和输移特点，是泥沙研究和河床演变计算的基本资料。泥沙级配曲线根据泥沙颗粒分析成果绘制而成，一般用泥沙粒径分布累积频率曲线表示，即用泥沙粒径的对数为横坐标，用小于该粒径泥沙重量占泥沙总重量的百分数为纵坐标，给出的级配曲线。对于以黏土及粉砂为主的样本使用激光粒度仪进行级配分析，颗粒粒径大于 0.25mm 的样本则采用筛分法。

2) 泥沙含水率及密度

（1）泥沙含水率

泥沙含水率是试样在 105～110℃下烘到恒量时所失去的水质量与达到恒量后干土质量的比值，以百分数表示。《土工试验规程》SL 237—1999 中室内实验含水率的标准检测方法为烘干法，在野外如无烘箱设备或要求快速测定含水率时，可依土的性质和工程情况分别采用酒精燃烧法或比重法。酒精燃烧法适用于简易测定细粒土含水率，比重法适用于砂类土。

（2）泥沙密度

泥沙密度为单位容积内泥沙的重量，干密度是指泥沙在不含水分状态下的密度，按照《土工试验规程》SL 237—1999 中给出的方法进行测量。

2. 泥沙化学特性检测技术

1）泥沙化学组成

泥沙化学成分主要以二氧化硅为主，其次为氧化铝、氧化铁等金属氧化物。不同流域地质条件不同，泥沙化学组成略有差异。用于泥沙化学组成分析的仪器有 X 射线荧光光谱仪（XRF）、电感耦合等离子体原子发射光谱仪（ICP-AES）等。其中，X 射线荧光光谱仪具有制样简单、稳定度高、精度高等优点，广泛应用于泥沙样品化学组成的定量分析过程。

2）泥沙有机质含量

有机质是土壤中各种营养元素特别是氮、磷的重要来源。它含有刺激植物生长的胡敏酸类等物质，又是土壤中异养型微生物必不可少的碳源和能源物质。由于它具有胶体特性，能吸附较多的阳离子，因而使土壤具有保肥力和缓冲性。它还能使土壤疏松，形成团粒结构，从而改善土壤的物理性。氮磷钾也是植物生长过程中的必备养分，因此常用泥沙样品中总有机碳、总氮磷钾含量来表征泥沙养分含量。淤积物进行土地改良应用时，总有机碳含量应满足≥10％，[总氮（以 N 计）＋总磷（以 P_2O_5 计）＋总钾（以 K_2O 计）] 含量应满足≥1％。

3）泥沙重金属含量

泥沙重金属检测内容包括砷、铅、镉、铜、锌、汞、镍、铬八种。泥沙样本重金属污染情况依据土壤环境质量标准进行评价分析。依据土壤环境质量标准分级，土壤一级标准为保护区域自然生态、维持自然背景的土壤质量的限制值。土壤二级标准为保障农业生产，维护人体健康的土壤限制值。土壤三级标准为保障农林生产和植物正常生长的土壤临界值。

土壤中重金属污染现可通过多种方法进行检测，如原子吸收光谱法（AAS）、原子荧光光谱法（AFS）、电感耦合等离子体发射光谱（ICP-AES）、激光诱导击穿光谱法（LIBS）、X 射线荧光光谱法（XRF）等。

2.6.5 典型工程案例

板桥水库位于淮河支流汝河上游的河南省驻马店市驿城区板桥镇，是一座以防洪为主，兼有城市供水、灌溉、发电和养殖等综合利用的大（2）型枢纽工程（图 2.6-1）。主

图 2.6-1　板桥水库平面示意图

要建筑物级别为2级，次要建筑物级别为3级。板桥水库主要由土坝（包括北主坝、南主坝、北副坝、南副坝、南岸原副溢洪道堵坝及秣马沟副坝）、混凝土溢流坝、输水洞、电站及城市供水管道等组成。大坝全长3769.5m，其中主坝全长2300.7m（包括150m长混凝土溢流坝），副坝全长1468.8m。

经有关单位鉴定，板桥水库溢流坝存在蜂窝、麻面、裂缝、渗漏等严重病险与安全隐患，综合评定为"三类坝"。设计单位拟定的溢流坝加固设计方案为水下浇筑防渗面板，范围为：整个溢流坝上游立面部分及进水口圆弧段。

本工程范围为4号表孔坝段、5号表孔坝段及底孔坝段，其主要工序为：清淤→防渗面板浇筑。坝前清淤主要完成工作量为清理溢流坝坝踵上游3m范围内的淤积物，保证2.5m内基本达到无大块淤积物，保证水下清淤边坡的稳定。

本项目已完成所有坝段淤泥清理，清淤过程中遇到的各种杂物已组织潜水组打捞出水或移至上游清淤范围以外。

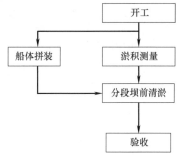

图2.6-2 施工工艺流程

（1）施工工艺（图2.6-2）

（2）施工测量

坝前淤积测量采用HD-310单波束测深仪测量水深，采用GPS（RTK1+1）进行平面定位及高程测定。

测线布置：采用碎部测量，数据后处理生成水下地形图及标准断面图。

资料整理归档要求：①测量工作各项记录要求记注明显，没有涂抹，计算成果和图标准确清楚，所有测算资料要签署完善，未经复核和验算的资料不得使用。②一切观测值与记事项目必须在现场核对清楚，不得凭回忆补记测量成果。③测量原始记录、资料应收集管理齐全并按类、按项派专人管理，以备查阅。

提交的测量成果有：①平面图；②断面图；③土方量计算书。

（3）清淤施工

清淤采用的是气动式深水清淤机，生产能力20～600m³/h，根据本项目工程量、工期要求，选用SSYA350型气动式深水清淤机，产能150m³/h，最大作业水深120m，可疏浚粒径小于350mm的淤积物或杂物。

气动式清淤机水下吸泥管采用了特殊设计的伸缩装置，可根据水深、泥面变化及时调整吸泥口与泥面的距离（图2.6-3）。

排泥管管径350mm，水下排泥管采用法兰连接的钢管，与清淤机连接处采用伸缩套管，出水后钢管之间采用橡胶短管法兰连接，半合浮体抱紧使其浮于水面。泥浆沿水面浮管输送到中转泥浆池。采用潜水渣浆泵接力，管道输送至排泥场。

（4）清淤方法

当完成定位后，逐渐放下清淤机进泥口至接近泥面，此时打开供气阀门，吸口附近的淤积物便在水头压力及压缩空气的共同作用下进入清淤机并提升至水面排泥管。随着泥面的降低不断放下进泥口，直至达到浚后泥面高程。如此循环前进，直至完成。

作业范围：清淤机的单点作用半径与泥沙特性、水深条件有关，一般情况下呈锅底状

图 2.6-3　气动式清淤船 SSYA350 型

并达到边坡的稳定，清淤的土层厚度越大，河床表面的影响半径越大。

作业方式：总体上采用自左岸而右岸的作业方向，将清淤区域划分成长度 20m 左右的条带，采用拖挖方式进占作业。对于任一条带，一般按自深而浅（指浚后泥面高程）的顺序进行清淤。

局部死角处理方法：对于清淤机无法进入的死角，采用高压射水枪对死角淤积物进行扰动后清除。

土体板结处理方法：采用高压水枪进行切割扰动。

排料浓度与管道堵塞问题：通常情况下，管道内泥沙浓度可通过进料管的进水量、入土深度来进行调节。遇有轻微堵塞时，还可通过憋风、提升泵体等多种办法进行排堵。

对于不能被清淤机垃圾杂物处理方法：安排潜水员水下集中打捞。

（5）泥浆接力输送

在坝前水面需布置中转接力站将泥浆输送至坝后排放。泥浆中转池采用钢制，舱容 25m³，布置 1 台电动潜水渣浆泵，配高压水泵，用于稀释或冲扫沉淀泥沙，采用两端带法兰 PE 管沿大坝立面爬升翻过大坝坝面后排放。

潜水渣浆泵主要技术参数：流量 800m³，扬程 30m，转速 980r/min，功率 110kW，出口口径 300mm。最大通过粒径 30mm 过流部件为高铬合金材质。泥浆中转池结构形式及布置位置见图 2.6-4～图 2.6-6。其上部安装一滤网，网格尺寸 40mm×40mm，用于过滤垃圾杂物。

图 2.6-4　潜水渣浆泵与陆上排泥管线

图 2.6-5　泥浆中转池

图 2.6-6　清理杂物照片

参考文献

[1]　中华人民共和国水利部. 2016 年全国水利发展统计公报［M］. 北京：中国水利水电出版社，2016.

[2]　贾金生. 中国水利水电工程发展综述［J］. 工程（英文），2016，2（3）：176-180.

[3]　冷元宝，朱文仲，何剑，等. 我国堤坝隐患及渗漏探测技术现状及展望［J］. 水利水电科技进展，2002，22（2）：59-62.

[4]　崔弘毅，周克发. 大坝渗漏检测最新进展［J］. 大坝与安全，2014（1）：67-70.

[5]　冷元宝，胡伟华，何剑，等. 堤坝隐患及渗漏探测技术［J］. 人民黄河，2001a，23（1）：3-4.

[6] 陈兴海，张平松，江晓益，等. 水库大坝渗漏地球物理检测技术方法及进展 [J]. 工程地球物理学报，2014，11（2）：160-165.

[7] 赵明阶，徐容，王俊杰，等. 电阻率成像技术在土石坝渗漏诊断中的应用 [J]. 重庆交通大学学报（自然科学版），2009，28（6）：1097-1101.

[8] 赵火焱. 土石坝渗漏的波速成像诊断试验研究 [D]. 重庆：重庆交通大学，2010.

[9] 黄奎. 基于小波变换的土石坝渗漏诊断图像处理方法研究 [D]. 重庆：重庆交通大学，2015.

[10] 颜义忠. 洪家渡混凝土面板堆石坝渗漏分区监测设计 [J]. 水利水电技术，2005，36（9）：49-51.

[11] 余子丹. 株树桥面板堆石坝渗漏原因分析 [J]. 湖南水利水电，2014（1）：41-44

[12] 谭恺炎，TANkai-yan. 高混凝土面板堆石坝安全监测若干问题的讨论 [J]. 大坝与安全，2010（3）：15-18.

[13] 曾昭发，杨金山. 面板堆石坝的地质雷达检测 [J]. CT 理论与应用研究，1999（4）：9-13.

[14] V. 埃里克，汪洋，周虹，等. 法国诺萨克坝混凝土面板老化及渗漏的检测与修复 [J]. 水利水电快报，2015，36（1）：26-28.

[15] 郭军. 美国大坝安全管理现状分析及启示 [J]. 中国水利水电科学研究院学报，2007，5（4）：247-253.

[16] A. J. 布朗，范敏. 根据历史数据分析土石坝的事故概率 [J]. 水利水电快报，2003，24（18）：5-7.

[17] 刘建强，李玉波. 电法勘探技术在崂山水库大坝质量检测中的应用 [J]. 工程勘察，1995（5）：65-66.

[18] 赵明阶，徐容，王俊杰，等. 电阻率成像技术在土石坝渗漏诊断中的应用 [J]. 重庆交通大学学报（自然科学版），2009，28（6）：1097-1101.

[19] 刘盛东，张平松. 分布式并行智能电极电位差信号采集方法：中国，zl200410014020 [P]. 2004.

[20] 赵志伟，徐旺敏，傅琼华. 高密度电阻率法在土坝渗漏检测中的应用 [J]. 江西水利科技，2011，37（4）：266-268.

[21] 胡雄武，张平松，江晓益. 并行电法在快速检测水坝渗漏通道中的应用 [J]. 水利水电技术，2012，43（11）：51-54.

[22] 赵志伟，徐旺敏，傅琼华. 高密度电阻率法在土坝渗漏检测中的应用 [J]. 江西水利科技，2011，37（4）：266-268.

[23] 宋子龙，王祥，黄斌. 基于高密度电法的土石坝渗漏探测技术探讨 [J]. 大坝与安全，2013（1）：38-41.

[24] 房纯纲，葛怀光，贾永梅，等. 瞬变电磁法用于堤防渗漏隐患探测的技术问题 [J]. 水电与抽水蓄能，2001，25（5）：21-24.

[25] 房纯纲，葛怀光，鲁英，等. 瞬变电磁法探测堤防隐患及渗漏 [J]. 水电与抽水蓄能，2001，25（4）：30-32.

[26] 房纯纲，葛怀光. 堤防渗漏隐患探测用瞬变电磁仪 [J]. 水电与抽水蓄能，2002，26（5）：38-41.

[27] 何继善，邹声杰，汤井田. 流场法探测堤防管涌渗漏异常的分布实验 [A]. 水利部建设与管理司、水利部国际合作与科技司. 大坝安全与堤防隐患探测国际学术研讨会论文集 [C]. 水利部建设与管理司、水利部国际合作与科技司：中国水力发电工程学会，2005.

[28] 何继善，邹声杰，汤井田，等. 流场法用于堤防管涌渗漏实时监测的研究与应用 [A]. 当代矿山地质地球物理新进展 [C]. 中国地质学会，2004.

[29] 房纯纲，姚成林，贾永梅. 堤坝隐患及渗漏无损检测技术与仪器 [M]. 北京：中国水利水电出

版社，2010.

[30] 陈清礼，严良俊，胡文宝，等. 瞬变电磁法探测水库坝基溶洞的效果 [J]. 长江大学学报（自科版），2005，2（7）：201-203.

[31] 应征. 土石坝隐患瞬变电磁检测方法研究 [D]. 南昌：南昌航空大学，2011.

[32] 邓中俊. 矩形小回线源三维瞬变电磁场响应特征及堤坝渗漏探测研究 [D]. 北京：中国地质大学，2015.

[33] 刘序禄，郑炳寅. 探地雷达检测与水库安全鉴定大坝渗漏的分析 [J]. 水利科技与经济，2006，12（2）：92-95.

[34] 曾昭发，杨金山. 面板堆石坝的地质雷达检测 [J]. CT 理论与应用研究，1999（4）：9-13.

[35] Loperte A，Bavusi M，Cerverizzo G，et al. Ground penetrating radar in dam monitoring：the test case of Acerenza（Southern Italy）[J]. International Journal of Geophysics，2011，1-9.

[36] 张逸. 基于堆石坝面板脱空缺陷的雷达探测技术研究与应用 [D]. 长沙：湖南大学，2015.

[37] 戴前伟，何刚，王小平，等. 大坝坝基检测的新技术——伪随机流场法测井 [J]. 地球物理学进展，2004，19（2）：460-464.

[38] 冷元宝，李跃伦. 流场法探测堤坝管涌渗漏新技术 [J]. 人民黄河，2001b，23（11）：8-8.

[39] 戴前伟，张彬，冯德山，等. 水库渗漏通道的伪随机流场法与双频激电法综合探查 [J]. 地球物理学进展，2010，25（4）：1453-1458.

[40] 孙红亮，胡清龙，舒连刚. 伪随机流场法在堤坝渗漏探测中的应用与研究 [J]. 水利水电技术，2017，48（9）.

[41] 崔弘毅，周克发. 大坝渗漏检测最新进展 [J]. 大坝与安全，2014（1）：67-70.

[42] Bolève A，Revil A，Janod F，et al. Preferential fluid flow pathways in embankment dams imaged by self-potential tomography [J]. Near Surface Geophysics，2009，7（5-6）：447-462.

[43] 钟飞，张伟，李继山，等. 可控震源地震勘探在大坝检测中的应用试验 [J]. 水利水运工程学报，2010（1）：56-61.

[44] 胡波，邓检华，刘观标，等. 一种地震条件下大坝安全动态监测装置及监测方法：CN 106324660A [P]. 2017.

[45] 杜家佳，杜国平，曹建辉，等. 高坝大库声纳渗流检测可视化成像研究 [J]. 大坝与安全，2016（2）：37-40.

[46] 谭界雄，杜国平，高大水，等. 声纳探测白云水电站大坝渗漏点的应用研究 [J]. 人民长江，2012，43（1）：36-37.

[47] 刘迪，李雪娇，于艳秋. 声纳渗流检测于桥水库大坝渗漏点的应用研究 [J]. 海河水利，2013（3）：46-47.

[48] 吴勇. 利用温度场探测土石坝渗漏问题的正反演研究——以南方某水库为例 [D]. 南京：河海大学，2008.

[49] Battaglia D，Birindelli F，Rinaldi M，et al. Fluorescent tracer tests for detection of dam leakages：The case of the Bumbuna dam-Sierra Leone [J]. Engineering Geology，2016，205：30-39.

[50] 张祯武. 堆石坝渗漏流场示踪探测研究 [J]. 工程勘察，2000（4）：29-32.

[51] 刘群. 纳米瞬变电磁法在鄱阳县军民水库大坝混凝土防渗墙质量检测中的应用 [J]. 江西水利科技，2015，41（3）：223-227.

[52] 刘现锋，毋光荣，张腾，等. 纳米瞬变电磁法在渠堤隐患探测中的应用研究 [J]. 山西建筑，2016，42（32）.

[53] P. 托尔斯滕，徐耀，张垚，等. 基于无人水下机器人的水电站和大坝检测技术 [J]. 水利水电快报，2015，36（7）：26-29.

[54] 郑发顺. 遥控水下机器人系统在水库大坝水下检查中的应用 [J]. 水利信息化，2014（2）：45-49.

[55] 吕骥，张洪星，陈浩. 水下机器人（ROV）在水库大坝检测作业的安全分析 [J]. 水利规划与设计，2017（10）：112-114.

[56] 郑团结，王小平，唐剑. 无人机数字摄影测量系统的设计和应用 [J]. 计算机测量与控制，2006，14（5）：613-615.

[57] 梁文洁，何香建. 无人机在水利行业中的应用 [J]. 湖南水利水电，2017（6）：43-45.

[58] 刘昌军，郭良，兰驷东，等. 无人机技术综述及在水利行业的应用 [J]. 中国防汛抗旱，2016，26（3）：34-39.

[59] 姜于. 无人机技术在水利行业的应用初探 [J]. 水利发展研究，2017，17（7）：84-87.

[60] 徐陈勇，李云帆，王喜春. 基于低空无人机的大坝渗漏安全检测技术研究 [J]. 电子测量技术，2018（9）.

[61] Karastathis V K，Karmis P N，Drakatos G，et al. Geophysical methods contributing to the testing of concrete dams. Application at the Marathon Dam [J]. Journal of Applied Geophysics，2002，50（3）：247-260.

[62] Perri M T，Boaga J，Bersan S，et al. River embankment characterization：The joint use of geophysical and geotechnical techniques [J]. Journal of Applied Geophysics，2014，110：5-22.

[63] Ikard S J，Revil A，Schmutz M，et al. Characterization of focused seepage through an earthfill dam using geoelectrical methods [J]. Groundwater，2014，52（6）：952-965.

[64] Loperte A，Soldovieri F，Palombo A，et al. An integrated geophysical approach for water infiltration detection and characterization at Monte Cotugno rock-fill dam（southern Italy）[J]. Engineering Geology，2016，211：162-170.

[65] 卢正超，黎利兵，范哲，等. 水利信息化背景下对我国大坝安全管理工作的几点思考 [C]. 第一届全国水利水电工程信息化技术研究与应用研讨会会议论文集. 北京：中国水利学会，中国水力发电工程学会，中国大坝工程学会，2016.

[66] 卢正超，杨宁，韦耀国，等. 关于大坝安全监测智能化面临的挑战、目标与实现路径 [J]. 水利水运工程学报，2021.

[67] 约翰. 邓尼克利夫. 岩土工程监测 [M]. 卢正超，等译. 北京：中国质检出版社，2013.

[68] 中国水利工程协会. 水利水电工程质量检测人员从业资格考核培训系列教材——量测类 [M]. 郑州：黄河水利出版社，2010.

[69] 杨光明，水工金属结构安全评估系统设计与研究 [D]. 南京：河海大学，2005.

[70] 张振华，冯夏庭，周辉，等. 基于设计安全系数及破坏模式的边坡开挖过程动态变形监测预警方法研究 [J]. 岩土力学，2009，30（3）：603-612.

[71] 许强，曾裕平. 具有蠕变特点滑坡的加速度变化特征及临滑预警指标研究 [J]. 岩石力学与工程学报，2009，28（6）：1099-1105.

[72] 许强，张登项，郑光. 锦屏一级水电站左岸坝肩边坡施工期破坏模式及稳定性分析 [J]. 岩石力学与工程学报，2009，28（6）：1183-1192.

[73] 赵明华，刘建华，陈炳初，等. 边坡变形及失稳的变权重组合预测模型 [J]. 岩土力学，2007，28（10）：553-557.

[74] 金海元，徐卫亚，孟永东，等. 锦屏一级水电站左岸边坡稳定综合预报研究 [J]. 岩石力学与工程学报，2008，27（10）：2058-2062.

[75] 陈胜波. 边坡工程失稳灾害预警系统的研究 [D]. 长沙：中南大学，2005.

[76] 于德海. 软弱变质岩力学性质及其边坡失稳机制的研究 [D]. 西安：长安大学，2007.

[77] 李天斌. 滑坡实时跟踪预报概论 [J]. 中国地质灾害与防治学报，2002（4）：19-24.

[78] 王年生. 一种滑坡位移动力学预报方法探讨 [J]. 西部探矿工程，2006，18（6）：269-271.

[79] 栾婷婷，谢振华，张雪冬. 露天矿山高陡边坡稳定性分析及滑坡预警技术 [J]. 中国安全生产科学技术，2013，9（4）：11-16.

[80] 王秋明，蔡辉军. 滑坡监测数据处理预报软件研究及应用 [J]. 水力发电，1998（4）：49-51.

[81] 李秀珍，许强，刘希林. 基于 GIS 的滑坡综合预测预报信息系统 [J]. 工程地质学报，2005，13（3）：398-403.

[82] 崔巍，王新民，杨策. 变权组合预测模型在滑坡预测中的应用 [J]. 长春工业大学学报，2009，28（6）：611-614.

[83] Azarafza M，Asghari-Kaljahi E，Akgun H. Assessment of discontinuous rock slope stability with blocktheory and numerical modeling：a case study for the South Pars Gas Complex，Assalouyeh，Iran [J]. Environmental earth ences，2017，76（10）：397.

[84] 张赛飞. 陕南某岩质边坡滑坡监测预警研究 [D]. 西安：长安大学，2019.1.

[85] 陈悦丽，赵琳娜，王英，等. 降雨型地质灾害预报方法研究进展 [J]. 应用气象学报，2019，30（2）：142-153.

[86] 麻凤海，陈霞，季峰，等. 滑坡预测预报研究现状与发展趋势 [J]. 徐州工程学院学报（自然科学版），2018，33（2）：30-33＋63.

[87] 吴开岩. 多点灰色变形分析与预报方法研究 [D]. 成都：西南交通大学，2017.

[88] 张香斌. 滑坡稳定性分析与预测技术研究 [D]. 北京：中国地质大学（北京），2018.

[89] 王珣，李刚，刘勇，等. 基于滑坡等速变形速率的临滑预报判据研究 [J]. 岩土力学，2017，38（12）：3670-3679.

[90] 缪海宾，费晓欧，王建国，等. GPS 边坡稳定性自动化监测系统 [J]. 煤矿安全，2014，45（10）：104-106＋109.

[91] 韦忠跟. 边坡雷达监测预警机制及应用实例分析 [J]. 煤矿安全，2017，48（05）：221-223.

[92] 罗志强. 边坡工程监测技术分析 [J]. 公路，2002，（5）：45-48.

[93] 叶青，赵全麟. 三峡工程库区滑坡监测几个问题的探讨 [J]. 人民长江，2000，31（6）：7-9.

[94] 夏柏如，张燕，虞立红. 我国滑坡地质灾害监测治理技术 [J]. 探矿工程（岩土钻掘工程），2001（z1）：87-90.

[95] 邬晓岚，涂亚庆. 滑坡监测方法及新进展 [J]. 中国仪器仪表，2001，（3）：10-13.

第**3**章

大坝安全评估技术

中华人民共和国水利部批准制定了水利行业标准《水库大坝安全评价导则》SL 258；由中国电力企业联合会提出，国家能源局大坝安全监察中心编制了电力行业标准《水电站大坝运行安全评价导则》DL/T 5313。两本导则规定了水库大坝安全评价内容、资料、依据、评价方法和评价要求、安全等级确定条件，为水库大坝安全评价工作提供了技术指导。

本章梳理了现行水库大坝安全评估技术，从大坝防洪安全性、大坝结构安全性、泄洪消能建筑物安全性、闸门启闭机安全性及运行可靠性、库岸和边坡稳定性以及水库泥沙淤积风险等方面，对水库大坝安全评价技术方法进行全面系统地解读。

3.1 大坝防洪安全性

3.1.1 概述

3.1.1.1 病险水库防洪存在的主要问题

1. 病险水库防洪主要问题

（1）防洪标准不符合要求；

（2）泄水建筑物泄流能力不足；

（3）水文系列需要延长；

（4）冲沙泄洪底孔闸门无法开启；

（5）大坝（防浪墙）坝顶高程不满足规范要求；

（6）溢洪道边墙高度不够，泄洪时水面线超过墙顶高程，影响正常泄洪；

（7）溢洪道行洪通道不畅。

2. 水库大坝失事统计

我国自 1954 年有溃坝记录以来至 2016 年间，已溃坝数量总计达到 3533 座，其中大型水库 2 座，中型水库 127 座，小型水库共 3404 座，年均溃坝 61.7 座，水库漫坝原因主要是泄洪能力未达标以及遭遇超标洪水。

3.1.1.2 病险水库防洪安全评价的主要内容

大坝防洪安全性，是根据水库设计阶段采用的水文资料和运行期延长的水文资料，并考虑建坝后上下游地区人类活动的影响及水库工程现状，进行设计洪水复核和调洪计算，从而评价大坝现状抗洪能力是否满足现行有关标准的要求。

大坝防洪安全性评价内容主要包括防洪标准复核、设计洪水复核计算、调洪计算及大坝抗洪能力复核。

大坝防洪安全性评价需得出如下结论：

（1）水库原设计洪水标准是否满足《防洪标准》GB 50201 和《水利水电工程等级划分及洪水标准》SL 252 的要求，是否需要调整；

（2）水文系列延长后，原设计洪水成果是否需要调整；

（3）水库泄洪建筑物的泄流能力是否满足安全泄洪的要求；

（4）水库洪水调度运用方式是否符合水库的特点，是否满足大坝安全运行的要求，是否需要修订；

（5）大坝现状坝顶高程或防浪墙顶高程以及防渗体顶高程是否满足规范要求。

防洪安全评价主要采用资料复查、专项复测、复核计算、综合分析四种方法和手段，排查在防洪和泄洪安全方面存在的不足，判断其对大坝安全的影响。

3.1.2　防洪标准复核

依据《水利水电工程等级划分及洪水标准》SL 252、《水电枢纽工程等级划分及设计安全标准》DL 5180、《防洪标准》GB 50201 的规定，或上级主管部门关于防洪安全的批准文件，复核水库工程等别、建筑物级别和防洪标准。

在病险水库安全评价时，防洪标准复核的原则是：

（1）根据现行工程规模（水库库容、装机容量等），复核工程等别和建筑物级别是否符合现行规范规定。如大坝经过改建、扩建，或因下游环境变化或保护要求提高改变工程等别，应关注上级主管部门是否有关于工程规模改变的最新批准文件。

（2）当原设计批复的防洪标准高于现行规范规定时，原则上应执行原批复的标准；如现状防洪能力达不到原批复标准，可研究采用现行规范规定的标准；当原批复的标准低于现行规范规定，但上级对防洪标准有专题批复文件时，可按照原批复的防洪标准执行，但应复核实际满足的防洪能力；当水库由大坝和堤坝共同形成，且水库的拦洪能力由堤坝的防洪能力决定时，大坝的防洪标准可综合考虑堤坝的影响适当降低，但不能低于同级别平原区大坝最高防洪标准；副坝的防洪标准一般应按与主坝相同的建筑物级别确定。

已建大、中型水利枢纽工程永久性水工建筑物近期非常运用洪水标准见表 3.1-1。

永久性水工建筑物近期非常运用洪水标准　　　　　　　　　　　表 3.1-1

重现期(年)坝型　　建筑物级别	1	2	3	4	5
土坝、堆石坝、干砌石坝	2000	1000	500		
混凝土坝、浆砌石坝	1000	500	300		

3.1.3　设计洪水复核

设计洪水包括设计洪峰流量、设计洪水总量、设计洪水过程线、设计洪水的地区组成和分期设计洪水等。按拥有的资料不同，设计洪水可分为由流量资料推求和由雨量资料推求。

对天然河道槽蓄能力较大的水库，应采用入库洪水资料进行设计洪水计算；若设计阶段采用的是坝址洪水资料，宜改用入库洪水资料，或估算入库洪水的不利影响。我国已建水库一般是以坝址设计洪水作为水库防洪设计的依据，建库后库区范围内的天然河道已被淹没，使原有的河道槽蓄已包含在水库容积内，库区产汇流条件也发生了明显的改变，建库前流域内的洪水向坝址出口断面的汇流变为建库后洪水向水库周边汇入水库。鉴于入库洪水与坝址洪水存在一定的差别，用入库洪水作为设计依据更符合已建水库的工程实际情况。

对于难以获得流量资料的中小型水库，可根据雨量资料，计算流域设计暴雨，然后通过流域产汇流计算，推求相应频率的设计洪水。

对于缺乏暴雨洪水资料的水库，可利用邻近地区实测或调查洪水和暴雨资料，进行地区综合分析，计算设计洪水。

很多病险水库工程建设年代久远，其水文系列截止年份距今已有很多年，当工程的洪水、暴雨资料延长后，往往会导致设计洪水成果较原设计发生较大变化。例如，1998年松花江发生了中华人民共和国成立以来的特大洪水，由于原松花江防洪规划采用的水文系列截至1982年，增加1983～1998年16年丰水段水文系列后，各频率设计洪水都随之增大。分析表明：嫩江江桥站50年一遇洪峰流量比原规划增大44%，相当于原规划300年一遇，相应洪水位抬高了0.71m；松花江哈尔滨站200年一遇洪峰流量比原规划增大12%，相当于原规划300年一遇，50年一遇洪水位抬高了0.59m。因此，1998年松花江大洪水后，按照新的设计标准，国家开展了大规模的松花江堤防加高加固和控制性工程建设，以真正达到规划的防洪标准。

3.1.3.1 根据流量资料计算设计洪水

大中型水利水电工程应尽可能采用流量资料来计算设计洪水。当坝址处或坝址附近有水文站且与坝址的集水面积相差不大时，可直接使用其资料作为计算设计洪水的依据。据统计，我国现有水文基本站约3400个，其中有1850个测站的观测系列超过30年，而这些站大多是各河流的控制站，即使所依据的水文站的观测系列不足30年，大多数仍可通过相关插补延长，达到30年系列的要求。因此，《水利水电工程设计洪水计算规范》SL 44—2006规定，用流量资料计算设计洪水，应具有30年以上的系列。

1. 由流量资料推求设计洪水的步骤

（1）利用设计阶段坝址洪水或入库洪水实测系列资料、历史调查洪水资料，并加入运行期坝址洪水或入库洪水实测系列资料，延长洪峰流量和不同时段洪量的系列，进行频率计算。当运行期无实测入库洪水资料时，可利用实测库水位和出库流量记录以及水位-库容曲线反推求算入库洪水系列资料。

（2）频率曲线的线型宜采用皮尔逊Ⅲ型，对特殊情况，经分析论证后也可采用其他线型。可采用矩法或其他参数估计法初步估算频率曲线的统计参数，然后利用经验适线法或优化适线法调整初步估算的统计参数。当采用经验适线法时，宜拟合全部点据；拟合不好时，可侧重考虑较可靠的大洪水点据。

（3）在分析洪水成因和洪水特点基础上，选用对工程防洪运用较不利的大洪水过程作为典型洪水过程，据以放大求取各种频率的设计洪水过程线。

2. 洪水系列

频率计算中的洪峰流量和不同时段的洪量系列，应由每年最大值组成。当洪水特性在一年内随季节或成因明显不同时，可分别进行选样统计，但划分不宜过细。

3. 经验频率、统计参数及设计值

（1）在 n 项连序洪水系列中，按大小排序的第 m 项洪水的经验频率 P_m，可采用下列数学期望公式计算：

$$P_m = \frac{m}{n+1} \quad m=1,2,\cdots,n$$

式中　n——洪水序列项数；

　　　m——洪水连序系列中的序位；

　　　P_m——第 m 项洪水的经验频率。

（2）在调查考证期 N 年中有特大洪水 a 个，其中有 l 个发生在 n 项连序系列内，这类不连序洪水系列中各项洪水的经验频率可采用下列数学期望公式计算。

a 个特大洪水的经验频率 P_M 为：

$$P_M = \frac{M}{N+1} \quad M=1,2,\cdots,a$$

式中　N——历史洪水调查考证期；

　　　a——特大洪水个数；

　　　M——特大洪水序位；

　　　P_M——第 M 项特大洪水经验频率。

$n-l$ 个连序洪水的经验频率为：

$$P_m = \frac{a}{N+1} + \left(1-\frac{a}{N+1}\right)\frac{m-l}{n-l+1} \quad m=l+1,\cdots,n$$

或
$$P_m = \frac{m}{n+1} \quad m=l+1,\cdots,n$$

（3）频率曲线的线型一般应采用皮尔逊Ⅲ型。特殊情况，经分析论证后也可采用其他线型。

（4）频率曲线的统计参数采用均值 $\overline{X}$、变差系数 C_v 和偏态系数 C_s 表示。统计参数的估计可按下列步骤进行：

① 采用矩法或其他参数估计法，初步估算统计参数。

② 采用适线法调整初步估算的统计参数。调整时，可选定目标函数求解统计参数，也可采用经验适线法。当采用经验适线法时，应尽可能拟合全部点据；拟合不好时，可侧重考虑较可靠的大洪水点据。

③ 适线调整后的统计参数应根据本站洪峰、不同时段洪量统计参数和设计值的变化规律，以及上下游、干支流和邻近流域各站的成果进行合理性检查，必要时可作适当调整。

（5）当设计流域的洪水和暴雨资料短缺时，可利用邻近地区分析计算的洪峰、洪量统计参数，或相同频率的洪峰模数等，进行地区综合，用于设计流域。

（6）对设计洪水标准较低的工程，如设计流域缺乏洪水和暴雨资料，但工程地点附近已调查到可靠的历史洪水，其重现期又与工程的设计洪水标准接近时，可直接采用历史洪水或进行适当调整，作为该工程的设计洪水。

4. 设计洪水过程线

设计洪水过程线应选资料较为可靠、具有代表性、对工程防洪运用较不利的大洪水作为典型，采用放大典型洪水过程线的方法推求。

放大典型洪水过程线时，可根据工程和流域洪水特性，采用下列方法：

（1）同频率放大法。按设计洪峰及一个或几个时段洪量同频率控制放大典型洪水，也可按几个时段洪量同频率控制放大，所选用的时段以 2～3 个为宜。

（2）同倍比放大法。按设计洪峰或某一时段设计洪量控制，以同一倍比放大典型洪水过程。

5. 入库设计洪水

历年或典型年的入库洪水，可根据资料条件选用下列方法分析计算：

（1）流量叠加法。当水库周边附近有水文站，其控制面积占坝址以上面积比重较大、资料较完整可靠时，可分干支流、区间陆面和库面分别计算分区的入库洪水，再叠加为集中的入库洪水。

（2）流量反演法。当汇入库区的支流洪水所占比重较小时，可采用马斯京根法或槽蓄曲线法反演推算入库洪水。

（3）水量平衡法。对于已建水库，可根据水库下泄流量及水库蓄水量的变化反推入库洪水。

3.1.3.2 根据暴雨资料计算设计洪水

对于缺乏流量资料的中小型水库，可应用暴雨资料推求设计洪水。与流量资料相比，我国雨量站点较多。据统计，我国 1958 年约有雨量站 9500 个，1989 年达 1.9 万个，但就全国平均而言，雨量站仍嫌少。占我国国土面积很大部分的西部地区雨量站稀少，如西藏面积约 120 万 km^2，雨量站只有 32 个，而这些地区的工程也少。就经济发展较快地区而言，雨量站的密度还是比较大的，如北京市面积约 1.68 万 km^2，雨量站就有 185 个。因此，《水利水电工程设计洪水计算规范》SL 44—2006 规定使用暴雨资料推算设计洪水，应具有 30 年以上系列。

1. 设计暴雨

当设计流域内具有一定雨量资料时，一般假定设计暴雨与相应的设计洪水同频率，而由设计暴雨推算设计洪水。设计暴雨包括设计流域各种历时点或面暴雨量、暴雨的时程分配和面分布等。在计算设计暴雨时应根据流域特性、资料条件及计算设计洪水需要，确定设计暴雨的计算内容。

1）流域各种历时设计面平均暴雨量根据流域面积大小和资料条件，可采用以下方法计算：

（1）当流域各种历时面平均暴雨量系列较长时，可采用频率分析的方法计算。

（2）当流域面积较小，各种历时面平均暴雨量系列短缺时，可用相应历时的设计点暴雨量和暴雨点面关系间接计算。

暴雨点面关系，应采用本地区综合的定点定面关系；当资料条件不具备时也可借用动点动面关系，但应作适当修正。

（3）当流域面积很小时，可用设计点暴雨作为流域设计面平均暴雨量。

（4）当流域高程梯度变化较大时，设计面暴雨量应根据雨量随高程变化的规律进行合理性检查，必要时做适当修正。

2）各种历时设计点暴雨量可采用以下方法计算：

（1）在流域内及邻近地区选择若干个测站，对所需的各种历时暴雨作频率分析，并进行地区综合。根据测站位置，资料系列的代表性等情况，合理确定流域的设计点暴雨量。

（2）从经过审批的暴雨统计参数等值线图上，查算工程所需历时的设计点暴雨量。当本地区及邻近地区近期发生大暴雨时，应对查算成果进行合理性检查，必要时作适当调整。

2. 可能最大暴雨

可能最大暴雨的推求，一般使用当地暴雨放大法或暴雨移置法。

放大暴雨时，应根据所选暴雨的具体情况，确定放大方法和放大指标。

（1）当所选暴雨为罕见特大暴雨时，可只作水汽因子放大。以地面露点作为水汽因子指标，应分析地面露点在时间和地区上的代表性。

（2）当所选暴雨非罕见特大暴雨，动力因子与暴雨有正相关趋势时，可作水汽和动力因子放大。放大时应分析上述因子的合理组合。对风速指标应分析代表站风速在时间及空间上的代表性。

放大时应根据因子的物理特性，选用暴雨过程中实测资料的最大值或重现期为 50 年的数值作为放大指标。

移置暴雨时必须研究移置的可能性。设计流域与移置暴雨发生地区应有相似的天气、气候、地形条件。暴雨移置时，应根据地理位置、地形条件的差异对暴雨进行移置改正。

3. 产汇流计算

产流和汇流计算应根据流域的水文特性、流域特性和资料条件、选用不同的方法。产流计算可采用暴雨径流相关与扣损等方法。汇流计算可采用单位线、河网汇流曲线等方法。如流域面积较小可用推理公式计算。当资料条件允许时，也可采用流域模型进行计算。

当流域面积小于 $1000km^2$，资料短缺时，可采用经审批的暴雨径流查算图表作为计算设计洪水的一种依据。如当地或邻近地区近期发生大暴雨洪水，应对查算的产流、汇流参数进行合理性检查，必要时可对参数作适当修正。

全国和各省（自治区、直辖市）的暴雨洪水查算图表，主要编印或包括在以下一些图册中：

（1）中国年最大 10min、1h、6h 和 24h 点雨等值线图，包括实测和调查值、均值、C_v 值，全国暴雨洪水分析计算工作协调小组办公室（简称"全国雨洪办"）1984 年编制。

（2）《编制全国〈暴雨径流查算图表〉技术报告及各省（自治区、直辖市）主要成果（产流、汇流计算部分）》，全国雨洪办 1984 年 9 月编印。

（3）全国各省（自治区、直辖市）编制刊印的《暴雨图集》《可能最大暴雨图集》《暴雨径流查算图表》《中小流域暴雨洪水计算手册》《水文图集》《水文手册》等。

3.1.4 调洪计算

对于已建成水库，在进行防洪安全评价时，主要是通过调洪计算来复核设计洪水位和校核洪水位。

调洪计算前，应复核确定以下条件：

（1）起调水位；

（2）调洪运用方式；

（3）水位-库容曲线；

（4）泄洪建筑物水位-流量曲线。

3.1.4.1 起调水位

（1）防洪能力复核中，仍应采用经批准的原规划设计确定的汛期限制水位作为调洪计算的起调水位。

（2）大坝经过改、扩建或加固改变了原设计的汛期限制水位，则应采用经主管部门审批重新确定的限制水位作为起调水位。

（3）有些运行多年的水库，原设计洪水标准偏低，未达到现行规范的要求，经水库主管部门批准，汛期降低限制水位运行的，一般应按原设计或规范要求洪水标准的汛期限制水位进行调洪计算。因为降低汛期限制水位是标准偏低水库在加固前采取的临时措施，不能认为降低汛期限制水位后可抗御的洪水频率，就是该水库的设计、校核洪水标准。

（4）有些水库工程没有完工，比如无闸门控制的开敞式溢洪道堰顶高程未达到设计高程，造成不能按原设计标准正常挡水而降低水位运行，防洪能力复核中仍应对原规划设计确定的汛期水位和实际所能达到的汛期水位分别作为调洪计算的起调水位，分别进行调洪演算。

（5）有些水库在建设时库区移民问题没有很好解决，水库只得限制水位运行，防洪标准复核中可采用原规划设计确定的汛期限制水位作为调洪计算的起调水位；有的水库经历了几十年的运行、随着库区社会经济发展、人口的增多，水库工程更难于按原规划设计确定的汛期限制水位运行，则可采用经主管部门审批重新确定的汛期限制水位作为起调水位。

3.1.4.2 调洪运用方式

应复核设计规定的（或经上级主管部门批准变更了的）调洪运用方式的合理性、实用性和可操作性，了解有无新的限泄要求，如复核发现原设计规定的运用方式不合理，或者原设计规定的调洪运用方式在实际应用中不可操作；水库经过几十年的运行，水库下游河道的变化、社会经济发展而对水库调洪运用提出了新的限泄要求，在不改变或影响水库其他开发目标前提下，可以考虑采用更优化的运用方式进行调洪计算。

无论采用何种调度方式，均应使水库总的最大下泄流量不超过本次洪水发生在建库前的坝址最大流量，以免人为加大洪灾。

水库洪水调节计算可根据水库特性选用以下方法进行：

1）对于湖泊型水库，可以只考虑静库容进行计算。

2）对于特别重要的大型水库，还应研究是否需同时采用以下方法进行计算：

（1）当库尾比较开阔，动库容较大时，应采用入库设计洪水和动库容进行计算。

（2）对于河道型水库，如壅水高度不高，计算精度要求高时，宜按非恒定流方法进行计算。

3.1.4.3 水位-库容曲线

水库水位-库容曲线是调洪计算的重要基础资料，要求达到较高的精度，宜采用1:10000地形图计算。

多泥沙河流上的水库，库区泥沙淤积严重，经过几十年运行，其水位-库容曲线发生了较大的变化，安全评价时的调洪计算应采用新的水库水位-库容曲线。在我国，西北地区的水库淤积非常严重，淤积往往侵占了防洪库容；有些水库库尾拦湾养殖，或者水库运行中发生过较大规模的库岸山体滑坡等，往往影响库容。

如果仍采用未修正的水位-库容曲线进行调洪计算，计算得出的水库抗洪能力就会比水库实际的抗洪能力偏大。因此，应复核采用符合水库实际运用状况的水位-库容曲线。

3.1.4.4 水位-流量曲线

泄洪建筑物的泄流能力曲线准确与否对大坝安全至关重要，应对水库大坝现状条件下的水位-泄流曲线进行复核。

现场应对泄洪建筑物进行必要的检查、测量，包括堰顶高程、泄流前沿宽度、溢洪道过流断面、泄洪洞断面、非常溢洪道挡水堰高程及宽度等，如果堰前淤积严重，还需测量堰前淤积高程。

对重要或泄流条件复杂的泄洪建筑物，可进行水工模型试验确定水位-泄流曲线。

在进行泄洪流量计算时，除主要考虑泄洪建筑物泄洪外，可考虑水电站部分机组参与泄洪，泄洪流量按机组过水能力确定，但如遇某一设计洪水水头超出机组安全运行范围，或水电站厂房设计洪水标准低于此洪水标准时，不应考虑水电站机组参与泄洪。小电站、船闸、灌溉渠首等建筑物，一般不考虑其参与泄洪。

如水库垮坝失事将导致严重后果，泄洪能力宜留有一定余地。

3.1.5 大坝抗洪能力复核

3.1.5.1 大坝抗洪能力复核内容

大坝抗洪能力复核包括挡水建筑物挡水安全性复核和泄洪建筑物泄洪安全性复核。

1. 挡水安全性需复核的内容

1）复核坝顶超高（含防渗体顶高程）是否满足现行规范的要求，坝顶安全超高复核应针对土石坝、混凝土坝、砌石坝等不同坝型按相应规范规定计算复核。

2）复核泄洪建筑物挡水前沿顶部高程安全超高是否满足现行规范要求。土石坝一般采用岸边溢洪道的方式泄洪，对于设置控制段的溢洪道，应复核控制段安全超高；对于水库工程中的非常溢洪道，实际工程中往往采用漫顶溃决式或爆破溃决式的挡水，抗洪能力复核时，应复核非常溢洪道的挡水标准是否满足设计要求。

3）复核进水口建筑物进口工作平台高程，特别是泄洪洞等若采用岸塔式布置方式，进口闸门、启闭机和电气设置工作平台布置高程是否满足汛期运用要求。

4）复核闸门顶高程是否满足挡水要求。

2. 泄洪安全性需复核的内容

1）泄洪建筑物本身的安全。如泄洪建筑物过水断面尺寸是否符合设计要求，消能设施是否完善，闸门启闭机质量和维护是否良好，能否在高水位期间安全操作和启用等。

（1）泄洪建筑物过水断面尺寸应满足过流要求。刘家峡、大伙房、黄龙滩及沙坪等溢流坝因边墙高度不足，在泄流时出现边墙翻水现象。黄龙滩溢流坝因胸墙后工作门槽的局部扰动，使水流局部抬高而翻越边墙；沙坪溢流坝则是由于边墙转折引起的翻水现象。

有些溢洪道泄槽边墙高度不够，水流翻越边墙会产生一定的甚至严重的后果，对于溢洪道紧靠大坝、厂房等建筑物时，更不允许边墙翻水。

（2）泄洪设施应能安全启用。泄洪建筑物一般包括溢流堰（孔）、正常溢洪道、非常溢洪道以及泄洪洞等。泄洪建筑物能否按原设计要求的正常运行，直接关系到水库大坝安全。国外因闸门无法开启而漫顶溃坝的事故并不鲜见，在大坝安全评价时，对此应给予高度重视。

对于有闸门控制的泄洪建筑物，闸门运行应平稳，闸门在启闭过程中应无卡阻、跳动、异常响声和异常振动现象；启闭机达到规定的预定能力，供电电源和备用电源可靠。有些水库设有深孔或底孔，设置高程较低，坝前淤积有可能影响闸门启闭，应进行检查与核实。

（3）非常溢洪道应能按设计要求启用。非常溢洪道启用应复核以下三个方面：

① 非常溢洪道启用标准。《溢洪道设计规范》要求，当设有正常、非常溢洪道时，正常溢洪道的泄洪能力不应小于设计洪水标准下所要求的泄量；非常溢洪道宣泄超过正常溢洪道泄流能力的洪水，而现在一些水库，非常溢洪道启用标准过低，在遭遇远小于设计洪水时，即启用非常溢洪道。

② 非常溢洪道启用措施。有些非常溢洪道采用爆破方式启用。但防汛道路不满足要求，在遭遇设计洪水以上标准的洪水时，对外交通已中断，无法进行爆破，启用措施无法落实。

③ 非常溢洪道启用的影响。地方中、小型水库中相当多的非常溢洪道在建设中，只是在地势较低处开挖了行洪垭口，没有行洪通道，许多非常溢洪道下游是村庄，人口、房屋密集，甚至有交通干线，应复核现状条件下启用非常溢洪道对下游的影响。

2）泄洪对大坝安全的影响。如下泄最大泄量时，有无危及建筑物安全的淘刷。主要复核泄流对大坝坝脚的淹没，造成大坝下游水位抬高，其对大坝稳定、渗流的影响；泄流对建筑物特别是大坝有无影响安全的淘刷。

3）下泄最大流量时下游河道及两岸的影响。

3.1.5.2　溢洪道控制段顶部高程复核

控制段闸墩及岸墙顶部高程应满足下列要求：

（1）在宣泄校核洪水位时，不应低于校核洪水位加安全加高值。

（2）挡水时，不应低于设计洪水位或正常蓄水位加波浪计算高度和安全加高值。

3.2　大坝结构安全性

病险大坝结构安全性评估的目的是复核大坝在静力、动力条件下的变形、强度及稳定性是否满足现行规范要求。土石坝重点是复核变形与稳定性，混凝土坝与砌石坝重点复核强度与稳定性。

大坝结构安全性评估一般采用现场检查法、监测资料分析法及计算分析法。应在现场检查的基础上，根据工程地质勘察、安全监测、安全检测等资料，综合监测资料分析与结构计算对大坝结构安全性进行评估。

3.2.1 混凝土重力坝

3.2.1.1 混凝土重力坝的主要病害特点

重力坝依靠坝体自重产生的抗滑力来满足坝体抗滑稳定要求，依靠坝体自重产生的压力抵消由于水压力所引起的拉应力以满足强度要求，因此，对坝基的承载力和变形有一定的要求，对坝基结构面组合及建基面和坝基结构面的力学性状比较敏感，因而存在着坝身、沿建基面及坝基抗滑稳定的问题。另外，由于重力坝属于大体积混凝土结构，对温控要求较严，在不利的条件下，常出现裂缝问题。因此，影响混凝土重力坝安全的主要危险因素常表现为坝基变形、坝基抗滑失稳和混凝土裂缝等。

混凝土重力坝运行一定时间后容易出现以下一些病害现象：

（1）地基未做认真处理，或者地基恶化，导致大坝沿建基面抗滑稳定不能满足要求。

（2）坝基防渗帷幕不满足要求，渗漏严重，排水不畅，坝基扬压力超过设计采用值，降低坝体抗滑稳定安全性。

（3）坝体表面、廊道等部位出现危害性裂缝。

（4）坝体混凝土出现贯穿性裂缝，导致坝体渗漏，结构整体性遭到破坏。

（5）严寒地区混凝土出现冻融冻胀破坏。

3.2.1.2 评价内容与方法

重力坝结构安全评价内容主要为抗滑稳定和结构强度评价，抗滑稳定复核包括沿建基面的抗滑稳定和沿坝基软弱夹层抗滑稳定性。强度复核主要包括应力复核与局部配筋计算。此外，还需对近坝库岸的稳定性进行复核与评价。

大坝结构安全性评价是对大坝现状安全进行的评价，因此必须重视和紧密结合大坝的工程现状与运行表现，避免评价工作脱离实际，尤其要重视对观测资料的分析，计算分析还应结合大坝的运行表现进行。

（1）现场检查法：通过现场检查和观察大坝的变形、沉降、位移、渗漏等情况，判断其结构安全性。

现场检查法是最直观有效的方法，许多水库大坝都是通过现场检查发现事故隐患的。对缺乏资料的工程，该方法可能是最有效的方法。但仅有现场安全检查是不够的，往往不能揭示问题产生的真正原因。有些水库大坝仅凭现场检查发现了问题，就进行加固处理，但常常不能根治病害，甚至多次除险加固后仍为病险库，浪费了大量的财力、物力。因此，现场检查发现问题后，一般仍需进行必要的计算分析论证，查明产生险情的根源，以便采取针对性的除险加固措施。

（2）监测资料分析法：通过对有关大坝监测资料的整理分析，了解大坝的位移、变形、应力等观测值的变化、有无异常以及随作用荷载、时间、空间等影响因素而变化的规律，并建立监测量与作用荷载、时间、空间等因素之间的统计分析，通过监测量的实测值或数学模型推算值与有关规范或设计、试验规定的容许值（如容许应力、安全系数、容许挠度、容许裂缝宽度、容许位移等）的比较，判断大坝的综合安全性。

监测资料的分析方法，一般包括比较法、作图法、特征值统计法及数学模型法，具体可按《混凝土坝安全监测技术规范》SL 601—2013 进行。

由于不同监测量之间存在内在联系或互为因果关系，因此在各监测量观测资料分析基础上，还应对监测成果进行综合分析，并相互验证，评价大坝的结构安全性。

（3）计算分析法：根据《混凝土重力坝设计规范》SL 319—2018，通过计算分析评价大坝结构安全性。

现场检查与观测结果为现实情况的反映，往往与设计和校核工况运用条件下的大坝性态还有一定差别，因此在大坝结构安全评价中，计算分析一般都是必不可少的，不仅能对现场检查和资料分析中发现的异常情况（如变形、裂缝）进行验证和原因分析，还可以推算和评价大坝在设计与校核工况下的安全性。

3.2.1.3 评价标准

对于混凝土重力坝，结构安全应采用下列评价标准：

1）在现场检查或观察中，如发现下列情况之一，可认为大坝结构不安全或存在安全隐患，并应进一步监测、检测及必要的计算分析。

（1）坝体表面或孔洞、泄水管道等削弱部位以及闸墩等个别部位出现对结构安全有危害的裂缝。

（2）坝体混凝土出现严重溶蚀现象。

（3）在坝体表面或坝体内出现混凝土受压破碎现象。

（4）坝体沿建基面发生明显的位移或坝身明显倾斜。

（5）坝基下游出现隆起现象或两岸坝肩山体发生明显位移。

（6）坝基发生明显的变形或位移。

（7）坝基断层两侧出现明显相对位移。

（8）坝基或两岸出现大量渗水或涌水现象。

（9）当溢流坝泄流时，坝体发生共振。

（10）廊道内明显漏水或射水。

仅根据上述直观表象可能还难以对大坝结构安全做出全面准确的判断，但这些现象多为大坝结构安全事故的先兆，应据此开展针对性的计算分析论证工作。

2）当利用观测资料对大坝的结构安全进行评价时，如出现下列情况，可认为大坝结构不安全或存在隐患。

（1）位移、变形、应力、裂缝开合度等实测值超过有关规范或设计、试验规定的容许值。

（2）位移、变形、应力、裂缝开合度等在设计或校核条件下的数学模型推算值超过有关规范或设计、试验规定的容许值。

（3）位移、变形、应力、裂缝开合度等观测值与作用荷载、时间、空间等因素的关系突然变化，与以往同样情况对比有较大幅度增长。

3）当采用分析计算法进行大坝结构安全评价时，重力坝的强度与稳定复核控制标准应均满足规范要求，无论哪一项内容不符合规范规定的要求，均可认为大坝结构不安全或存在安全隐患。

（1）大坝沿建基面稳定复核，当采用抗剪断强度公式时，抗滑稳定安全系数应不小于表 3.2-1 规定的数值；当采用抗剪强度公式时，抗滑稳定安全系数应不小于表 3.2-2 规定的数值。

坝基面抗滑稳定安全系数 K' 表 3.2-1

荷载组合		K'
基本组合		3.0
特殊组合	（1）	2.5
	（2）（拟静力法）	2.3

坝基面抗滑稳定安全系数 K 表 3.2-2

荷载组合		坝的级别		
		1 级	2 级	3 级
基本组合		1.10	1.05	1.05
特殊组合	（1）	1.05	1.00	1.00
	（2）（拟静力法）	1.00	1.00	1.00

（2）坝基岩体内存在软弱结构面、缓倾角裂隙的，应核算深层抗滑稳定。按抗剪断强度公式计算的 K' 值不应小于表 3.2-1 的规定。采取工程措施后 K' 值仍不能达到表 3.2-1 要求的，可按抗剪强度公式计算，并满足表 3.2-3 的规定。

坝基深层抗滑稳定安全系数 K 表 3.2-3

荷载组合		坝的级别		
		1 级	2 级	3 级
基本组合		1.35	1.30	1.25
特殊组合	（1）	1.20	1.15	1.10
	（2）（拟静力法）	1.10	1.05	1.05

注：对于单滑面的深层抗滑稳定计算，留有一定安全裕度。

（3）按照材料力学方法计算的重力坝坝基面坝踵、坝址的垂直应力应符合下列要求：

① 在各种荷载组合下（地震作用除外），坝踵垂直应力不应出现拉应力，坝趾垂直应力不应大于坝体混凝土容许压应力，并不应大于基岩容许承载力。

② 地震工况下，坝趾垂直应力不应大于坝体混凝土动态容许压应力，并不应大于基岩容许承载力。

（4）重力坝坝体应力应符合下列要求：

① 坝体上游面的垂直应力不出现拉应力（计扬压力）。

② 坝体最大主压应力不应大于混凝土的容许压应力。

③ 地震工况下，坝体应力不应大于混凝土动态容许应力。

④ 宽缝重力坝离上游面较远的局部区域，允许出现拉应力，但不超过混凝土的容许拉应力；溢流坝堰顶部位、廊道及其他孔洞周边的拉应力区域，应配置钢筋，并进行配筋

验算。

（5）采用线弹性有限元法计算的坝基应力，其坝踵部位垂直拉应力区宽度，宜小于坝踵至帷幕中心线的距离，且宜小于坝底宽度的 0.07 倍。

（6）采用线弹性有限元法计算坝体应力，单元形状及剖分精度应结合坝体体型合理选用，计算模型及计算条件等应接近于实际情况。有限元等效应力宜参照（4）条关于应力指标的规定。

3.2.1.4 材料力学法

在材料力学方法中，将重力坝作为偏心受压构件，水平计算截面在受荷载变形后仍为直线，所以垂直正应力 σ_y 呈直线分布。由于坝基变形对坝体应力的影响，对于靠近坝基处的 1/3 坝高范围，水平截面上的垂直正应力已不再呈直线分布，虽然计算结果与实际存在一定的差异，但是材料力学法计算坝基面垂直正应力的结果目前已成为评价坝体应力的一个重要指标。

3.2.1.5 极限状态评价法

沿坝基面或坝基内部软弱夹层的滑动失稳，是重力坝破坏的主要形式，因此重力坝的抗滑稳定性复核是其结构安全性评估的重点内容之一。抗滑稳定分析目的是核算坝体沿基面或坝基内部缓倾角软弱结构面抗滑稳定的安全度。因为重力坝沿坝轴线方向用横缝分隔成若干个独立的坝段，所以稳定分析可以按平面问题进行。但对于地基中存在多条互相切割交错的软弱面构成空间滑动体或位于地形陡峻的岸坡段，则应按空间问题进行分析。理论分析、试验及原型观测结果表明，位于均匀坝基上的混凝土重力坝沿坝基面的失稳，首先是在坝踵处基岩和胶结面出现微裂松弛区，随后在坝趾处基岩和胶结面出现局部区域的剪切屈服，进而屈服范围逐渐增大并向上游延伸，最后形成滑动通道，导致坝的整体失稳。由于实际工程沿建基面剪力破坏的机理很复杂，目前抗滑稳定分析采用的仍是整体宏观的半经验方法，即采用刚体极限平衡法对可能滑动块体的抗滑稳定进行分析。

《混凝土重力坝设计规范》NB/T 35026 采用了概率极限状态设计原则，以分项系数设计表达式进行结构安全复核。

重力坝应分别按承载能力极限状态和正常使用极限状态进行下列计算和验算：

（1）承载能力极限状态，对坝体结构及坝基岩体进行强度和抗滑稳定计算，必要时进行抗浮、抗倾验算；抗震设防应满足《水工建筑物抗震设计规范》SL 203—1997 要求。

（2）正常使用极限状态，按材料力学方法进行坝体上、下游面混凝土拉应力验算；必要时进行坝体及结构变形计算、复杂地基局部渗透稳定验算。

3.2.1.6 有限元法

对于大中型的重要水利工程，尤其是深层地基中含有软弱夹层等复杂地质的工程，除了用刚体极限平衡法计算抗滑稳定安全系数以外，还要借助有限元软件进行验算，作为校核的手段，以提高抗滑稳定分析的安全度。有限元法的运用可以模拟各种工程复杂地质的边界条件，而且利用计算机技术可以更方便地改变运算参数进行荷载的施加，进行更快捷高效的运算，从而得到比刚体极限平衡法更为合理和精准的分析结果。

3.2.2　混凝土拱坝

3.2.2.1　混凝土拱坝的主要病害特点

拱坝通过拱梁分载将外力传到基础上，由于这种受力和传力特点，拱坝对坝肩和坝基的变形较为敏感，对地形、地质条件有较高的要求，并且要求两岸坝肩具有宽厚可靠的抗力体。拱坝是一种超静定结构，设计工况下温度应力的作用可达总应力的 $40\%\sim60\%$，因而不论施工期还是运行期，拱坝对坝体温度和外界温度的量值、变化速率及其与库水位的组合，均颇为敏感。特别是碾压混凝土拱坝，封拱温度往往较高，施工期残留温度应力对运行期坝体安全影响较大。相对其他坝型，拱坝坝体较薄，同样地形、地质及水压力条件下，坝体应力水平较高，坝体应力控制关系到坝体的运行安全。贯穿性裂缝往往会削弱拱坝的整体性，并促成拱梁应力的重分配，因此拱坝的裂缝特别是贯穿性裂缝应引起特别关注。

基于拱坝上述结构特点，混凝土拱坝的主要病害现象包括：

（1）拱座及坝肩岩体存在稳定问题，这是影响拱坝安全的重要因素，安全评估时应予以高度重视；

（2）坝体局部应力较大，超过材料允许强度；

（3）坝体容易出现裂缝，尤其是大坝上、下游面出现贯穿性劈头缝；

（4）坝基存在较严重的渗漏问题。

普定、二滩、金坑等碾压混凝土拱坝均在运行期出现了裂缝，本节以普定为例。

普定碾压混凝土拱坝位于贵州省普定县三岔河中游，为定圆心、变半径、变中心角等厚重力拱坝，坝顶高程 1150m，坝高 75m，弧长 195.671m，底宽 28.2m，弧高比 2.61，厚高比 0.376。坝基为安顺组厚层和中厚层灰岩，岩层产状倾向上游偏左岸。

工程于 1993 年 11 月蓄水。1996 年 2～4 月水库放空检查未见异常。蓄水 4 年后，1998 年 3 月 11 日第二次放空水库至 1126.0m，发现坝顶、上下游坝面及溢流面有多条裂缝。1999 年 1 月中旬下雪，发现大坝裂缝有所发展，1 月 25 日～2 月 2 日库水位降低至 1128.4m，检查发现裂缝 49 条。

导致大坝开裂的原因是碾压混凝土散热条件差，坝体内实际温度高于常态混凝土坝体温度，施工期残留温度应力与大雪温度骤降共同作用下，使得坝体容易开裂，同时施工缝和诱导缝的应力调整作用估计过高。

2001 年 4 月开始对较大裂缝进行了灌浆处理，经检查处理效果良好，裂缝渗水现象消失。

3.2.2.2　评价内容与方法

拱坝结构安全评价内容主要为拱座稳定和坝体结构强度评价。拱座稳定复核是针对拱座中分布的软弱结构面及可能滑动面组合成的块体进行稳定性分析，结构强度复核包括应力和变形分析。

拱坝安全评价的方法采用现场检查、监测资料分析和计算分析法，现场检查和监测资料分析法与重力坝基本相同。

拱座稳定复核一般采用刚体极限平衡法，对 1 级、2 级拱坝及高拱坝，应采用抗剪断强度公式计算，其他可按抗剪断或抗剪强度公式计算。

拱坝应力复核一般以拱梁分载法为主，对1级、2级拱坝和高拱坝或情况比较复杂的拱坝，除了采用拱梁分载法外，还应采用有限元法计算。

3.2.2.3 评价标准

对于混凝土拱坝，结构安全应采用下列评价标准：

1）现场检查。在现场检查或观察中，如发现下列情况，可认为大坝结构不安全或存在安全隐患，应进一步监测，并进行进一步的检测及必要的计算分析。

（1）坝体上游面出现竖向裂缝。

（2）坝内孔洞、泄水管道等以及闸墩等部位出现对结构安全有危害的裂缝。

（3）坝基下游出现隆起现象或两岸拱座山体发生明显位移。

（4）拱座中的断层两侧出现明显相对位移。

（5）坝基或两岸拱座出现大量渗水或涌水现象。

（6）当溢流坝泄流时，坝体发生共振。

（7）廊道内明显漏水。

上述现场检查发现的现象多为大坝结构安全隐患，应查明原因，开展针对性的计算分析论证工作。

2）当利用观测资料对大坝的结构安全进行评价时，如出现下列情况，可认为大坝结构不安全或存在隐患。

（1）位移、变形、应力、裂缝开合度等实测值超过有关规范或设计、试验规定的容许值。

（2）如大坝实际运行未达到设计或校核洪水位，对位移、变形、应力等在设计或校核水位时的推算值超过规范或设计规定的容许值。

（3）位移、变形、应力、裂缝开合度等观测值与作用荷载、时间、空间等因素的关系突然变化，与以往同样情况对比有较大幅度增长。

3）当采用分析计算法进行大坝结构安全评价时，拱坝的强度与稳定复核控制标准应满足规范的要求，无论哪一项内容不符合规范规定的要求，均可认为大坝结构不安全或存在安全隐患。

3.2.2.4 坝肩稳定的安全评估

拱坝坝肩稳定问题值得充分关注，安全评估采用的数值分析方法较多，包括刚体极限平衡法、有限元法、弹簧元法、离散元法、块体理论、非连续接触单元等。这些分析计算方法在文献中都有较完整的叙述。目前规范采用刚体极限平衡法用安全度的概念评价坝肩的稳定程度，作为补充和改进，武清玺等结合可靠度来评价坝体稳定性；崔玉柱等考虑地震作用下的坝肩稳定，提出了动力稳定安全度的概念；邵国建等则提出了判断坝肩稳定的干扰能量法。

在拱坝坝肩稳定安全评估方法包括模型试验、数值模拟计算、安全度评价等。关键问题包括：①坝肩岩体的正确模拟，这是计算结果是否准确的前提条件；②坝肩失稳判据的确切定义及其合理解释，这是合理判断坝肩安全稳定的基本依据；③坝肩与坝体如何在分析中联合考虑，这对于分析计算的精度和准确程度有很重要的影响，而且是不容忽视的重要因素之一；④拱坝坝肩破坏的真实机理，这是研究拱坝和坝肩安全稳定的最关键问题，也是上述几个方面能够正确进行的保证。

目前用于拱坝坝体应力分析的方法主要有多拱梁法、有限元法和结构模型试验方法。

3.2.3 碾压式土石坝

3.2.3.1 土石坝的主要病害特点

根据历史溃坝资料分析可知，土石坝事故包括溃坝失事和运行期病险发生事故时可以通过某些工程措施进行补救，已恢复土石坝原有功能使之不会导致溃坝，而发生溃坝则会产生严重的损害，会对水库下游居民生命安全、财产、环境等方面产生恶劣影响。土石坝溃坝失事多是由自然因素、人为因素单独或共同作用的结果，其中自然因素包括洪水、暴雨、地震等，人为因素则包括人为破坏、操作不当、管理失误等。

根据过去20多年来国内发生的水库事故统计，收集整理了2300多座病险水库除险加固实例，对其病害问题进行了统计分析，常见土石坝病险事故可分为九大类，如表3.2-4所示。

土石坝病险事故分类　　　　　　表3.2-4

类型	主要表现	产生根源	事故比例（%）
裂缝	大坝裂缝 铺盖裂缝 其他建筑物裂缝	坝体不均匀沉降产生贯穿横向裂缝、基础处理不好、坝体填料不纯、坝体填筑厚度不均匀、碾压不密实、填料含水量控制不严、坝坡设计太陡、施工接合面处理不当、坝下涵管埋设不当、砌筑工艺不良、地震冻融等	25.3
渗漏	坝基渗漏 坝体渗漏 绕坝渗漏 其他建筑物渗漏	坝基防渗措施不到位，水平防渗长度或厚度不够；坝体施工质量差，防渗铺盖长度不足、地质情况勘探不清存在大断层和破碎带、坝体内新旧土层结合不好、存在薄弱层、坝内埋管与坝体接合不严密、坝体内排水系统淤堵失效或无排水系统；未严格处理坝体与山体接合面以及山体裂隙岩层的漏水带；其他建筑物如涵管的制造和砌筑质量差、建筑物基础处理及接合面防渗处理较差、坝基灌浆未达到设计要求、灌浆封孔不够严密等	26.4
管涌	管涌流土	上游水位升高，出逸点渗透坡降大于土壤允许值，地基土级配不良或细土粒被渗流带走；基础土层中含有强透水层，上面覆盖的土层压重不够；防渗排水设施损坏失效等	5.3
滑坡塌坑	坝体滑坡 塌坑 岸坡滑塌	坝壳级配不良，未进行碾压或碾压不密实，坝坡过陡，基础清淤不彻底，坝面护坡无垫层，土坝中新老土层结合不良，库水位骤降以及土体冻融、地震影响等；反滤体级配不良，坝体内存在管涌通道，逐渐扩大引起坝体塌坑；洪水冲刷坡脚引起岸坡失稳，或坡脚开挖不当等引起岸坡滑塌	10.9
护坡破坏	下游冲刷破坏	凌汛期间，风浪卷带冰凌撞击坝坡；护坡砌筑施工质量差、块石体积太小、护坡无垫层或垫层级配不良等	6.5
冲刷破坏	洪水冲蚀破坏	高速水流淘刷坡脚，消能防冲设计不合理、施工质量差，溢洪道衬砌厚度不够；闸墩结构尺寸不够，强度低，泄槽抗冲能力差，泄槽基础产生大变形，出现裂缝甚至坍塌等	11.2
气蚀	气蚀破坏	气蚀破坏是由于管道内或洞内水流速度突然加大，补气条件不足而产生的，多发生于涵管转弯处和涵洞断面突变处、闸门槽下游侧	3.0

类型	主要表现	产生根源	事故比例（%）
闸门失控	闸门老化 闸门锈蚀 不能正常启闭	设计考虑不足或后期运行条件改变,闸门高度不足;长期运行下锈蚀严重,强度、刚度等不满足要求,变形严重,不利于启闭与承载;风浪撞击破坏闸门支臂,冻胀引起闸门变形;闸门导向轮锈蚀或震动破坏致使无法启闭;洪水漫过溢洪道将闸门冲毁	4.8
白蚁及其他	白蚁破坏 人工扒坝 地震等自然灾害	人工破坏、生物危害(白蚁);闸门失灵无法正常开启;坝体帷幕灌浆操作不当,使得廊道崩塌;服役时间过长,引起结构破损,强度降低等	6.6

（1）洪水漫坝失事

洪水漫顶是由于汛期土石坝局部坝段高程不够,泄洪能力不足导致坝前库水位超出坝顶高程,发生水流漫过坝顶溢流的现象。漫顶是最主要的溃坝形式,我国统计在册的溃坝事故中,洪水漫坝的比例已达 50.2%。很多原因可以导致漫顶,进而发展成为溃坝。

（2）坝坡失稳

土石坝坝坡失稳导致溃坝约占失事总数的 20%,也是导致土石坝溃坝的主要原因之一,包括以下三种类型:滑坡、塑性流动和液化。

影响土石坝坝坡稳定的原因有以下几点:①土体参数。坝体填土的密度、内摩擦角和黏聚力对土石坝坝坡稳定起着很大的影响作用;②荷载效应。坝坡稳定计算中的荷载效应包括水压力、浪压力、自重、渗透水压力和地震作用等,任何一个荷载发生变异或者超过设计值均可能引起坝坡失稳甚至溃坝;③设计和施工缺陷引起的滑坡。若土石坝在坝型、材料以及结构设计方面存在错误,或者施工方面存在缺陷,则可能会引起土石坝滑坡,进而造成坝坡失稳;④持续降水会使地下水位抬升,浸润线随之抬升,增大渗透水压力,降低坝坡的稳定性。⑤地震影响。地震导致坝体填土液化或土体黏聚力降低,进而发生滑坡;⑥坝体缺陷隐患。若土石坝的坝体存在裂缝,则水流会浸入坝坡造成坝坡土石材料黏聚力降低,严重时会引起土石坝在运行期间发生坝坡失稳破坏。

（3）渗透破坏

土石坝渗透破坏是最常见的事故之一,约占土石坝失事比例的 30%,按渗透破坏机理可分为管涌、流土、接触冲刷和接触流土四种形式。造成土石坝渗透破坏的原因包含以下几个部分:

① 坝体自身土体特性。土石坝填筑材料特性及参数决定着整个坝体的渗流速度,若选取不当极易发生渗透破坏。

② 防渗措施。防渗铺盖由于长度和厚度不足或者老化失效,坝基和两岸结合面截渗措施不到位而出现坝体、坝基的集中渗漏问题。

③ 荷载效应。土石坝在运行期间的荷载效应,包括洪水作用力、地震效应以及渗透水压力等都可能会导致坝体产生贯穿性裂缝,进而引发渗透破坏。

④ 设计施工缺陷。坝体上游防渗设计不合理,下游无排水反滤设施,防渗体基础清理不彻底,施工质量不符合规范要求等,都可能造成渗透破坏隐患。

⑤ 其他。生物洞穴、塌陷、裂缝以及穿坝建筑设施等,如处理不当,可能引起渗透破坏。

3.2.3.2 评价内容与方法

土石坝结构安全评价主要包括稳定及变形分析复核。稳定分析复核包括坝坡及其覆盖层地基的抗滑稳定性、坝体与坝基土体的渗透稳定性；坝体变形复核包括沉降（竖向位移）分析、水平位移分析、裂缝分析及应力应变分析。此外，还需对近坝库岸的稳定性进行复核与评价。

土石坝结构运行安全评价的主要手段有查阅资料、现场检查、监测资料分析、施工质量复查和设计复核计算，并根据运行性态和工程类比进行综合评判。

（1）查阅资料，了解和掌握地质、设计、施工和运行情况；

（2）现场检查是通过外观检查或必要时的现场钻孔检查、检测、水下检查等手段，查明存在的主要缺陷；

（3）监测资料分析是采用统计或模型分析，分析大坝变形和渗流的规律性、趋势性并诊断异常现象成因，并根据监测成果进行工程类比，判断大坝运行性态是否正常；

（4）施工质量复查是根据坝体、坝基可能存在的缺陷，复查施工质量，分析缺陷对大坝安全的影响；

（5）设计复核计算是依据现行设计规范规定的方法，采用现状结构、荷载和材料性能参数，对存在的问题和缺陷进行大坝结构安全性复查；

（6）由于设计规范对大坝的变形和渗流量等指标未提出控制指标，因此可根据监测成果和已建大坝进行类比，作为评判大坝运行性态正常与否的参考。

3.2.3.3 评价标准

对于碾压式土石坝，结构安全应采用下列评价标准：

1）在现场检查或观察中，如发现下列情况之一，可认为大坝结构不安全或存在安全隐患，并应进一步监测、检测及进行必要的计算分析。

（1）坝坡出现大面积塌滑或裂缝。

（2）坝基变形过大已使坝坡出现大面积塌滑或开裂。

（3）面板周边缝变形、面板挠度和压应变最大值超过工程经验值；面板垂直压性缝挤压破坏，中部以上面板混凝土崩裂。

（4）面板堆石坝防浪墙底与面板顶部的水平接缝止水的高程低于正常蓄水位；心墙、斜墙堆石坝防渗体顶高程低于最高静水位，且防渗体顶部与防浪墙未连接。

（5）廊道内明显漏水或射水。

（6）渗流量在相同条件下不断增大；渗漏水出现浑浊或可疑物质；出水位置升高或移动等。

（7）土石坝上游坝坡塌陷、下游坝坡散浸，且湿软范围不断扩大；坝趾区冒水翻砂、松软隆起或塌陷；库内出现漩涡漏水、铺盖产生严重塌坑或裂缝。

（8）坝体与两坝端岸坡、输水涵管（洞）等结合部漏水，附近坝面塌陷，渗水浑浊。

（9）渗流压力和渗流量同时增大，或者突然改变其与库水位的既往关系，在相同条件下显著增大。

仅根据上述直观表象可能还难以对大坝结构安全做出全面准确的判断，但这些现象多为大坝结构安全事故的先兆，应据此开展针对性的计算分析论证工作。

2）当利用观测资料对大坝的结构安全进行评价时，如出现下列情况，可认为大坝结构不安全或存在隐患。

（1）位移、变形、应力、裂缝开合度等实测值超过有关规范或设计、试验规定的容许值。

（2）位移、变形、应力、裂缝开合度等在设计或校核条件下的数学模型推算值超过有关规范或设计、试验规定的容许值。

（3）位移、变形、应力、裂缝开合度等观测值与作用荷载、时间、空间等因素的关系突然变化，与以往同样情况对比有较大幅度增长。

（4）均质土坝坝体浸润线在同一库水位有逐年抬高趋势，且实测坝体水力坡降已接近或超过坝料允许水力坡降；原设计未考虑库水位骤降等特殊工况，或运行中实际的水位骤降速度及幅度超过设计规定。

（5）大坝渗流量超过工程经验值或出现异常渗漏；埋设在防渗体后坝基表面或坝料内的渗压计，其埋设高程低于下游水位，但渗压计测值对应的水位高于下游水位较多；高堆石坝在两岸设置中、低层灌浆及排水廊道时，廊道内渗流量、扬压力出现异常。

3）当采用分析计算法进行大坝结构安全评价时，土石坝的强度与稳定复核控制标准应满足规范的要求，无论哪一项内容不符合规范规定的要求，均可认为大坝结构不安全或存在安全隐患。

3.2.3.4　抗滑稳定的安全评估

抗滑稳定指土石坝坝坡及其覆盖层地基的抗滑稳定。坝坡抗滑稳定计算以单一安全系数法为基本计算方法，对特高坝可采用按概率极限状态设计原则为基础的分项系数法进行验算。

大坝抗滑稳定计算应采用刚体极限平衡法。对于均质坝、厚斜墙或厚心墙坝，可采用计及条块间作用力的简化毕肖普（Simplified Bishop）法；对于有软弱夹层、薄斜墙坝、薄心墙坝及任何坝型的坝坡稳定分析，可采用满足力和力矩平衡的摩根斯顿-普赖斯（Morgenstem-Price）等方法。

非均质坝体和坝基的抗滑稳定计算应考虑稳定安全系数分布的多极值特性。滑动破坏面应在不同的土层进行分析比较，直到求得抗滑稳定安全性最小时为止。

3.2.3.5　渗流和渗透稳定的安全评估

土石坝渗流计算分析宜采用数值分析法，目前求解土坝渗流采用的数值计算方法主要有：有限差分法、有限单元法、边界元法和新兴的无单元法，以及其他一些方法等，有时也将几种方法耦合求解。

3.3　泄洪消能建筑物结构安全评价

3.3.1　概述

3.3.1.1　泄洪消能建筑物的主要病害特点

泄洪消能建筑物一般包括溢洪道、溢流表孔、泄洪深孔（中孔或底孔）及泄洪隧洞等。土石坝一般采用溢洪道和泄洪隧洞作为泄洪建筑物，混凝土重力坝和拱坝一般采用溢流表孔和泄洪中孔或底孔作为泄洪建筑物。泄洪消能形式有挑流消能和采用消力池的底流消能。

泄水建筑物缺陷表现为泄流能力符合性、泄流建筑物结构安全性、水力流态及下游消能防冲建筑物结构安全 4 个方面。

3.3.1.2 泄洪消能建筑物安全性评价的内容

《水电站大坝运行安全评估导则》（DL/T 5313），主要从泄水建筑物布置的合理性、泄流能力的符合性、泄水建筑物结构安全性和消能与防冲建筑物结构安全性四个方面对泄水建筑物进行评价。《水库大坝安全评价导则》SL 258，对分别从工程质量、运行管理、渗流安全、结构安全和抗震安全等方面对泄水建筑物进行评价。两个导则评价体系有所差别，但评价的主要内容基本相同。

3.3.1.3 泄洪消能建筑物安全评价的方法

泄洪消能建筑物结构安全评价的方法主要有现场检查法、监测资料分析法及计算分析法。当有监测资料时，应优先采用监测资料分析法并结合现场检查与计算分析综合评价泄洪消能建筑物结构的安全性；当缺乏监测资料时，可采用计算分析结合现场检查评价泄洪消能建筑物结构的安全性。

（1）现场检查法

通过现场检查和观察溢洪道等泄洪建筑物的变形、沉降、位移、渗漏、裂缝、钢筋锈蚀程度、冲刷及冲蚀破坏情况等，判断其结构安全性。现场检查法是最直观、最有效的方法，病险水库泄洪消能建筑物危害结构安全性的病害一般均具有外观的表现，可通过现场检查发现，该方法对缺乏监测资料的工程是非常有效的。现场检查法亦有一定的局限，检查的结果有时不能揭示问题产生的真正原因，也不能比较准确地评判结构安全劣化的程度，如仅根据现场检查发现的问题或病害进行加固处理，往往不能彻底解决问题和根治病害，会造成大量财力、物力的浪费。一般根据现场检查的结果，进行必要的结构分析计算，查明产生问题或病害的根本原因和对结构安全影响的程度，以便采取针对性的除险加固措施消除隐患。

现场检查时发现泄洪消能建筑物存在以下问题时，可认为其结构不安全或存在安全隐患，需开展进一步的检测与分析论证。

① 泄洪建筑物控制段的闸墩、底板存在对结构有危害性的深层或贯穿性裂缝；

② 溢洪道控制段、翼墙、泄槽及消能段处异常的位移、变形或倾斜；

③ 泄洪洞进口竖井等发生明显的位移或倾斜；

④ 泄洪建筑物工作桥或交通桥混凝土主梁等存在严重的钢筋锈蚀及由此引起的顺筋裂缝和剥蚀；

⑤ 消能建筑物冲刷破坏严重或挑流消能冲刷坑较深，危及挑流鼻坎基础；

⑥ 泄洪建筑物过流面存在严重的冲蚀破坏；

⑦ 溢洪道与土坝连接面出现大量渗水。

（2）监测资料分析法

通过对溢洪道、泄洪洞等泄洪消能建筑物监测资料的整理分析，了解泄洪消能建筑物的位移、变形、应力、渗压等观测值的变化、有无异常，及随荷载、时间、空间等影响因素的变化规律，并建立监测量与作用荷载、时间、空间等因素之间的统计分析，通过监测量的实测值或数学模型推算值与设计容许值（容许应力、容许位移、容许裂缝宽度等）的比较，评判泄洪消能建筑物结构的综合安全性。

监测资料分析是评价泄洪消能建筑物结构安全最可靠的手段。监测资料分析的方法一般包括比较法、作图法、特征值统计法及数学模型法。不同监测量之间存在内在联系或互为因果，因此，在各监测量观测资料分析基础上，还应对监测成果进行综合分析，并相互印证，评价结构的安全性。

当利用监测资料对泄洪消能建筑物的结构安全进行评价时，如出现下列情况，可认为泄洪消能建筑物结构不安全或存在隐患。

① 位移、变形、裂缝开合度及应力等实测值超过有关设计规范或试验规定的容许值。如果观测值仍在继续向不利的方向发展，超过容许值的范围不断扩大，据此可判断结构不安全。

② 位移、变形、裂缝开合度及应力等在设计或校核条件下的数学模型推算值超过有关设计规范或设计、试验规定的容许值。

③ 位移、变形、裂缝开合度及应力等观测值与作用荷载、时间、空间等因素的关系突然变化，与以往同样情况对比有较大幅度增长。

水库大坝安全监测的重点是大坝，针对泄洪消能建筑物布设的监测项目和监测仪器设备相对较少，有些中小水库工程的泄洪消能建筑物甚至没有布设安全监测仪器。鉴于安全监测资料分析对评价泄洪消能建筑物结构安全的有效性及重要性，应在其结构安全的评价中尽量利用好有限的监测资料成果。

（3）计算分析法

现场检查与监测成果分析是泄洪消能建筑物现实安全性直观、真实的反映，但往往与设计和校核工况运用条件下结构工作性态有一定差别，结构计算分析在评价结构安全中是必不可少的。根据结构目前的状态（基岩的情况、结构材料物理力学特性参数）及存在的病害问题（变形、裂缝、钢筋锈蚀等），推算和评价泄洪消能建筑物在设计和校核工况下的安全性。

结构的计算分析不是简单地重复设计中的计算，而应结合结构实际的状况进行，要考虑泄洪消能建筑物荷载的变化（如渗压、隧洞外水压等）、基础情况的变化（基础变形、抗剪强度参数、隧洞衬砌脱空）、结构真实的材料性能（混凝土强度、钢筋的强度等）、结构实际的尺寸（剥蚀造成尺寸的减少、衬砌厚度小于设计厚度）及结构的病害缺陷（裂缝、剥蚀、钢筋锈蚀、配筋少于设计值）等，计算的方法应根据泄洪消能建筑物各部位的结构特点和受力的复杂程度，分别采用规范的方法或有限元方法。

泄洪消能建筑物的结构设计，水利工程采用安全系数法，水电工程采用概率极限状态设计原则，按分项系数极限状态设计表达式进行结构计算。极限状态分为承载能力极限状态及正常使用极限状态。结构复核计算的设计状况为持久工况、短暂工况和偶然工况。

溢洪道结构安全复核计算一般包括上游翼墙、控制段、泄槽段及消能建筑物（挑流鼻坎或消力池）等结构稳定与强度的复核与评价。

开敞式溢流表孔具有较大的超泄能力，混凝土坝大多采用溢流表孔泄洪。溢流表孔一般采用实用堰，堰面曲线采用幂曲线，消能采用挑流或底流方式，闸门采用弧形闸门。运行中存在的主要问题：过流面的冲蚀破坏，溢流面和闸墩混凝土裂缝与钢筋锈蚀、闸墩尺寸单薄、混凝土强度偏低、闸墩配筋不满足规范要求。溢流坝段的结构复核包括坝段整体的稳定与基底应力复核计算，计算方法与控制标准见3.2节大坝结构安全评价；溢流表孔结构复核的内容与溢洪道结构相似，主要包括闸墩的应力计算、闸墩强度与配筋的复核等。计算时考虑闸墩可能存在的裂缝、混凝土低强及钢筋锈蚀等老化劣化问题。

坝身泄水孔包括泄洪中孔及泄洪底孔，泄水孔既有有压孔也有无压孔，无压孔由有压段和无压段组成，有压段包括进口段、门槽段和压坡段三部分。有压孔进口段体型布置要求与无压进口段基本相同，其下游接事故检修闸门门槽段，其后接平坡或小于1∶10的缓坡段。工作闸门设在出口端，出口端上游设一压坡段。坝身泄水孔结构安全评价的内容包括进口闸井段（无压洞）、洞身段、出口闸井段（有压洞）及出口消能设施结构复核计算与评价。

无压泄水洞闸井段布置在坝内，多为坝体形成整体结构，结构比较复杂，闸井的运行条件、承受的荷载无变化，结构老化劣化不明显或结构设计采用的规范与现行规范无重大变化时，可不进行结构复核计算。当上述情况存在时，特别是闸井结构存在混凝土强度偏低、贯穿裂缝、钢筋锈蚀等老化劣化问题，则需要进行必要的结构复核计算与安全评价。

泄洪深孔出口消能结构当采用挑流消能或底流消能时，其结构复核计算与评价的内容同溢流表孔，不再赘述。

3.3.2 泄洪隧洞结构安全评价

水工泄洪隧洞的结构布置一般包括进水塔、洞身段、出口段。泄洪隧洞工程常见的老化病害现象见3.3.1.1节。泄洪隧洞结构安全评价包括进水塔的结构安全评价、隧洞洞身段围岩稳定性和开挖支护的安全评价、出口消能段的结构安全评价。评价方法如前所述，主要有现场检查、监测资料分析及结构计算分析。

现场检查主要对进水口建筑物是否发生异常位移、变形情况进行检查，对进水口、洞身及出口段混凝土结构的强度、裂缝、碳化深度、渗漏和冲蚀破坏等情况进行检查。当进水塔结构及洞身出现异常变形、洞身衬砌破坏或存在严重危害性裂缝且渗漏严重时，泄洪隧洞的结构安全不满足要求。

对泄洪隧洞建筑物，一般在进水塔布置位移计等变形监测仪器监测进水塔结构的变形和位移情况；在泄洪洞有压段和无压段分别设置监测断面，通常布置多点位移计、锚杆应力计、钢筋计等，监测洞室围岩变形、锚杆应力及混凝土衬砌钢筋应力。在有压段断面布置渗压计，监测围岩渗透压力。在泄洪洞进/出口边坡通常沿高程分别布置多点位移计、锚杆应力计和锚索测力计等，监测边坡变形与稳定。泄洪深孔结构安全评价时首先要对监测的成果进行整理与分析，根据各监测量的测值的大小及变化趋势，评估结构的工作性态和安全状况。

泄洪隧洞进水口多采用塔式进水口、竖井式进水口及岸坡式进水口。当进水塔为独立布置的塔式进水口结构时，进水塔的结构安全评价主要包括进水塔的稳定、地基应力和结构强度复核。进水口整体稳定复核包括抗滑、抗倾覆及抗浮稳定复核计算。竖井式进水口及岸坡式进水口结构仅需进行结构强度复核。

泄洪消能建筑物的结构安全评价是病险水库工程大坝结构安全评价的重要内容之一，通过现场检查、监测资料分析及结构安全复核计算等工作的开展，综合其成果给出结构安全是否满足要求的结论，切忌仅根据按一定模式和设定参数的结构计算结果对结构安全性做出结论。

泄洪消能建筑物的结构安全复核仅需对运行条件发生变化、设计规范发生变化、结构材料存在明显老化劣化现象、现场检查和监测成果发现异常现象等的结构进行。

结构复核计算时，尽量在原设计采用的参数和计算模式的基础上，综合工程运行情况和结构材料性能衰变特点，按现行规范规定的方法和标准进行分析计算与评价。

3.4 闸门及启闭机安全性和运行可靠性

3.4.1 概述

闸门及启闭机一般设置于水利枢纽的泄水系统、引水发电系统、水闸与排灌系统以及交通航运系统的咽喉要道，是水工建筑物的重要组成部分。水利枢纽的各个系统，在很大程度上都是通过闸门灵活可靠地启闭来发挥着它们的功能与效益，并维护整个枢纽的安全。对水利水电工程中闸门及启闭机的安全状况进行有效评价，及时发现运行中存在的安全隐患，并制定相应的措施，进行维修或更换，保障大坝闸门及启闭机安全可靠运行就显得十分必要。

3.4.2 闸门及启闭机安全性和运行可靠性评估技术

3.4.2.1 基于电力行业标准的评估技术

1. 评估重点和要点

本评估技术明确了重点关注对象和评价要点，指出重点关注对象是泄水建筑物的工作闸门及其启闭机、压力钢管进水口的快速闸门及其启闭机和长期挡水的其他闸门，主要从闸门及启闭机总体布置、闸门挡水安全和启闭安全两个方面，评估闸门及启闭机安全性和运行可靠性，评价其对大坝安全的影响。

1) 闸门及启闭机总体布置评价

闸门及启闭机对大坝安全性的影响，除闸门、启闭机自身设备的可靠性外，有些安全隐患来自于总体布置。本评估技术对闸门及启闭机总体布置评价，主要是评价闸门及启闭机布置是否合理，是否存在影响防洪和挡水安全性的问题，指出要重点评价和复查下列内容：

(1) 泄洪工作闸门及启闭机配备数量是否满足泄洪调度的要求。

(2) 泄洪洞（孔）工作闸门前是否设置了事故闸门，或采取了其他防止事故扩大的措施。

(3) 其他泄水工作闸门是否具备检修条件及检修用设备。

(4) 露顶式闸门的挡水高度是否符合《水电工程钢闸门设计规范》NB 35055 要求。

(5) 压力明管、坝内埋管和坝后背管进水口是否设置了快速闸门和检修闸门；长引水道进口是否设置了事故闸门；河床式水电站进水口是否设置了事故闸门或检修闸门。

(6) 在有较大涌浪或风浪的工程中，当采用潜孔式弧形闸门且上游水位低于门楣时，在进口胸墙段上是否设置了排气孔或采取了其他消能措施。

(7) 工作闸门、事故（快速）闸门门后通气孔布置及尺寸是否符合《水电工程钢闸门设计规范》NB/T 35055 要求。

2）闸门挡水安全和启闭安全评价

本评估技术对闸门挡水安全和启闭安全评价是按泄水建筑物、输水建筑物和长期挡水的其他闸门及启闭机分别规定其评价内容和要求，分别说明如下：

（1）泄洪建筑物闸门及启闭机评价其挡水安全性和启闭安全性，主要基于下列内容：

① 泄洪工作闸门门叶结构的强度、刚度和稳定性是否符合《水电工程钢闸门设计规范》NB 35055 的要求，其中寒冷地区的露顶式泄洪工作闸门应关注避免承受静冰压力的措施。

② 泄洪工作闸门门槽与《水电工程钢闸门设计规范》NB 35055 的符合性和完好性。

③ 泄洪工作闸门挡水期间是否存在漏水引起的有害振动、啸叫和空蚀等异常情况。

④ 泄洪工作闸门的检修条件或事故保护设施的完好性。

⑤ 泄洪工作闸门启闭机的启闭容量和扬程是否满足使用要求，启闭机设备是否可靠。

⑥ 泄洪工作闸门启闭机电源是否可靠。

⑦ 泄洪工作闸门的启闭过程是否存在有害振动、卡阻等异常情况。

⑧ 寒冷地区冬季需操作的露顶式泄洪工作闸门及其启闭机的防冰冻措施。

（2）压力钢管等进水口闸门及启闭机重点评价其事故（快速）闸门关闭的可靠性和挡水安全性，主要基于下列内容：

① 事故（快速）闸门启闭机的启闭容量、扬程是否满足使用要求，快速闭门时间的符合性，启闭机设备的可靠性。

② 事故（快速）闸门启闭机电源的可靠性。

③ 事故（快速）闸门动水关闭过程是否存在剧烈振动、卡阻等异常情况。

④ 寒冷地区水面结冰对闸门快速关闭的影响。

⑤ 事故（快速）闸门门叶结构的强度、刚度和稳定性是否符合《水电工程钢闸门设计规范》NB 35055 的要求。

⑥ 事故（快速）闸门门槽与《水电工程钢闸门设计规范》NB 35055 的符合性和完好性。

（3）长期挡水的其他闸门仅需评价其挡水安全性，主要基于下列内容：

① 挡水闸门门叶结构的强度、刚度和稳定性，其中寒冷地区的露顶式挡水闸门应关注避免承受静冰压力的措施。

② 挡水闸门门槽与《水电工程钢闸门设计规范》NB 35055 的符合性和完好性。

③ 挡水闸门挡水期间是否存在漏水引起的有害振动、啸叫和空蚀等异常情况。

④ 闸门是否具备检修条件。

2. 评价方法

本评估技术对闸门及启闭机安全性和运行可靠性评价主要通过基本资料复查、现场检查、安全检测和计算分析等方法综合评定，其主要内容说明如下。

1）基本资料复查

根据收集的有关闸门及启闭机安全性和运行可靠性的基本资料，重点复查下列内容：

（1）复查闸门及启闭机总体布置合理性。

（2）复查枢纽挡水前沿各建筑物挡水闸门的设计标准与相应水工建筑物的设计标准是否一致，各金属结构设备的地震设防标准是否与相应部位的水工建筑物的地震设防标准一致。

（3）复查闸门下列实际使用条件是否与设计条件一致，必要时列专题进行复核：

① 运行水位;

② 地震设防标准;

③ 对建在高泥沙含量河流上的工程,应根据水下检查结果,复查门前淤积是否在原设计工况范围内,必要时对闸门结构和启闭机的启闭容量进行复核。

(4) 复查闸门门叶结构及主要零部件的计算成果与《水电工程钢闸门设计规范》NB 35055 的符合性;门槽形式和主轨强度与《水电工程钢闸门设计规范》NB 35055 的符合性;寒冷地区的露顶式挡水闸门是否采取了避免闸门承受静冰压力的有效措施;当在冬季需要操作时,还应复查是否采取了防止水封与门槽冻结的可靠措施。

(5) 复查启闭机容量和扬程是否满足闸门正常启闭运行、检修和储存的要求;其机械、液压和电气控制系统是否满足闸门的操作功能要求;是否配置了必要的安全保护设施;寒冷地区的快速闸门启闭机,还应复查其闸门井是否采取了可靠的防冰冻措施,使启闭机能按原设计意图正常运行。

(6) 寒冷地区的液压启闭机,当液压缸布置在室外且冬季需要启闭操作时,应复查其液压油的凝点是否低于最低环境温度 15~20℃,或油箱内是否采取了可保证正常运行的油液加热措施;液压管路是否采取了合适的保温措施。

(7) 复查操作泄洪工作闸门、快速闸门的启闭机是否配置有两路来自不同母线的独立电源。

(8) 复查金属结构设备的制造、安装质量。

(9) 复查工作闸门的动水启闭试验和事故(快速)闸门的动水关闭试验情况及试验成果。

(10) 复查闸门主支承装置、支铰装置、水封装置等主要零部件运行状况。

(11) 复查闸门及启闭机的日常维护内容。

2) 现场检查

进行闸门及启闭机现场检查时,可以参照《水工钢闸门和启闭机安全检测技术规程》DL/T 835 第 4 章巡视检查、第 5 章闸门外观检测和第 6 章启闭机性能状态检测的内容进行,同时还要注意观察闸门挡水时的封水效果,以及有无振动、啸叫和空蚀等异常情况;检查工作闸门、事故(快速)闸门通气孔是否有堵塞、塌陷等缺陷情况。在现场检查发现下列情况之一时,应列专题进行安全检测与复核:

(1) 闸门、启闭机的承重构件产生超过设计允许的变形、裂纹或扭曲。

(2) 闸门、启闭机的承重构件严重空蚀、腐蚀、磨损或断裂。

(3) 闸门结构的一、二类焊缝外观检查发现裂纹、严重锈蚀。

(4) 闸门的行走支承件严重变形或锈蚀,闸门槽出现过大的损坏或冲蚀变形,闸门无法正常启闭。

(5) 闸门的启闭设备不能正常工作。

(6) 闸门与启闭设备之间的连接构件(如拉杆等)遭到破坏。

(7) 闸门在启闭过程中或局部开启运行时,存在强烈振动。

3) 安全检测和计算分析

通过闸门及启闭机基本资料复查和现场检查,并参照《水工钢闸门和启闭机安全检测技术规程》DL/T 835 的规定,评估技术人员会根据情况提出专题,进行闸门及启闭机安全检测和复核计算,安全检测和复核计算是遵照如下规定进行的:

（1）安全检测的内容和方法参照《水工钢闸门和启闭机安全检测技术规程》DL/T 835 的规定执行。

（2）对已进行过金属结构材质检测和大坝投运后已进行过焊缝无损探伤的金属结构，若结构及其荷载均没有发生变化，且外观检查未发现有异常现象，安全检测时可以免测，并直接引用原检测成果。

（3）当构件、零部件的材质与原设计不一致时，需要进行构件、零部件的安全复核计算。

（4）构件、零部件复核计算应遵照《水电工程钢闸门设计规范》NB 35055、《水电水利工程启闭机设计规范》DL/T 5167 和《水电水利工程液压启闭机设计规范》NB/T 35020 的规定进行。必要时，还可通过空间有限元分析进行验证。

（5）当采用有限元分析的方法进行金属结构的结构强度复核验证时，应在报告中明确区分各构件的主要应力和局部的最大应力，并就应力值对整体结构强度的影响程度做出评价。

（6）当金属结构设备通过上述安全评价不符合现行规范要求，且无法通过改造等措施修复，或改造修复的经济性不及整套设备更新时，应作报废更新处理。当闸门设备或启闭机设备的主要承重构件应力超出现行规范要求时，应通过运行性态分析，必要时借助应力检测的方法进行对比验证后决定是否更换整套设备。

3. 综合评估

《水电站大坝运行安全评价导则》DL/T 5313 根据闸门及启闭机安全性和运行可靠性对大坝防洪和挡水安全的影响程度，将其进行了分级，划分为 a、a⁻、b、c 共 4 个安全等级。总体上认为，闸门及启闭机安全性和运行可靠性完全满足规范和设计要求的为 a 级，有不足但尚不影响大坝防洪和挡水安全的为 a⁻ 级，对混凝土坝存在漫顶或无控制泄放风险的为 b 级，对土石坝会造成大坝漫顶溃坝风险的为 c 级。

综合评估就是通过基本资料复查、现场检查、安全检测和计算分析等方法综合应用，在复查或复核闸门及启闭机安全性和运行可靠性的基础上，评价闸门及启闭机总体布置合理性、闸门挡水安全和启闭安全，评价存在的问题是否会影响防洪和挡水安全，并根据《水电站大坝运行安全评价导则》DL/T 5313 的规定对其定级，为评定大坝为正常坝、病坝还是险坝提供依据。

3.4.2.2 基于水利行业标准的评估技术

1. 闸门及启闭机安全评价内容

1）安全复核内容

（1）复核闸门总体布置、闸门选型、运用条件、检修门或事故门配置、启闭机室布置及平压、通风、锁定等装置是否符合《水利水电工程钢闸门设计规范》SL 74 要求，以及能否满足水库调度运行需要。对于过船（木）建筑物、鱼道的闸门和阀门，按《船闸闸阀门设计规范》JTJ 308 复核，铸铁闸门参照《供水排水用铸铁闸门》CJ/T 3006 复核。

（2）复核闸门的制造和安装是否符合设计要求及《水利水电工程钢闸门制造、安装及验收规范》GB/T 14173 的相关规定。

（3）按《水利水电启闭机设计规范》SL 41 复核启闭机的选型是否满足水工布置、门型、孔数、启闭方式及启闭时间要求；启闭力、扬程、跨度、速度是否满足闸门运行要求；安全保护装置与环境防护措施是否完备，运行是否可靠。对过船（木）建筑物、鱼道的启闭机，按《船闸启闭机设计规范》JTJ 309 复核。

（4）复核启闭机的制造和安装是否符合设计要求及《水利水电工程启闭机制造安装及验收规范》SL 381 的相关规定。

（5）复核泄洪及其他应急闸门的启闭机供电是否有保障。大中型水库一般需复核是否配备柴油发电机作为备用电源，因为水库遭遇地震、特大暴雨洪水等极端事件时，电网供电常常中断，配备柴油发电机作为备用电源，能确保启闭机供电可靠。

2）现场检查内容

（1）现场检查闸门门体、支承行走装置、止水装置、埋件、平压设备及锁定装置的外观状况是否良好，以及闸门运行状况是否正常。

（2）现场检查启闭机的外观状况、运行状况以及电气设备与保护装置状况。

3）安全检测和计算分析的要求

（1）闸门和启闭机安全检测按《水工钢闸门及启闭机安全检测技术规程》SL 101 执行。

（2）闸门计算分析应重点复核闸门结构的强度、刚度及稳定性。复核计算的方法、荷载组合及控制标准应按《水利水电工程钢闸门设计规范》SL 74 执行。重要闸门结构还应同时进行有限元分析。

（3）启闭机计算分析重点复核启闭能力，必要时进行启闭机结构构件的强度、刚度及稳定性复核。复核计算的方法、荷载组合及控制标准应按《水利水电启闭机设计规范》SL 41 执行。

2. 闸门及启闭机综合评估

综合评估就是通过安全复核、现场检查、安全检测和计算分析等方法综合应用，明确金属结构布置是否合理，设计与制造、安装是否符合规范要求；金属结构的强度、刚度及稳定性是否满足规范要求；启闭机的启闭能力是否满足要求，运行是否可靠；供电安全是否有保障，能否保证泄水设施闸门在紧急情况下正常开启；是否超过报废折旧年限，运行与维护状况是否良好等结论，并根据《水库大坝安全评价导则》SL 258 的规定对其定级，为评定大坝为一类坝（即能按设计标准正常运行的大坝）、二类坝（即在一定控制运用条件下才能安全运行的大坝）还是三类坝（即不能按设计标准正常运行的大坝）提供依据。

3. 基于两标准评估的主要差异

基于水利行业标准与基于电力行业标准评估闸门安全性时，在闸门的构件、零部件复核计算以及复核泄洪及其他应急闸门的启闭机供电要求等方面存在差异，评估技术人员应根据具体情况，做出选择，遵循合适的标准来评估。

3.4.2.3　评估技术研究与探索

1. 水工金属结构安全性综合评估法研究

水工金属结构安全性综合评估法是以金属结构的设计、制造、安装、运行管理等过程中影响水工金属结构安全的主要因素为主框架，以结构的安全性为评估目标，建立一个较为全面的评估体系，为使综合评估法具有较强的可操作性且评估结果合理，构造评估体系时，应将影响水工金属结构安全运行的各主要因素分解成诸多子项，并根据各子项对安全运行的影响程度确定其权系数。然后根据评估体系，列出评估矩阵，计算安全系数，从而实现对水工金属结构的安全评估。

水工金属结构安全性综合评估法研究主要是在水工钢闸门安全评估方面开展，研究的金属结构设备及类型比较单一，不够系统全面。在对水工钢闸门建立整体评价体系时，计算体系还是要依赖专家经验、知识，难以避免由于专家意见不同而产生的评估差异，造成对钢闸门安全性态有影响的因素不统一，其影响因素指标也具有不确定性和模糊性，体系的整体评价结构层次较多，内部传递关系较复杂，较难构建完善的指标体系；因此，综合评估法研究成果在评估工作中还未推广应用。

2. 水工金属结构安全性可靠度评估法研究

可靠度评估法是将工程结构可靠度理论引入水工金属结构的安全评估中，将影响结构安全的诸多因素如构件抗力、作用荷载、腐蚀量等均作为随机变量，利用概率论的方法对结构进行综合分析。

在近10多年来，我国对水工金属结构安全性可靠度评估法的研究大多集中在闸门构件层次上，如闸门主梁、边梁、面板等；而对闸门整个系统来说，必须考虑构件间的联系以及构件对系统的影响，多种失效模式的组合等才能得出更合理的结论；但是对于闸门体系整体可靠度的研究十分复杂，存在困难较多，研究进展较为缓慢，研究成果还未达到工程需要的应用阶段；因此，可靠度评估法在评估工作中应用很少。

3. 基于水工金属结构实时在线监测的评估技术探索

基于水工金属结构实时在线监测进行评估的基本想路为：采用理论模型对闸门和启闭机进行结构应力、动态特性和变形的数值分析，得到闸门和启闭机可能存在的危险结构点及位置，将采集系统设置在可能存在危险点的位置，并建立危险结构点及位置的预警数据库，预警数据库包括通过理论计算得出的预警阈值；通过对闸门及启闭机进行长期在线监测，采集系统实时在线采集闸门和启闭机的运行使用状态数据，并发送至主控系统；主控系统接收数据，建立实时在线监测数据库，然后根据预警数据库，对闸门和启闭机的运行现状及其安全可靠性作出综合评估；综合评估包括比较实时采集的数据和预警阈值，通过时域、频域的波形状态分析，评估其运行状态及安全性。这种对闸门及启闭机的安全评估方法，不仅能及时发现已出现的安全隐患和缺陷，还可对有害趋势进行预估，提前预知缺陷的产生，有助于及时采取修正措施，预防事故的发生。

3.5 抗震安全评估

3.5.1 概述

大坝安全评估应对挡水建筑物及与大坝安全有关的泄水、输水建筑物以及地基和近坝库岸进行抗震安全评价。水库大坝抗震安全属结构安全范畴，抗震安全评估时应按国家及行业现行规范复核计算大坝现状在地震作用条件下的稳定、变形及强度。

3.5.2 评价内容

抗震安全评估主要内容如下：

（1）复查工程场区地震地质构造、地震基本烈度及基岩地震动峰值加速度。

（2）复查大坝的抗震设防标准，以及相应的地震作用和荷载组合。

（3）复查工程的设计、施工及运行中有关抗震的文件和资料，对场地与地基条件、设计反应谱、结构计算模式和计算方法、材料动态参数取值等进行复核。

（4）复查抗震计算成果。

（5）抗震工程措施评价。

（6）抗震设施的施工质量和运行现状安全评价。

（7）对大坝安全监测资料进行整理分析，特别是有地震记录期间的结构变形和应力监测等资料。

3.5.3 评价依据

3.5.3.1 基础资料

抗震安全评价基础资料包括中国地震动参数区划图等地震与地质资料、设计地震作用及组合等结构抗震设计资料、抗震措施的施工质量资料等施工资料以及地震场地监测资料等运行有关资料。

3.5.3.2 评价标准

《中国地震动参数区划图》GB 18306—2015

《防洪标准》GB 50201—2014

《水电枢纽工程等级划分及设计安全标准》DL 5180—2003

《水工建筑物抗震设计标准》GB 51247—2018

《水电工程水工建筑物抗震设计规范》NB 35047—2015

《混凝土重力坝设计规范》NB/T 35026—2014

《混凝土拱坝设计规范》DL/T 5346—2006

《碾压式土石坝设计规范》DL/T 5395—2007

3.5.4 评价方法

抗震安全评估采用资料复查、现场检查、复核计算、综合分析四种主要方法和手段，从抗震标准符合性、结构抗震复核结果及抗震措施等方面进行综合评价。

3.5.4.1 抗震设防标准符合性

依据《中国地震动参数区划图》GB 18306 和《水工建筑物抗震设计标准》GB 51247、《水电工程水工建筑物抗震设计规范》NB 35047 复核工程场地地震基本烈度及基岩地震动峰值加速度、大坝设防类别。根据工程规模和区域地震地质条件，确定工程场地地震基本烈度或基岩地震动峰值加速度；根据大坝的重要性和工程场地条件，确定其抗震设防类别。复核大坝设计烈度和设计地震加速度代表值。根据设防类别和场地基本烈度复核大坝设计烈度。根据大坝设计烈度确定设计地震加速度代表值。

3.5.4.2 混凝土重力坝抗震安全评价方法与标准

1. 混凝土重力坝结构抗震评价方法与标准

重力坝抗震计算可采用动力法或拟静力法。对重力坝沿建基面的整体抗滑稳定及沿碾压层面的抗滑稳定分析，应按刚体极限平衡法中的抗剪断强度公式计算。对深层抗滑稳定问题，应以基于等安全系数法（又称等 K 法）的刚体极限平衡法为基本分析方法。对于地质条件复杂的重力坝，宜补充进行非线性有限元法分析。

坝高大于 70m 的重力坝，其强度安全应在动、静力的材料力学法计算的同时，采用有限元法分析。对于工程抗震设防为甲类，或结构复杂，或地质条件复杂的重力坝，进行有限元法分析时应考虑材料等非线性影响。对于应进行最大可信地震作用下抗震计算的重力坝，应采用计入坝体和地基非线性特性的有限元法。

2. 重力坝结构抗震措施评价

重力坝抗震措施重点复查项目及要求如下：

1）坝体断面和结构突变部位的设计情况。

2）地基中的破碎带及影响带、软弱夹层等地质缺陷部位的工程处理措施。

3）地形、地质条件和坝体结构突变部位的横缝设置情况和选用的接缝止水形式及止水材料。

4）设计烈度8度以上的大坝坝段之间横向联系处理措施。

5）坝顶附属结构的抗震性能。

3.5.4.3 混凝土拱坝抗震安全评价方法与标准

1. 混凝土拱坝结构抗震评价方法与标准

混凝土拱坝抗震安全复核计算，可用拱梁分载法分析静、动力作用下拱坝的应力，条件复杂的宜用有限元法补充复核坝的强度，并以刚体极限平衡法核算拱座抗滑（剪断）稳定性，复核方法按《水工建筑物抗震设计标准》GB 51247、《水电工程水工建筑物抗震设计规范》NB 35047执行。

拱坝抗震计算可采用动力法或拟静力法。对于工程抗震设防类别为甲类，工程抗震设防类别为乙、丙类，但设计烈度8度及以上的或坝高大于70m的拱坝的地震作用效应应采用动力法计算。坝高大于70m的拱坝，其强度安全应在以动、静力的拱梁分载法进行计算的同时，采用有限元法分析。对于抗震设防类别为甲类，或结构复杂，或地质条件复杂的拱坝，在进行有限元法分析时应考虑材料等非线性。拱坝的动力分析方法应采用振型分解法，对于工程抗震设防类别为甲类的拱坝，应增加非线性有限元法的计算评价。

2. 混凝土拱坝结构抗震措施评价

混凝土拱坝抗震措施重点复查项目如下：

1）坝体拱圈布置、悬臂梁断面设计情况。

2）地基及两岸拱座中的破碎带及影响带、软弱夹层等地质缺陷部位的工程处理措施。

3）坝体分缝的构造，分缝止水的形状及材料性能对地震时接缝多次张开的适应性。

4）拱坝中上部拱冠附近受拉区及局部压应力较大部位的抗震措施。

5）当设有坝顶溢流堰时，传递拱向推力的结构布置情况。

6）当坝头布置有压力隧洞时，压力隧洞与坝肩之间的距离情况。

7）坝顶附属结构的抗震性能。

3.5.4.4 碾压式土石坝抗震安全评价方法与标准

1. 碾压式土石坝结构抗震评价方法与标准

抗震计算应包括抗震稳定计算、永久变形计算、防渗体安全评价和液化判别等内容，结合抗震措施，进行抗震安全性综合评价。

抗滑稳定性复核计算可采用拟静力法计算坝体、坝基、工程边坡、近坝库岸等的稳定性。应力应变及抗液化分析，复核设计烈度为8、9度的70m以上的碾压式土石坝，以及地基有可液化土层时，除用《水电工程水工建筑物抗震设计规范》NB 35047中规定的拟静力法和液化判别地震附加沉降外，还应同时用其附录A的有限元法作动力分析。如有动态监测资料，宜优先整理分析并进行反演计算。采用有限元法对坝体和坝基进行动力分析宜符合的基本要求包括：按材料的非线性应力-应变关系计算地震前的初始应力状态；采用试验测定的材料动力变形特性和动态强度；采用等效线性或非线性时程分析法求解地震应力和加速度反应；根据地震作用效应计算沿可能滑裂面的抗震稳定性，以及计算由地震引起的坝体永久变形。

2. 碾压式土石坝结构抗震评价方法与标准

碾压式土石坝抗震措施重点复查项目如下：

1）坝轴线的布置形式。

2）坝体防渗体形式的安全可靠性，坝基可液化土层的工程处理措施。

3）地震涌浪高度对大坝安全超高的要求。

4）设计烈度为8、9度时，坝顶宽度、坝体断面及坝坡的抗震设计措施。

5）对地震中容易产生裂缝的坝体顶部、坝与岸坡或混凝土等刚性建筑物的连接部位防渗体的加强处理措施。

6）筑坝土石料的级配、抗震性能和渗透稳定性。

7）筑坝土石料的压实密度、孔隙率、压实度等填筑控制标准。

8）当坝内埋设有输水管时，输水管材质、布置、接头防渗及止水等情况。

3.5.5 综合评价

对大坝及有关建筑物进行抗震复核计算后，根据复核的结果，并结合现有抗震措施综合评价大坝及有关建筑物的抗震安全性。

（1）当复核成果大于或等于有关规范规定的安全标准，且采取的抗震措施有效时，认为大坝及各建筑物对于设防的地震是安全的，其抗震安全性属于 a 级。

（2）当复核成果小于规定值，且没有有效的抗震措施时，则其抗震安全性级别属于 a^- 级。

3.6 库岸和边坡稳定性

3.6.1 概述

在水利水电开发的过程中，因开挖、水库蓄水及库水位变动改变了库区的自然地质环境与水文地质环境，使原来的动态平衡状态被打破，可能会导致岩土体变形、失稳，极易引发地质灾害，直至达到新的平衡状态。库岸和边坡失稳对水工建筑物的影响主要有以下两类：其一是枢纽区工程边坡的变形失稳影响着水工建筑物正常运行，如泄水建筑物进出口边坡一旦发生滑塌破坏，将会堵塞泄流通道，从而影响水库的正常泄流，可能会导致漫顶，进而危及大坝的安全运行；其二是库区自然边坡失稳可能产生涌浪、堵江形成堰塞湖、使水库淤积等次生灾害。

3.6.2 评价内容

根据滑坡体、潜在不稳定体的规模、位置、失稳模式和坝体结构形式分析失稳危害性，对边坡自身稳定性和失稳危害性进行综合评价。

3.6.2.1 边坡等级划分

依据《水电水利工程边坡设计规范》DL/T 5353，按其所属枢纽工程等级、建筑物级别、边坡所处位置、边坡重要性和失事后的危害程度，划分边坡类别和安全级别。边坡类别分为枢纽工程区边坡和水库边坡，边坡安全级别则分为Ⅰ、Ⅱ、Ⅲ级。

依据《水利水电工程边坡设计规范》SL 386，边坡的级别应根据相关水工建筑物的级别及边坡与水工建筑物的相互关系，并对边坡破坏造成的影响进行论证后确定。对水工建筑物的危害程度可分为严重、较严重、不严重和较轻，建筑物级别则分为1~4级，综合建筑物级别与危害程度可将边坡分为1~5级。若边坡的破坏与两座及其以上水工建筑物安全有关，根据规范要求应以最高的边坡级别为准。对于长度大的边坡，则应根据不同区段与水工建筑物的关系和各段建筑物的重要性分别确定边坡级别。

由于水工建筑的多种多样，边坡与建筑物相互关系又较为复杂，因此上述两本规范均认为设计者权衡失稳风险和治理成本，认真研究边坡对相应建筑物的影响、建筑物在整个工程安全中的地位等因素，合理地确定边坡级别，必要时，应"对边坡破坏造成的影响进行论证"后确定边坡级别。

3.6.2.2 边坡稳定性分析要求

滑坡体抗滑稳定分析计算应符合下列要求：

（1）滑面近似圆弧形的岩质、土质滑坡体，宜采用简化毕肖普（Bishop）法；当为复合型滑面时，宜采用摩根斯坦-普莱斯（Morgenstern-Price）法，也可采用传递系数法；

（2）具有次滑面的滑坡体，应计算分析沿不同滑面或滑面组合构成滑体的整体稳定性和局部稳定性；

（3）具有特定滑面的滑坡在经过处理已经满足设计安全系数后，还应检验在滑体内部是否存在沿新的滑面发生破坏的可能性。

岩质边坡抗滑稳定分析计算应符合下列要求：

（1）在完整岩体中新开挖形成的没有变形的人工边坡，或在天然条件下长期处于稳定状态岩体完整的自然边坡，当作进一步稳定分析时可采用上限解法，宜采用条块侧面倾斜的萨尔玛（Sarma）法、潘家铮分块极限平衡法和能量法（EMU）。在计算中，侧面的倾角应根据岩体中相应结构面的产状确定；

（2）风化、卸荷的自然边坡，开挖中无预裂和保护措施的边坡，岩体结构已经松动或发生变形迹象的边坡，宜采用下限解法做稳定分析，下限解法中宜采用摩根斯坦-普莱斯法，也可采用传递系数法；

（3）边坡上潜在不稳定楔形体，宜采用楔形体稳定分析方法；

（4）岩质边坡内有多条控制岩体稳定性的软弱结构面时，应针对各种可能的结构面组合分别进行块体稳定性分析，评价边坡局部和整体稳定安全性；

（5）碎裂结构、散体结构和同倾角多滑面层状结构的岩质边坡，应采用试算法推求最危险滑面和相应安全系数。

土质边坡抗滑稳定分析计算应符合下列要求：

（1）砂、碎石或砾石堆积物的边坡宜按平面滑动计算；

（2）黏性土、混合土和均质堆积物的边坡宜按圆弧滑面计算，宜采用下限解法做稳定分析，宜采用简化毕肖普法求解最危险滑面和相应安全系数；

（3）沿土或堆积物底面或其内部特定软弱面发生滑动破坏的边坡，宜采用下限解法按复合型滑面计算，宜采用摩根斯坦-普莱斯法，也可采用传递系数法；

（4）紧密土体或密实堆积物内部滑动破坏的边坡，可采用上限解法做稳定分析，宜采用能量法求解其最危险滑面和相应安全系数；

（5）均质土边坡或多层结构的土边坡，应采用试算法得出最危险滑面和相应安全系数。

边坡倾倒稳定计算分析宜符合下列要求：

（1）典型的岩块型倾倒边坡宜采用改进的 Goodman-Bray 方法，也可采用离散元法或非连续变形分析（DDA）法；

（2）弯曲型倾倒、岩块-弯曲型倾倒和压缩型倾倒的边坡宜采用离散元法或 DDA 等数值分析方法。

重要或工程地质条件复杂的边坡可假设为连续介质或非连续介质，宜采用数值方法计算分析边坡的变形、稳定和运动形式。边坡应力变形分析范围应涵盖所研究边坡自重应力受到影响的高度和深度。根据需要，应研究采用三维数值分析方法的必要性。数值分析网格划分应满足对边坡岩层，控制性结构面，抗滑结构体，排水洞、井等的模拟要求，应满足应力与变形计算的精度要求。数值分析中整体安全系数采用强度折减法计算时，可按边坡特征点位移突变、塑性区贯通程度、计算不收敛等方法综合确定安全系数及安全性态。数值分析计算成果应符合下列要求：

（1）边坡在天然条件下形成的初始位移场为零位移场。分析成果应是边坡环境条件变化后的应力场和变形场。

（2）成果中宜包括应力矢量图和等值线图、变形场的矢量图和等值线图以及点安全度分布图，塑性区、拉应力区、裂缝和超常变形分布范围等。

3.6.3 评价依据

3.6.3.1 边坡基础资料

库岸和边坡稳定性评价前，应在收集查阅地质勘察、巡查记录、现场检查和监测等资料的基础上，综合分析失稳机理、边界和规模、岩土体力学参数，进行稳定分析。

对缺乏基本地质资料的，应补充必要的地质勘察、试验和测绘工作，绘制地质平、剖面图，查明岩性、地质构造、岩体风化、地下水活动、地表变形行迹和性状。

对于已支护的库岸边坡进行评价时，需对支护工程质量进行复查，主要内容含：开挖边坡轮廓复测；抗滑桩、锚杆（索）等支护构件质量和数量复查；排水孔和排水洞的数量、深度、位置和排水效果核查。

3.6.3.2 评价标准

库岸和边坡稳定性评价的依据主要包括：

《水库大坝安全评价导则》SL 258；

《水电站大坝运行安全评价导则》DL/T 5313；

《水利水电工程边坡设计规范》SL 386；

《水电水利工程边坡设计规范》DL/T 5353；

《滑坡防治设计规范》GB/T 38509；

《滑坡防治工程勘查规范》GB/T 32864；

《水电水利工程边坡工程地质勘察技术规程》DL/T 5337；

《水力发电工程地质勘察规范》GB 50287；

《水利水电工程地质勘察规范》GB 50487。

3.6.4　评价方法

3.6.4.1　稳定性分析方法

库岸和边坡稳定性分析应遵循以定性分析为基础、以定量计算为重要辅助手段，进行综合评价的原则。

1. 稳定性定性分析

边坡稳定性的定性分析主要是通过工程地质勘察，对影响边坡稳定性的主要因素、可能的变形破坏方式及失稳的力学机制等的分析，对已变形地质体的成因、与周边坡体的关系及其演化史进行分析，从而给出被评价边坡一个稳定性状况及其可能发展趋势的定性说明和解释，包括工程地质类比分析、赤平投影分析、坡率法等方法。

2. 稳定性定量分析

1）极限平衡法

（1）常用边坡极限平衡分析方法

表 3.6-1 中列出了水电行业常用的边坡极限平衡分析方法的主要特征及其适用范围。

（2）岩质边坡楔体稳定分析

① 楔体稳定极限平衡法

目前楔形体稳定分析主要采用极限平衡理论。假定构成楔体的两个底滑面上的剪力均平行于该两平面的交线（以下称交棱线），Hoek 和 Bary 提出了经典的楔体稳定分析的简化方法，该方法在国内外获得广泛的应用。

② 楔体稳定分析的上限解

潘家铮曾对这一假定提出了质疑，认为剪力平行于交棱线的假定只有在滑面上摩擦角较小时，才会趋于真实。当摩擦角较大时，传统方法得到的安全系数只能是一种下限解。并由此提出了"潘家铮最大最小原理"。陈祖煜对上述问题作了进一步的探讨，提出了楔体稳定分析的上限解法，即为相应潘氏原理的最大解。计算简图见图 3.6-1。

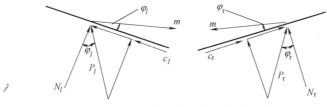

图 3.6-1　楔体稳定分析的上限解

（3）边坡倾倒稳定分析

倾倒破坏是岩质边坡的一个主要失稳模式。Goodman 和 Bray 最早提出了分析倾倒稳定的极限平衡方法。这一方法将滑坡体用反倾向的结构面切割成 n 块宽度为 ΔL 的矩形条块，对于任一条块，作用其上的力将使该条块处于稳定、倾倒破坏、滑动三种破坏状态。

常用极限平衡法的基本特征及其适用范围

表 3.6-1

分析方法	假设条件	力学分析	计算简图	基本计算公式	适用范围
瑞典法	1. 滑动面为圆弧 2. 不考虑条间作用力	1. 整体力矩平衡		$K=\dfrac{R\sum[c_i l_i+(W_i\cos\alpha_i-Q_i\sin\alpha_i-U_i)\tan\phi_i]}{R\sum W_i\sin\alpha_i+\sum Q_i Z_i}$	1. 用于黏性土等圆弧滑面滑坡 2. 垂直条分滑体 3. 可用手算
简化 Bishop 法	1. 近似圆弧滑面 2. 不考虑条间竖向作用力	1. 整体力矩平衡 2. 条间竖向作用力为零		$K=\dfrac{\sum\left\{[(W_i+V_i)\sec\alpha_i-u_ib_i\sec\alpha_i]\tan\phi_i+c_ib_i\sec\alpha_i)\dfrac{1}{1+\dfrac{\tan\phi_i}{K}\tan\alpha_i}\right\}}{\sum\left[(W_i+V_i)\sin\alpha_i+\dfrac{M_Q}{R}\right]}$	1. 用于黏性土或松散岩体形成的圆弧滑面滑坡 2. 垂直条分
简化 Janbu 法	条间作用力 E 作用点位置在滑动面上方1/3处	1. 分块力矩平衡 2. 分块力平衡 3. 考虑条间作用力		$F=\dfrac{\displaystyle\sum_a^b A}{E_a-E_b+\displaystyle\sum_a^b B}$ $A=\tau_f dx(1+\tan^2\alpha)$ $B=dQ+(dw-t)dx\tan\alpha$	1. 垂直条分滑体 2. 用于复合滑坡
Morgenstern-Price 法	1. 条间剪切力 S 和法向力 E 存在比例关系 $S/E=\lambda f(x)$ 2. 条间力作用点位置与滑面倾角存在关系	1. 分块力矩平衡 2. 分块力平衡		$\int_a^b p(x)s(x)dx=0$ $\int_a^b p(x)s(x)t(x)dx-M_e=0$	1. 垂直条分滑体 2. 用于任何滑面滑坡,但更适合土坡

续表

分析方法	假设条件	力学分析	计算简图	基本计算公式	适用范围
Sarma法	1. 滑体内部发生剪切 2. 滑体作用有临界水平加速度	分块力平衡		$$K_c = \frac{a_n + a_{n-1}e_n + a_{n-2}e_n e_{n-1} + \cdots + a_1 e_n e_{n-1} \cdots e_3 e_2 + E_1 e_n e_{n-1} \cdots e_1 - E_{n+1}}{p_n + p_{n-1}e_n + p_{n-2}e_n e_{n-1} + \cdots + p_1 e_n e_{n-1} \cdots e_3 e_2}$$	1. 不必垂直条分 2. 用于任意滑面形状岩土滑坡，但更适合岩质边坡
楔形体结构法	滑体受结构面控制形成空间楔形体滑动	整体力平衡		$$K = \frac{c'_A A_A + c'_B A_B + (qW + rU_C + sP - U_A)\tan\varphi'_A + (xW + yU_C + zP - U_B)\tan\varphi'_B}{m_{WS}W + m_{CS}U_C + m_{RS}P}$$	1. 岩质边坡 2. 岩质楔形体破坏
平面直线法	1. 滑坡为平面滑动 2. 滑体作刚体滑动	整体力平衡		$$K = (\Sigma N \cdot f + S \cdot C)/\Sigma P$$	平面滑动，如岩质顺层滑动
传递系数法	1. 条间作用力合力方向与滑动面倾角一致 2. 条间作用力合力为零或负值时传给下条块力为零	各分块力平衡		$$K = \frac{\sum\limits_{i=1}^{n-1}\left(R_i \prod\limits_{j=i+1}^{n}\psi_j\right) + R_n}{\sum\limits_{i=1}^{n-1}\left(T_i \prod\limits_{j=i+1}^{n}\psi_j\right) + T_n}$$	1. 任意形状滑面滑坡 2. 垂直条分

续表

分析方法	假设条件	力学分析	计算简图	基本计算公式	适用范围
Spencer法	1. 条间作用力推力线在离坡面 1/3 处 2. $\tan\delta = K\tan\theta$	1. 分块力平衡 2. 分块力矩平衡		是 Morgenstern-Price 法的一个特例。该法假定土条侧向力的倾角角为一常数，即取 $f(x)=1$ 和 $f_0(x)=0$。	1. 任何形状的滑面 2. 垂直条分滑体
能量法（EMU 法）		1. 力平衡（水平、垂直） 2. 坐标原点力矩平衡		$$\sum_{i=1}^{n}\lambda_i\left[(c_{bi}\cos\widetilde{\varphi}'_{bi}-u_{bi}\sin\widetilde{\varphi}'_{bi})b_i\sec\alpha_i\right]$$ $$+\sum_{i=1}^{n-1}\lambda_{i+1}\left[(c_{si}\cos\widetilde{\varphi}'_{si}-u_{si}\sin\widetilde{\varphi}'_{si})\right.$$ $$\sec(\alpha_i+\delta_i-\widetilde{\varphi}'_{bi}-\widetilde{\varphi}'_{si})\sin(\Delta\alpha_i-\Delta\widetilde{\varphi}'_{bi})d_i]$$ $$=\sum_{i=1}^{n}\lambda_i\left[(W_i+V_i)\sin(\alpha_i-\widetilde{\varphi}'_{bi})+\right.$$ $$Q_i\cos(\alpha_i-\widetilde{\varphi}'_{bi})]$$	1. 任何形状的滑面 2. 垂直条分滑体

滑坡体分为稳定区、倾倒区、滑动区三部分（图 3.6-2）。最后一个滑动块和最后一个倾倒块的编号分别为 N_s、N_t。Goodman-Bray 方法十分简便，适宜在实际中应用，但是还存在着一些局限性，影响了它的适用范围，也影响了它计算结果的准确性。针对 Goodman-Bray 方法的局限性，中国水利水电科学研究院对其数学模型安全系数的定义和确定方法、确定破坏模式、计入节理岩体连通率和计算公式等方面作了改进。

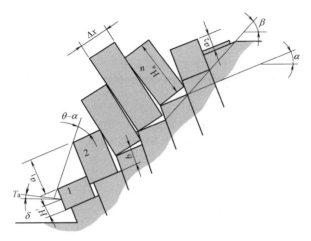

图 3.6-2　倾倒边坡的典型结构特征

2）数值分析法

数值分析方法也即应力应变方法，是目前岩土力学计算中使用较为普遍的一种分析方法。起步于 20 世纪 70 年代，随着计算机技术的不断发展，数值分析方法也不断完善，各种数值分析方法和分析软件也层出不穷，归纳起来，数值分析方法主要有有限元法（FEM）、有限差分法（FLAC）、离散元法（DEM）、边界元法（BEM）、块体理论（BT）与不连续变形分析（DDA）、无界元（IDEM）法等。

数值分析法有两种发展趋势：一是有限元法的发展，从平面有限元到三维有限元，从弹性有限元到弹塑性有限元，使有限元法分析结果更能反映实际边坡；二是大量新型数值计算方法的应用，如边界元法、离散元法、拉格朗日元法等。目前主要的数值分析软件见表 3.6-2。

目前主要的数值分析软件　　　　　　　　　　　　　　　　表 3.6-2

有限元分析软件	特点
ANSYS CivilFEM	ANSYS CivilFEM 将 ANSYS 强大的分析能力和 CivilFEM 提供的针对土木工程的特殊功能与模块结合起来，以满足土木工程行业的特殊需求，为各种各样高端土木工程分析设计提供了强有力的工具。CivilFEM 基于 ANSYS,继承了 ANSYS 所有的功能：友好的图形用户界面、强大的前后处理、强大的多物理场分析能力和技术
ADINA	ADINA 作为近年来发展最快的有限元软件，被广泛应用于各个行业的工程仿真分析,包括机械制造,材料加工,航空航天,汽车制造,土木建筑,电子电器,国防军工,船舶,铁道,石化,能源,科学研究及大专院校等各个领域,能真正实现流场、结构、热的耦合分析,被业内人士认为是有限元发展方向的代表。ADINA 公司一直重视软件技术开发,这使 ADINA 软件一直处于非线性求解领先地位
三维拉格朗日差分分析程序（FLAC2D、FLAC3D）	有限差分法软件,在大地工程分析应用上极为广泛,特别是深开挖工程、隧道开挖模拟分析。FLAC 可使用多种非线性模式模拟土、岩性质。FLAC3D 三维有限差分软件,补足 FLAC2D 在三维空间分析的不足

续表

有限元分析软件	特点
软脑公司 2D-Block，二维离散元结构稳定性分析系统	系统表面上不出现任何与离散元有关的术语，所有的操作都是针对图形进行的。系统能按输入的宏观条件自动生成各种离散元数据并进行分析，同时以图形方式显示各种分析结果，一目了然。可以进行矿山开采中的放矿及块体稳定、边坡块体滑落、实验室块体试验模拟等数值分析，可以监视指定块体的运动过程。可以进行大容量块体分析，对于代替一些试验具有得天独厚的优势，实际工程中，在对块体滑落的预测、预防中使用方便而又实用
软脑公司 2D-sigma 3D-sigma	σ系列是支持土木工程设计的数值分析系统，其目的在于弄清分析对象的力学状态和特性，为技术人员提供进行优化设计、施工以及研究开发的数值和理论上的依据。σ系列是处理具有普遍意义的力学问题的自动化系统，因此，它不受各国独特的施工标准以及管理方式的限制，具有广泛的普及性和应用性。 系统表面上不出现任何与有限元有关的术语，所有的操作都是针对图形进行的。系统能按输入的宏观条件自动生成各种有限元数据并进行分析，同时以图形方式显示各种分析结果，一目了然。具备一般施工所需的分析功能：非线性、弹塑性分析、热应力、惯性力分析，挖掘、开采、填土、筑坝等施工操作

3）可靠度分析法

安全系数属于确定性分析方法。由于自然地质体的复杂性，边坡稳定分析中有许多不确定性因素，人们希望了解安全系数的可靠程度。然而，每一个岩土工程都有其独特性，特别是岩土体的强度复杂多变，建立在概率基础上的可靠度理论很难在岩土工程实践中得以应用。

目前比较普遍的认识是：安全系数还不能废除；可以把破坏概率看成是安全系数的补充；也有建议采用安全系数和破坏概率两个指标来说明边坡的稳定性和可靠性。为此，在继续使用安全系数的同时，建议对重要边坡采用基于安全系数的简易可靠度分析方法，计算边坡的破坏概率。

4）涌浪分析

滑坡发生后，滑体迅速滑入水库中，撞击水体可能产生巨大涌浪，从而威胁水工建筑物和人员安全。理论界对于滑坡涌浪的理论预测方法研究主要基于两个方面，一种是从流体力学出发，通过物理力学定律导出数学模型，一种是通过常数与函数的量纲分析和经验归纳得出合适的理论公式。

主要方法有潘家铮算法、北京水电科研院算法、诺达（Noda E）方法、凯姆夫斯和包尔荣（Kamphis J W 和 Bowering R J 方法，1972）、R L Slingerland 和 B volght 方法（1972）、瑞士方法（1982）、模型试验法等。

近些年针对滑坡涌浪分析的数值模拟方法也发展较快，邢爱国采用有限体积法，基于流体计算软件 FLUENT 建立二维数值模型，对滑体沿斜坡入水产生涌浪及其传播过程进行模拟研究，分析了滑坡涌浪的形成和传播规律及溃坝灾害影响因素。夏式伟、邢爱国采用数值模拟的方法对 2000 年 4 月 9 日发生于西藏易贡的高速远程滑坡和堰塞坝溃坝进行了三维数值模拟研究。

5）塌岸预测分析

由于岸坡物质组成、结构特征、地下水位等不确定因素的复杂性，难以精确地定量分析。目前国内外大多数研究都是基于已建成的水库，通过对塌岸的观测和分析，进行塌岸预测。

预测方法根据预测的时间长短可分为短期预测和长期预测。长期预测中，又包括类比法、动力法、统计法和模拟试验法等。

3.6.4.2 监测方法

1. 常规监测方法选择

1）变形监测

变形监测是滑坡、边坡监测的首要任务。水电工程中滑坡、边坡的监测一般都能做到地表和地下同步监测，如表3.6-3所示。

仪器监测方法分类表 表3.6-3

地表监测		地下监测	
大地测量法 （全站仪、水准仪）	二维、三维：前方交会、双边距离交会法； 单向水平：视准线、小角法、测距法； 单向垂直：几何水准法、精密三角高程法	测斜法	地下倾斜仪、多点倒垂仪、测滑面变形。 可人工测、自动或遥测。 受地下湿度影响大，易损坏
GPS全球卫星定位	二维、三维均可；可测运动点的速率，通视条件好，可连续测，可完成全站仪的施测项目，需水准仪配合使用		
遥感（RS）和摄影法	RS法适合大面积、区域性监测，为图上量测。近景摄影法是周期拍摄图像，前后图像的变化提取变形数据，实地需布监测点。 精度较高，图上作业量大	测缝法	多点位移计、开壁位移计、地面测缝法各仪器。主要测深部裂缝及滑带。 可自动、人工和遥测，易受水损坏
激光全息摄影法与激光散斑法	属激光扫描、摄影方法，精度高于近景摄影，仍需全站仪、水准仪配合使用		
测斜法	监测地面倾斜（倾角）变化及方位，适用于倾倒和裂缝夹角变位	垂锤法、沉降法	垂锤、极坐标盘、水平位错计、下沉计、收敛计、监测滑带上下部相对水平和垂直变位。 遇水易损
测缝法	测缝计（二维、三维）、位移计、位错计、伸缩计、收敛计等，可人工测、自动测、遥测，受气候影响较大		

2）渗流渗压监测

渗压观测一般用渗压计测量。渗流监测，一般采用量水堰，三角堰、梯形堰、矩形堰分别适用于渗流量 $1\sim70L/s$、$10\sim300L/s$、大于 $50L/s$ 的情况。

3）雨量监测

雨量监测可采用雨量计或采用附近水文站的实测资料。

4）河水位监测

河水位监测可采用水位计自测，或向附近水文站索取所需资料。

5）松动范围检测

松动范围一般采用声波仪配换能器检测。

2. 遥测遥感监测方法

现代遥测遥感技术的发展，包括高分辨率的光学卫星（QuickBird 和 Ikonos 等，分辨率优于 1m）和近年开发完成的合成孔径雷达（Synthetic Aperture Radar，SAR）卫星数据等，为大范围地质环境监测与灾害控制提供了经济而有效的技术手段，目前该技术的应用只有少数几个研究机构在进行。

运用合成孔径雷达干涉及其差分技术（InSAR、D-InSAR、PS-InSAR 等）进行地面微位移监测，是 20 世纪 90 年代逐渐发展起来的新方法。该技术主要用于地形测量（建立数字化高程）、地面形变监测（如地震形变、地面沉降、活动构造、滑坡和冰川运动监测）及火山活动等方面。与传统地质灾害监测方法相比，该技术：①覆盖范围大；②不需要建立监测网；③空间分辨率高，可以获得某一地区连续的地表形变信息；④可以监测或识别出潜在或未知的地面形变信息；⑤全天候，不受云层及昼夜影响；⑥对人员难以进入区域进行监测。理论上 InSAR 方法可以探测到毫米量级的地面变化，该技术手段特别适用于解决大面积的滑坡、崩塌、泥石流以及地裂缝、地面沉降等地质灾害的监测预报，所以应用在大型水库地质灾害监测上是一项快速、经济的空间监控高新技术。

利用 SAR 监测滑坡等地质灾害的步骤如下：

（1）选择合适的雷达卫星，进而选取研究时间，获得相应雷达数据。现有国外雷达卫星监测参数见表 3.6-4。

国外雷达卫星监测参数   表 3.6-4

卫星	发射国家和组织	发射时间	卫星高度 (km)	分辨率 (m)	扫描宽度 (km)	重复周期 (d)
ERS-1	欧空局	1991	782～785	30	102.5	35
ALMAZ-1	俄罗斯	1991	300	15～30	45	10(月)
JERS-1	日本	1992	568	18	75	44
ERS-2	欧空局	1995	782～785	30	102.5	35
Radarsat-1	加拿大	1995	793～821	9～25	50～500	24
ENVISAT-1	欧空局	2002	799.5	30	50～100	35
ALOS	日本	2006	691.65	2.5～10	35～70	46
TerraSAR-X	德国	2007	514	1～16	10～100	11

（2）对 InSAR 数据进行精确的配准，而后计算出同一点上的相位差，生成干涉条纹图。

（3）干涉图生成之后需要进行滤波处理，因为实际的干涉图并非理想状态下的干涉图，真实的干涉图常常有噪声干扰，周期性不太明显，连续性受影响，干涉条纹显得不清晰，因而图形要经过滤波处理。目前主要有简单的滤波方法和基于坡度估计的自适应滤波两种方法。

（4）通过相位解缠得到绝对相位变化，即地表的变形。通常采用的相位解缠方法有两种：一种为枝剪法，另一种为最小二乘法。INSAR 和 DINSAR 具体的数据处理流程如图 3.6-3 所示。

3.6.5 综合评价

边坡安全评价应综合考虑边坡稳定性与失稳危害性。边坡稳定性应从设计指标符合性

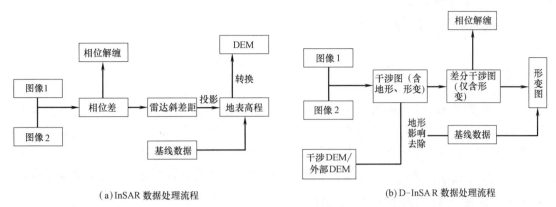

（a）InSAR 数据处理流程   （b）D-InSAR 数据处理流程

图 3.6-3　InSAR 和 D-InSAR 具体的数据处理流程

和实际运行性态两个方面进行评价。设计指标指稳定安全系数；运行性态包括变形监测数据和表面形态，以及降雨、人类活动对变形的影响。

3.6.5.1　评价原则

评价边坡稳定性时应遵循下列原则：

1. 应根据现行规范复核计算假定、荷载变化和参数选择等因素，计算边坡稳定系数，分析边坡失稳的可能性。

2. 根据异常变形的范围和特征，分析属于整体稳定还是局部稳定问题，进而确定危害对象等。

3. 锚固体应力、应变异常时，应根据其结构特性和异常点位置分布，分析关键部位的工作性态。可参考《建筑边坡工程鉴定与加固技术规范》GB 50843 对既有边坡进行鉴定。

3.6.5.2　综合评价标准

根据边坡变形失稳的影响，库岸边坡具体评价标准见表 3.6-5。

边坡安全级别评价标准　　　　　　　　　　　　　　　　表 3.6-5

安全级别	库岸边坡
a 级	稳定安全系数满足规范要求,无整体变形迹象
a⁻级	稳定安全系数基本满足规范要求,存在整体变形,但无整体失稳迹象,或失稳产生的涌浪不超过坝顶
b 级	稳定安全系数不满足规范要求,存在整体失稳迹象,且失稳涌浪将超过坝顶需要限制运行水位
c 级	稳定安全系数不满足规范要求,存在整体失稳迹象,且失稳将导致水库报废或涌浪超过土石坝坝顶

根据边坡变形失稳机理，边坡稳定状况可单独选择稳定安全系、实测变形或综合两者进行判断。如平面滑动的岩质边坡，失稳具有突然性，可仅依据稳定计算成果；对具有蠕变破坏类型的边坡，可根据蠕变速率的变化和岩体结构的破坏程度综合评价其稳定状况；对于覆盖层边坡和沿复式结构面组合变形失稳的边坡，可综合稳定计算成果和实测变形评判。

3.7 水库泥沙淤积风险

3.7.1 概述

水库淤积减小了水库的有效库容，改变了水库上下游的水沙条件，为水资源管理带来了一系列的问题：①影响水库防洪和兴利效益发挥；②影响水利枢纽的正常运行；③影响下游河湖生态。对水库进行泥沙淤积风险进行科学评估，有效控制泥沙淤积，保持甚至恢复已建水库的库容总量，已成为当前解决水资源短缺、洪涝灾害严重等问题的重要手段。

3.7.2 水库淤积风险影响因子识别

水库淤积风险影响因子主要包括水库库容、入库水沙条件、泥沙粒径分布和水库淤积形态。水库库容越大，水库容纳泥沙能力越强，水库泥沙淤积风险越低。水流挟沙能力越强，水库泥沙淤积风险越低。泥沙粒径越大，则泥沙颗粒沉速越大，同样的水流条件下能够输送的泥沙越少，淤积风险越高。水库淤积形态对水库淤积风险的影响相对复杂。韩其为根据淤积形态的现象、成因和条件不同，将水库淤积形态划分成三角洲淤积、锥形淤积和带状淤积。张俊华等针对小浪底水库的最新研究表明，三角洲淤积形态相比锥形淤积在相同淤积量的条件下，蓄积相同水体时蓄水位更低，回水距离更短，能够更充分发挥水库的拦沙减淤效益。这也意味着水库如能尽可能保持三角洲淤积形态，更有利于降低水库的淤积风险。

3.7.3 水库淤积风险评估方法

将河道的平衡倾向性原理推广到水库库区，可建立考虑多因子的水库淤积风险评估方法，以此为日常水库调度与功能恢复措施的选取提供理论支撑。

基于平衡倾向性原理，对一般挟沙水流，有如下基本关系成立：

$$QJ \sim GD_{50} \tag{3.7-1}$$

式中 Q——河道平均流量（m^3/s）；

J——河床比降；

G——床沙质输沙率（kg/s）；

D_{50}——床沙质中值粒径（mm）。

对于三角洲淤积，其河床比降：

$$J = (H - H_0)(L - L_0) = \Delta H / \Delta L \tag{3.7-2}$$

式中 H——坝前水深；

L——回水长度；

H_0——三角洲顶点处的水深；

L_0——三角洲顶点到回水末端的水平距离。对于锥形淤积和带状淤积，其纵剖面均可简化为三角形。其河床比降为：

$$J = H / L \tag{3.7-3}$$

水库泥沙输移多集中于汛期，并且对于一个年调节或多年调节的水库，在多年平均的尺度上水量平衡：

$$Q = Q_{入库} = Q_{出库}$$ (3.7-4)

式中 $Q_{入库}$——汛期多年平均的入库流量；

$Q_{出库}$——汛期多年平均的入库流量；

Q——作为汛期水库内水流演进的平均流量。

取汛期多年平均入库床沙质输沙率 $G_{入库}$ 作为评价水库淤积过程的重要变量：

$$G = G_{入库}$$ (3.7-5)

需要特别指出的是，在水库淤积过程中，通常采用全沙输沙率来取代床沙质输沙率。这一方面是因为床沙质与冲泻质具有统一的挟沙能力规律，另一方面也因为水库沿程淤积过程多为流速较小，粗细泥沙均能发生沉降的过程。

因此，有：

$$Q_{入库} H/L \sim G_{入库} D_{50} \quad （锥形与带状淤积）$$ (3.7-6)

$$Q_{入库} \Delta H/\Delta L \sim G_{入库} D_{50} \quad （三角洲淤积）$$ (3.7-7)

在水库中，库容 V 是重要的设计和调节变量。为了体现库容对上述平衡关系的影响，我们引入新的参量为水库概化河宽 $\widetilde{B}$，其定义式为：

$$\widetilde{B} = \frac{V}{\frac{1}{2} HL} \quad （锥形与带状淤积）$$ (3.7-8)

$$\widetilde{B} = \frac{V}{\frac{1}{2} \Delta H \Delta L} \quad （三角洲淤积）$$ (3.7-9)

其物理意义为，假设水库内的河道断面为沿程不变的标准矩形时河槽的宽度。则有：

$$Q_{入库} V \sim G_{入库} D_{50} L^2 \widetilde{B} \quad （锥形与带状淤积）$$ (3.7-10)

$$Q_{入库} V \sim G_{入库} D_{50} \Delta L^2 \widetilde{B} \quad （三角洲淤积）$$ (3.7-11)

定义 $Q_{入库} V$ 为水库自处理风险能力，定义 $G_{入库} D_{50} L^2 \widetilde{B}$ 或 $G_{入库} D_{50} \Delta L^2 \widetilde{B}$ 为水库泥沙淤积风险强度。$Q_{入库}$ 表征水库输送泥沙的能力，V 表示水库容纳泥沙的能力，输送与容纳共同组成了水库自身对泥沙淤积风险处理的两种基本途径；$G_{入库}$ 表征泥沙淤积的整体数量风险，D_{50} 表征单个泥沙淤积的质量风险，而 $L^2 \widetilde{B}$ 或 $\Delta L^2 \widetilde{B}$ 表征的则是水库本身淤积形态对泥沙淤积的影响。回水距离越长，意味相同水头差条件下水力坡降越小，挟沙水流的流速越缓，运行距离越长，越有利于水库泥沙的沉积，水库泥沙的淤积风险越高。

选取若干座实际已达到或者接近冲淤平衡状态的水库，选用水库平衡状态下的汛期水沙过程、对应水库库容、河宽、回水长度等数据进行拟合，从而得到冲淤平衡线，水库冲淤平衡线的一般表达式为：

$$Q_{入库} V = KG_{入库} D_{50} L^2 \widetilde{B}$$ (3.7-12)

式中 K——水库冲淤平衡系数。

式（3.7-12）代表的冲淤平衡线将水库淤积风险评估图分成高风险区和低风险区两个区域，水库落在高风险区表示水库淤积风险强度强于水库自处理风险能力，水库面临较大的淤积风险；水库落在低风险区，表示此时水库淤积风险强度弱于水库自处理风险能力，水库尚未面临紧迫的淤积风险。

参考文献

[1] 钮新强，杨启贵，等. 水库大坝安全评价 [M]. 北京：中国水利水电出版社，2007.
[2] 张建云，等. 水库大坝安全保障关键技术 [J]. 水利水电技术，2015，46 (1)：1-10.
[3] 林皋. 大坝抗震分析与安全评价 [J]. 水电与抽水蓄能，2017，3 (02)：14-27.
[4] 孔宪京，邹德高，刘京茂. 高土石坝抗震安全评价与抗震措施研究进展 [J]. 水力发电学报，2016，35 (07)：1-14.
[5] 张楚汉，金峰，王进廷，等. 高混凝土坝抗震安全评价的关键问题与研究进展 [J]. 水利学报，2016，47 (3)：253-264.
[6] 陈厚群，徐泽平，李敏. 汶川大地震和大坝抗震安全 [J]. 水利学报，2008，39 (10)：1158-1167.
[7] 吴中如，顾冲时，等. 水工结构工程分析计算方法回眸与发展 [J]. 河海大学学报（自然科学版），2015，43 (5)：395-405.
[8] 朱伯芳. 大体积混凝土温度应力与温度控制 [M]. 2版. 北京：中国水利水电出版社，2012.
[9] 周建平，党林才. 水工设计手册 第5卷 混凝土坝 [M]. 2版. 北京：中国水利水电出版社，2011.
[10] 路振刚，等. 丰满大坝全面治理方案选择研究 [J]. 水力发电，2010，36 (1)：64-66.
[11] 王民浩. 水电水利工程风险辨识与典型案例分析 [M]. 北京：中国电力出版社，2010.
[12] 严实，等. 病险水库的大坝与安全 [M]. 北京：中国水利水电出版社，2014.
[13] 王才欢，屈国治，等. 水工程安全检测与评估 [M]. 北京：中国水利水电出版社，2008.
[14] 季爱洁. 重力坝抗滑稳定分析方法概述 [J]. 云南水力发电，2014，30 (2)：38-42.
[15] 龚亚琦，苏海东，陈琴. 基于双滑面模型的混凝土重力坝深层抗滑动力稳定分析方法 [J]. 长江科学院院报，2019，36 (7)：125-130.
[16] 李守义，周伟，苏礼邦，等. 基于ANSYS的拱坝等效应力研究 [J]. 水力发电学报，2007，26 (5)：38-41.
[17] 韩其为. 我国水库泥沙淤积研究综述 [J]. 中国水利水电科学研究院学报，2003，(3)：8-14.
[18] 张国新，刘毅，刘有志，等. 高混凝土坝温控防裂研究进展 [J]. 水利学报，2018，49 (9)：1068-1078.
[19] 李阳，丰辉，李艳香，等. 严寒地区某碾压混凝土重力坝温度应力仿真分析 [J]. 人民珠江，2016，37 (4)：69-73.
[20] 李秀琳，夏世法，孙粤琳. 新疆冲乎尔碾压混凝土重力坝底孔温控仿真分析 [J]. 中国水利水电科学研究院学报，2017，15 (1)：44-48.
[21] 黄海鹏. 土石坝服役风险及安全评估方法研究 [D]. 南昌：南昌大学，2015.
[22] 李德玉. 混凝土坝抗震安全评价研究 [D]. 西安：西安理工大学，2014.
[23] 赵剑明，刘小生，陈宁，等. 强震区高面板堆石坝抗震安全性评价 [J]. 西北地震学报，2011，33 (3)：233-238.
[24] 杨泽艳，周建平，王富强，等. 300m级高面板堆石坝安全性及关键技术研究综述 [J]. 水力发

电，2016，42（9）：41-45，63.

[25] 彭土标，袁建新，等. 水力发电工程地质手册 [M]. 北京：中国水利水电出版社，2011.

[26] 化建新，郑建国编. 工程地质手册 [M]. 5 版. 北京：中国建筑工业出版社，2018.

[27] 陈祖煜. 岩质边坡稳定分析：原理·方法·程序 [M]. 北京：中国水利水电出版社，2005.

[28] 赵红敏，夏宏良. 龙滩进水口高边坡治理关键技术 [M]. 北京：中国水利水电出版社，2016.

[29] 潘家铮，谢树庸. 中国水力发电工程地质·工程地质卷 [M]. 北京：中国电力出版社，2000.

[30] 潘家铮. 建筑物的抗滑稳定和滑坡分析 [M]. 北京：水利出版社，1979.

[31] 徐娜娜. 大型滑坡涌浪及堰塞坝溃坝波数值模拟研究 [D]. 上海：上海交通大学，2011.

[32] 夏式伟. 易贡滑坡-碎屑流-堰塞坝溃决三维数值模拟研究 [D]. 上海：上海交通大学，2018.

[33] 黄松，倪绍文，习树峰，等. 基于高分辨率 PSP-InSAR 技术的深圳市长岭皮水库坝体形变监测应用研究 [J]. 大坝与安全，2018，000（001）：27-31.

[34] 王振林，廖明生，张路，等. 基于时序 Sentinel-1 数据的锦屏水电站左岸边坡形变探测与特征分析 [J]. 国土资源遥感，2019.

[35] 秦宏楠、马海涛、于正兴. 地基 SAR 技术支持下的滑坡预警预报分析方法 [J]. 武汉大学学报（信息科学版），2020，45（11）：50-59.

[36] Alemu M M. Integrated watershed management and sedimentation [J]. Journal of Environmental Protection，2016，7（4）：490-494.

[37] Brandt A. A review of reservoir desiltation. International Journal of Sediment Research，2000，15（3）：321-342.

[38] L Khaba，J A Griffiths. Calculation of reservoir capacity loss due to sediment deposition in the Muela reservoir，Northern Lesotho. International Soil and Water Conservation Research，2017，5（2）：130-140.

[39] ICOLD. Sedimentation and sustainable use of reservoirs and river systems [C]. International Comittee on Large Dams，Bulletin，2012，147.

[40] 陈建国，周文浩，韩闪闪. 黄河小浪底水库拦沙后期运用方式的思考与建议 [J]. 水利学报，2015，46（5）：574-583.

[41] Faghihirad S，Lin B，Falconer R A. Application of a 3D layer integrated numerical model of flow and sediment transport processes to a reservoir [J]. Water，2015，7（10）：5239-5257.

[42] Mohammad Mohammad E，Al-Ansari Nadhir，Knutsson Sven，et al. A Computational Fluid Dynamics Simulation Model of Sediment Deposition in a Storage Reservoir Subject to Water Withdrawal [J]. Water，2020，12（4）：959.

[43] Juracek K E. The aging of America's reservoirs：Inreservoir and downstream physical changes and habitat implications [J]. Journal of the American Water Resources Association，2015，51（1）：168-184.

[44] Song W Z，Jiang Y Z，Lei X H，et al. Annual runoff and flood regime trend analysis and the relation with reservoirs in the Sanchahe River Basin，China [J]. Quaternary International，2015（380-381）：197-206.

[45] A Moridi，J Yazdi. Sediment Flushing of Reservoirs under Environmental Considerations [J]. Water Resources Management，2017，31：1-16.

[46] 谢金明，吴保生，刘孝盈. 水库泥沙淤积管理综述 [J]. 泥沙研究，2013（3）：71-80.

[47] Wang S，Fu B J，Piao S L，et al. Reduced Sediment Transport in the Yellow River Due to Anthropogenic Changes [J]. Nature Geoscience，2015，9（1）：38-41.

[48] Jenzer-Althaus J M I，De Cesare G，Schleiss A J. Sediment evacuation from reservoirs through in-

takes by jet-induced flow [J]. Journal of Hydraulic Engineering，2015，141（2）：04014078.

[49] Jenzer-Althaus J M I，De Cesare G，Schleiss A J. Release of suspension particles from a prismatic tank by multiple jet arrangements [J]. Chemical Engineering Science，2016，144：153-164.

[50] Emamgholizadeh S，Bateni S M，Nielson J R. Evaluation of different strategies for management of reservoir sedimentation in semi-arid regions：a case study（Dez Reservoir）[J]. Lake and Reservoir Management，2018，34（3）：270-282.

第4章

大坝除险加固技术

4.1 大坝稳定加固

大坝结构病险主要涉及强度、变形和稳定三方面，其中约 62% 的大坝为结构稳定不满足要求。因筑坝材料、工作机理、影响因素和控制条件等差异，不同坝型结构稳定病险的部位、成因、特征等均具有较大的差别，如土石坝主要是坝坡抗滑稳定问题，拱坝主要是两岸坝肩稳定问题，重力坝则主要是坝基的抗滑稳定问题，从而所需的大坝稳定加固技术也截然不同。因此在大坝稳定加固中，需要围绕待加固大坝的自身特点、病险原因与加固需求，在深入分析的基础上，因地制宜、有的放矢地确定成熟可靠的加固技术方案。本节主要针对土石坝、拱坝和重力坝三种坝型的病险类型与特征，分别介绍常用的加固技术及其适用范围，并依据工程实例，介绍各技术方案及其实施效果，从而为综合确定技术可靠、效果显著、经济合理的稳定加固方案提供有益借鉴。

4.1.1 土石坝稳定加固

4.1.1.1 土石坝坝坡加固技术

土石坝结构安全主要控制要素是坝坡稳定，坝坡在重力和渗压力的作用下存在向下和坡外滑动的受力特点。土石坝坝坡稳定加固前，应根据坝坡不稳定的原因，针对不同情况，采取相应的措施，其原则是设法减少滑动力和增加阻滑力。主要措施有：坝坡培厚放缓、坡脚压重阻滑法；削坡放缓法；局部加固法和防渗加固法等。

1. 上游坝坡培厚放缓加固

当上游坝坡抗滑稳定不满足要求时，可采取培土放缓坝坡方法加固。该法主要适用于放空条件的水库，可干地分层碾压填筑施工，以保证加固坝坡填筑的密实性。有的水库加固时不能放空，也应尽量降低上游库水位；水下培厚部分无法碾压密实，可采用抛石压脚放缓坝坡方法。

上游坝坡培厚与回填的部分土体，采用比原坝坡透水性大的材料，如块石料、石渣料、砂砾料及砂土等，以利于库水降落时排水。如安徽卢村水库上游坝坡抗滑稳定不满足规范要求，采用上游坝坡水下部分抛填块石料，水上部分碾压填筑砂砾石料的培厚方案。当上游坝坡已发生滑坡时，应清除滑坡体，采用培坡料重新回填碾压密实。

2. 下游坝坡培厚放缓加固

对于下游坝坡，由于具备干地施工条件，下游坝坡稳定加固一般采用培厚放缓加固法。坝坡培厚部分土体，也采用比原坝坡透水性大的材料，如块石料、石渣料、砂砾料及砂土等，以利于排水并降低坝浸润线。如果当地没有透水性较好的材料，也可采用黏土填筑，并分层设置排水层（如砂砾层或碎石层）的方法进行培坡。

3. 削坡放缓

坝体局部坝坡抗滑稳定不满足要求，且坝顶较宽，可适当削坡放缓坝坡。该法施工简便、经济。

4. 局部衬护加固

对坝顶上部局部坝坡偏陡、表层局部坝坡稳定不满足要求，而整体坝坡是稳定的土石坝，可采用表面格构护坡或浆砌石衬护加固的措施。如安徽省卢村水库下游坝坡，高程82.00m以上坝坡浅表层抗滑稳定安全系数为1.245，不满足规范要求，但考虑高程82.00m平台的整体稳定可满足要求。因此，高程82.00m平台采用混凝土衬护，高程82.00m以上坝坡采用浆砌块石格构的加固。格构中心距4.5m，格构宽0.5m，深0.3m。格构之间采用10cm厚的混凝土预制块护坡，见图4.1-1。

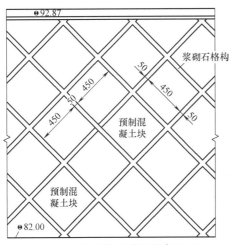

图 4.1-1 卢村水库下游坝坡高程 82.00m 以上格构加固布置图（单位：m）

5. 增设防渗、排水设施

水库蓄水后，在高水头作用下，因坝体渗漏导致下游坝坡浸润线较高，引起下游坝坡不稳，可结合坝体防渗加固处理措施，降低坝体浸润线，修复或增设坝脚排水设施，提高坝坡稳定性。湖北青山水库主坝采用混凝土防渗墙加固大坝，既解决了坝体渗漏问题，又解决了下游坝坡抗滑稳定性不足。青山水库主坝为黏土心墙代料坝，最大坝高62.25m，坝顶宽6m。下游坡比从上到下为1∶2.0、1∶2.25、1∶2.5，分别在高程112.50m、94.00m处设2m宽马道，坝脚高程75.00m为排水棱体。坝坡稳定分析表明，主坝下游坝坡正常工况的安全系数小于规范要求。渗流及稳定分析显示，由于主坝黏土心墙渗透性偏大，而下游坝壳风化土料透水性偏小，造成下游坝坡高水位时渗流水位较高，使下游坝坡的稳定达不到规范要求。主坝在黏土心墙中采用混凝土防渗墙后，防渗性能大大提高，下游坝坡中地下水位大大降低，渗透水压力对坝坡稳定的不利影响也随之下降，从而使下游坝坡达到稳定要求，大坝采用混凝土防渗墙加固结构剖面见图4.1-2。大坝加

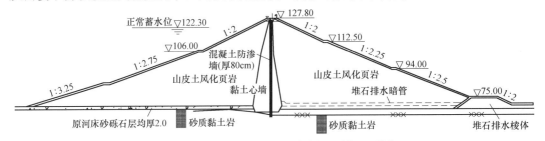

图 4.1-2 青山水库主坝混凝土防渗墙加固剖面（单位：m）

固后的渗流分析和坝坡稳定分析表明，采用防渗墙加固后，坝体浸润线大大降低，坝坡稳定安全系数满足规范要求。

6. 加固实例

1）安徽省广德县卢村水库上游坝坡加固

卢村水库位于长江流域水阳江水系郎川河支流尤量溪上游，坝址位于安徽省广德县卢村乡境内，距县城10km，全流域面积1079km²，坝址以上控制流域面积139km²，是一座以防洪、灌溉为主，兼有供水、发电、养鱼及旅游等综合效益的重要中型水库。工程于1970年11月动工兴建，1976年初开始蓄水，1981年9月全面竣工并通过验收。工程由大坝、正常溢洪道、泄洪隧洞、东非常溢洪道、西非常溢洪道、两级水电站、东西两灌渠及泄洪闸、泄洪渠等建筑物组成。其中大坝为黏土心墙砂壳坝，最大坝高32m，坝顶长952m。大坝存在的主要问题是坝体填筑质量差，坝壳砂砾石料填筑取样有29%的密实度未达到设计要求，坝坡及坝顶多次发生凹陷、开裂、防浪墙倾斜。大坝上游坝坡抗滑稳定安全系数不满足规范要求，黏土心墙出现纵、横裂缝。

加固前，大坝上游坡自上而下坡比为1:1.8、1:2.2、1:3.3，根据大坝稳定性复核，上游坝坡在正常蓄水位、设计洪水位和校核洪水位条件下的最小抗滑稳定安全系数分别为1.165、1.143、1.145，均不满足规范要求。

经研究，决定对大坝上游坝坡采取培厚放缓加固措施。即在高程68.00m以下进行抛石护脚，高程68.00m以上采用砂砾料培坡，高程82.00m马道以下采用干砌块石护坡，以上采用15cm厚的混凝土预制块护坡。大坝上游坡加固布置见图4.1-3。

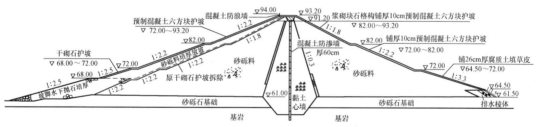

图4.1-3 卢村水库大坝加固剖面图（单位：高程为m）

加固后，坝坡坡比为1:2.2、1:2.2、1:2.5、1:2.5，并于高程72.00m、82.00m设置2.0m宽马道，高程68.00m设置3.5m宽马道。经计算复核，加固后大坝稳定大为提高，上游坝坡在正常蓄水位、设计洪水位和校核洪水位条件下的最小抗滑稳定安全系数分别为1.346、1.348、1.363，均达到规范要求。

卢村水库大坝上游培厚及下游坝坡格构加固于2007年上半年完工，经过多年运行和观测，大坝变形较小，大坝工作正常。

2）辽宁柴河水库坝体加固

柴河水库位于辽宁省铁岭市东12km处，是以防洪灌溉为主，兼有发电、养殖和供水综合利用的大（2）型水库。拦河坝为黏土心墙混合料砂壳坝，最大坝高42m，坝顶长982m，坝顶高程117.00m，正常高水位108.00m，总库容6.36亿m³。水库大坝于1974年建成蓄水，1975年7月土坝下游坝体发生4处浅层滑坡，于是用了两年时间进行加固，然而于1980年8月，土坝上游坝体又发生滑坡，该土坝原断面见图4.1-4。

柴河水库土坝填筑时，坝壳砂砾料中混有大量黏土和壤土，平均粗粒含量仅在33%

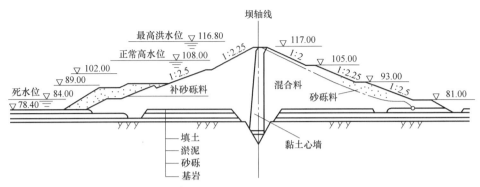

图 4.1-4　桩号 0+860 原剖面图（单位：m）

左右，坝壳填料透水性极差，渗透系数在 $10^{-6} \sim 10^{-4}$ cm/s 之间，大坝砂砾料填筑相对密度平均值为 0.43～0.48，系中密状态，属液化土，且坝坡又较陡。土坝建成蓄水后，在水位降落期上游坝体内孔隙水不能迅速排出，产生较大的渗透水压力，造成上游坝体滑坡，若遇 7 度地震，很有可能出现震动液化，影响坝体的安全。

　　鉴于上述情况，需对土坝的上游坝体采取措施进行加固处理。加固设计选择水上抛石压重放缓坝坡的方案。从上游坝脚至高程 102.00m 进行抛石，从高程 102.00～110.00m 采用人工铺石并作护砌，高程 110.00m 设 5m 宽马道，高程 110.00m 以上坡比采用 1：2.25，坝坡采用于砌石护至坝顶与混凝土防浪墙相接。加固断面见图 4.1-5。

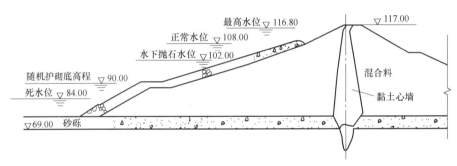

图 4.1-5　加固剖面示意图（单位：m）

4.1.1.2　土石坝变形加固控制技术

1. 大坝加厚、加高方式

大坝加厚、加高大坝主要有以下几种方式。

1）下游培厚加高

下游培厚加高即为在原大坝下游培厚，并加高坝顶，在加高培厚前，应对大坝下游坝基及下游坡面进行清基处理。这种加高方式不受水库蓄水限制，也不影响水库蓄水，在下游地形条件容许时宜优先采用。

2）上游培厚加高

上游培厚加高即在原大坝上游面培厚大坝坝体，并加高坝顶。在加高培厚前，应视大坝上游坝基地质条件进行变形和稳定分析，必要时采取适当的处理措施。

这种加高方式往往是在大坝上游坝坡抗滑稳定不满足规范要求，或者是下游坝坡地形、地物不容许培厚加高的条件下采用。

采用该方式培厚加高时，如在水库的淤积物上加高，应根据淤积物固结情况，进行变形和稳定分析，必要时采取相应的清淤处理措施。

3）戴帽加高

在土石坝坝体加高高度不大，且原坝体的填筑质量、坝坡抗滑稳定安全裕度以及地震烈度等情况进行论证均满足规范要求时，可采用在坝顶戴帽加固的方式。

2. 提高坝体填筑材料性能提高

1）置换筑坝材料加固法

当原坝体填筑材料性能较差，造成坝体变形异常、坝坡抗滑稳定不满足要求或坝坡排水性能较差时，可挖除原坝坡筑坝材料加固法，重新填筑性能较好、透水性大的筑坝材料，从而提高大坝抗变形能力、坝坡稳定性或排水性能。

2）坝体振冲法加密方法

振冲法是以起重机吊起振冲器，启动潜水电机带动偏心块，使振冲器产生高频振动，同时开动高压水泵，使高压水由喷嘴射出，在振冲作用下，将振冲器逐渐沉入土中的设计深度。清孔后即从地面向孔内逐段填入碎石。每一填石段为30～50cm，不停地投石振冲，经振挤密实达到设计要求后方提升振冲器，再填筑另一桩段。如此重复填料和振密，直到地面。

振冲法最早是用来振密砂地基的，由德国 S. Steuerman 在 1936 年提出，用于处理柏林一幢建筑物的 7.5m 深的松砂地基，结果将砂基承载力提高了一倍，相对密度由原来的 45% 提高到 80%，取得了显著的加固效果。而后又进行了一大批砂基挤密工程，取得了丰硕的实践经验。

我国应用振冲法始于 1977 年，由于大量工业民用建筑和水利、交通工程地基抗震加固需要，这一方法得到迅速推广。例如，河北省怀宁县官厅水库坝基松砂加密、河北省开深煤矿钱家营矿区场地砂基加密等工程都取得了很好的处理效果。后来振冲法用来处理黏性土地基，采用类似振冲技术在黏性土中形成以石块、砂砾等散粒材料组成的桩体群，桩体群与原地基土一起构成所谓复合地基，使承载力提高、沉降减少。这一方法也称为"碎石桩法"或"散粒桩法"。

下面以云南松华土石坝振冲加固工程实例方式介绍土石坝振冲加密相关技术要点。

（1）工程概况

松华坝水库位于昆明市盘龙江中游，为昆明市供水主要水源，主坝为黏土心墙风化土砾料坝壳坝。原主坝高48m，总库容 7000 万 m³，于 1959 年建成蓄水。原主坝上游坝壳为含少量碎石的黏土，下游坝壳上部为松散的玄武岩风化石夹土，粒径 20～60mm 的颗粒占 20.6%～25.6%，60mm 以上的颗粒占 18.4%～45.5%，最大颗粒粒径达 400～700mm，极不均匀，架空现象严重，干密度仅为 1.64g/cm³，最小干密度为 1.41g/cm³，相对密度为 0.318，压缩系数为 0.67MPa^{-1}，属低密度高压缩性土。自运行以来由于坝体填筑质量差，曾 3 次进行过加固处理。为此决定进行全面的扩建与加固。

（2）加固方案

扩建与加固方案为：主坝加高 14m，新坝轴线在原坝轴线下游平移 46.2m，并在原坝体中部加混凝土防渗墙相接，下游坝体再用玄武岩石渣料在原坝体的坝坡上加高培厚。由于原主坝下游坝壳为松散的玄武岩风化石夹土填筑，施工中未经压实，经过地质勘探取样试验查明分布整个下游坝壳，一般深度 8～10m，在新坝轴线处最深处 17m。经计算，在坝加高后该松散层的沉陷最大将达 1.2m，故必须对该层进行加固处理。由于施工时不能放空水库，且处于高水位，不可能采用开挖翻压的方法。经反复比较，多方论证，决定采用振冲法加固松散坝体。

振冲设备采用 20t 液压汽车吊配 75kW 振冲器 2 台。回填料用玄武岩半风化石渣及原坝坡料，对部分较深孔，为避免卡孔，采用粒形较好的新鲜石灰岩碎石料。振冲加固施工于 1988 年 10 月 3 日开始，至 1989 年 3 月 13 日完工。

（3）加固效果

① 密度检测

为监测和检查振冲施工质量，在完工后进行了干密度检测试验，检测结果干密度均大于设计要求的 $1.88g/cm^3$，多数试验点在 $2.00g/cm^3$ 以上。

坝体经振冲加固后，桩身与原坝体土形成复合体，坝体的各项指标应按复合地基考虑，振冲加固后的坝体密度检测分别在碎石桩和桩间坝土上进行，坝体综合指标计算时，按桩身和桩间土面积比 1：3.54 考虑。

② 振冲前、后物理力学指标对比

干密度：振冲前为 $1.32～1.70g/cm^3$，振冲后最小值为 $1.90g/cm^3$（仅一组），平均值为 $2.04g/cm^3$，均大于设计要求的 $1.88g/cm^3$。孔隙率：振冲前为 42.6%～54.3%，振冲后小于 35.7%。压缩系数：振冲前为 $0.40～0.23MPa^{-1}$，振冲后降低为 $0.09MPa^{-1}$。抗剪强度值：φ 值由 $22°53'～34°37'$ 提高至 $37°24'$。

上述振冲前、后物理力学指标表明，振冲加固效果明显。

（4）安全监测

主坝自 1989 年 3 月经振冲加固完工，至 2001 年 10 月，已运行 11 年。据 19 个位移观测标点的测量数值与初始值相比，平均垂直位移（下沉）为 20.7mm，最大位移点在坝顶中部的 9 号点，最大下沉值为 44mm，最小位移点在下游坝坡第二戗台左右两侧 0+043 及 0+103 断面，其下沉值仅有 5mm，远低于设计要求。经分析，主坝位移量的分布符合土石坝的一般规律。

3. 坝体裂缝处理

1）裂缝原因及分类

据统计，在国内曾发生过事故的 240 余座大型水库大坝中，裂缝引起的占 25.3%，其中 90% 以上的土石坝裂缝是由于不均匀沉降引起的。不均匀沉降的主要原因是基础处理不好、岸坡较陡、坝坡偏陡、压实度低、含水量控制不严、地震、干缩及冻融等。在不均匀沉降裂缝中，有坝顶或坝坡上出现的张开裂缝、也有看不见的内部裂缝等。在一定条件下，作用于上游坝面上的库水压力也能在水力劈裂作用下，引起现有的闭合裂缝张开或者形成新的裂缝。根据土石坝裂缝其走向和成因分类如下：

（1）横向裂缝：土石坝对地基要求一般不高，沿坝轴线方向坝基的地质构造差异一般较大，坝肩往往是陡峭而相对不可压缩的岩石，中部河床段坝基多为可压缩的土基，容易导致不均匀沉降而产生横向裂缝。狭窄河床和坝基地形变化大、岸坡与坝体交接处填土高差过大时，压缩变形不等情况下，也容易出现横向裂缝。另外，在土石坝施工中采用分段填筑时，分段进度不平衡，填土层高差过大；结合部位坡度太陡，粗土沿坡堆积而不宜夯实；分段施工时，合拢段采用台阶式连接，填土压实度不均匀以及土石料未按要求选用级配等，都有可能产生不均匀沉降，形成横向裂缝。土石坝与混凝土建筑物（如溢洪道导墙、内埋输水水泥或钢管等）结合部，也容易产生不均匀沉降形成横向裂缝。

横向裂缝与坝轴线垂直或斜交，可能形成集中渗流通道，多是由于坝肩与中部坝体不均匀沉降造成的。

（2）纵向裂缝：纵向裂缝是与坝轴线基本平行的裂缝，这种裂缝主要由坝体与坝基的不均匀沉降及坝体滑坡造成，地震容易产生纵向裂缝。黏土心墙两侧坝壳料竖向位移大于心墙竖向位移时，对心墙产生剪切力，可能引起坝体或心墙的纵向裂缝。施工填筑往往由多个单位进行，各单位不同的进度及施工质量控制，使土石坝在建成蓄水后易在质地较差的分界处出现纵向裂缝。另外，排水设施堵塞或损坏、起不到排渗作用；背水坡渗水出逸点抬高，坝坡发生渗透变形等，也都可能出现纵向裂缝。库水位骤降，迎水坡产生较大的孔隙水压力，也极有可能产生纵向裂缝甚至滑坡。

纵向裂缝有时是滑坡的前兆，但纵向裂缝与滑坡裂缝是有区别的。沉降裂缝在坝面上一般接近直线，基本上是垂直地向坝体内延伸。裂缝两侧错距一般不大于30cm，缝宽和错距发展逐渐减慢。而滑坡裂缝在坝面上一般呈弧形，裂缝向坝体内延伸时弯曲向上游或下游，缝隙的发展逐渐加快，裂缝宽度有时超过30cm，并伴有较大的错距，滑坡裂缝发展到后期，可发现在相应部位的下部出现圆弧状隆起或剪出口。

（3）干缩与冻融裂缝：干缩与冻融裂缝一般产生在均质土坝的表面，黏土心墙坝的坝顶，施工期黏土填筑面以及库水放空后的防渗铺盖上。由于土料暴露在空气中，受热或遇冷，土料含水迅速蒸发或结冰，发生干缩、收缩或冻融等裂缝和松土层。这些裂缝分布广，裂缝方向无规律性，纵横交错呈龟裂状，上宽下窄，缝宽和缝深一般较小。

坝体干缩也会产生裂缝，特别是细粒土、高压缩性土及高塑性黏土，因其收缩量大，极易形成收缩裂缝。干缩与冻融裂缝容易导致雨水下渗和裂缝发展，需尽快进行闭合处理。

（4）内部裂缝：除上述的几种裂缝外，在土石坝面上还有一些无法看到的裂缝，它主要出现在坝体内部，通称为内部裂缝。由于裂缝隐蔽，事先不易发现，其危害性很大。

对于黏土心墙土石坝，心墙竖向位移大于坝壳竖向位移，或者坝壳的竖向位移已终止，心墙竖向位移还在继续发生。此时，心墙受到坝壳的钳制，不能自由下沉，因而产生水平裂缝。通常情况下，黏土心墙边坡愈陡，坝壳对心墙的钳制力愈大，心墙产生水平裂缝的可能性愈大。

混凝土防渗墙顶部的黏土心墙因挤压有时会产生裂缝。由于防渗墙两侧的深厚覆盖层产生竖向位移，而防渗墙本身的压缩变形很小，因而防渗墙顶部的黏土与两旁的黏土发生了较大的相对位移，黏土被防渗墙顶部的反力挤压而产生放射状裂缝。当心墙宽较小时，产生裂缝的可能性增大。

2）裂缝处理方法

土石坝发生裂缝后，应通过坝面观测，开挖探槽和探井，及时查明裂缝情况，其中包括裂缝形状、宽度、长度、深度、错距、走向及其发展。根据裂缝观测资料，针对不同性质的裂缝，采取不同的加固处理措施。纵向裂缝宽度小于1cm，深度小于1m的较短纵缝，只要不与横缝连通，在防渗上无问题，同时对坝体整体性和横断面传力影响不大，可以不必全面处理，只做表面封闭处理，防止雨水浸入；对裂缝宽度大于1cm，缝深大于

1m 的纵向裂缝，对坝体整体性影响较大，且缝内浸入雨水，对坝坡稳定不利，应进行全面处理。横向裂缝在渗漏上危害性很大，对坝体整体性也有较大影响，因此，无论裂缝大小，均应进行加固处理。

国内外处理土石坝裂缝多采用挖除回填、裂缝灌浆以及两者相结合的方法。有特殊要求时也可用冲击钻孔，回填混凝土或塑性材料，形成防渗墙或塑性墙，但这种方法费用高，施工时段长，只在裂缝较严重，又不能用其他方法处理时才可考虑使用。

（1）挖除回填：挖除回填处理裂缝是一种既简单易行，又比较彻底和可靠的方法，对纵向或横向裂缝都可以使用。对于一般的表面干缩或冻融裂缝，因危害性不大可不必挖除，只用砂土填塞并在表面用低塑性的黏土封填、夯实，以防止雨水进入即可。坝顶部的浅层纵向缝可按干缩缝处理，也可以挖除重填，可视坝的重要性和部位的关键性而定。

深度小于 5m 的裂缝，一般可采用人工挖除回填；深度大于 5m 的裂缝，最好用简单的机械挖除回填。开挖时一般采用梯形断面，这样能使回填部分与原坝体结合好，当裂缝较深时，为了便于开挖和施工安全，可挖成梯形坑槽，见图 4.1-6。回填时逐级消去台阶，保持斜坡与填土相接。对于贯穿的横向裂缝，还应开挖成十字形结合槽，见图 4.1-7。

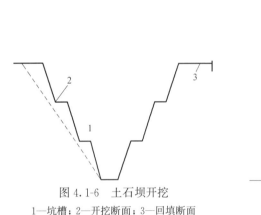

图 4.1-6　土石坝开挖

1—坑槽；2—开挖断面；3—回填断面

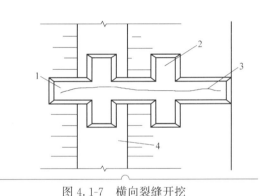

图 4.1-7　横向裂缝开挖

1—坑槽；2—结合槽；3—裂缝；4—坝顶

开挖前，在裂缝内灌入白灰水，以掌握开挖边界。开挖深度应比裂缝深 0.3～0.5m，开挖长度应超过缝端 2～3m，槽底宽度以能够作业并能保持边坡稳定为准。不同土料应分别堆放，但不能堆在坑边，开挖后应保护好坑口，避免日晒雨淋或冻融。回填土料应与原土料相同，其含水量略大于塑限。回填前应检查坑槽周围土体含水量。如果偏干，则应将表面洒水湿润；如表面过湿或冻结，应清除后再进行回填。回填应分层夯实，严格控制质量，并采取洒水、创毛及适当的充填和压实等措施，以保证新老填土接合良好。

（2）灌浆处理：灌浆处理适用于裂缝较深或处于内部的情况，一般常用黏土浆或黏土水泥浆。黏土浆施工简单，造价也较低，它固结后与土料的性能比较一致。水泥可加快浆液的凝固，减少体积收缩和增加固结后的强度，但水泥的掺量不宜太多，常用的水泥掺量大致为固体颗粒的 15% 左右（重量比）。浆液的浓度随裂缝宽度及浆液中所含的颗粒大小而定。灌注细缝时，可用较稀的浆液，灌注较宽的缝时则用浓浆。灌注的程序，一般是先用稀浆，后用浓浆。由于浓浆的阻力大，常常需要在浓浆中掺入少量塑化剂，以增加浆液的流动性。

灌浆一般采用重力灌浆或压力灌浆方法。重力灌浆仅靠浆液自重灌入裂缝；压力灌浆除浆液自重外，再加压力，使浆液在较大压力作用下灌入裂缝。在采用压力灌浆时，要适当控制压力，以防止使裂缝扩大，或产生新的裂缝，但压力过小，又不能达到灌浆的效果。重力灌浆时，对于表面较深的裂缝，可以抬高泥浆桶，取得灌浆压力。但在灌浆前必须将裂缝表面开挖回填厚 2m 以上的阻浆盖，以防止浆液外溢。浆液对裂缝具有很强的充填能力，浆液与缝壁的紧密结合，使裂缝得到控制，但在使用灌浆方法时应注意：①对于尚未做出判断的纵向裂缝，不宜盲目采用灌浆方法加固处理；②灌浆时，要防止浆液堵塞反滤层，进入测压管，影响滤土排水和浸润线观测；③在雨期或库水位较高时，由于泥浆不易固结，一般不宜进行灌浆；④灌浆过程中，要加强观测，如发现问题，应当及时处理。

（3）挖除回填与灌浆处理相结合：在很深的非滑坡表面裂缝进行加固处理时，可采用表层挖除回填和深层灌浆相结合的办法。开挖深度达到裂缝宽度小于 1cm 后，进行钻孔灌浆处理，一般孔距 5～10m，钻孔的排数，视裂缝范围而定，一般 2～3 排。预埋管后回填阻浆盖，灌入黏土浆或水泥黏土浆，灌浆时应控制灌浆压力。

土石坝裂缝的原因多种多样，错综复杂，应加强检查观测，认真分析发生的原因，对其采取有针对性的加固处理。对于滑坡裂缝，就应着重采取施加反压盖重、加强排水乃至放缓坝坡等滑坡加固措施。

3）加固实例——甘肃巴家咀水库土石坝裂缝修补加固

（1）工程概况

巴家咀水库位于甘肃省黄河支流蒲河中游黄土高原中心，控制流域面积 3522km^2，其中 60% 是黄土丘陵沟壑区，40% 是黄土高原沟壑区，水土流失十分严重，多年平均年径流量 1.34 亿 m^3，年平均输沙量 2960t。水库总库容 2.57 亿 m^3，工程由土石坝、输水洞、泄洪洞和水电站组成，为防洪、灌溉和发电综合利用大（2）型水库。工程于 1958 年动工兴建，1962 年竣工。大坝最大坝高 58m，坝顶高程 1108.70m。分别于 1965 年和 1973 年从坝后和坝前淤土各加高 8m，现最大坝高达到 74m，总库容增加到 4.96 亿 m^3。大坝典型横断面见图 4.1-8。

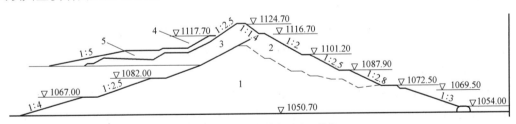

图 4.1-8 巴家咀土坝剖面图（单位：m）

1—原坝体；2——期加高；3—二期加高；4—加固贴坡；5—加固盖重

大坝裂缝严重，截至 1982 年底，共发现裂缝 260 多条，其中横向裂缝 201 条次，纵向裂缝 59 条次。横向裂缝几乎年年发生，其中仅 1978 年就发现横缝 72 条。横缝一般在两坝端，且多系穿过坝顶的贯穿坝体裂缝，缝宽 1～10cm，缝深从几米到 10m。纵向裂缝一般发生在几个比较集中的时段。在大坝截流后的初期蓄水期间，上游坝坡曾产生一系列的纵缝，其部位随着库水位上升而逐步上移。

在第一次从下游坝坡加高期间，纵缝发生在下游坝坡，并高出填筑面高程约 1.00m。

最严重的一次纵缝发生在第二次从上游淤土加高期间。当 1977 年 11 月全断面填筑到高程 1116.13～1118.13m 时，在当时坝顶下游的高程 1101.50～1116.70m 间陆续发生 8 条纵缝，最大缝宽 10～15cm，缝深 8～10m，长达 300m 左右。

（2）坝体灌浆处理

灌浆浆液配制。配制浆液采用拌浆机拌和，土料要事先过筛，按一定配比投料。加水时应扣除土料的含水量。经搅拌 10～15min 成浆后导入储浆池备用。在储浆池内，为防止沉淀、保证浆液的均匀与和易性，采用机械和空压机随时搅动。浆液经管道靠自流输送至各站台的储浆桶内，并用泥浆加压进行压力灌浆。

（3）钻灌工艺与要求

孔口压力一般为 1.5～2.0kg/cm²；孔深小于 30m 的，其压力为 1.0kg/cm²。在设计压力下，当吸浆量小于 0.2L/min，并保持 30min 不变时，即达终孔标准。随即用稠泥浆进行机械封孔。待封孔泥浆析水固结后，投放直径小孔径 1/3 的黏土球，并分层夯实。

（4）第一次坝体灌浆

沿坝顶布置两排灌浆孔。第一排在坝轴线上游 1.0m；第二排在坝轴线下游 0.5m，排距 1.5m。起止桩号为 0+117～0+520，并以 0+220 和 0+360 为界，划分成 3 个坝段，即左坝端坝段、河床坝段和右坝端坝段。各坝段均按三序钻灌。最终孔距，左右两坝段 1.5m，河床坝段 2.0m。确定孔深的基本原则是不致因灌浆而提高浸润线，影响下游坝坡的稳定。具体孔深是：两坝段至红色黏土层以下 2～3m；河床坝段不低于浸润线，见图 4.1-9。

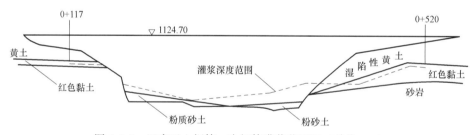

图 4.1-9　巴家咀土坝第一次坝体灌浆范围图（单位：m）

为防止坝体产生新的裂缝，采用了"两端挤中间，中间挤两端"的钻灌，即两排一、二序孔从两端向河床中间钻灌，三序孔则从河床中间向两坝端钻灌。

（5）第二次坝体灌浆

仍沿坝顶布置两排灌浆孔，第三排在坝轴线上游 2.3m，第四排在坝轴线下游 2.0m，排距 4.3m。起止桩号 0+110～0+476。各坝段仍按三序钻灌，最终孔距均为 2.0m。由于坝基砂岩渗透系数约为 10⁻² cm/s，排水性能良好，坝体浸润线很低，而且灌浆土料采用原筑坝黄土，不会因灌浆而抬高浸润线。因此，第二次坝体灌浆孔深除两坝端与第一次相同外，河床段均达基岩。同第一次坝体灌浆的另一个差别是，为了使坝体尽可能地多吃浆，促进坝体沉陷变形尽快稳定，第二次坝体灌浆的两排序孔从河床中间向两坝端钻灌。前后两次坝体灌浆共钻灌 1043 孔，进尺 59310.0m，灌浆总量 14597.5m³，折合干土料 14074.6t。坝体灌浆分析表明：第一次灌浆上部 16m 坝体的自流灌浆量仅占 6.23%，绝大部分浆量都灌在 16m 以下，特别是 30m 以下的坝体中；第二次坝体灌浆的自流灌浆量，在比第一次减少 63.3% 的情况下，30m 以下坝体的自流浆量所占比例均比第一次降低，而上部30m，特别是两次加高的16m坝体自流灌浆量所占比便均比第一次明显提高，说明通过坝体灌浆，"上实下虚，外实内松"的状态已有较好的改善。

4.1.2 拱坝坝肩稳定加固

4.1.2.1 拱坝坝肩稳定加固技术

据统计，拱坝的重大事故大多和拱座的滑动稳定有关。自从20世纪50年代末法国的马尔帕塞拱坝失事后，全世界坝工人员都认识到拱坝的真正危险在于两岸拱座的稳定。通常拱座变形稳定主要与拱座岩体赋存的软弱结构面或无法避开的断层破碎带相关。在对不同工况下拱座稳定分析的基础上，确定与之配套的除险加固措施，一般有排水孔（洞）、固结灌浆、锚固抗滑桩、推力墩或预应力锚索等。

1. 固结灌浆

渗漏水对基岩和拱座的稳定始终存在潜伏的危险性，库水位上升会引起渗漏水的加剧，渗水潜蚀基岩软弱部分会影响拱座的变形稳定。为处理坝基渗漏，降低拱座赋存岩体的渗透压力，通常可以采用固结灌浆和防渗灌浆相结合的方式。通过灌浆可以封闭坝体与基岩接触面因未设混凝土垫层等原因而产生的裂缝和基岩裂隙，增加渗径，降低渗透压力。

2. 预应力锚索

预应力锚索是指采取预应力方法把锚索锚固在岩体内部的索状支架，用于加固边坡。锚索靠锚头通过岩体软弱结构面的孔锚入岩体内，把滑体与稳固岩层连在一起，从而改变边坡岩体的应力状态，提高边坡不稳定岩体的整体性和强度。作为一种主动加固技术，预应力锚固技术的最大特点是尽可能减少被锚固土体或岩体的扰动，通过锚固措施可以合理提高拱座岩体的稳定，改善拱座岩体的应力分布。

3. 抗滑桩

抗滑桩是穿过滑坡体深入于稳定基岩的桩柱，用以支挡滑体的滑动力，起稳定边坡和拱座的作用，是一种抗滑处理的主要措施。根据被加固体中不利结构面的深度、推力大小、防水要求和施工条件等，选用木桩、钢桩、混凝土桩或钢筋（钢轨）混凝土桩等。图4.1-10为贵州三穗县贵秧拱坝除险加固工程右拱端使用的抗滑桩。

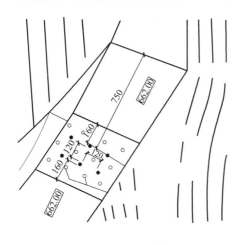
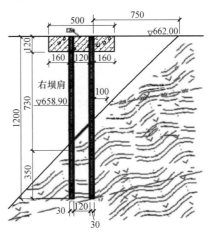

(a) 拱端抗剪桩平面大样图　　(b) 拱端抗剪桩剖面大样图

图4.1-10 贵秧拱坝除险加固右拱端抗滑桩布置示意

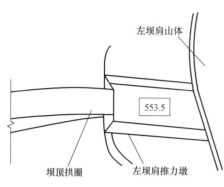

图 4.1-11　浙江白水漈拱坝左坝肩推力墩

4. 推力墩

在早期修建的拱坝中由于施工的原因，会造成高程拱端与坝肩岩体悬空，致使拱端推力无法传递到山体上，局部稳定无法满足拱座稳定的要求。或者拱端处岩体风化较深、岩体破碎，在拱推力的作用下会造成该部位岩体变形较大，而影响拱座的稳定。存在上述情况时，可以通过开挖破碎岩体，并设置推力墩，以支撑坝体，传递拱端推力到质量较好岩体中，保证坝体的稳定。图 4.1-11 为浙江白水漈拱坝除险加固时左坝肩采用的推力墩。

4.1.2.2　工程案例

1. 大丫口拱坝工程简况

大丫口水电站位于临沧市镇康县南汀河流域的南捧河上，坝址距镇康县南伞镇约 26km，距昆明市约 728km。大丫口大坝为碾压混凝土双曲拱坝，坝顶高程 653.00m，最大坝高 95.00m，拱冠梁处坝底宽度 22.00m，坝顶宽度 5.00m，坝顶轴线弧长 299.56m。坝身布置一个冲沙中孔（2.5m×4.0m），进口高程 605.00m，三个溢流表孔，堰顶高程 643.50m，每孔净宽 10.00m。大坝共设置了 4 条横缝，采用通缝布置，最大横缝间距约 70m。大坝设计混凝土 20.95 万 m³，其中碾压混凝土 17.94 万 m³。

2. 存在问题

2012 年初开始河床部位大坝垫层混凝土施工，2013 年 3 月开始大坝碾压混凝土施工，2015 年 5 月大坝碾压混凝土施工完成。碾压混凝土采用薄层连续碾压的方式施工，坝体温度冷却至设计封缝灌浆温度后进行接缝灌浆，形成整体拱坝。大坝施工完成后，通过相关试验研究和监测资料分析，大丫口碾压混凝土拱坝存在：

（1）大坝混凝土温控问题。温控标准要求混凝土出机口温度控制在 18℃ 以内，但因冷却措施不足使得出机口实测最大温度达 28℃ 以上，加之水管冷却通水不及时、水温偏高、通水中断或流量不足等因素影响，混凝土内部最高温度可达 50℃ 以上，远超设计容许最高温度（30～36℃）。另外高程 578.5m 以下冷却水管全部破坏，高程 578.5～612m 之间冷却水管也部分遭到破坏，因此无法正常进行二期通水冷却。上述因素使大坝实际温度与设计温度存在较大差异，实际工作性态与设计不符。

（2）大坝混凝土强度问题。坝体混凝土不同程度存在抗压强度未达到设计标准的情况，其中 2014 年 4～6 月浇筑的 590～611m 高程之间碾压混凝土低强情况突出，可能会对结构安全和极限承载能力造成影响。

（3）大坝混凝土密实性问题。2013 年 10 月 15 日～11 月 5 日对已浇筑完成的高程 578.5m 以下坝体混凝土进行了钻芯取样和压水试验检查工作，结果表明高程 578.5m 以下混凝土存在局部碾压不密实、岩芯呈蜂窝麻面状、层间结合质量不好、透水率值偏大等问题。

（4）大坝体型及裂缝问题。根据现场调研情况，大坝实际施工体型与原设计体型有一定差别，同时大坝局部坝体混凝土存在开裂现象。

3. 解决方案

上述工程问题可能会对大坝稳定和极限承载能力带来影响，为确保大坝安全，对大坝进行了加固设计，下游河床部位贴角到 EL568.0m，顶宽 1.2m，按 1：1 放坡向基础延伸。两岸坝肩贴角到 EL612m。补强体按原坝体 2 号、3 号横缝（延伸）位置进行分缝。补强体混凝土强度等级为 C20，对补强体与拱坝坝体接触面要求进行凿毛处理并布置插筋：$\phi25@1.0m\times1.0m$，$L=2.25m$，锚入原坝体 1.2m；补强体混凝土冷却至稳定温度后，视接触面张开情况，通过打孔的方法进行接触灌浆，钻孔间距为 $2m\times2m$（穿过缝面处的距离），考虑到补强体基础围岩受卸荷和溶蚀影响，以Ⅳ类岩体为主（实际考虑为Ⅲ2类），除固结灌浆（$@3m\times3m$，孔深 5～8m）外，补强体上设 1500kN 预应力锚索，间距约 5m。以保证补强体与坝体形成可靠的整体。为满足封拱灌浆要求，对坝体及补强体温控提出了要求，在补强体内布设了蛇形冷却水管，间距为（水平 1.0m×垂直 3.0m），距混凝土表面 0.75～1.5m，并埋设温度计。实际上现场施工时，为了施工设备布置，两岸坝头约从 EL630 开始，扩大约 4～6m。

在建设和加固过程中，对大坝稳定和极限承载能力进行了评估分析，据此确定大坝安全状态和合理的应对措施（图 4.1-12）。

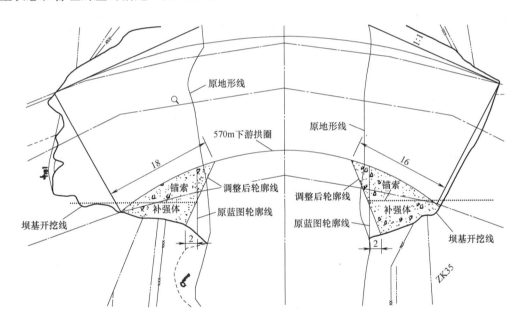

图 4.1-12　补强体示意图

4. 实施效果

大丫口拱坝在建设过程中出现了混凝土低强、开裂等不利情况，与设计状态不符，为确保大坝安全和稳定，采用数值模拟和工程类比分析对大坝加固措施和安全稳定性进行评估，结果显示大坝安全稳定性是有保证的，同时加固体与大坝间接触面状态或强度对加固效果影响不明显，大坝横缝和裂缝灌浆强度对大坝正常运行影响较小。

4.1.3　重力坝深层抗滑稳定加固

当坝基中存在对抗滑稳定不利的软弱夹层时，为提高坝基的抗滑稳定，必要时需要进行抗滑稳定加固措施。由于不同地质条件和不同阶段以及各种措施的加固效果和多种因素影响，在实际工程中会出现多种重力坝抗滑稳定的加固措施方案，不一而足。由于溢流坝采用挑流消能，下游形成冲刷坑，使下游基岩形成临空面，减小了抗力，导致大坝的抗滑稳定不满足要求。如朱庄水库大坝，加固前及下游加重方案的 K 值分别为 0.835 及 0.960。为此如改用底流消能方案，以发挥基岩抗力，并靠护坦压重增加层面抗剪强度，则值可提高很多。如朱庄水库底流方案 K 值比挑流方案提高 2 倍以上。但采用底流消能方案投资较高，且工期增长，故只有当坝基地质条件十分不利的条件下，才宜采用。当基岩地质条件较好，而受软弱夹层分割时，可将坝趾处软弱夹层开挖去一部分，用深齿墙或锚固桩承担剪应力，并充分发挥岩基抗力。试验表明这种加固措施的效果较显著，例如大黑汀水库大坝采用了锚固桩加固方案，其 K 值比加固前提高了 2 倍。但锚固桩加固方案，施工度汛较困难，故仅在个别坝段采取此种加固措施。当水库已建成蓄水，而因坝基软弱夹层发生变异，使帷幕遭到破坏，这种情况下进行加固处理是较困难的，双牌水库大坝的加固措施是；一方面进行帷幕补强，以降低扬压力；一方面延长挑流鼻坎，使冲刷坑远离坝趾，同时在鼻坎延长段采用预应力钢丝束锚固措施，以提高夹层的抗剪强度。

综上所述，对于具有软弱夹层的岩基重力坝，加固措施的主要原则是尽量发挥基岩抗力，提高层面的抗剪强度。在选择加固方案时，要根据当地的地质和施工条件，灵活掌握，因地制宜，综合处理，才能获得显著效果。

以下通过几个工程实例，对重力坝抗滑稳定的加固措施做一简要介绍。

1. 坝基软弱结构面的加固（筱溪重力坝）

筱溪水电站重力坝，坝址区地质构造复杂，共有 11 条断层通过枢纽主体建筑物基础，其中顺河向区域性的筱溪—大乘山压扭性断层（F1）纵切坝基河床中部。F1 断层倾向左岸，倾角 $67°\sim78°$，破碎带宽达 100m 左右，加上次生断层的作用，破碎及影响带宽达 180m，而坝址河床宽仅 210m，主厂房的 4 个机组段和 8 个溢流坝段几乎均落入断层及断层破碎带内。F1 断层破碎带力学强度极不均一，承载力和变形模量很低。采用加大坝基面宽度、帷幕线上移、加强下游排水、将坝基面开挖成倾向上游的逆坡面、利用下游消力池、导墙等结构、固结灌浆等措施后，仍不能完全解决抗滑稳定安全问题。

溢流坝共 8 孔，孔中分缝，共 8 个坝段，全长 142.5m，布置在河床中央及左侧。通过体型调整，各溢流坝段的抗剪断安全系数仍不满足规范要求，而且相差很大，依靠再增加底宽难度很大，而且底宽与扬压力成正比，基岩的凝聚力又较小，难以取得理想的效果。从基岩的组成和分布看，采用大面积换基，造价高，施工难度大；若采用预应力锚索，在这种断层充填物中，其锚固端难以选择，岩体变形模量小，应力松弛问题难以解决，断层太宽且直立，锚入两岸也不现实。

参照意大利 Tirso 坝的经验，在可靠的现场试验数据支持下，筱溪在 1～7 号溢流坝段坝基设置了 $3\phi32mm@2m$ 的系统锚筋桩。锚筋桩设计参数为：3 根 $\phi32mm$ 的 II 级螺纹钢筋点焊成束，钢筋接长采用钢套筒连接，锚筋长束 12m，入岩深 10.5m，外露 1.2m，设置灯泡头钢筋笼和锚固板，钻孔孔径 $\phi130mm$，孔斜倾向上游 $15°/25°$（隔排布置），孔口设 ϕ140mm 长 1.5m 的钢套管，全断面水泥砂浆灌、封孔。锚筋倾角是在兼顾施工条件的同时，获取最佳加固效果为目标而决定的。

2. 大坝坝体裂缝的处理（大化水电站重力坝）

大化水电站于 1993 年进行第一次大坝安全定期检查，经现场检查发现，右岸 3 号重力坝段廊道的底板，拱顶及上游面均有裂缝出现。在厚为 3.0m 的廊道底板上裂缝沿坝轴线方向几乎贯穿整个坝段（缝宽为 0.1～0.5mm），用超声波探明的深度已达 1.6m，并可能会裂穿至基础。廊道拱顶上游侧也有一条类似裂缝（缝宽为 0.3～0.5mm），有贯穿坝段的趋势，且与上游坝面起坡处的一些间断的水平裂缝（缝宽 0.1mm 左右）在位置上相对应。这些裂缝发生于坝体折坡处的较薄弱部位，使坝体整体性受到削弱。为保证工程的安全运行，需研究该坝段裂缝的性质和处理措施。

若廊道底部裂缝裂至基岩，顶部裂至坝面，就会将坝体分割为上游块和下游块，可能影响坝体的整体受力而失稳，必须对 3 号坝采取工程措施，确保工程安全。根据计算结果分析，采用以下措施进行处理：先进行结构补强，对有可能发展为基础贯穿裂缝的底板加厚 0.5m 混凝土，并按廊道底截面拉应力图形配两层抗裂钢筋，以限制廊道底和廊道顶裂缝的发展，保持坝体的整体性。配筋量为每米 10ϕ28，钢筋两端分别伸进廊道壁内100cm（采用钻孔回填砂浆锚固之）。对上游面裂缝和廊道顶裂缝在上游折坡处加一层混凝土以加强薄弱的部位。在采取结构措施的同时，对所有裂缝作缝面嵌堵及钻孔环氧灌浆。其他网状裂缝，由于大部分在设计洪水位以上，这部位裂缝暂不作处理。

3. 坝体层面抗滑加固

如早期碾压混凝土重力坝由于在施工质量控制上缺少经验，施工质量较差，坝体多存在胶结不良的层面。一方面这些层面有较强的渗透性，成为大坝渗漏的主要通道；另一方面这些层面物理力学指标较低，坝体抗滑稳定安全度不足。为了解决重力坝坝体渗漏和坝体抗滑稳定安全度不足两方面的问题，有必要对重力坝坝体加固处理及抗滑稳定进行分析研究。

对水库碾压混凝土重力坝坝体渗漏和抗滑稳定安全度不足两方面的问题，需要对坝体进行防渗加固和结构加固处理。加固处理方案由新建上游混凝土防渗面板、坝体补强灌浆和下游坝面贴坡混凝土 3 个部分组成。新建上游混凝土防渗面板 C25 混凝土厚度为0.80m，面板分缝间距为 17m，缝内设铜片止水 1 道。对坝体进行补强灌浆，在坝轴线下游 5.25m、7.25m、40.00m 和 45.00m 处设置 4 排灌浆孔，孔距 2.00～3.00m，灌浆材料采用普通水泥。对下游坝面进行贴坡混凝土处理，C20 混凝土厚度为 0.30m。

新建上游防渗面板可同时达到坝体防渗加固和结构加固的目的，坝体补强灌浆以大坝防渗加固为主，同时也改善了碾压混凝土层面的物理力学性能；下游坝面贴坡混凝土具有结构加固作用。

4. 重力坝断面优化措施（石河水库重力坝）

石河水库重力坝根据重力坝设计规范关于抗滑稳定安全系数和坝踵应力的规定，存在坝体应力和抗滑稳定不满足规范问题。为此在加固方案设计中，考虑上下游有水压荷载、上游坝面有折坡、上游坝面有泥沙压力、坝底扬压力呈折线分布等情况下，设计出使得重力坝满足应力和抗滑稳定的最优断面。通过抗滑稳定和应力复核，最后确定的加固方案如下：

1）上游加固

上游贴坡加固。在坝体上游侧底部加厚 4.0m，顶部加厚 4.0m，上游坡比仍为 1∶0.1，坝顶宽度由原来的 5.0m 变为 9.0m，下游坡不变化。贴坡采用混凝土结构，兼有压重和防渗功能，表层设钢筋网。混凝土与原坝体之间设置直径 25mm 的锚杆，锚杆深入原坝体 2m，锚杆间距为 1.5m。贴坡混凝土底部嵌入基岩，通过锚筋与基岩连接。

上游贴坡及坝基帷幕。在坝体下游侧底部加厚 4.0m，顶部加厚 4.0m，下游坡比仍为 1∶0.69，坝顶宽度由原来的 5.0m 变为 9.0m，上部折坡点高程变为坝顶高程 58.4m，下部折坡点高程仍为 21.4m。上游坡不变化，折坡点高程仍为 56.0m。

对坝体及坝基进行固结灌浆以增强其整体性，共布设灌浆孔 5 排，排距为 6m，孔距为 4m，孔深入基岩 3m。在坝体上游混凝土防渗墙处设置坝基防渗帷幕，帷幕深入基岩总长为 1724m，单排布设，孔距为 1.5m。

2）下游加固

下游贴坡。坝体在下游侧底部加厚 4.0m，顶部加厚 4.0m，下游坡比仍为 1∶0.69，坝顶宽度由原来的 5.0m 变为 9.0m，上部折坡点高程变为坝顶高程 58.4m。上游坡不变化，折坡点高程仍为 56.0m。贴坡混凝土与原坝体之间设置锚杆，锚杆直径为 25mm，深入坝体 2.0m，间距为 1.5m。新浇筑混凝土与原砌石坝面接合，拆除下游坡面的砌石表层使之成为阶梯状。

下游贴坡及坝基帷幕。坝体在下游侧底部加厚 3.0m，顶部加厚 3.0m，下游坡比仍为 1∶0.69，坝顶宽度由原来的 5.0m 变为 8.0m。贴坡材料、措施与下游贴坡方案相同，上游坡不变。对坝体及坝基进行固结灌浆以增强其整体性，共布设灌浆孔 5 排，排距为 6m，孔距为 4m，孔深入基岩 3m。在坝体上游混凝土防渗墙处设置坝基防渗帷幕，帷幕深入基岩总长 1724m，单排布设，孔距为 1.5m。

下游贴坡及上游防渗膜。在坝体下游侧底部加厚 1.0m，顶部加厚 1.0m，下游坡比仍为 1∶0.69，坝顶宽度由原来的 5.0m 变为 6.0m，上游坡不变化。

上游坝面铺设 3mm 厚 PVC 防渗膜，以增强坝体的抗渗性，坝踵设置 3m×3m 的混凝土压重平台，在平台顶做防渗膜，同时对坝基帷幕灌浆，帷幕单排布设，孔距为 1.5m，孔深为 24m。

4.2　大坝渗漏治理

大坝的渗漏安全问题，在水库大坝的整体安全中占有重要地位。据国内外大坝失事原因的调查统计，因渗漏问题而失事的比例仅次于洪水漫顶，高达 30%～40%。对土石坝而言，渗漏水流出浸湿土体降低其强度指标外，当渗透力大到一定程度时将导致坝坡滑动、防渗体被击穿、坝基管涌、流土等重大渗流事故，直接影响大坝的运行安全。对于混凝土大坝，坝基扬压力的大小关系到大坝的抗滑稳定及受力安全；两岸坝肩渗透压力（地下水位）的高低关系到坝肩岸坡岩体的抗滑稳定安全。带有侵蚀性的渗流对建筑物和坝基的可溶物质造成侵蚀，影响结构安全问题。此外，过大的渗漏损失也将减少工程效益。因此，大坝渗漏治理是水库大坝工程除险加固中一项非常重要的工作。本节针对不同的大坝渗漏类型和技术难点，介绍了常用的处理材料、工艺及技术以及典型的工程应用案例，为类似的渗漏问题治理提供了借鉴。

4.2.1 存在的关键技术问题

由于工程施工结构形式多样、工序繁多、管控各异，易出现各种质量缺陷，因此缺陷导致渗漏经常出现，施工造成的缺陷处理上难易不一。随工程运行时间的延长，工程出现老化、结构变形、运行扰动、环境条件改变等均可能导致渗漏发生、发展。渗漏治理的目标相对明确，主要是及时发现渗漏，分析原因，合理处理，恢复结构防渗功能，确保工程安全运行。根据渗漏发生的部位分类，可以将大坝渗漏分为坝基渗漏、坝体渗漏两类。

坝基渗漏又称坝下渗漏，是指水库蓄水后由于上、下游水头差，使水库中水沿坝基岩石的孔隙、裂隙、溶洞、断层等处向下游的渗漏。多发生在未进行防渗处理或防渗措施不当之处。沿大坝两侧岸坡岩土中的渗漏称为绕坝渗漏。坝基渗漏减低了水库的效益，增大对坝底的扬压力，还可能引起坝基岩土体潜蚀，导致坝基失稳。当坝基渗漏或绕坝渗漏的水量很大时，不仅会造成库水的流失，而且会对坝基产生渗透压力，对岩土中的微细颗粒产生冲刷，对岩土中的可溶部分产生化学溶解等不良作用。为此，修建大坝时要对坝基渗流进行控制，将其不利影响减少到规定的安全范围内。

坝体渗漏主要原因是大坝在筑坝过程中，坝体通过很多次规模的扩建，新、旧坝体连接的位置处置不好，筑坝材料质量不符合要求，工序管控不严，形成渗漏隐患，复杂结构更易发生渗漏隐患。运行期大坝荷载变化、沉降、变形、震动等造成坝体破损，开裂、原止水结构损坏，形成渗漏。

根据坝体类型，混凝土坝、土石坝、面板坝、沥青混凝土心墙坝等渗漏病害特点也各有不同，表现为如下：

针对混凝土坝，大坝渗漏病害特点包括：由于坝体混凝土浇筑密实性差，抗渗能力低等因素形成的大面积潮湿或洇湿；坝体孔洞或贯穿裂缝导致的集中渗漏；坝基或坝肩岩体破损和帷幕灌浆失效导致出现的坝基和绕坝渗漏；坝基不良地质体引起的大坝抗滑稳定性和长期渗透稳定性问题；混凝土原材料选择不当、温度应力、基础不均匀沉降变形、钢筋锈胀等引起的混凝土裂缝；止水结构损坏导致大坝横缝、纵缝等变形缝出现渗漏。混凝土坝渗漏治理的关键一方面是改善坝基力学和渗透稳定性，另一方面是通过工程措施从源头上封堵渗漏和渗漏通道。

针对均质土坝、黏土心墙坝等坝型，大坝渗漏病害特点为：坝基清基不彻底或坐落在裂隙发育的基岩上等导致的坝下游出现渗漏；坝体或防渗体因填筑质量差导致压实度及渗透性不满足规范要求，或防渗反滤设施不完善导致大坝下游坝脚和坝坡出现渗漏；防渗体与刚性建筑物出现接触渗漏等。土坝或土质心墙坝渗漏治理的关键是通过工程措施新建或恢复防渗体系，使坝体浸润线降低，截断渗漏路径，减少渗漏量，避免坝体和坝基出现渗透破坏。

针对面板堆石坝，大坝渗漏病害特点为：坝基及坝肩岩溶渗漏；坝体面板、止水结构破坏导致渗漏；趾板基础坐落在破损岩体上，且灌浆不满足规范要求，导致的绕趾板渗漏。面板堆石坝作为一种新坝型，在运行中出现的面板脱空、面板结构性裂缝、止水结构破损、垂直缝挤压破坏等结构性破坏最终的变现形式为大坝渗漏，无法维持渗透稳定时垫层料细颗粒将被带走，导致面板的受力状态进一步恶化，结构性破坏加剧，最终威胁大坝安全。面板堆石坝渗漏治理的关键是恢复面板和止水防渗体系，并对面板支撑结构进行加固。

针对沥青混凝土心墙坝，防渗体位于大坝中部，厚度较薄，上下游设置过渡料区，大坝渗漏病害特点为：基础渗漏；沥青混凝土心墙因施工质量、层面处理措施不到位、坝体变形等导致破坏，从而大坝出现渗漏；沥青混凝土心墙与基岩接触段渗漏。因沥青心墙较薄，且难以恢复，沥青混凝土心墙坝出现渗漏后，常常需要在防渗体上游新建或恢复防渗体系。因此，如何在过渡料内采取工程措施形成防渗体是大坝渗漏治理的关键。

针对沥青混凝土面板坝，面板缺陷主要表现为：面板局部隆起、流淌鼓包、面板裂缝、表面封闭层玛碲脂流淌、鼓包、破损、脱空、与刚性建筑物连接部位面板开裂等。

4.2.2 大坝渗漏治理技术

4.2.2.1 坝基防渗墙处理

我国对防渗墙施工机具、施工工艺、墙体材料、仪器埋设和检测手段等方面开展了系统的研究。其应用范围也从单一的坝基防渗扩展到病险库处理、围堰施工等领域，克服了孤石、强漏水等复杂地质条件的技术瓶颈，其深度从月子口的 20m 提高到西藏旁多的 158.47m。经过 60 年的发展，我国的防渗墙施工技术有了极大的飞跃。

1. 成槽机械

成槽（孔）机械是防渗墙施工的主要设备，而成槽（孔）机械的状况又是地下连续墙施工技术水平的主要标志。我国目前已形成了多种形式的适用不同地层和施工要求的、高工效的钻机、机具体系。

目前先进高效的地下连续墙成槽（孔）机械主要有抓斗、液压铣槽机、多头钻和旋挖（或冲抓）桩孔钻机等，其中应用最广的抓斗，我国已拥有百余台，成为地下连续墙成槽的主力设备。液压铣槽机是一种最先进的地下连续墙成槽机械，其成槽精度高，效率高。我国自 1997 年首次从德国宝峨（BAUER）公司引进了一台 BC30 型液压铣槽机并在三峡工程中使用，该设备已成功应用于三峡二期围堰、四川冶勒水电站等工程。

中国水利水电基础工程局率先研制出 CZF 系列的冲击反循环钻机，工作效率比老式冲击钻机提高 1～3 倍，目前冲击式反循环钻机的成墙最大深度已达 110m（四川冶勒水电站）。20 世纪 90 年代末，国家加大了对堤防和病险水库治理的投入，而薄型混凝土防渗墙是为了满足大堤防渗和病险水库坝基、坝身防渗加固这一特定要求而推出的一种新型防渗结构。多种薄型或超薄型地下连续墙（防渗墙）成槽机械因此应运而生。薄型防渗墙成槽（孔）机械主要有：射水法造墙机、链斗式挖槽机、振动沉模机、振动切槽机等。此外，薄型抓斗防渗墙也广泛应用于堤防工程以及病险水库工程中。中国水利水电基础工程局于 1998 年研制了 WY-300 型薄型液压抓斗，在该型号薄型液压抓斗研制成功后，该局又相继研制了不同型号的薄型液压抓斗，以及 BSD-300 薄型钢丝绳抓斗。

西藏旁多水利枢纽超深防渗墙工程中使用的施工设备代表了我国现阶段防渗墙施工机具的先进水平。该工程中的主要施工设备如下：（1）HS875HD 重型钢丝绳抓斗。最大提升力 60t，杆长 50m，斗体重 20t，具备 200m 深槽施工能力。（2）HS843HD 钢丝绳抓斗。最大提升力 50t，实际杆长 19m，施工时最大深度达 149.3m。（3）CZ-A 或 ZZ-6A 型冲击钻。钻头达 8t，最大冲程 1m，施工时最大深度达 210m。（4）YBJ-800/960 型大口径液压拔管机。

2. 成槽工艺

20 世纪 60、70 年代由于冲击式钻机的广泛使用，主要应用钻劈法进行成槽造孔。随着成槽机械的不断丰富、发展，各种成槽工艺也不断出现，如纯抓法、纯铣法、锯槽法、振动切槽法等。纯抓法和纯铣法是随着液压抓斗以及液压铣槽机这两种成槽机械出现的。南京长江第四大桥工程中粉质黏土、砂层、粉砂层采用了纯铣法进行成槽施工，液压铣槽机在覆盖层中的进尺速度一般为 15～18m/h（40～50m²/h）；孔形和垂直度均一次性合格，孔斜率小于 1/400，满足设计要求。

锯槽法是指锯槽机利用泥浆固壁，锯槽机锯条上下往复锯切土体形成连续槽孔。该方法开槽连续可以保证墙体的连续性，且功效较高、地层适应性广，可在粉土层、黏土层、砂层以及卵砾石等地层施工，具有极大的推广价值。

振动切槽法是将矩形切刀通过振管连接振动锤，依靠振动锤的振动将切刀沉入土层进行成槽。在切刀沉入和提升的同时，通过振管中的通道将浆液喷出，形成水泥浆槽。若干个水泥浆槽连接形成连续的防渗墙。该技术适用于标贯（63.5kg）N≤18 的土层，造墙深度一般在 25m 以内，厚度 5～25cm。

对于复杂地层，单一成槽机械往往效果不佳。而采用多种成槽机械施工的组合工艺具有单一工艺不可比拟的优点。如长江三峡二期上游围堰防渗墙就采用了"铣、抓、钻"、"铣、砸、爆"综合施工方案。1959 年建成的冶源水库副坝，由于施工质量差，被列为全国第二批病险库，在对冶源水库副坝进行加固处理时采用了冲、抓相结合的工艺。该工程在深 14m 左右有一层 3m 厚的胶结砾岩，液压抓斗无法抓取，采用冲击钻打穿该层，再由液压斗进行抓取。冲、抓结合的工艺弥补了冲击钻功效低下、液压抓斗对地层适应性差的缺点。

3. 接头处理

一个质量合格的接头应当具有足够的搭接长度并且接缝夹泥很少，满足渗透稳定和结构强度要求。防渗墙接头种类很多，有钻凿法、接头管法等。接头管本质上是混凝土地下滑动模板，其工作机理与滑模类似，目前国内起拔最大深度已达 158m。

4.2.2.2 坝基防渗灌浆处理

1. 帷幕灌浆技术

对于原帷幕深度不够或孔距过大而引起的渗漏，应加深原帷幕或加密钻孔。对于断层破碎带垂直或斜交于坝轴线造成的渗漏，除在该处适当加深加厚原帷幕外，还可以根据破碎带结构情况增设钻孔，进行固结灌浆。对于坝体与基岩接触不良造成的渗漏，可采用接触灌浆处理。对于排水不畅或堵塞的情况，可设法疏通，必要时增设排水孔以改善排水条件。排水可降低扬压力，但会增加渗漏量，对有软弱夹层的地基容易引起渗漏变形，要慎重对待。

有的低坝无帷幕设施，渗漏的处理亦应查明地质的施工情况，采用补做帷幕或接触灌浆处理。对于断层破碎带和溶洞引起的漏水，也可放空水库，在渗漏进口部位采用铺盖或混凝土塞防渗，但铺盖或混凝土塞必须与周围岩石或透水性小的土层连接，形成封闭防渗层，以取得较好的效果。采用黏土铺盖时，必须注意做好反滤设施。

帷幕灌浆施工技术是水工建筑物基础防渗处理的主要手段。水利工程基础防渗处理的目的就是为了减少水利工程基础的渗漏量，降低基础扬压力，控制基础渗流梯度，防止水利工程基础的渗流破坏。水工建筑物基础进行帷幕灌浆处理是目前最有效的水利工程基础防渗方法。但需要特别说明的是，大坝进行帷幕灌浆主要还是处于防渗目的，而非渗漏治理。若坝基防渗墙出现渗漏，则目前还没有特别有效的治理方法。

帷幕灌浆施工的主要技术要求一般应包括以下4个方面：

（1）要根据设计提供的设计资料，进一步查清帷幕灌浆实地的工程地质与水文地质情况。

（2）要进行工程现场的灌浆试验，通过现场灌浆试验结果检验设计方案的灌浆效果。现场灌浆试验的目的是通过不同的灌浆方法、孔距、压力、材料、排距、质量标准及检查方法，比较试验方案的效果，确定施工方案。

（3）在试验的基础上确定帷幕灌浆的施工轴线位置、帷幕排数、帷幕深度以及帷幕长度。

（4）根据试验结果，制定符合实际的帷幕灌浆检查方案和补强加固措施。

水泥是帷幕灌浆所使用的主要胶凝材料。帷幕灌浆所采用的水泥品种，应严格根据设计确定的环境水的侵蚀作用和灌浆目的确定。通常情况下，帷幕灌浆所采用的水泥为普通硅酸盐水泥。当有特殊要求时，应采用抗酸水泥或其他类特种水泥。帷幕灌浆所用水泥的品质必须符合《通用硅酸盐水泥》GB 175或所使用其他水泥的标准的规定。帷幕灌浆所用水泥的强度等级为P·O32.5或以上。灌浆用水泥应妥善保管，严格防潮并缩短存放时间，不得使用受潮结块的水泥。

对于透水率较大或渗透性较好的坝基岩体，一般采用普通水泥或超细水泥灌浆处理即可解决。但是对于泥化夹层、破碎带、层间层内错动带、蚀变岩等低渗透性复杂岩体或对渗透性要求高的防渗帷幕，水泥灌浆难以达到处理要求时，则需要采用化学灌浆材料这一类真溶液进行灌注，或者结合水泥对大缺陷进行封堵再采用化学灌浆材料进行灌浆处理即水泥-化学复合灌浆技术。

目前，我国在化学灌浆技术领域里取得了突出的成绩，先后研发出水玻璃类、环氧树脂类、甲基丙烯酸酯类、丙烯酸盐类、丙烯酰胺类、脲醛树脂类、铬木质素类、聚氨酯类等多种化学灌浆浆材品种。

环氧树脂是水工建筑物坝基防渗加固中用得最多的化学灌浆材料，具有粘结力高、在常温下可以固化、固化后收缩小、机械强度高和耐热性、稳定性好等优点。针对大坝不良地质体水头高、破坏梯度大、细粒含量高、渗透系数小、微细裂缝密集、性状差异大等技术难点，用于其防渗补强加固的环氧树脂灌浆材料应满足以下要求：①固结体具有较高的力学强度，可抵抗水压等荷载作用；②浆液需具有良好可灌性和浸润渗透性；③固结体应具有较高的粘结强度，不会在高水头下发生挤出破坏等失效现象；④材料健康环保，对施工人员和环境无毒无害。

丙烯酸盐灌浆材料则主要适用于坝基岩石裂隙的堵水防渗。具有黏度低、可灌入细微裂隙、凝胶时间可以控制、渗透系数较低、固砂体抗压强度较大等特点，且材料实际无毒，符合环保要求。

与此同时，国内各单位也研制了各种配套化学灌浆装备，如HGB系列化学灌浆设备等。随着防渗补强加固化学灌浆材料的开发、应用和推广，作为化学灌浆的关键设备——化学灌浆泵也亟待提升，主要针对其密封性、泵体结构、控制方式、智能化模块化等方面开展研究及改进，需要新的技术支撑：

(1) 压力稳定精控流量的化学灌浆泵应用需求量大；

(2) 必须满足灌浆施工中的最大灌浆压力要求；

(3) 灌浆装备智能化，模块化要求高，必须性能稳定；

(4) 要求设备灵活，适应不同工况，施工迅速、效果明显、操作简单；

(5) 接触化灌浆材部件拆装清洗方便。

其中，化学灌浆设备的自动化、智能化引起工程界的重点关注，目前国内已取得较好的工作进展。如，长江科学院研发出压力、时间、流量三参数控制的CW系列高低压智能化学灌浆泵，具有压力稳定可调、自动精确计量、动态流量智能化自动控制等优点，有效提升了灌浆施工过程的精细控制程度。

通过化学灌浆材料、工艺与装备的不断发展，逐渐形成了一套较为完善的坝基不良地质体水泥化学复合灌浆技术，尤其适用于细微裂隙发育、可灌性较差的坝基岩体处理。所谓水泥化学复合灌浆，就是依靠水泥灌浆提高复杂岩体的弹性模量、封堵较大的岩体裂隙，再利用化学浆液的浸润渗透性填充水泥灌浆难以达到的部位，增强复杂不良地质体的整体性和强度。通过二者复合，既充分利用水泥浆材强度高、耐久性、价格低和无毒等优点，又充分发挥化学灌浆材料可灌入微细裂隙、凝固时间可控，可满足工程防渗、止水、补强等多种要求。目前该方法已是地基及基础断层破碎带、软弱夹层和泥化夹层的灌浆加固处理中的主要处理方法，水泥灌浆填充封堵大的裂隙及孔洞，为化学灌浆提供一个相对封闭、完整的受灌区域，化学灌液利用其良好的渗透性和浸润性，对微细裂隙和软弱断层岩体进行渗透固结，使地层形成一个密实、完整的受力体，达到加固和防渗的效果。

水泥-化学复合灌浆中的水泥灌浆技术及工艺与普通水泥灌浆相同，但根据所处理的地质缺陷的特点，可采用普通水泥浆液进行异孔复合，如大岗山水电站坝基辉绿岩高压水泥-化学复合灌浆试验中采用了普通水泥异孔复合，通过普通高压水泥灌浆现场良好的封闭区域，在区域内进行高压化学灌浆，实现对辉绿岩微细裂隙的化学灌浆加固。而对于低透水性软弱夹层和破碎带的处理，大量采用了同孔水泥-化学复合灌浆技术，所用水泥浆材为湿磨细水泥浆，如三峡工程F215断层破碎带水泥-化学复合灌浆试验和后续F1096、F1050断层处理施工，以及金沙江向家坝水电站挠曲核部破碎带和挤压破碎带复合灌浆试验，都采用了湿磨细水泥"小孔径灌浆，孔口封闭，孔内循环，自上而下分段灌浆"技术进行同孔复合灌浆。

复合灌浆中的化学灌浆一般采用纯压式（又称填压式）灌浆技术，因为化学浆液是真溶液，且化学反应不可逆。根据化学灌浆阻塞方法可分为孔口阻塞和孔内阻塞，两种方法各有利弊。孔口阻塞能有效防止孔内绕浆和串浆现象，还可实现下段灌浆对以上各段进行一次性复灌，有利于提高灌浆效果，但该方法孔占浆太多，浆液浪费严重，且增加钻孔扫孔工作量。采用孔内阻塞法可减小浆液浪费和减少钻孔扫孔工作量，但存在阻塞难度大、孔内绕浆和串浆风险大、设备投入大等缺点。随着孔内阻塞和监测技术的发展，孔内绕浆及串浆事故都可以较早发现，同时处理措施也日渐完善。因此，多数化学灌浆施工尤其是深孔化学灌浆都采用孔内阻塞技术。

根据化学灌浆施工中灌浆孔钻进及分段灌注的次序，又可分为自上而下分段化学灌浆和自下而上分段灌浆。自上而下分段灌浆是最常采用的化灌方法，其灌浆风险小，阻塞相对容易，但钻孔工作量大，存在浆材浪费；自上而下分段灌浆风险高，阻塞难度大，但施工速度较快，功效更高，应根据工程实际情况结合现场灌浆处理试验选择调整。

2. TRD 工法

TRD（Trench Cutting & Re-mixing Deep Wall Method，以下简称 TRD 工法），即渠式切割水泥土连续墙工法技术，由日本神户制钢所与东绵建机（株）于 1993 年联合开发成功。该工法通过 TRD 主机将多节箱式刀具（由刀具立柱、围绕刀具立柱侧边的链条以及安装于链条上的刀具组成，见图 4.2-1）插入地基至设计深度，在链式刀具（链条以及安装于其上的刀具）围绕刀具立柱转动作竖向切削的同时，刀具立柱横向移动并由其底端喷射切割液和固化液；由于链式刀具的转动切削和搅拌作用，切割液和固化液与原位置被切削的土体进行混合搅拌，如此持续施工而形成等厚度水泥土连续墙。

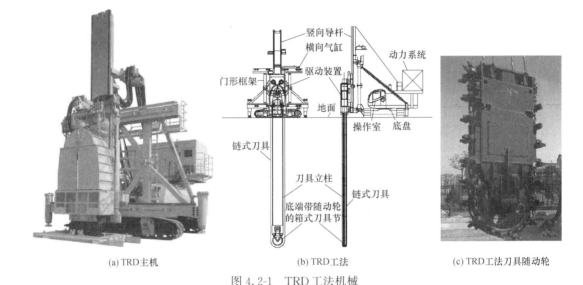

(a) TRD 主机   (b) TRD 工法   (c) TRD 工法刀具随动轮

图 4.2-1　TRD 工法机械

TRD 工法是在 SMW 工法基础上，针对三轴水泥搅拌桩桩架过高，稳定性较差，成墙垂直度偏低和成墙深度较浅等缺点研发的新工法。该工法中的多节箱式刀具一经插入土中，即可持续无接缝在地基中横向运动，形成相同厚度的墙体，是真正意义上的"墙"而绝不是"篱笆"。其防渗效果优于柱列式连续墙和其他非连续防渗墙。TRD 工法通过刀具立柱的横向移动和链式刀具的竖向切削搅拌，对土体同时进行水平向切削和垂直向混合搅拌，墙体性质更为均一。该工法适用于建（构）筑物的基坑围护、基础工程、止水帷幕等（图 4.2-2），主要适用范围如下：

（1）基坑围护。地铁车站、盾构竖井、地下道路及公共用沟等开挖以及坑壁支护等；铁路和高速公路路基边坡防护、堤坝加固工程。

（2）基础工程。港湾堤防、高速公路、地铁站工程的地基加固、液化或软弱地基土的改良；建筑物周边抗滑和防沉降措施。

（3）止水帷幕。核反应堆、核废料、垃圾填埋场渗滤液等污染源的密封隔断，江河湖海、水库等的堤坝护岸以及地下水位以下的港湾设施，针对地下潜水和承压水的隔水帷幕，水利设施（如大坝）的防渗芯墙等。

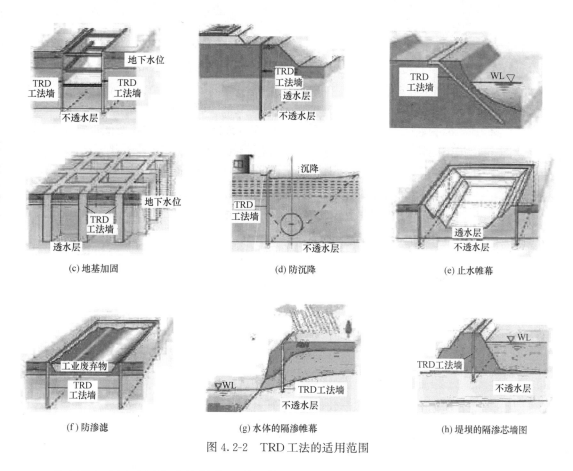

(c) 地基加固   (d) 防沉降   (e) 止水帷幕

(f) 防渗滤   (g) 水体的隔渗帷幕   (h) 堤坝的隔渗芯墙图

图 4.2-2　TRD 工法的适用范围

当水泥土连续墙用作支护结构承受土体的水平侧向压力（即用作坑壁支护）时，可在水泥土连续墙中插入型钢、工字钢、薄板构件等芯材，以增加连续墙的强度和刚度。

TRD 工法目前已广泛应用在各类建筑工程、地下工程、护岸工程、大坝、堤防的基础加固和防渗处理。由 TRD 工法施工的渠式切割水泥土连续墙墙体最大深度已达 54m，切割的岩石抗压强度标准值达 8.8MPa。浙江省率先进行 TRD 工法实践，2012 年发布并施行了浙江省工程建设标准《渠式切割水泥土连续墙技术规程》DB33/T 1086、2013 年国家行业标准《渠式切割水泥土连续墙技术规程》JGJ/T 303 依次发布，规程的编制和发行有助于促进渠式切割水泥土连续墙工法的进一步工程实践。

1. 原理

TRD 工法技术通过箱式刀具自身向下开挖，由 TRD 主机一次性组装多节箱式刀具至地基中所需要的深度；成墙过程中，箱式刀具保持初始的插入深度和刀具长度不变，均匀扫过被切割的土体，直至终点。TRD 主机工作时，竖向导向架的驱动轮旋转并带动链式刀具运动围绕刀具立柱做相应的旋转。

刀头底板上的刀头随着链条由上至下或由下至上转动，被切割的土体跟随链条作垂直运动直至带出地面，并在刀具立柱的另一侧又被带入地下。与此同时，底端随动轮底部喷出切割液和固化液（水泥浆）。由于链条的转动，被切割松散的土壤混合着切割液或固化液形成漩涡并产生对流，与固化液在原位进行混合搅拌，从而形成竖向较为均匀的混合加固土。

竖向导杆在门形框架上下两个横向油缸的推动下沿横向架滑轨移动，带动驱动轮及箱式刀具水平走完一个行程后，解除压力成自由状态。主机向前开动。相应的竖向导杆及其上的驱动轮回到横向架的起始位置，开始下一个行程，如此反复运行直至完成全部水泥土连续墙的施工，形成一步施工法，见图4.2-3。具体成墙步骤如下：

① 主机施工装置连接，直至带有随动轮的箱式刀具抵达待建设墙体的底部；

② 主机沿沟槽的切削方向作横向移动，根据土层性质和切削刀具各部位状态，选择向上或向下的切削方式；切削过程中由刀具立柱底端喷出切削液和固化液；在链式刀具旋转作用下切削土与固化液混合搅拌；

③ 主机再次向前移动，在移动的过程中，将工字钢芯材按设计要求插入已施工完成的水泥土连续墙中，插入深度用直尺测量，此时即完成了一段水泥土连续墙的施工。

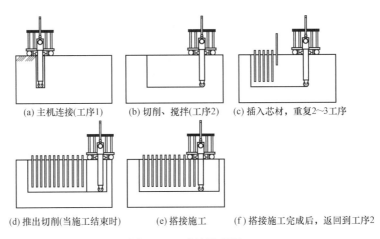

(a) 主机连接(工序1)　(b) 切削、搅拌(工序2)　(c) 插入芯材，重复2~3工序

(d) 推出切削(当施工结束时)　(e) 搭接施工　(f) 搭接施工完成后，返回到工序2

图 4.2-3　成墙流程图一

在箱式刀具水平走完一个行程，解除压力成自由状态后，也可根据土质条件和搅拌的均匀程度，选择反向运动，进一步切割已搅拌过的土体，获得更高的搅拌均匀度，形成三步施工工法，见图4.2-4。

可见，根据施工机械是否反向施工以及何时喷浆的不同，TRD工法可分为一步、二步、三步三种施工法。一步施工法在切割、搅拌土体的过程中同时注入切割液和固化液。三步施工法中第一步横向前行时注入切割液切削，一定距离后切割终止；主机反向回切（第二步），即向相反方向移动；移动过程中链式刀具旋转，使切割土进一步混合搅拌，此工况可根据土层性质选择是否再次注入切割液；主机正向回位（第三步），刀具立柱底端注入固化液，使切割土与固化液混合搅拌。二步施工法即第一步横向前行注入切割液切割，然后反向回切注入固化液。

两步施工法施工的起点和终点一致，仅在起始墙幅、终点墙幅或短施工段采用，实际施工中应用较少。一般多采用一步和三步施工法。三步施工法搅拌时间长，搅拌均匀，可用于深度较深的水泥土墙施工；一步施工法直接注入固化液，易出现链式刀具周边水泥土固化的问题，一般可用于深度较浅的水泥土墙的施工。

根据土质条件、墙体深度以及防渗要求可选择不同的施工工法以及切割液、固化液的

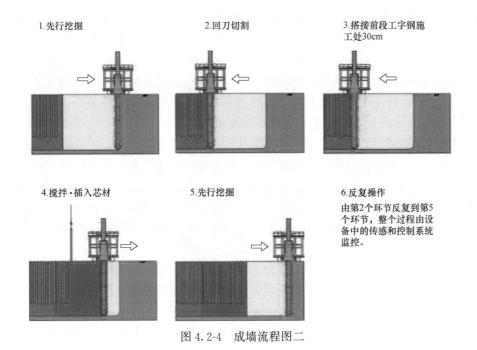

1.先行挖掘　　　　　　2.回刀切割　　　　　　3.搭接前段工字钢施
　　　　　　　　　　　　　　　　　　　　　　　　　工处30cm

4.搅拌·插入芯材　　　　5.先行挖掘　　　　　　6.反复操作
　　　　　　　　　　　　　　　　　　　　　　　由第2个环节反复到第5
　　　　　　　　　　　　　　　　　　　　　　　个环节，整个过程由设
　　　　　　　　　　　　　　　　　　　　　　　备中的传感和控制系统
　　　　　　　　　　　　　　　　　　　　　　　监控。

图 4.2-4　成墙流程图二

喷射时间。一般墙体深度浅或土层强度低时，采用切割、搅拌、混合一步完成的一步施工法；墙体深度深，土层强度高及墙体防渗要求高时，采用主机经往、返、往三步完成切割、搅拌、混合施工的三步施工法，容易保证施工质量。

由于 TRD 工法独特的施工工艺，其形成的等厚度水泥土墙是真正意义上的"连续墙"。因此，TRD 工法水泥土连续墙的防渗效果优于柱列式连续墙和其他非连续防渗墙。在渗透系数较大的土层且地下水流动性较强的潜水含水层中，TRD 工法水泥土连续墙作为止水帷幕，可有效阻隔渗流，具有较大的优势。当存在承压水突涌的可能时，采用 TRD 工法水泥土墙可有效切穿深层承压含水层，大大降低承压水突涌以及降水不可靠带来的工程安全风险。当深度较深，墙体抗弯、抗剪不满足要求时，可选择在墙体内插入芯材。芯材一般选用 H 钢或工字钢。植入的芯材可大大增加成墙墙体的刚性，从而避免因水泥土与混凝土的强度差异而造成的不安全因素。

2. 适用的范围

1）适用的深度

TRD 工法技术的切割设备理论上可在地基中任意接长，而地面机架高度恒定，一般不超过 13m。因此，墙体的深度完全不受地面机架高度的影响。根据现有的 TRD 工法施工机械，理论成墙深度为 60m。深度加深后，墙体施工难度增大，质量控制要求提高，机械的损耗率大大增加。相应的，TRD 主机的施工功率、配套辅助设备均应提高或加强。目前，国内实际工程的成墙深度约为 50m。当成墙深度超过 50m 时，应采用性能优异的机械，通过试验确定施工工艺和施工参数。

2）适用的土层

TRD 工法适用于人工填土、黏性土、淤泥和淤泥质土、粉土、砂土、碎石土等地层。对于复杂地基、无工程经验及特殊地层地区，应通过试验确定其适用性。

TRD 工法的刀具系统可切穿砂卵石、圆砾层，切割硬质花岗岩、中风化砂砾岩层。目前已有其成功切割混有 800mm 直径砾石的卵石层以及单轴抗压强度约为 5MPa 基岩的工程实例。但当切削卵石层及单轴抗压强度接近 5MPa 的基岩时，施工速度极其缓慢，刀头磨损严重。因此，施工中必须切削硬质地基时，需进行试成槽施工，以确定施工速度和刀头磨损程度，以备施工中及时更换磨损的刀头。当卵石层中混有的砾石含量较多时，且直径大多超过 100mm 时，应预先进行试成槽施工。

切割地层含有硬塑的黏土层时，应调整切割液配比和施工速度，采取措施防止黏土黏附于刀具系统，阻碍链式刀具的旋转和切割；同时也可采用事先引孔的措施，减少机械切割的阻力。

当土层有机质含量大，如含有较多有机质的淤泥质土、泥炭土、有机质土，或地下水具有腐蚀性时，水泥土硬化速度慢，强度低而质量差。此时，固化液应掺加一定量的外加剂，减小有机质对水泥土质量的影响，确保水泥土的强度。

寒冷地区应避免在冬期施工。确需施工时，应防止地基冻融深度影响范围内的水泥土冻融导致的崩解。必要时，可在水泥土表面覆盖养护或采取其他保温措施。

粗砂、砂砾等粗粒砂土地层，地下水流动速度大，承压含水层水头高时，应通过试验确定切割液和固化液的配比。如掺加适量的膨润土等以防止固化液尚未硬化时的流失，而影响工程质量。

我国东北、西北、华中和华东广泛分布黄土，黄土多具湿陷性。因其土颗粒表面含有可溶盐，土层结构具有肉眼可见的近乎铅直的小管孔；一旦遭受水的浸湿，土颗粒表面的可溶盐溶解，在自重应力和附加应力共同作用下，细颗粒土向大孔隙滑移，导致地面沉陷。TRD 工法水泥土连续墙施工时水灰比大，在湿陷性黄土地基施工时，必须考虑施工期间地基湿陷引起的危害。湿陷性土层采用 TRD 工法时，应通过试验确定其适用性。同样对于膨胀土、盐渍土等特殊性土，也应结合地区经验通过试验确定 TRD 工法水泥土连续墙的适用性。

杂填土地层或遇地下障碍物较多地层时，应提前充分了解障碍物的分布、特性以及对施工的影响，施工前需清除地下障碍物。

总之，TRD 工法在流塑的淤泥质黏土、粉质黏土、粉土和 N 值约为 70 击的粉细砂层中具有良好的实用性和经济性。岩层硬度较大时，施工过程中需使用特殊刀具且其损耗大，相对施工周期慢。特殊性地层应谨慎选用，含障碍物地层的障碍物应清除。

3. 施工场地承载力要求

渠式切割机重量重且机架系统单边悬挂于主机上，距离开挖沟槽越近，地基的承载越重。渠式切割机为连续切割、搅拌作业，成墙长度长，施工时对周边土体将产生一定的扰动。因此，渠式切割机施工作业前应复核地表土层的地基承载力是否满足使用要求，以防施工期间场地地基稳定性不足，造成上部沟槽坍塌，对周边环境产生不利影响。一旦施工位置的地基产生沉陷或失稳问题时，将导致渠式切割机主机下沉，施工中的刀具系统变形而产生异常应力，并最终影响施工精度与工程进度，严重时导致设备损坏。除此以外，起重机起吊和拔出刀具立柱时，表层地基尤其是近沟槽部位的压应力最大。此时，也应复核场地地表土层的地基承载力是否满足使用要求。

因此，场地路基的承载力、平整度应满足渠式切割机平稳度、垂直度和起重机车平稳行走、移动的要求，需要对渠式切割机、起重机履带正下方的地基承载力进行复核。一般需在沟槽部位铺设钢板，分散机械重量引起的竖向压力；必要时需对沟槽两侧进行地基处理。

4. 沟槽开放长度

TRD主机切割土体以及固化液未硬化阶段，开挖的沟槽侧壁需承受机械荷重以及周边的施工荷载。当沟槽两侧仅铺设钢板时，应分析钢板产生的压应力分散作用，确保地基的承载力满足要求。此时，沟槽侧壁仅由槽内混合浆液压力保持稳定，见图4.2-5。混合浆液压力需满足下式：

$$r_s h_s > E_a$$

式中　r_s——开挖沟槽内混合浆液的相对密度；

　　　h_s——开挖沟槽内混合浆液的液面高度；

　　　E_a——开挖沟槽一侧的主动土压力。

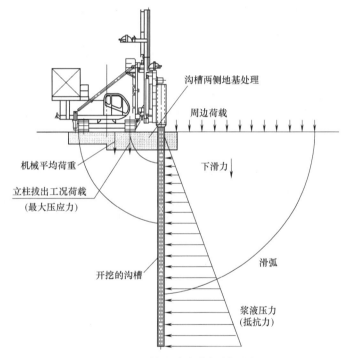

图 4.2-5　槽壁稳定分析剖面图

切割、搅拌土体形成的混合浆液未硬化时的最大沟槽长度称为开放长度。开放长度应根据周边环境、水文地质条件、地面超载、成墙深度及宽度、切割液及固化液的性能等因素，通过试成墙确定，必要时进行槽壁稳定分析。

开放长度越长，待施工的墙体长度一定时，机械回行搭接切削的次数越少，效率越高；但越长对周边环境的影响越大。邻近场地周边有待保护的建（构）筑物或其他荷载时，需要对开放长度进行现场试验和分析，必要时应对其加以限制以确保安全施工。

除周边施工荷载外，TRD主机设备荷重为最重要的沟槽顶部加载。成槽施工时，TRD主机设备总重量为TRD主机和刀具系统重量之和，其中刀具系统需扣除其在混合浆液中的浮力。刀具立柱越长，TRD主机作用在地表的压应力越大。对于具体工程，刀具立柱拔出时，刀具拔出部位浮力为零，刀具系统重量增加；同时主机机身还受到上拔的反作用力。因此，刀具立柱上拔工况 TRD 主机施加的地基压应力最大。

槽壁稳定性分析是连续墙施工需解决的课题。可采用的稳定性分析方法有梅耶霍夫经验公式法、基于圆弧滑动破坏的稳定系数法和三维模型分析法。

成墙的开放长度一般不宜超过 6m。

5．检测与检验

渠式切割水泥土连续墙的质量检验应分为成墙期监控、成墙检验和开挖期检查三个阶段。主要如下：

1）成墙期监控

该阶段包括：检验施工机械性能、材料质量，检查渠式切割水泥土连续墙和型钢的定位、长度、标高、垂直度，切割液的配合比，固化液的水灰比、水泥掺量、外加剂掺量，混合泥浆的流动性和泌水率，开放长度、浆液的泵压、泵送量与喷浆均匀度，水泥土试块的制作与测试，施工间歇时间及型钢的规格、拼接焊缝质量等。

2）成墙检验

该阶段包括：水泥土的强度与连续性等。墙身水泥土的强度和抗渗性能，强度和抗渗性能指标应符合下列要求：

（1）墙身水泥土强度采用试块试验确定。试验数量及方法：按一个独立延米墙身长度取样，用刚切割搅拌完成尚未凝固的水泥土制作试块。每台班抽查 1 延米墙身，每延米墙身制作水泥土试块 3 组，可根据土层分布和墙体所在位置的重要性在墙身不同深度处的三点取样，采用水下养护测定 28d 无侧限抗压强度。

（2）重要工程宜根据 28d 龄期后钻孔取芯等方法综合判定。取芯检验数量及方法：按一个独立延米墙身取样，数量为墙身总延米的 1％，且不应少于 3 延米。每延米取芯数量不应少于 5 组。钻取墙芯应采用双管单动取芯钻具。钻取桩芯得到的试块强度，宜根据芯样的情况，乘以 1.2～1.3 的系数。钻取芯样后留下的空隙应注浆填充。

对于重要工程，建议采取试块试验和钻芯取样方法综合确定；一般可优先考虑试块试验和根据 28d 定期强度综合判定；有条件时，还可在成墙 7d 内进行原位试验等作为辅助测试手段。目前在水泥土强度试验中，几种方法都存在不同程度的缺陷，试块试验不能真实地反映墙身全断面在土中（水下）的强度值，钻孔取芯对芯样有一定破坏，无侧限抗压强度偏低；而原位测试的方法目前还缺乏大量的对比数据建立强度与试验值之间的关系。因此，重要工程建议采用多种方法检定水泥土强度。

（3）墙体渗透性能应通过浆液试块或现场取芯试块的渗透试验判定。由于渠式切割水泥土连续墙墙体渗透系数较小，因此一般常水头渗透试验和变水头渗透试验确定渗透系数比较困难，建议采用三轴试验进行渗透试验。

4.2.2.3　混凝土坝坝体渗漏治理

1．渗漏部位引排

渗漏引排是大坝渗漏治理中被广泛使用的工艺，适用于渗漏对建筑物结构稳定没有影响，且通过灌浆等封堵方式无法取得良好治理效果的情况。引排的做法有刻槽埋管引排（暗排）、埋管引排（明排）、泄压口、减压井等。

2．裂缝渗漏灌浆处理

混凝土裂缝是混凝土结构由于内外因素的作用而产生的物理结构变化，是混凝土结构物承载能力、耐久性及防水性降低的主要原因。混凝土坝表面裂缝容易形成应力集中，成为深层裂缝扩展的诱发因素。与大气、库水和河水相接触的坝面上的表面裂缝，将影响混凝土的抗风化能力和坝体的耐久性。因此，混凝土坝一旦出现裂缝必须通过调查、检测进行成因分析，进而对裂缝进行处理。在分析判断裂缝是否需要修补和补强加固，或采取其他措施时，应依据《混凝土坝养护修理规程》SL 230 中的规定。

深层裂缝和贯穿性裂缝等内部裂缝的存在会降低混凝土工程的强度和完整性，同时也可以导致钢筋的诱蚀从而缩短混凝土工程的使用寿命，必须进行灌浆处理，以达到防渗堵漏和加固补强的目的。常用的灌浆材料有水泥和化学材料。水泥灌浆是处理裂缝补强的常规方法，由于一般裂缝宽度较小且不规则，缝面粗糙不利于行浆，因此，水泥灌浆一般用于宽度大于 2mm 的裂缝。裂缝宽度小于 2mm 的细缝可采用化学灌浆。对于死缝灌浆可选用水泥浆材、环氧浆材、高强水溶性聚氨酯浆材等偏刚性灌浆材料；活缝可选用弹性聚氨酯、弹性环氧等具有较好变形适应性的灌浆材料。

根据坝体裂缝成因分析及处理原则，对于伴有渗水的裂缝，不论其开度如何，必须先进行灌浆封堵处理；对于不渗水的裂缝，开口最大宽度<0.2mm 的裂缝可以不进行内部灌浆直接进行表面封堵，开口宽度>0.2mm 的裂缝需先进行内部灌浆，然后进行表面封堵、防护。对于必须进行灌浆封堵的开度<0.2mm 的裂缝，应采取化学材料缓慢渗透的方法进行封闭。

高性能的裂缝修复灌浆材料是保障混凝土裂缝修复质量和效果的重要前提。针对混凝土深层微细裂缝的防渗补强需求，常以环氧树脂作为裂缝灌浆材料，要求其浆液具有较小的黏度和可灌性，常用的环氧树脂本身黏度较大，因此关键的问题是尽可能地降低其黏度，同时又必须使固化物具有所需的各种性能。为此，环氧类裂缝灌浆材料配方设计原则主要应满足：(1) 要求浆液黏度低，可灌性好；(2) 适宜的操作时间；(3) 浆材固结强度高；(4) 耐久性好；(5) 毒性低；(6) 在潮湿和水中具有较好的物理力学性能，符合《混凝土裂缝用环氧树脂灌浆材料》JC/T 1041 中的各项技术要求。材料凝结时间的具体使用，应根据实际灌浆的注入量和灌浆压力的大小，经过现场试验确定。根据混凝土缺陷性状不同，建议选择不同黏度的环氧树脂灌浆材料。例如，0.2mm 以下的裂缝宜选用低黏度（小于 30MPa·s）的环氧树脂灌浆材料，0.2mm 以上的裂缝宜选用中等黏度（小于 200MPa·s）的环氧树脂灌浆材料，以保证浆液能够灌满裂缝。

针对较大渗漏量的混凝土深层裂缝防渗堵漏需求，聚氨酯等具有快速固化止水特性的灌浆材料更为适用。用灌浆设备将聚氨酯灌浆材料灌入混凝土裂缝或疏松多孔性基材中时，NCO 预聚体与缝隙表面或疏松基材中的水分接触，发生扩链交联反应，最终在混凝土缝隙中或基材颗粒的孔隙间形成有一定强度的凝胶状固结体。聚氨酯固化物中含有大量的氨基甲酸酯基、脲基、醚键等极性基团，与混凝土缝隙表面以及土壤、矿物基材颗粒有很强的粘结力，从而与之形成整体结构，起到了堵水和提高地基强度等作用。另外，在相对封闭的灌浆体系中，反应产生的二氧化碳会形成很大的内压力，推动浆液向基材的孔隙、裂缝深入扩散，使多孔性结构或裂缝完全被浆液所填充，增强了堵水效果。浆液膨胀受到限制越大，所形成的固结体越紧密，抗渗能力及压缩强度越高。

裂缝化学灌浆施工首要根据原有设计要求对裂缝进行勘察和分析，确定灌浆孔。然后钻孔、洗孔、埋设灌浆管。沿裂缝凿宽、深 5~5cm 的 V 形槽，并清洗干净，在槽内涂刷基波，用砂浆或聚合物止水材料嵌填封堵，进行灌浆前要进行压水检查。灌浆结束封孔时的吸浆量应接近于 0，在进行灌装时要根据裂缝类型的不同使用不同的灌浆方法，垂直裂缝和倾斜裂缝灌浆应从深到浅、自下而上进行；接近水平状裂缝灌浆可从低端或吸浆量大的孔开始。具体的施工工艺参见《水工建筑物化学灌浆施工规范》DL/T 5406。

结构缝渗漏可认为是坝体渗漏的一种，同样可以采取化学灌浆的方式进行处理，但也要考虑到结构缝渗漏的特殊性。在《混凝土结构工程施工质量验收规范》GB 50204 中对结构缝有如下定义：结构缝系指为避免温度胀缩、地基沉降和地震碰撞等而在相邻两建筑物或建筑物两部分之间设置的伸缩缝、沉降缝和防震缝等的总称。而在《混凝土结构设计规范》GB 50010 中对其定义为：根据结构设计需求而采取的分割混凝土结构间隔的总称。无论定义如何，结构缝是天生存在的，设计在内的，而非后天产生的。其在设计阶段就考虑了防渗的需要，在其内部已经设置了止水结构。结构缝发生渗漏，说明原止水结构遭到破坏，或者止水材料和混凝土的粘接脱开，形成绕渗通道，导致渗漏。治理结构缝渗漏，一方面要严格参考施工图，钻孔时深度和角度应设置合理，不得破坏止水结构；另一方面，渗漏处理完毕后的固结体还应该能够取代原止水结构，发挥伸缩、沉降、防震等随形作用。所以在材料选择上以固结后为弹性体的材料为主，如聚氨酯、密封胶等。

3. 坝体表面防水防渗处理

采用表面防水抗渗封闭的方法进行防护修复处理，以提高大坝工程安全性和耐久性。大坝混凝土表面防水防渗材料的一般要求主要包括以下几个方面：（1）工作性能：必须满足施工的性能要求，与施工工艺相匹配的操作性；（2）力学性能：对于力学修补材料一般要求具有不低于基体的强度（抗压、抗拉、抗折强度）、与基材有足够的粘结强度，对于非力学修补对强度就没有很高的要求；（3）耐久性能：必须有良好的耐久性，如抗渗性、抗冻性、耐磨性和耐腐蚀性能，在有害介质作用下不发生鼓胀、溶解、脆化和开裂等现象，根据不同的环境条件和耐久性损伤类型宜分别具有抗碳化、抗渗透、抗氯离子和硫酸盐侵蚀、保护钢筋的能力。除此以外还包括经济性和相容性。

水工混凝土表面防护材料按照作用机理不同，可以分为浸渍渗透型和表面涂层型材料两类，其中浸渍渗透型防护材料常用的有硅烷浸渍剂、渗透结晶型材料等，表面涂层型防护材料常用的有聚脲涂层、环氧涂层、氟碳涂层以及聚氨酯涂层等。这些材料长期暴露在大气、水下或水位变化区，加之我国大坝服役环境的复杂性和多样性，尤其在高海拔、严寒、强紫外、大温差等严苛服役环境下，对防水抗渗材料的各项物理力学性能的适应性尤其是耐久性提出了更高的要求。以下主要介绍几种应用较为典型的大坝混凝土表面防水抗渗材料及配套防渗方案。

（1）混凝土坝面涂刷（或喷涂）聚脲防渗层处理

混凝土坝面涂刷（或喷涂）聚脲防渗层的处理方案一般是对坝面混凝土进行基面处理后，涂刷（或喷涂）不小于 2mm 厚的聚脲弹性体材料。

聚脲防渗涂层施工工序为：混凝土表面清理打磨、清洗、腻子修补孔洞、涂刷底涂、涂刷或喷涂聚脲材料、养护。

喷涂聚脲弹性体材料的典型性能技术指标见表 4.2-1。该工艺属快速反应喷涂体系，原料体系不含溶剂、固化速度快、工艺简单，可很方便地在立面、曲面上喷涂几十毫米厚的涂层。

喷涂聚脲弹性体材料的主要性能 表 4.2-1

序号	项目	技术指标	序号	项目	技术指标
1	固含量	≥95%	5	撕裂强度	≥40kN/m
2	凝胶时间	10s	6	硬度,邵氏 D	40~50
3	拉伸强度	≥15MPa	7	附着力(潮湿面)	≥2MPa
4	扯断伸长率	≥300%			

刮涂型聚脲目前使用较为普遍，其可操作性时间可控，而且耐久性更为优异。如，长江科学院的 CW 系列新型水免疫聚脲材料、中国水利水电科学研究院的 SK 单组分刮涂聚脲等。其中，CW 系列水免疫聚脲防渗材料是在脂肪族聚脲材料的基础上，采用分子结构设计手段，并添加无机纳米材料和活性稀释剂研制而成双组分慢反应聚脲，其性能参数见表 4.2-2。SK 单组分刮涂聚脲由含异氰酸酯-NCO 的高分子预聚体与经封端的多元胺（包括氨基聚醚）混合，并加入其他功能性助剂所组成，材料的性能要求见表 4.2-3。它具有比聚氨酯更好的抗紫外和日光暴晒性能，耐久性能优异；具有 −45℃ 的低温柔性，能适应高寒地区的低温环境，尤其是能抵抗低温时混凝土开裂引起的形变而不渗漏；防渗能力强，伸长率大，适用于处理混凝土伸缩缝、裂缝、抗渗及抗冲磨等方面的缺陷。

CW 系列水免疫聚脲抗渗涂层主要性能参数 表 4.2-2

检测项目		性能参数
外观	A 组分	均匀不分层
	B 组分	久置后颜填料下沉 上层液体均匀无团聚
干燥时间(表干,min)		30~45
抗拉强度(MPa)		>15
断裂伸长率(%)		≥300
粘结强度(28d,MPa)		≥3.0
撕裂强度(28d,N/mm)		≥40
抗冲磨强度(h/(kg/m²),72h 水下钢球法)		>70
低温柔性		不开裂

SK 单组分刮涂聚脲性能要求 表 4.2-3

序号	项目	性能要求
1	表干时间(h)	≤4
2	拉伸强度(MPa)	≥15
3	断裂伸长率(%)	≥350
4	撕裂强度(N/mm)	≥40
5	低温弯折性(℃)	≤−45
6	不透水性(0.4MPa·2h)	不透水
7	黏结强度(MPa)	≥2.5

（2）混凝土坝面涂刷环氧防渗层处理

环氧树脂具有常温固化，渗透性佳，固化后抗压和抗拉强度高，粘结能力强，以及能抵抗酸、碱、溶剂侵蚀的特点，是一种较好的防水抗渗涂层材料，在国内外得到广泛的应用。但传统芳香族环氧树脂存在耐候性差，易黄变等缺点，长期受到外界紫外光照射、气温温差变化以及空气氧化等作用后，性能显著降低，从而影响长期服役效果。

（3）混凝土坝面涂刷水泥基渗透结晶型防水材料

水泥基渗透结晶型防水材料一般是以硅酸盐水泥或普通硅酸盐水泥、精细石英砂（或硅砂）等为基材，掺入活性化学物质（催化剂）及其他辅料组成的一种新型混凝土表面防护与修复材料，主要适用于混凝土大坝迎水面、背水面及廊道等部位的缺陷修复与防护。作为无机材料，不存在老化问题，且与混凝土基面粘接强度高，从而达到永久刚性防水效果。

水泥基渗透结晶型防水材料通过涂刷于混凝土基层表面，与水作用后，材料中含有的活性化学物质通过载体向混凝土内部渗透，在混凝土中形成不溶于水的结晶体，填塞毛细孔道，从而使混凝土致密、防水，所形成的结晶体不会老化，当混凝土内部出现裂缝、活性物质再遇水时仍能够被激活，反应产生新的晶体，使混凝土裂缝能自我修复；同时，水泥基渗透结晶防水材料因其材料自身的特性，可以与基层混凝土之间的形成良好的粘结强度，且作用在混凝土基面的防水涂层也具有很好的防裂抗渗作用，使得材料可以达到双层防水的功效。

其施工工序为：基层处理、基面湿润、制浆、涂刷水泥基渗透结晶型防水材料、保湿养护、检验验收。

4.2.2.4 土石坝坝体渗漏治理

土质防渗体大坝渗漏治理的关键是新建或恢复防渗体系，工程中常用的方法有：混凝土防渗墙、高压喷射灌浆、劈裂灌浆、土工膜防渗、沥青混凝土面板防渗等。

1. 混凝土防渗墙

混凝土防渗墙加固方法，就是沿土石坝的坝轴线方向建造一道混凝土防渗墙。防渗墙可建在坝体部分，也可深入到基岩以下一定深度，以截断坝体和坝基的渗漏通道。混凝土防渗墙加固的优点是适应各种复杂地质条件；可在水库不放空的条件下进行施工；防渗体采用置换方法，施工质量相对其他隐蔽工程施工方法比较容易监控，耐久性好，防渗可靠性高。

我国最早使用混凝土防渗墙对大坝进行防渗加固的是江西柘林水库黏土心墙坝，之后又在丹江口水库土坝加固中得到应用。早期防渗墙主要采用乌卡斯钻机施工，施工速度较慢，费用较高。随着施工技术的发展，特别是液压抓斗的使用，使得成墙速度提高，费用降低。目前，混凝土防渗墙已广泛应用于病险水库加固中。

2. 高压喷射灌浆

先用钻机钻孔，将喷射管置于孔内（内含水管、水泥浆管和风管），由喷射出的高压射流冲切破坏土体，同时随喷射流导入水泥浆液与被冲切土体掺搅，喷嘴上提，浆液凝固。土石坝的高压喷射灌浆防渗加固，就是沿坝轴线方向布设钻孔，逐孔进行高压喷射灌浆，各钻孔高压喷射灌浆的凝结体相互搭接，形成连续的防渗墙，从而达到防渗加固的目的。

高喷灌浆最初主要用于粉土层和砂土层的防渗，近年来在砂砾层中也有许多成功应用。高压喷射灌浆优点是不需要降低大坝高度形成大的工作平台，施工速度较快；缺点是不同地层条件选用的施工技术参数不同，并需要经过现场试验确定，对施工队伍的经验要求较高；防渗体的整体性能上不如混凝土防渗墙，且不能入岩，在黏土地层中防渗体强度较低，耐久性差；深度超过40m后，防渗体容易开叉。

3. 劈裂灌浆

劈裂灌浆是在土坝沿坝轴线布置竖向钻孔，采取一定压力灌浆将坝体沿坝轴线方向（小主应力面）劈开，灌注泥浆，最后形成5～20cm厚的连续泥墙，从而达到防渗加固的目的。同时，泥浆使坝体湿化，增加坝体的密实度。劈裂灌浆不仅起到防渗加固作用，也可加密坝体。该加固方法的优点是施工简便，投资省。缺点是：一般只适用于坝高50m以下的均质坝和宽心墙坝，并要求在低水位进行；灌浆压力不易控制，可能导致灌浆过程中坝体出现失稳、滑坡；有时灌入坝体中的泥浆固结时间较长，耐久性较差；劈裂灌浆与基岩和刚性建筑物接触处防止接触冲刷存在难度；对施工队伍的经验要求较高。

4. 土工膜

土工膜防渗加固是在上游坝坡铺设土工膜，使坝体达到防渗要求。土工膜具有较好的防渗性能和适应坝体变形能力，近年来广泛应用于土坝防渗加固。土工膜加固的优点是柔性好，能适应坝体变形；施工方便，速度快，造价省。缺点是施工时需要放空水库；抗老化性能不如混凝土等材料；规范规定用于挡水水头超过50m的大坝需要进行专门论证。

5. 沥青混凝土面板防渗

沥青混凝土面板防渗加固方法，就是在土石坝上游面加铺沥青混凝土防渗面板，以对大坝原有防渗体（如土质斜墙，或均质土坝等）的渗漏缺陷进行补救或修复。这种加固方法需注意应对坝体不均匀沉陷、局部塌坑等缺陷，同时需要做好沥青混凝土面板与坝基、两岸齿墙之间的防渗接头，对于软基上的土石坝需做好与上游基础防渗体的连接，这些部位将直接关系到加固工程的效果。沥青混凝土防渗面板加固的优点是，可以适应下卧层表面及接头部位较大的不均匀沉陷，同时如果不均匀沉陷过大导致沥青混凝土面板也出现缺陷，还可以比较容易地对新缺陷进行修补加固。

我国最早使用沥青混凝土防渗面板对大坝进行防渗加固的是河南林州南谷洞水库的壤土斜墙堆石坝，加固前由于坝体不均匀沉陷较大造成壤土斜墙多处出现塌坑，导致大坝渗漏严重。1979年在大坝上游面采用沥青混凝土防渗面板进行了防渗加固。由于坝体沉陷较大，沥青混凝土面板的岸边接头仍发生渗漏，导致沥青面板局部出现塌坑，加之当时沥青混凝土面板自身也发生流淌等缺陷，之后又对沥青面板缺陷进行了数次修补加固，最后一次修补加固于2004年实施完成。目前，南谷洞水库沥青混凝土面板堆石坝仍在正常运行。

4.2.2.5 面板堆石坝坝体渗漏治理

据不完全统计，国内100m级的面板堆石坝中，渗漏量超过1000L/s的共计10座，比例高达12.5%。国外坝高100m以上、渗漏量超过1000L/s的面板堆石坝多达10座以上。其中肯柏诺沃、阿瓜密尔帕、三板溪、巴拉格兰德、天生桥一级等面板堆石坝伴随大坝渗漏均出现了面板裂缝、挤压破坏、面板脱空等病害。大坝通过防渗体长期渗漏，面板支撑体——垫层料中的细颗粒可能被渗漏水流带走，导致垫层疏松，进而恶化面板支撑条件、增大接缝位移，使大坝渗漏加剧。面板堆石坝的混凝土面板（含止水结构）与堆石体（含垫层、过渡层）之间在结构安全性上互为依托相辅相成，因此加固上必须综合治理，即：疏松垫层加密→脱空处理→破损面板修复→裂缝处理→止水修复，以保证面板与堆石体之间的整体性。

1. 疏松垫层加密灌浆技术

垫层料位于面板下部，它既是防渗面板的基础，又是坝体防渗的第二道防线，而作为面板基础是其最基本、最重要的功能。面板破损及止水缺陷部位，因渗漏水流作用，将垫层区内的细颗粒带走，垫层疏松，使得面板失去可靠支撑，面板出现更大范围的裂缝、塌陷等破坏。株树桥和白云面板堆石坝塌陷面板下均检测出垫层料出现疏松。

疏松垫层的处理主要包括缺失垫层修补和加密灌浆。对于大面积垫层料缺失，应首先采用满足规范的级配垫层料进行填补压实；小面积缺失则采用级配垫层料中掺5%～8%（重量比）的水泥拌和而成的改性垫层料填补。垫层料填补后宜对其压实度进行检测，如采用核子密度仪或无核仪检测。

加密灌浆处理可采用两种灌浆方式：①在面板表面钻铅直孔灌浆；②在坝顶沿垫层平行斜孔进行灌浆。自下而上分段对脱空部位进行灌浆充填。灌浆浆液宜采用水泥、粉煤灰浆液，要求灌注后的垫层料干密度$\geq 2.2g/cm^3$。

2. 面板脱空充填灌浆技术

混凝土面板与堆石体材料特性的差异较大，施工过程中后续坝体填筑及蓄水的影响，当垫层料与面板不能协调变形时，面板与垫层会发生脱空，使面板失去支撑。面板脱空充填灌浆方式与垫层加密灌浆类似，包括：①在面板表面钻铅直孔灌浆；②在坝顶沿面板底面钻斜孔进行灌浆。灌浆前采用地质雷达对面板进行脱空检测确定脱空灌浆区域，并通过现场灌浆试验优化浆材配比和灌浆参数。脱空灌浆原则上采取自流式灌浆。

垫层脱空灌浆材料要求浆液流动性好、稳定性高、强度适中，根据类似工程经验，选用粉煤灰水泥砂浆作为灌浆材料，结石强度1～2MPa，且浆材流淌性好，能形成均匀的支撑体。面板脱空灌浆完成14d后，可采用地质雷达和钻孔等方式对灌浆效果进行检测。

3. 破损面板修复

面板塌陷、破碎是导致大坝渗漏最直接的原因，对大坝安全的威胁最大。破损面板修复前需将破损面板拆除，常用人工风镐凿除，但其效率低，上下交叉作业影响大。白云水库破损面板拆除中，采用了先进高效的电动液压切割机拆除技术，先用切割机将破损混凝土面板切割为1m×1.5m的混凝土块，然后逐块拉到坡底，再破碎后运走，大大提高了破损混凝土面板拆除效率。

新老混凝土结合部位凿成台阶状，原混凝土钢筋保留搭接长度与新浇混凝土钢筋焊接。结合面上部增设顶部止水结构。为确保混凝土面板满足防渗要求，又要求适当增大面板刚度，新浇混凝土面板厚度与该部位原面板等厚，根据受力情况可采用双层双向配筋。混凝土强度根据原混凝土面板强度检测确定，尽量与原面板混凝土的现状强度相当。垂直缝挤压视破坏深度采用凿除接缝混凝土后重新浇筑混凝土的方式进行处理，并可配置钢筋以提高抗挤压性能。

4. 面板裂缝处理技术

对于密集裂缝多采用柔性处理,对缝宽超过 0.2mm 的裂缝先进行贴嘴环氧灌浆充填裂缝,然后在裂缝表面进行封闭处理,缝宽小于 0.2mm 的可仅作表面封闭处理。

针对表面处理材料,常用的有柔性防渗盖片、涂刷或喷涂表面柔性防渗材料。柔性防渗盖片以塑性材料(三元乙丙橡胶等)作为防渗主体,并与聚酯无纺布组成复合体以提高防渗盖片强度和抗老化性能。表面防渗材料宜采用耐候性好的柔性防渗涂料,并根据混凝土颜色调整涂料配色,提高混凝土表面美观性。

5. 面板接缝止水修复

中国水利水电科学研究院针对面板坝表层止水的盖板老化与破损、压条锈蚀与螺栓脱落、填料不密实等病害,开发了以 GB 塑性填料专用挤出机与 SK 单组分聚脲涂层为核心的面板接缝止水修复技术,通过开发研制的 GB 塑性填料专用挤出机,实现接缝填料的现场一次挤出成形。同时,采用 SK 单组分聚脲对面板接缝盖板破损部位进行修补,固化后形成全封闭的柔性防渗涂层,与混凝土基面以及已有的盖板粘接成一体,以实现对面板接缝盖板破损部位的有效全封闭(图 4.2-6 和图 4.2-7)。

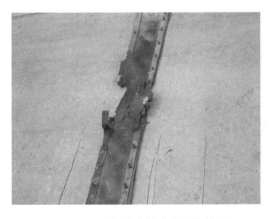

图 4.2-6 破损的表层止水防护盖板

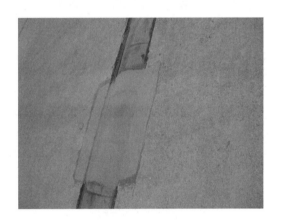

图 4.2-7 SK 单组分聚脲涂层修补后的盖板

4.2.2.6 沥青混凝土心墙坝渗漏治理

根据沥青混凝土心墙坝结构特点,其渗漏治理方案主要包括如下三种:灌浆重构防渗体方案、混凝土防渗墙方案、上游垂直防渗+坝面防渗方案。

1. 灌浆重构防渗体

垂直型沥青混凝土心墙出现缺陷漏水时,可考虑在上游过渡料区进行灌浆防渗处理。坝体灌浆方案考虑在沥青混凝土心墙上游侧过渡料及坝壳料内灌注混合浆液,浆液结石与原沥青混凝土心墙共同形成防渗幕体。根据规范建议砂砾石中灌注水泥黏土浆幕体允许渗透比降和类似工程防渗灌浆的经验,坝体及过渡料灌浆幕体渗透允许比降取为 6~8,考虑坝体挡水时灌浆幕体的水力梯度,确定坝体混合浆液灌浆按 4 排布孔,孔距 1.0~1.5m,梅花形布孔,坝体灌浆幕体要求渗透系数小于 $5×10^{-5}$cm/s。为保证灌浆防渗幕体下基岩及与基岩衔接部位的防渗性能,使之形成完整的防渗体系,在灌浆形成防渗幕体下进行帷幕灌浆。

2. 混凝土防渗墙

混凝土防渗墙是利用钻凿抓斗等造孔机械设备在坝体或地基中建造槽孔，以泥浆固壁，用直升导管在注满泥浆的槽孔内浇筑混凝土，形成连续的混凝土墙，达到防渗目的。为便于成槽、防止漏浆及塌孔、避免破坏原沥青混凝土防渗墙，新设混凝土防渗墙布置于原沥青混凝土心墙轴线上游侧的坝壳料中，墙厚按满足水力梯度设计，墙底部深入弱风化基岩 0.5～1.0m。为保证防渗墙下基岩及墙体与基岩衔接部位的防渗性能，使之形成完整的防渗体系，在防渗墙下进行帷幕灌浆。

3. 上游垂直防渗＋坝面防渗处理

在坝体上游坝脚设置垂直混凝土防渗墙或帷幕灌浆防渗，坝脚以上坝面设置钢筋混凝土面板或复合土工膜坝面防渗。为保证防渗墙下基岩及墙体与基岩衔接部位的防渗性能，使之形成完整的防渗体系，在防渗墙墙底及坝坡周边钢筋混凝土面板或土工膜基座下部进行帷幕灌浆处理。为满足混凝土防渗墙施工要求，需在上游坝坡填筑宽度不小于 12m 的堆石料形成防渗墙的施工平台，混凝土防渗墙沿平台内缘布置，坝面防渗措施底部基座设在防渗墙顶部。该方案施工项目多，需综合考虑施工导流问题。

4.2.2.7 沥青混凝土面板缺陷处理

沥青混凝土面板在施工或运行期间，可能会出现局部破坏，需要进行修补。修补之前，首先要分析沥青混凝土破坏的原因，以便制定相应的处理方案。

1. 基础的处理

沥青混凝土面板是一个防渗结构，它不能单独受力，而是和填筑体联合受力。一旦填筑体被淘刷形成空洞或开裂，将导致沥青混凝土面板开裂。沥青混凝土面板厚度较薄，在设计中必须慎重搞好周边的基础处理，以满足填筑体或基础的渗流稳定的要求。保证填筑体或基础正常工作，沥青混凝土面板的作用才能得以发挥。

如果沥青混凝土面板出现裂缝，首先要检测其下部基础的情况。要将下部垫层局部挖除，按反滤层要求进行回填并夯实。如果基础发生断裂，必要时还要对裂缝进行回填灌浆处理，但灌浆压力要严格计算及控制。

2. 沥青混凝土面板裂缝的修补

大部分情况下沥青混凝土面板裂缝的修补分三种情况，一是面板的微小裂缝；二是面板防渗层未贯穿裂缝；三是沥青混凝土上下贯穿性裂缝。

对于第一种情况采用处理沥青混凝土施工冷缝的方法就可以满足修补要求。即用远红外线设备同时加热裂缝两侧面的沥青混凝土，使表面沥青混凝土温度达到 180℃，再用可加热的振捣锤把裂缝两侧的沥青混凝土击实融为一体，锤击新加热的材料直至达到最终的孔隙率。

对于第二种裂缝，由于裂缝未贯穿防渗层，只需要将裂缝表面进行柔性封闭，防止水渗入裂缝中。可以采用在沥青混凝土裂缝表面涂刷 SK 单组分聚脲复合胎基布的方案。即将沥青混凝土表面的封闭层打磨，露出骨料，涂刷界面剂，界面剂表干后涂刷 SK 单组分聚脲复合胎基布。

对于第三种沥青混凝土裂缝主要原因是基础不均匀变形导致的，修补方法见图 4.2-8，施工工艺如下所述：

（1）沿裂缝方向开槽，槽宽视裂缝宽度决定，一般为 50～100cm，裂缝两侧延长 1m

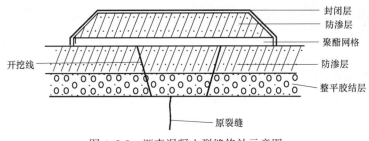

图 4.2-8　沥青混凝土裂缝修补示意图

以上，槽的四周为 45°的斜坡。

（2）将下卧层按原设计处理后，先均匀地涂一层乳化沥青，然后用远红外线设备或其他加热器将沥青混凝土槽的四周充分加热，随后将槽的四周刷一层玛瑞脂，按原设计分层铺设整平铰接层和防渗层，每次铺设厚度小于 4cm，用小型振动碾（或手扶振动碾）压实，直至与周围沥青混凝土表面齐平。

（3）在新铺筑的防渗层表面向四周围扩大 1m 铺设聚酯网格和加厚层，作为加筋材料的聚酯网格置于防渗层与加厚层之间。铺设聚酯网格前，首先在防渗层上均匀地涂一层乳化沥青，将聚酯网格铺上、拉平；然后再均匀地涂一层乳化沥青；最后，摊铺其上的加厚层沥青混凝土防渗层。

（4）加厚层四周的沥青混凝土加工成 45°的斜坡，用小型振动碾将四周捣实。

（5）在修补后的新沥青混凝土表面均匀涂一层玛瑞脂封闭层。

3. 沥青混凝土面板鼓包的修补

沥青混凝土面板鼓包的处理是将鼓包范围内的沥青混凝土全部挖除，再按原设计的层次和使用的沥青混合料，分层填补起来。铺设沥青混合料前要用远红外线加热器将周边加热，以保证接缝处结合紧密。石砭峪沥青混凝土面板鼓包用这种方法处理修补完成后，面板周边基础帷幕灌浆也已经完成，运用中又严格控制库水位下降速度（2m/d），故投入运用后，再无类似事故发生。

4. 沥青混凝土面板与岸坡连接结构连接破坏的修补

首先，在面板与岸坡连接结构的岸墩设计中，必须把岸墩坐落在坚固完整的基岩上，对基岩存在的缺陷应采用固结灌浆或其他加固方法进行处理，提高基岩的抗拉强度，面板与岸墩的连接应采用可释放约束的滑动接头或其他形式接头，以减小面板内部拉力和对岸墩的拖动力。

5. 沥青混凝土面板其他缺陷的修补

对于沥青老化导致的沥青混凝土龟裂、鼓起等破坏，要将已发生破坏部分的沥青混凝土清除，重新摊铺新的沥青混凝土。

对于现场取芯样时留下的孔洞填补，应先将孔洞周边加热，并将其上部周边加工成 45℃左右的圆台型，四周涂抹沥青胶，然后用配比相同的沥青混合料逐层填塞捣实。

4.2.3　典型工程案例

4.2.3.1　溪洛渡水电站层间层内错动带处理

1. 工程简况

溪洛渡水电站是金沙江干流梯级开发的倒数第二个梯级，位于四川省雷波县和云南省永善县相接壤的溪洛渡峡谷，是国家"西电东送"骨干工程，是一座以发电为主，兼有防洪、拦沙和改善下游航运条件等巨大综合效益的工程。溪洛渡水电站枢纽由拦河坝、泄洪、引水、发电等建筑物组成，其中大坝为混凝土双曲拱坝，坝顶高程 610m，最大坝高 285.5m，坝顶中心线弧长 681.51m。电站水库正常蓄水位 600m，死水位 540m，左右两岸布置地下厂房，装机容量达 1386 万 kW，居世界第三。

2. 存在问题

溪洛渡大坝坝基岩体均为二叠系玄武岩，右岸 395～341m 高程主要为 $P_2\beta_5$、$P_2\beta_4$ 层致密状玄武岩和含斑玄武岩，其层间、层内错动带和节理裂隙较发育，尤其 5 层中部的层内错动带集中发育，岩体较破碎透水性较强，易形成透水带。右岸 347m 灌浆廊道（AGR1）基岩裸露段岩性为 $P_2\beta_4$ 层底部含斑玄武岩，无卸荷岩体，缓倾角层内错动发育 67 条，岩体呈次块状结构，嵌合较紧密，节理裂隙较发育，延伸长 2～5m，裂面平直粗糙，轻度锈染，嵌合较紧密。溪洛渡水电站大坝导流底孔下闸蓄水发电后，随着库水位的上升，在 AGR1、AGR2、ADR1 灌浆平洞出现一定渗水现象，且集中渗水量较大，局部有射流喷水现象，蓄水后（水头高达 240 余米）帷幕检查孔涌水，单孔涌水量 60L/min，长期渗水对局部帷幕的长期防渗不利，不利于工程的长久安全运行。因此，于 2014 年对电站右岸高程 395～347m 基础廊道斜坡段和右岸高程 395m 水平廊道段及 AGR2 灌浆平洞桩号 0+080.0m 段等位置进行了加强复合灌浆处理。

3. 解决方案

针对溪洛渡水电站坝基玄武岩层间层内错动带延伸范围大，微裂隙发育，高水头下渗水严重且普通水泥灌浆时吸水不吸浆，其在高水头作用下化学浆液扩散范围难以控制等问题，采用高性能环氧树脂灌浆材料，提出了控制性复合灌浆方法和技术，先用水泥灌浆材料进行灌浆，填充封堵大的裂隙及孔洞，为化学灌浆提供一个相对封闭、完整的受灌区域，增加被灌岩体的结构强度，达到较小的透水率后，再用化学浆液灌注水泥浆灌不进的微细裂隙，并进行较长时间的缓慢浸润渗透，将挤压破碎带和断层影响带等胶结成一个整体，使低渗透性介质基础的物理力学性能得到显著提高，直至达到设计技术要求。

复合灌浆加强处理工程布孔原则为：在原设计两排帷幕孔的洞段，在中间新增 1 排复合灌浆孔；在原设计三排帷幕孔的洞段，在中间排错开原帷幕灌浆孔加密布置一排复合灌浆孔。复合灌浆孔距 2.0m，孔深与相同部位原设计帷幕灌浆孔深一致。

处理工程段长按设计要求执行，第 1 段长 3.0m，中间各段均为 5.0m，最后两段根据混凝土厚度确定。施工采用湿磨细水泥-化学浆液"同孔复合"、"自上而下"分段灌浆的方式，湿磨细水泥灌浆采用孔口封闭式灌浆，化学灌浆采用孔内阻塞纯压式灌浆。灌浆流程为定孔位→钻孔→测斜→灌浆镶管→钻孔、冲洗→压水试验→灌浆→结束。湿磨细水泥灌浆用水泥为普通硅酸盐水泥，强度等级为 42.5，水泥细度要求通过 $80\mu m$ 方孔筛的筛余量不大于 5%，采用 0.5:1 的普通纯水泥浆液经三次以上的湿磨，达设计细度要求后再调稀至设计浓度，经普通搅拌机搅拌均匀后即为可使用的浆液。湿磨细灌浆压力为原帷幕灌浆Ⅲ序孔的灌浆压力，第一段为 3.0MPa，第二段为 4.0MPa，第三段及以下各段为 5.0MPa。根据工程情况和地质条件，湿磨细水泥灌浆压力提升采用分级升压法，浆液浓度一般按由稀到浓逐级变换，在最大设计压力下，注入率不大于 1L/min 后，继续灌注 60min，灌浆即可结束。

湿磨细水泥灌浆结束后待凝12h以上，进行扩孔，扩孔结束后直接进行化学灌浆。当灌前压水试验透水率 $q<2Lu$ 时，直接进行化学灌浆。化学灌浆的主要工序流程包括连接管道、阻塞、压风赶水并充填管孔、配浆、化学灌浆、屏浆、闭浆及拔管清洗、封孔等。化学灌浆材料采用长江科学院研发的 CW510 系环氧树脂灌浆材料，化学灌浆过程以"逐级升压、缓慢浸润"为原则，每段灌浆压力灌浆压力应根据注入率和吸浆量情况，采取低压慢灌的方法逐步升至设计压力，按 4 级进行升压，初始压力不大于最大灌浆压力的 1/3、第二级、第三级及最后级灌浆压力分别为最大压力的 1/2、1/1.25 及最大压力。当注入率低于 0.1kg/min 且持续时间超过 1h 后，升高化学灌浆泵设定压力 0.2~0.3MPa，逐步升压直至压力达到最大设计压力，并在最大设计压力下到结束标准。在最大设计压力下，当注入率小于 0.01kg/min 时，再继续灌注 60min，可结束该段灌浆。若持续灌浆时间超过 72h，则灌浆结束标准适当放宽至 0.05kg/min，继续灌注 60min，可结束该段灌浆。

4. 实施效果

采用水泥化学复合灌浆技术系统解决了溪洛渡水电站在高水头作用下玄武岩层间层内错动带的补强防渗问题，灌后平均透水率均小于 0.5Lu。对灌后芯样进行分析可得出浆液充填饱满、胶结良好，芯样抗压强度 50~103MPa，劈裂强度 4.8~13.6MPa，灌后裸露围岩基本无漏水，有效提高了坝基渗透稳定性和帷幕耐久性，确保了溪洛渡水电站运行安全。

4.2.3.2 云南糯扎渡水电站大坝基础帷幕灌浆

1. 工程简况和存在问题

大坝心墙区帷幕灌浆主要分布于大坝心墙水平廊道、左右岸灌浆廊道和左右岸垫层混凝土上。右岸 660~760m 高程岩土风化破碎，岩层中夹杂软弱泥沙颗粒，其下部有构造软弱岩带及断层通过，河床、左右岸及其他部位属于一般地质条件，岩性花岗岩。

2. 解决方案

根据大坝心墙左右岸地质条件的不同，帷幕灌浆施工采用了干磨细水泥（P·O 42.5）和普通水泥（P·O 42.5）进行灌注。右岸 660~760m 高程破碎带及断层按设计要求进行干磨细水泥帷幕灌浆；河床、左右岸及其他部位按设计要求进行普通水泥帷幕灌浆。

3. 实施效果

通过对单位注灰量的成果分析，各序孔平均单位注灰量逐序递减，符合随着灌浆次序增加，注灰量逐渐减小的一般灌浆规律，说明先序孔灌浆已将大部分裂隙填充，后序孔灌浆进一步填充裂隙，灌浆效果明显。通过压水试验成果分析，根据灌后透水率区间分布情况看出，灌后透水率均小于设计规定的小于 1Lu 的合格标准，合格率 100%，说明帷幕灌浆达到了预期目标。通过岩芯采取成果描述，结合地质情况分析，灌前先导孔大部分孔段岩芯较破碎，岩芯平均采取率低，仅为 62%；灌后风化破碎地质岩层形成整体，岩芯平均采取率显著提高，达 91%，进一步说明帷幕灌浆效果显著。

4.2.3.3 广西龙滩水电站混凝土渗水处理

1. 工程简况

龙滩水电站是红水河梯级开发中的骨干工程，位于广西壮族自治区天峨县境内的红水河上，坝址距天峨县城 15km。工程以发电为主，兼有防洪、航运等综合效益。本工程等别为Ⅰ等，工程规模为大（1）型，工程枢纽布置为碾压混凝土重力坝。泄洪建筑物布置在河床坝段，由 7 个表孔和 2 个底孔组成；左岸布置地下引水发电系统，装机 9 台；右岸布置通航建筑物，采用二级垂直提升式升船机。工程按正常蓄水位 400.00m 设计，初期按 375.00m 建设，电站装机容量分别为 5400MW 与 4900MW。初期 375.00m 建设时，大坝按初期断面施工（水下部分按后期断面一次建成），引水发电系统土建部分除进水口坝段外按 400.00m 设计一次建成，初期安装 7 台水轮发电机组，预留 2 台机组后期安装。

大坝蓄水后，坝体各层廊道均出现不同程度渗漏水现象，主要表现为渗水裂缝、渗水点。大坝 20～21 号坝段基础灌浆廊道结构缝漏水从 2007 年中开始，起初漏水量较小，同年底漏水量有所增加。2008 年漏水量较大，2009 年 2 月、3 月大坝监测公司实测漏水量约为 100L/min，6 月 27 日实测漏水量约为 300L/min，年底灌浆施工前实测渗漏量约为 600L/min，渗漏严重，威胁工程安全。

2. 存在问题

根据检测情况，初步分析大坝 20～21 号坝段结构缝渗漏的原因有以下几方面：

1）多数排水孔在高程 237～239m 左右有漏水现象，该部位的漏水量较大且多数部位存在水平施工缝（裂缝），排水孔内个别部位存在混凝土局部破损和蜂窝现象；

2）从结构缝排水管封堵时坝体排水孔漏水量情况来看，其漏水由坝体结构缝止水破损失效、水平施工缝（裂缝）漏水或混凝土面竖向裂缝等因素引起的可能性均存在，产生漏水的具体原因无法判断；

3）从孔内电视检查发现：坝段结构缝附近坝体排水孔漏水量大且水流较急，说明漏水通道在结构缝或结构缝附近的可能性较大。

3. 解决方案

龙滩水电站混凝土渗水处理分两阶段进行：①大坝廊道内渗水裂缝及渗水点渗漏处理；②大坝 20～21 号坝段结构缝进行渗漏处理。廊道内渗水裂缝处理以防渗为主，结构补强为辅；堵漏与引排相结合的处理方案为对裂缝进行化学灌浆，堵塞混凝土裂隙通道。对廊道内普通渗水裂缝采用堵漏措施，对从结构上无法形成完整封闭空间的渗水裂缝、伸缩缝则采用堵漏与引排相结合的处理方法。

4. 实施效果

大坝廊道内渗水裂缝及渗水点渗漏处理完成后，廊道内渗漏水完全消失，至 2020 年底仍然稳定，效果显著。20～21 号坝段结构缝漏水处理完成后，结构缝漏水量由处理前的 600L/min 降为 1.4L/min，历经 11 年，至 2020 年底仍然稳定，效果显著。

4.2.3.4 云南小湾水电站上游坝面防渗

1. 工程简况

小湾水电站位于云南省大理州凤庆县与南涧县交界处，是澜沧江中下游河段梯级开发电站的第二级。电站总装机 4200MW，正常蓄水位 1240m，死水位 1166m，总库容 150 亿 m^3，为Ⅰ等大（1）型工程。枢纽建筑物由混凝土双曲拱坝、坝身泄洪表中孔及放空底孔、右岸引水发电系统、坝后水垫塘及二道坝、左岸泄洪洞等组成。混凝土双曲拱坝最大坝高 294.5m，坝基最低高程 950.5m，坝顶高程 1245m，坝顶弧长 901.8m，顶宽 12m，坝体共分 43 个坝段，不设纵缝，坝体混凝土方量 853 亿 m^3。工程于 2002 年 1 月正式开工建设，2004 年 10 月截流，2005 年 12 月开始大坝混凝土浇筑，2010 年 3 月大坝混凝土浇筑全线到顶，2009 年 9 月首台机组发电，2010 年 8 月最后一台机组投产发电。

2. 存在问题

小湾拱坝不仅坝高库大、运行水头高、坝址河谷宽（弦高比为 2.85，弧高比为 3.20），且处在高地震烈度区，因此结构的安全性和耐久性极为重要。小湾拱坝模型试验与计算结果均表明，坝踵区应力复杂，部分区域的拉应力水平较高。为减小坝踵的拉应力，在小湾拱坝 17～28 号坝段上游面坝踵设置 10m 深的诱导缝，削弱拱坝梁向作用，增加拱的分载作用，能有效降低坝踵区的拉应力水平，对调整坝踵拉应力分布具有一定的作用，且对坝体压应力分布影响较小，降低了坝面开裂的风险。设置诱导缝后的计算结果表明：坝体拉应力大于 1MPa 的分布区域从坝踵部位延伸至两岸坝肩，左、右岸分别延伸至 1080.00m、1060.00m 高程附近。

3. 解决方案

小湾拱坝上游坝面坝前边坡陡峭，距离大坝表面很近，施工条件差。综合比较各种因素后，选择聚脲弹性体喷涂型防渗卷材。根据有限元计算可知，小湾拱坝的拉应力主要集中于坝体低高程坝踵部位，随着坝体高程的增加，拉应力逐渐减小直至为零。考虑应力集中情况，且混凝土也有一定的抗拉能力，最终对拉应力大于 1MPa 区域设置柔性防渗体系。2007～2009 年，由中国水利水电科学研究院对整个上游坝面进行了柔性防渗体系施工，从 13～31 号共 19 个坝段，长约 450m，高度方向从坝踵诱导缝高程开始向两岸延伸至 1045m 高程，防渗总面积约 2 万 m²。在施工时将整个防渗区划分为若干个防渗条块（高 5m，水平向延伸至坝基或防渗边界），每个防渗条块内采用 4mm 聚脲弹性体上粘贴 3mm 厚密封胶相结合的方案，这样可减少混凝土表面缺陷（如气泡等）处理工作量、聚脲弹性体的厚度，降低工程造价，还可基本消除附加的"变形拉力"，增加防渗体系的可靠性。在每个防渗条块边界上，则直接喷 7mm 厚聚脲体，以达封闭效果。

4. 实施效果

实施效果见图 4.2-9 和图 4.2-10。

图 4.2-9　现场喷涂聚脲弹性体　　　　图 4.2-10　小湾电站上游坝面整体防渗效果

4.2.3.5　湖南白云水电站面板堆石坝渗漏治理

1. 工程简况

白云水电站工程地处湖南省沅水一级支流巫水上游，是一座以发电为主，兼有防洪、航运、城市供水等综合利用的大（2）型工程。水库正常水位 540m，总库容 3.6 亿 m^3，电站装机 54MW。工程于 1998 年 12 月 26 日下闸蓄水，在建时为亚洲第一高混凝土面板堆石坝，最大坝高 120m。枢纽工程包括：大坝、泄洪隧洞（兼施工导流）、引水发电隧洞（兼放空）、电站厂房等建筑物。

大坝为混凝土面板堆石坝，坝顶长 198.8m，最大坝高 120m。大坝上、下游坡比均为 1：1.4。面板顶部厚度 30cm，渐变至底部厚度 60cm。坝址岸陡谷窄，面板用垂直缝分为 21 块，靠左右陡岸面板底部，在高差大的部位又分两小块。面板以高程 510m 为界分两期浇筑，并设置一水平施工缝。

2. 存在问题

大坝蓄水运行后的前 10 年，渗漏观测值基本正常。自 2008 年 5 月后，渗漏量开始加大并持续增大，2012 年 9 月达到最大每秒 1240L。从渗漏量的整体变化规律来看，大坝渗漏趋势是在不断加剧，2008～2012 年同一库水位时的渗漏量呈不断增加的趋势，2010年底之后每次库水位的提高都会导致渗漏量大幅度增加。

3. 解决方案

（1）大坝破坏情况

2015 年 1 月水库放空，大坝破坏情况主要为：①L5、L6 面板在高程 490m 上下出现一处面积约 50m^2 的塌陷区；②L4、L5、L6、L7 面板在高程 473m 以下出现较大范围塌陷破坏，塌陷面积约 250m^2，影响面积约 600m^2，最大塌陷深度 2.5m，面板破坏十分严重，大坝破坏程度国内外罕见；③顶部止水老化严重；④高程 500m 以上裂缝密布；⑤周边缝底部铜止水拉裂。

（2）破损混凝土面板修复

面板塌陷、破碎位于左岸 L4～L7 面板的中下部高程 496.5～452m 范围，需凿除面积约 1796m^2。由于面板修复施工要在 3 月份以前完成，破碎面板拆除采用先进高效的电动液压切割机拆除技术，先用切割机对破损混凝土面板切割为 1m×1.5m 的小块，然后逐块拉到坡底，再破碎后运走。新老混凝土结合部位凿成台阶状，原混凝土钢筋保留搭接长度与新浇混凝土钢筋焊接。结合面上部增设顶部止水结构。

为确保混凝土面板满足防渗要求，又要求适当增大面板刚度，新浇混凝土面板厚度与该部位原面板等厚，但采用双层双向配筋。混凝土强度与原面板混凝土的现状强度相当。混凝土性能指标设计要求 C35W12F100；二级配；坍落度 4～6cm；极限拉伸率 1.0×10^{-4}～1.1×10^{-4}。

经过 3 个月的蓄水考验，底部面板承受最大水头约 70m，混凝土面板表面和内部变形监测值较为稳定。

（3）面板裂缝处理

经过检测，面板 Ⅱ 类裂缝（表面缝宽 0.2mm<δ≤0.5mm 且不贯穿，或缝宽 δ≤0.2mm 且为贯穿缝）缝长 308.1m，Ⅲ 类裂缝（表面缝宽 δ>0.5mm，或缝宽 δ>0.2mm 且为贯穿缝）缝长 3407.8m。

对于 Ⅱ 类、Ⅲ 类裂缝，裂缝宽度超过 0.2mm，且多为贯穿裂缝，故首先对裂缝进行贴嘴灌浆充填裂缝，然后在裂缝表面进行封闭处理。

选用抗老化性能较好和伸长率优良的喷涂聚脲，喷涂宽度 50cm，厚度为 2.0mm。要求聚脲拉伸强度≥16MPa，扯断伸长率≥450％，与混凝土粘结强度≥2.5MPa。

（4）面板脱空充填灌浆处理

采用地质雷达对面板进行脱空检测，发现脱空主要集中在高程501m以上脱空深度一般在3～5cm，最大脱空深度8cm。因水库放空具备在面板上打垂直孔的条件，脱空处理时，在面板中部钻孔顺坡向共布置5～10排，周边缝附近按高差不大于10m布孔。对于12m宽的面板，每排布置2孔，孔位高程应错开；对于7m宽的面板，每排在面板中部布置1孔。钻孔采用手风钻钻孔，孔径不小于φ50mm，钻孔穿过混凝土面板即可。脱空灌浆原则上采取自流式灌浆。

垫层脱空灌浆材料要求浆液流动性好、稳定性高、强度适中，根据类似工程经验，选用粉煤灰水泥砂浆作为灌浆材料，结石强度1～2MPa，弹性模量不超过2000MPa（能适应后期变形），且浆材流淌性好，能形成均匀的支撑体（不形成点状支撑，以免加载后破坏）。根据现场试验，浆液水灰比分别采用1∶1、0.8∶1和0.5∶1三级。开灌比为水∶（水泥＋粉煤灰）＝1∶1。遇严重脱空区域或吸浆量大的孔段变浓一级，并灌注至结束，灌浆压力0.05～0.08MPa。

（5）垫层料、过渡料加密灌浆处理

面板下部垫层、过渡区主要存在的问题是垫层与面板脱空和大坝密实度较低。特别是面板破损及周围部位，因渗漏水流作用，将垫层区内的细颗粒带走，导致垫层区脱空严重，形成疏松垫层，使得面板失去可靠支撑，面板出现更大范围的开裂、塌陷等破坏。对面板破损区域及其周边，采用仪器采用核子密度仪，同时取样检测垫层料的级配。

借鉴株树桥、磨盘水库等类似工程加固经验，为提高垫层和过渡区对面板的支撑作用，减少疏松垫层对面板的不利影响，对于面板底部出现空洞的区域，首先采用改性垫层料充填，然后对面板破损区域和周边的疏松垫层料和过渡料进行加密灌浆处理。

加密灌浆采用施工简便的面板垂直钻孔灌浆方法（部分钻孔可结合脱空处理钻孔），钻孔以不钻穿过渡层控制。加密灌浆孔间、排距2m，梅花形布孔，孔径不小于φ50mm。浆液配合比采用水∶（水泥＋粉煤灰）＝1∶1和0.5∶1两个比级，水泥∶粉煤灰＝1∶4，膨润土为干料重量的5％。开灌水灰比1∶1，灌浆压力0.3～0.5MPa，要求灌注后的垫层料干密度≥2.2g/cm³，过渡料干密度≥2.15g/cm³。加密灌浆完成后，经采用钻孔检查、探坑取样测定干密度等方法检测，加密灌浆后垫层料干密度均达到设计要求。

对出现面板严重塌陷及破碎部位，由于渗水长期冲刷，垫层料存在不同程度的缺失，对大面积缺失部位，采用一般垫层料填筑以与邻近垫层性质一致；小面积缺失部位则采用改性垫层料填筑，改性垫层料采用在级配垫层料中掺5％～8％（重量比）的水泥拌和而成。

（6）止水修复

完好面板处底部铜止水检查和修复难度很大。因此，按照加强顶部止水的原则对面板止水进行修复。

全部更换老化的顶部止水。止水结构采用缝口设橡胶棒，其上填塑性填料，表面覆盖防渗盖片，盖片采用不锈钢压条锚固的止水结构，盖片两侧通过弹性封边剂封边，与混凝土面粘结形成一道封闭的止水。

周边缝是面板接缝中变形最大的部位，如果止水结构不牢靠，容易成为渗漏通道，根据止水修复的原则，借鉴水布垭、黑泉、芹山等水库周边缝止水结构的经验，提出一种新型加强型顶部止水结构，该止水结构具有两道封闭止水带，能够适应周边缝的大变形，有效提高顶部止水的防渗可靠性。对面板出现较大变形破坏的部位，采用该止水结构予以强化。

4. 实施效果

白云水库面板坝自 2014 年 7 月开工，2015 年 4 月下闸蓄水，2015 年 7 月 2 日，库水位 522.33m 时渗漏量 26.4L/s，较 2012 年 7 月 11 日水位 522.23m 时渗漏量 1128.6L/s，减少约 1100L/s，减幅 97.7%。之后随着库水位抬高至正常蓄水位 539m，渗漏量基本维持在 60L/s 左右，大坝渗漏治理取得圆满成功。

4.2.3.6 纳子峡水电站面板坝接缝破损修补

1. 工程简况

纳子峡水电站位于青海省门源县，地处高海拔严寒地区，是大通河流域水利水电规划的 13 个梯级中第 4 座水电站。水库大坝为趾板修建在覆盖层上的混凝土面板砂砾石坝，最大坝高 117.60m，坝顶长度 416.01m。

2. 存在问题

2016 年 4 月中旬，坝前冰盖消融后对水库水面（水位 EL3192.00m）以上面板进行检查，发现接缝表面止水塑性填料不饱满，变形较为严重；防渗保护盖片存在沿两侧固定端撕开破损现象，水位变化区接缝表层盖板脱落。面板接缝表面止水冬期水位变幅区破损原因主要是因为冬期面板上结冰形成冰盖，随库水位下降大坝面板接缝表面止水受冰层挤压、下滑拖曳等综合作用影响下出现变形和破损。

3. 解决方案

2017 年采用涂覆型柔性止水结构对水位变化区的面板接缝表层止水破损进行了修复处理。施工工艺为：

（1）剔除水位变化区接缝表层的压条、盖板及下部的塑性填料。

（2）接缝两侧混凝土表面各打磨 30cm 宽。

（3）V 形槽内重新安装橡胶棒，并用 GB 填料将 V 形槽填平，GB 填料表层宽 15cm。

（4）压性缝两侧混凝土表面涂刷 25cm 宽的界面剂。刚性界面剂表干后涂刷 4mm 厚的 SK 单组分聚脲，聚脲中间复合了一层胎基布，涂覆型柔性止水结构施工现场见图 4.2-11；水位变化区止水破损修复后的情况见图 4.2-12。

（5）张性缝两侧混凝土表面涂刷 25cm 界面剂，界面剂表干后涂刷 5mm 厚的 SK 单组分聚脲，聚脲中间复合一层胎基布。

图 4.2-11　涂覆型柔性止水结构施工现场　　　　图 4.2-12　水位变化区止水破损修复后的情况

4. 实施效果

面板接缝采用涂覆型止水结构修复运行 3 年后检查发现，水位变化区面板接缝表层涂覆型柔性止水结构能适应面板变形的要求，有效地避免了冰胀力、冰推力和冰拔力的作用，面板接缝止水结构无挤压变形及破损现象。说明面板接缝平覆型柔性止水结构抗冰冻破坏效果显著。

4.2.3.7　阳江平堤水库沥青混凝土心墙坝渗漏治理

1. 工程简况

阳江平堤水库位于广东省阳江市阳东县东平镇平堤村，总库容 2574.4 万 m³，属中型水库，工程等别为Ⅱ等。水库设计洪水标准为 100 年一遇，2000 年一遇洪水校核。水库正常蓄水位 46.82m，设计洪水位 49.38m，校核洪水位 50.34m，死水位 20.70m。

大坝为沥青混凝土心墙堆石坝，最大坝高 43.4m，坝顶高程 51.0m，沥青混凝土心墙位于坝轴线上，顶宽 0.5m，底宽 0.8m，心墙上、下游侧各设两层含有少量细砂的碎石过渡层Ⅰ（厚 1.0m）和过渡层Ⅱ（厚 2.0m）。过渡层Ⅰ为花岗岩碎石料，设计最大粒径 80mm，小于 5mm 颗粒含量大于 20%，级配连续，孔隙率小于 20%；过渡料Ⅱ为花岗岩碎石料，设计最大粒径 150mm，小于 5mm 的颗粒含量大于 20%，级配连续，孔隙率小于 22%。过渡层Ⅱ上游侧均为碾压堆石料，坝体填料为堆石石渣料，设计最大粒径 700mm，压实后孔隙率小于 25%。河床建基面高程 7.6m，坝基第四系覆盖层与基岩全风化带采用混凝土防渗墙，墙厚 1.0m。沥青混凝土心墙与混凝土防渗墙采用厚 1.4~2.0m 倒梯形钢筋混凝土基座相接，并设有两道铜片止水，基座宽 2.62~2.80m，防渗墙下接灌浆帷幕，帷幕进入基岩强风化带或弱风化带中，下限按深入 3Lu 线以下 4.0m 控制。

2. 存在问题

平堤水库于 2007 年 8 月建成并蓄水后，坝脚沿干砌块石缝隙间出现流水，并有翻水现象，局部具有承压性，大坝渗漏经坝后排水沟流入 3 个量水堰排向下游。2009 年 1 月渗漏量达到 600L/s，2010 年 1 月渗漏量没有降低，而是继续增大，2010 年 11 月 5 日，渗漏量达到最大的 710.66L/s。

3. 解决方案

1）渗漏勘察情况

根据大坝渗漏情况综合分析并参考其他类似工程经验，初步判断可能出现集中渗漏的部位有：沥青混凝土心墙可能出现裂缝产生渗漏；混凝土防渗墙施工过程中曾出现过质量缺陷或槽壁坍塌部位及横跨防渗墙 F2、F3、F4 断层部位可能产生渗漏；或由于混凝土防渗墙不均匀沉陷，在其顶、底部出现裂缝产生渗漏；灌浆帷幕也存在渗漏的可能。大坝沥青混凝土心墙前钻孔示踪试验成果表明，大坝渗漏部位在 SZK4~SZK27 之间，大坝两端不存在大的渗漏。纵剖面上大坝渗漏主要分布在高程 -10~25m 之间。

2）渗漏处理方案

（1）灌浆孔布置

在坝顶原沥青混凝土心墙上游侧 K0+87.0~K0+370.0 段布置 3 排垂直灌浆孔进行坝体坝基灌浆防渗，从上游至下游依次定为 F1 排、F2 排、F3 排，排距分别为 0.9m 和 1.0m，孔距 1.0m，梅花形布孔；左坝肩 K0-15.0~K0+87.0 段及右坝肩 K0+370.0~

K0＋430.0 段布置 2 排垂直灌浆孔进行灌浆防渗，从上游至下游依次定为 F2 排、F3 排，排距 1.0m，孔距 1.0m，梅花形布孔。灌浆孔起灌高程 50.0m。其中 F1 排、F2 排深入强风化层不小于 1.0m，F3 排到达原混凝土基座以上 0.3m，在 F2 排灌浆孔下布置帷幕灌浆，灌浆孔孔距与坝体灌浆孔孔距相同，孔深按深入 5Lu 线以下 5m 控制，帷幕灌浆标准为透水率 $q \leqslant 5Lu$。

考虑坝体坝基各结构层的特点，F1 排在坝体内灌注膏状浆液，在第四纪覆盖层、全风化层灌注水泥浆液；F2 排、F3 排在坝体内灌注混合稳定浆液，在第四纪覆盖层、全风化层及强风化层灌注水泥浆液。其中 F2 排、F3 排Ⅲ孔灌注水泥浆液。灌浆浆液应根据各灌注结构层的物质组成、紧密程度及颗粒级配等进行浆液配比调整。施工时分段、分排、按序施工，先施工强渗漏区及中等渗漏区，然后处理渗漏不明显区，灌浆时先灌 F1 排，再灌 F2 排，最后灌 F3 排。

（2）施工工艺

根据覆盖层灌浆施工特点，F1 排、F2 排、F3 排坝体过渡料、第四系覆盖层，采用跟管钻进一次成孔工艺，跟管内下设套阀管，套阀管内分段卡塞自下而上纯压灌浆，灌浆段长按 1m 实施。套阀管以下地层，即全风化层、强风化层、弱风化层施工待上部坝体过渡料、第四系覆盖层灌浆施工完成后进行，钻孔采用 XY-2 型地质钻机，利用原套阀管作为预埋管，扫除套阀管内浆液，继续进行全风化层、强风化层、弱风化层钻灌施工，灌浆工艺采用套阀管底部卡塞，自上而下分段纯压灌浆工艺。

（3）灌浆浆液选择

F1 排（上游排）坝体过渡料、第四系覆盖层，采用可控性较好的稳定浆液或膏状浆液；全风化层、强风化层采用可灌性较好的水泥浆液。

F2 排（中间排）坝体过渡料、第四系覆盖层，Ⅰ孔采用混合稳定浆液，Ⅱ、Ⅲ孔采用水泥浆液；全风化层、强风化层、弱风化层均采用水泥浆液。

F3 排（下间排）坝体过渡料，Ⅰ、Ⅱ孔采用混合稳定浆液，Ⅲ孔采用水泥浆液。

（4）灌浆完成情况

防渗灌浆标准定位透水率小于 5Lu。渗漏治理工程于 2015 年 6 月完工，施工轴线长 447m，完成防渗灌浆工程量 59502.9m，最大灌浆处理深度约 90m。

4. 实施效果

根据大坝量水堰监测成果，防渗灌浆处理前渗漏量维持在 500～700L/s，最大渗漏量 710L/s 左右，2013 年 9 月开始防渗灌浆处理施工，大坝渗漏量呈显著降低趋势，灌浆结束后大坝渗漏量基本维持在 10L/s。

4.3 大坝水下缺陷处理

水库大坝加固过程中，一般尽可能不放空水库，或者是有些水库大坝加固本应放空水库加固但又不具备放空水库条件，或者是放空水库干地施工将带来非常大的环境影响和经济代价，因此大坝水下加固技术就成为坝工界必须要面对和研究的重大技术课题。近年来，水下工程技术在其他行业，尤其是海洋石油行业，得到了广泛应用，我国水下检测、水下修补及施工工艺等技术得到了较大提高。但是水库大坝工程具有影响面广、技术复杂、系统性强、交通不便等不同于海洋工程的特点，特别是高坝大库的水下工程检测与施工难度更大。

4.3.1 大坝水下工程技术问题

常见的水下工程问题包括：大坝渗漏检测与处理、水下混凝土结构缺陷检测与处理、水下混凝土结构浇筑、导流洞封堵、水下障碍物清理、闸门槽故障排除、水域淤积测量（地形探测），以及其他各种水下应急抢险任务等。大坝除险加固时面临的水下加固技术问题，主要体现在以下几方面。

4.3.1.1 水下施工设备

水下施工设备主要包括有人潜水技术及其装备、无人潜水（水下机器人），以及水下清理、切割、焊接等水下专用设备，水下录像、水下摄影、水下磁粉探伤、水下超声波测厚、水下电位测量、水下检测系统（ACFM）、磁力仪、液压组合工具系统及高压水射流机等设备。

在水下作业机器人（ROV）的研制和应用方面，已取得了较大的进展，国内许多机构都能够研制开发多种观察型或轻作业型水下机器人（ROV）。从国外引进的作业型水下机器人（ROV），已在海上钻井支持服务方面得到了很好的应用。

近年来，在水下作业技术装备（如：水下电视、图像声呐、水下照明、水下通信设备、水下作业工具等）的研制和应用，以及水下施工工艺、水下检测技术的研究和应用等方面，也都取得了较大的进展，各种型号的仪器、设备与国外的差距正在缩小，而且完全可以满足国内各行各业对水下工程施工作业技术的实际需要。

4.3.1.2 水下修补材料

水下修补材料是水库大坝加固中面临的主要课题之一，材料主要包括水下灌浆材料、水下堵漏材料、水下混凝土表面保护材料、金属结构防腐材料，以及水下满足不分散的混凝土材料等。

在水下新材料的研发与应用方面，如：水下不分散混凝土、水下高分子聚合物混凝土（PBM、JS）、水下修补材料与结构补强加固材料，以及各种水下结构的防腐涂料等，均已在水下工程实际施工中得到广泛的应用（表4.3-1）。

典型水下缺陷处理用的材料特点及应用范围　　表4.3-1

序号	材料类型	材料名称	特点及应用范围
1	水下不分散混凝土	水下不分散混凝土NDC	适用于深度30cm以上的大体积水下混凝土浇筑，一般采用水下导管法
2		高分子水下保护剂	能在待施工水体中，形成稳定的空间柔性网络，抑制浇注入水的混凝土胶凝材料损失，可实现普通混凝土水下直接浇注施工
3	水下聚合物混凝土	聚酯型	固化快，用于快速补强加固(4~6h可投入使用)，可以作薄层处理
4		环氧型	固化时间适中，补强加固用，可用于薄层(以厘米计)处理，可以用于干湿循环场合

续表

序号	材料类型	材料名称	特点及应用范围
5	水下快速密封剂	水下密封材料	固化快,强度较高,适用于水下孔洞、槽穴、宽缝的刚性填封,适用于水下灌浆槽的封闭
6	水下涂料	水下特种环氧	水下金属及混凝土结构的粘结及防护
7	水下防渗模块	水下防渗膜	用于上游面水下伸缩缝和裂缝的封闭
8	水下锚固剂	聚酯型	安装水下锚杆用
9	水下化学灌浆材料	双组分聚氨酯	水下伸缩缝或裂缝的灌浆材料
10	水下弹性密封材料	耐水型聚氨酯	水下伸缩缝的弹性嵌缝处理
11	水下灌浆材料	柔性环氧	水下宽缝灌浆填充处理

国家"十三五"重点研发计划项目"重大水利工程大坝深水检测及突发事件监测预警与应急处置"中"深水环境大坝缺陷修补材料与技术及示范"课题针对在深水环境下集中渗漏通道快速封堵、混凝土裂缝处理、接缝止水失效修复、混凝土表层修补四大关键技术难题,通过采用以室内试验与现场试验相结合、材料开发与施工工艺相结合、成果集成与示范应用相结合为总的技术路线,紧密结合深水环境的温度、压力、流速等特点,研制开发出适应 100m 级水深的水下修补材料,形成一套完整的从"点"到"线"到"面"的大坝缺陷修补系列材料与技术。新研制开发的水下修补材料如下:

1) 深水条件下集中渗漏通道快速封堵材料

(1) 复合改性沥青嵌缝油膏:通过高低牌号的沥青复配,并采用废弃聚氨酯和橡胶轮胎粉加以改性,经过系列室内试验和施工工艺研究,研制了性价比相对较高,制备和施工方便,对水质无不良影响,热稳定好,具有优异的高低温性能(80℃高温不流淌、−30℃低温不脆裂)的复合改性沥青嵌缝油膏。

(2) 水下抗分散型膏状速凝材料:将新型膏浆外加剂,直接添加到水泥浆液中制成速凝膏浆,简化了速凝膏浆的施工工艺,在保证堵漏灌浆效果的同时,可节省灌浆材料和施工时间。研发的膏浆外加剂和普通水泥具有较好的相容性,推荐掺量为水泥重量的 3%～7%。新型速凝膏浆性能稳定,具有较高的初始屈服强度、良好的水下不分散性和抗水流稀释性,凝结时间可调、可控,适合于较高流速动水条件下的堵漏灌浆。

(3) 改性低热沥青新型灌浆材料:研究了沥青复合改性剂,该改性剂降低沥青的软化点和黏度效果显著,在80℃时具有较好的流动性和可灌性,较常规的热沥青灌浆加热温度降低 50%以上,加热时间短、能耗少,非常适合于堵漏灌浆,推荐掺量为基质沥青的 6%～9%。研究开发了水泥-热沥青灌浆材料,掺加水泥可以增加浆液的密度,加快浆液的沉降速度,提高固结体的力学强度和减小蠕变,同时可以节约沥青用量,降低工程造价。水泥推荐掺量为基质沥青的 50%～100%,灌浆温度为 100℃左右。

(4) 复合聚氨酯膨胀材料:该材料密度 $1.61kg/m^3$、体积膨胀率大于200%、成本低。比较适合于承压较高情况下裂缝的充填。环境压力对复合聚氨酯膨胀材料的影响较大。当环境压力 0.1MPa 时,材料的体积膨胀率约降低为自然状态下的 30%;当环境压力 0.5MPa 时,材料的体积膨胀率下降为常压状态膨胀率的 5%;当环境压力 1.0MPa 时,材料的体积膨胀率仅为常压状态膨胀率的 2%。

（5）硅酸盐改性聚氨酯双液灌浆材料：该新型灌浆材料具有比传统聚氨酯灌浆材料等其他类型灌浆独特的性能，双组分浆液组成、固定体积比1∶1混合使用比例、纳米硅酸盐无机溶液和有机聚氨酯预聚浆液的独特有机和无机互穿反应体系、浆液没有任何低闪点和低沸点物质、浆液黏度低、双组分浆液混合后凝固时间快慢容易通过配方预先调节、浆液在水环境中反应特性和固结物综合力学性能不受任何影响等。硅酸盐改性聚氨酯双液灌浆材料包括高强度固结型和快速发泡堵漏型。适用于对深水环境下破碎围岩的快速高强度固结性能和适用于深水环境下围岩裂隙或空隙的渗漏水或涌水的快速定向堵漏。两种浆液在水下固结都可以实现不受水的任何影响、不影响水环境污染等优异特性。

2）深水条件下混凝土裂缝处理材料

（1）新型高聚物注浆材料：以双组分发泡聚氨酯注浆材料为基础，研究开发了深水裂隙封堵高聚物注浆技术及装备，并通过模型试验和百米水深现场注浆试验对其封堵效果进行了验证，发现高聚物扩散封堵效果良好，形成了完整的深水大坝裂缝注浆修复施工工艺。新型高聚物材料抗水分散性能强，流变性能优异，韧性较好能与大坝协调变形，抗渗性能优良、低温抗压和耐腐蚀性较好，且长期浸水条件下不会对水体产生污染，具有很好的环保性能；模型试验表明，高聚物在不同裂隙条件下均能达到较好的扩散封堵效果；在观音岩水电站的现场试验表明，以新型材料为基础而集成的高聚物深水裂隙注浆系统，在百米水深条件下各方面运转良好，可实现对裂缝的有效封堵。

（2）有机无机复合双液水泥基灌浆材料：通过复配缓释型无机活性材料，使硬化浆液进一步填充密实，改善单用高分子材料形成的硬化浆层孔隙率大、堵水不彻底问题；采用高分子材料与超细水泥基材料复合，通过调整高分子材料品种和掺入比例，控制浆液的凝结硬化时间，从而控制浆液扩散半径。

（3）乳化沥青水泥弹性砂浆：掺加适量的丙烯酸酯胶乳和固化剂可以明显提高水泥基弹性灌浆料在水下浇筑的力学性能，固结体水气强度比大于90％。掺加30％丙烯酸胶乳和6％水性胶乳固化剂的灌浆料水下砂浆粘结强度与基准配比弹性灌浆料相比提高194％，大于2.0MPa；灌浆料与混凝土粘结面水下抗渗压强大于1.2MPa。随着灌浆料中橡胶粉的掺加，固结体弹性模量显著降低，弹性应变可提高50％以上，具有抗冲击韧性和弹性变形能力。但随着橡胶粉的掺加，灌浆料固结体力学性能显著降低。由于橡胶粉掺量的增加，降低了灌浆料固结体的水下粘结强度，因此灌浆料胶粉比不宜大于0.20。优化无机胶凝材料配伍并掺加丙烯酸酯胶乳和水性胶乳固化剂后，灌浆料固结体28d干缩率低于$100×10^{-6}$，远远小于灌浆料固结体极限拉伸值，灌浆料固结体干缩开裂隐患完全消除。

在低温养护环境中的灌浆料，由于胶凝材料水化程度大幅降低，7d时尚未完全固结，28d时固结体强度与标准养护条件下7d强度相当。随着龄期的增加，固结体抗压强度和水下粘结抗折强度逐步增长，60d龄期时水下粘结抗折强度已大于1.5MPa。

3）水下接缝止水失效修复材料与施工技术

（1）水下高塑性填料：以5℃水下施工环境为设定目标，材料在止水性能和施工性能均满足水下施工要求，可降低水下嵌填难度。

（2）钢带复合止水盖板：采用规格优化的钢带与止水盖板复合，大大降低了止水盖板的水下安装难度。同时，钢带复合在盖板橡胶层内部，无腐蚀失效的问题，保证了止水效果的长期可靠性。

（3）水下胶粘剂：该水下胶粘剂具有水下施涂方便，粘结效果好的特点，与防渗密封材料配合使用可保证止水盖板的防渗可靠性；在水下胶粘剂的基础上，开发了混凝土水下浇筑修复砂浆（混凝土），与混凝土基面水下浇筑粘结效果好，浇筑性能好，可作为接缝修复中面板混凝土局部损坏的修复材料使用。

4）水下混凝土表层修补材料

（1）水下无溶剂环氧防渗涂料：水下无溶剂环氧防渗涂料可用常规工具在水下的岩石以及混凝土表面直接涂刷，具有很强的粘结力和优良的物理机械性能，该界面胶粘剂也可单独作为混凝土防水涂层使用，能大幅度提高混凝土表面抗渗强度，也可以作为防渗板材的水下胶粘剂，将防渗板材与混凝土牢固的粘接在一起。

（2）柔性碳纤维复合 GB 板材：碳纤维复合 GB 板材是将 SK 单组分聚脲作为胶粘剂与碳纤维布浸渍复合为柔性碳纤维板，利用碳纤维高强和聚脲防渗型好的优势，形成了具有高强度的柔性碳纤维防渗补强复合板，为了能适应在水下混凝土表面粗糙条件下能保证密封性良好的要求，在柔性碳纤维板表面粘贴一层 GB 塑性板，其中 SK 单组分聚脲板材用于防渗，碳纤维用于增强复合板的抗拉、抗刺穿强度，GB 塑性板用于充填混凝土表面缺陷。该板材同时具有防渗和补强功能。

4.3.1.3 潜水技术

潜水技术是供人员和机具潜入水下环境的专门装备和操作方法。现代潜水技术分为有人潜水和无人潜水两大类（图 4.3-1）。

潜水技术方面，我国 60m 以浅的常规空气潜水技术，无论是作业深度、作业能力，还是医学安全保障，均已达到较高的水平。在大深度饱和潜水方面，我国先后引进、建造了十余套饱和潜水设备系统，具备开发、研制常规潜水装具、装备及饱和潜水设备系统的能力，并进行过多次氦氧、氢氧及氢氮氧饱和潜水实验。比如：1981 年，运用 3MPa 潜水实验高压舱群进行 302m 氦氧饱和潜水实验；1989 年，运用 500m 饱和潜水系统进行模拟 350m 氦氧饱和－374m 巡回潜水实验；2001 年，进行海上 150m 饱和－182m 巡回潜水训练；2010 年，完成 480m 模拟潜水实验；使我国跻身于世界大深度饱和潜水研究先进国家之列，同时亦为我国大深度饱和潜水作业奠定了科学及工程应用基础。依托国家"十三五"重点研发计划项目，2020 年南京水利科学研究院牵头研制了专用与大坝深水检测与简单作业功能的"蛟龙号"载人潜水器。

在载人潜水器研制方面，经过多年的努力，解决了一大批关键技术，其主要技术水平已赶上国际先进水平，基本具备了自行研制各种不同类型载人潜水器的能力。

各种潜水作业技术特点如下：

1. 自携式空气潜水，装具简单，携带方便，潜水员水下活动自如，但受制于所携带呼吸气体的量，下潜的深度及水中停留时间有限，主要适用于作业水深 40m 以浅的搜索、检查、打捞，以及小型和简单的维修等。

2. 水面供气需供式轻装空气潜水，具有轻便灵活、开展工作迅速、水下活动范围大、应用范围广和潜水深度大，但需要水面支持船及较多的辅助人员等特点，一般适用于 60m 以浅水域、作业时间短的搜索、检查、维修和打捞作业。

3. 水面供气通风式重装空气潜水，不受供气限制，潜水员的身体保护及保暖性能良好，且浮力可变，但工作开展缓慢、灵活性差、需要水面支持船及较多的辅助人员，因此

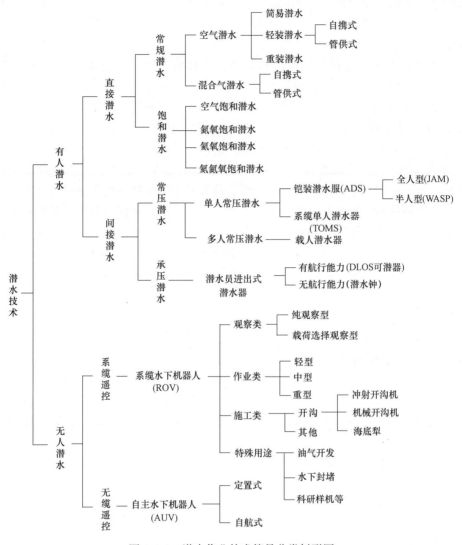

图 4.3-1 潜水作业技术简易分类树形图

通常适用于 60m 以浅、寒冷或海流较大水域的各种大强度水底重型作业。

4. 氦氧常规潜水，以氦氧混合气取代空气作为潜水呼吸气体，使潜水员能够在大深度下有效工作，但需要有专用的氦氧潜水装具和相关潜水设备系统（如：甲板减压舱、潜水钟、吊放设备等），且需要水面支持船及相应的辅助人员的配合。氦氧常规潜水的适宜工作水深与所采取的潜水方式有关。其中，采用混合气自携式潜水装具时，潜水深度为 80m；采用开式钟潜水时，潜水深度为 90m，水底作业时间 1h；采用闭式钟潜水时，潜水深度为 120m，水底停留时间 1.5h。

5. 饱和潜水，具有潜水深度大，工作时间长，极大提高潜水作业效率等特点，但是实施饱和潜水需要将庞大的饱和潜水系统安装在位于潜水作业现场的潜水支持船或专用工程船上，投资及使用费用高，同时还需要大量经过严格专业培训的饱和潜水员和水面辅助人员。因此对于水下作业时间及周期较长的任务，可采用空气饱和潜水或氮氧饱和潜水-

空气巡回潜水作业。饱和潜水通常适用于水深超过120m、工作量大、复杂，耗费时间长、需要连续工作的水下作业，如海洋石油开发中的水下结构物、管道、设备的安装、检查和维修等。

6. 单人常压潜水，与氦氧常规潜水相比，具有装置简单、使用灵活、作业深度大，且无须潜水减压时间等特点；而相对于饱和潜水，又具有系统设备简单、投资及费用低，潜水员安全率高等优势。因此，在海洋深水作业中占有特殊的地位，适用于水深150~600m范围的海洋平台深水检验与维修，水下装拆钻井设备，海底管道设施检修，海难救助等工程。尤其适用于现场环境需要机动灵活的深水轻便作业。

7. 无人遥控潜水，采用无人、遥控、高技术水下作业，操作、使用比较安全，大大缓解了潜水员承受的环境压力，已成为海洋石油开发中不可缺少的重要设备，适用于作业水深大、工作条件恶劣的水下危险环境，主要用于水下观察及操作简单、动作机械、使用专一的水下作业。若要能适应各种作业现场环境，而且完成较多复杂动作的水下作业，则无人遥控水下作业机器人（ROV）的装备控制系统必然十分精密复杂，费用昂贵。

综上所述，潜水技术的发展和应用都是多元化的，目前尚没有一项潜水作业技术是万能的，能够解决所有水下问题。因此，在实际水下工程中，需要根据不同的任务要求、具体的环境条件、现有的技术装备及能力水平，来选用最经济、实用、有效、可靠的某一种或几种深潜水作业技术，从而满足水下开发、生产及建设之需求。

4.3.1.4 水下加固处理技术

近年来，随着我国大批水库大坝的加固，其中有相当数量的水库大坝加固采用了水下加固的方式，相应的在水下加固方面积累了一定的成功技术与经验。水库大坝常见的水下工程加固处理主要包括：坝体渗漏处理、结构加固与缺陷处理、金属结构防腐处理及有关施工技术等。

水下加固处理技术要根据不同坝型，采取不同的水下加固措施，对于土石坝，常见的水下加固措施主要为水下渗漏处理和水下结构加固。水下渗漏处理包括水下散料抛投淤堵、水下防渗体铺设等。水下结构加固包括水下坝坡帮坡、坝坡护坡水下施工等。

混凝土缺陷处理中，常见的混凝土水下浇筑、裂缝修补、混凝土补强等。金属结构水下加固处理主要有水下金属结构切割、焊接，水下除锈防腐处理等。

水库大坝水下加固技术除上述水下工程技术以外，在水库大坝运行与加固施工时，还经常需对大坝泄洪深孔、导流底孔、排砂底孔，以及电站进水口的拦污栅、检修门等进行水下的检查，以及在有些水库大坝确实需要放空水库加固时的水下施工作业，诸如水下清淤、水下导流洞进口封堵门提起（如湖南白云水电站）及水下岩塞（或混凝土塞）爆破等。

4.3.1.5 其他水下工程技术

水利水电工程涉及各种水下工程问题，需采取针对性的处理措施，呈现多样化、系统性特点。除了上面所述，尚包括以下主要工程技术：①水下清理技术，包括结构表面清理、水下清淤等；②水下切割技术；③水下焊接技术；④水下封堵技术；⑤水下金属结构防腐处理技术等。限于篇幅，本节不展开阐述。

4.3.2 混凝土坝渗漏水下处理技术

混凝土坝主要包括重力坝、拱坝和支墩坝等形式。综合混凝土坝的运行现状，渗漏主要体现在以下几方面：①坝体裂缝，形成集中渗水；②止水结构损坏、老化失效，沿结构缝形成渗漏；③基础灌浆帷幕的防渗效果减弱，形成基础渗漏和浇坝渗漏。特别是目前有些高拱坝，坝体越来越单薄，受混凝土耐久性和层间结合等削弱引起的渗漏问题逐渐显露出来，严重影响大坝的安全性。

坝体大体积混凝土自浇筑开始，就要经受外界和其本身的各种因素的作用，使混凝土中每一点的位移和变形不断变化，从而产生应力。一般情况下，当应力超过了混凝土的极限强度（一般是拉应力超过抗拉强度），混凝土结构就会产生裂缝。裂缝发展到一定程度，混凝土结构因失去承载能力而破坏。这些裂缝对大坝的防渗性、耐久性、整体性和外观方面，将产生不同程度的破坏。

根据我国和国际上一些工程的统计，一般为防止裂缝而增加的投资，约为造价的3%；而处理裂缝所花费费用约为 50～10%。因此，在设计和施工过程中，应采取可靠措施，完全避免基础贯穿性裂缝，并尽量避免表面裂缝特别是基础约束区的表面裂缝。细小的表面裂缝的危害性一般较小，若不及时进行处理，受环境条件的变化会逐渐延伸扩大为危害性较大的裂缝，引起坝体渗漏，甚至威胁大坝安全。

混凝土坝的渗漏处理方案应根据渗漏调查、成因分析及渗漏处理判断结果，结合工程特点、环境条件（温度、湿度、水质）、时间要求、作业空间限制等，选择合适的处理方法、修补材料与工艺。凡条件允许，应尽量在迎水面堵截。由于混凝土坝的渗漏源头多发生在上游坝面和基础，而大多数水库又不具备放空条件，或者放空代价太大，因重点研究有效的水下堵漏方案。

水下修补作业方法包括潜水法、沉柜法、侧壁沉箱法、钢围堰法等。其中，潜水法适用于水下各类修补，沉柜法适用于水深 2.5～12.5m 水下结构水平段和缓坡段的修补，侧壁沉箱法适用于水下结构的垂直段和陡坡段的修补，钢围堰法适用于闸室等孔口部位的修补。混凝土坝的渗漏原因包括裂缝渗漏、结构缝渗漏、破损渗漏和基础渗漏等，针对不同渗漏原因和渗漏部位及其结构特征，采取适宜的水下处理方法。

4.3.2.1 水下裂缝渗漏处理

受坝体温度应力影响，坝面容易产生温度裂缝，并逐渐向坝体内部发展。当与下游坝面或廊道壁形成贯穿裂缝，容易产生集中渗漏现象。混凝土裂缝补强处理措施应达到限制裂缝的扩展，恢复结构的整体性，满足结构安全运行的要求。

水下混凝土裂缝修补有两个难点：一是修补材料在水下与原混凝土结构的粘结问题；二是水下修补作业操作困难，一般由潜水员进行水下施工，也难以检查施工质量。

根据裂缝分布情况，混凝土裂缝修补分表面修补、内部修补和锚固三类技术。对于混凝土表面有防渗漏、抗冲磨等要求的裂缝，应进行表面处理。对于削弱结构整体性、强度、抗渗能力和导致钢筋产生锈蚀的裂缝，应进行内部修补处理。对于危及建筑物安全和影响正常功能发挥的裂缝，除进行表面处理、内部处理外，还需要采取锚固或预应力锚固等结构措施进行加固处理。

1. 表面修补技术

根据结构表面封闭的机理，水下混凝土裂缝表面修补技术有"嵌、堵、涂、贴"4种。①"嵌"：是指沿着裂缝开槽，槽中嵌填弹塑性或刚性止水材料，以达到封闭缝隙的目的。②"堵"：是指在裂缝的表面覆盖修补材料，形成保护层。封堵水上混凝土裂缝可以选用的修补材料很多，如高分子材料、聚合物水泥砂浆和普通水泥砂浆等。③"涂"：是指在混凝土表面涂刷合成高分子防水材料来修补裂缝。④"贴"：是指在混凝土表面粘贴软性防水卷材来封闭裂缝。

按照处理方式的不同，表面修补技术又分水下柔性处理方法和水下刚性处理方法。所谓柔性处理方法，主要针对尚处理发展变化的裂缝，俗称"活缝"，要求材料具有一定的变形适应能力，主要以防渗为主；所谓刚性处理方法，主要针对变形已基本完成的裂缝，俗称"死缝"。

1）水下柔性处理法

水下柔性处理方法的施工工艺如下：

（1）切割 V 形或 U 形槽：切割面应平整，槽口左右对称，底部应对准接缝（裂缝）处，尺寸要符合设计要求。

（2）基面处理：裂缝在水下处理前，基面应用压力水及钢丝刷处理干净，处理后基面无松动、松散混凝土，无水生物、泥沙等附着物。

（3）临时堵漏：对于渗漏量较大的裂缝，可采用水下快速封堵剂等材料，对裂缝进行临时堵漏，防止水流带走缝内填充物造成渗漏量进一步扩大。

（4）嵌填止水材料：柔性嵌填材料必须具有较好的塑性和弹性性能，以适应裂缝开度随外因变化形成的伸缩。嵌填止水材料时，按照先缝里后缝外的原则，边嵌填边按压，确保粘贴密实。柔性止水材料应成型规整，表面平整。

（5）粘贴盖片：应先对基面进行找平处理，再按照先中间后两边的原则，逐步按压，排除水分，粘贴密实，确保盖片与混凝土表面没有水夹层。盖片搭接长度不宜小于 10cm，且要用水下胶粘剂粘结。

（6）安装压条：应采用不锈钢压条加膨胀螺栓固定，确保盖片紧密固定在混凝土表面。螺栓间距不宜大于 50cm，压条排距不大于 100cm，可采用对接方式连续固定。必要时，可在盖片上增设 PVC 保护板，以保护柔性盖片和止水材料。

（7）水密封边：应采用水下密封胶对盖片周边缝、锚栓与压条周边缝和搭接缝进行防渗封闭。裂缝水下柔性处理中，任何一个可能的渗漏部位、缝隙和局部点，都应采用水下密封胶进行封堵。

（8）用于黏结和封堵等的水下胶粘剂，必须在清洁界面上涂刷不少于两道，每道胶粘剂涂刷均匀。每道黏结剂一次涂刷完成，最后一道胶粘剂表干后及时进行粘贴作业。

（9）图 4.3-2 和图 4.3-3 为柔性凿槽嵌填法示意图。

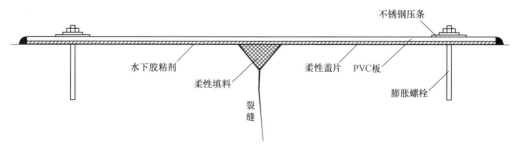

图 4.3-2　柔性凿槽嵌填法示意图一

2）水下刚性处理法

裂缝水下刚性处理适用于稳定缝的水下修补，其结构应具有防渗和补强作用。对于过流面的裂缝处理，刚性处理后过流面外形应保持原状，如溢流面、消力池尾坎等部位。

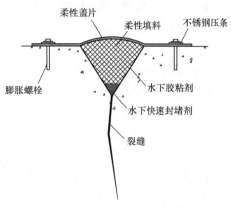

图4.3-3 柔性凿槽嵌填法示意图二

（1）图4.3-4为刚性凿槽嵌填法示意图，适合于缝宽较小的裂缝加固，具体做法是：

① 垂直切割修补边线；

② 将修补范围内松散的混凝土和过高的混凝土凿除，以保证修补混凝土的最小厚度不低于50mm；

③ 打锚孔，植锚筋；

④ 安装钢筋网，钢筋双向布置；

⑤ 将钢筋网与锚筋焊为一体；

⑥ 浇筑水下混凝土。

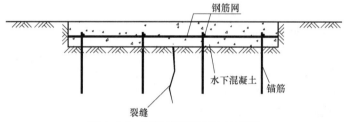

图4.3-4 刚性凿槽嵌填法示意图

（2）图4.3-5为刚性外加覆板法示意图，适合于缝宽较大的裂缝加固，具体做法是：

① 对修补面进行凿毛，将修补范围内松散的混凝土全部凿除；

② 打锚孔，植锚筋；

③ 安装钢筋网，钢筋双层双向布置；

④ 将钢筋网与锚筋焊为一体；

⑤ 支立模板；

⑥ 浇筑水下混凝土。

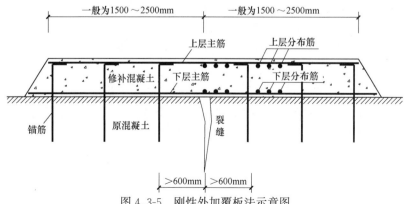

图4.3-5 刚性外加覆板法示意图

缝宽较大的裂缝一般对结构的破坏程度较大，安全隐患也大，修补这类裂缝应进行专项设计，图中钢筋、锚筋的规格、间距、深度，修补混凝土强度等级、厚度、宽度等均应通过计算确定。

2. 内部修补技术

内部修补技术主要是指通过各种途径填充混凝土缝隙以达到修补目的，通常包括灌浆和自修复两种技术。

1）水下裂缝灌浆技术

该技术主要修补措施是水泥灌浆和化学灌浆，以恢复结构的强度和整体性。灌浆材料具有亲水性，要求具有良好的水下抗分散性、黏稠性、填充性和初凝时间长等特点。

（1）水泥灌浆：水泥浆液是一种悬浮颗粒浆材，可灌性比化学材料差，一般只用于裂缝宽度在1mm以上的裂缝的前期处理。

（2）化学灌浆：化学灌浆一般是指将由化学材料配制的浆液，通过钻孔埋设灌浆嘴，使用压力将其注入结构裂缝中，使其扩散、凝固，达到防水、堵漏、补强、加固的目的，要求化学浆材毒性低、适应性好。

当采用贴嘴灌浆时，嘴间距15～20cm；采用斜孔加贴嘴灌浆时，斜孔孔间距一般为1～2m。化学灌浆材料可分为补强材料和封堵材料两大类，补强材料常用环氧类和甲凝，堵漏材料常用聚氨酯类和丙烯酸盐。

2）自修复技术

通过混凝土物理化学反应的生成物来填充裂缝，以达到修补裂缝的效果，主要包括结晶沉淀、渗透结晶、聚合物固化和电解层积4种技术。

3. 综合处理技术

水下综合处理技术是采用柔性处理、刚性处理及灌浆等多种方式相结合的修补技术。对于不稳定缝，灌浆材料通常采用水溶性聚氨酯材料，这类材料具有良好弹性和延展性，能很好地适应活缝的开闭，且遇水膨胀，与混凝土结合良好，并具有足够的强度。对于稳定缝，灌浆材料通常采用环氧类，这类材料强度高，可灌性好，且能与缝隙两侧的混凝土很好地结合。

采用水下化学灌浆时，除应按《水工建筑物化学灌浆施工规范》DL/T 5406和《混凝土裂缝用环氧树脂灌浆材料》JC/T 1041的规定执行外，水下灌浆和试浆压力、灌浆管和输浆管及其他水下灌浆器具的强度还应根据水深的影响确定。

深层裂缝的综合处理要求先对裂缝进行灌浆，再骑缝凿槽，处理长度应顺缝端延长50cm。裂缝在水下处理前，基面应用压力水及钢丝刷处理干净。图4.3-6为深层裂缝综合法示意图，在进行综合修补处理时，应先对裂缝进行灌浆，再对裂缝凿槽进行柔性处理。

在水利水电工程中，根据不同裂缝宽度，一般采取如下防渗处理措施：

1）Ⅰ类（细微裂缝）：缝宽 δ（细微裂缝）、缝深 h（微裂缝），该类裂缝如果不会带来钢筋锈蚀，也不影响混凝土的耐久性，一般不做特殊处理；

2）Ⅱ类（表面浅层裂缝）：缝宽0.2mm（层裂缝）缝深30cm（层裂缝），可骑缝凿V形槽，嵌入塑性止水材料，表面粘贴防渗盖片，盖片外可采用PVC板保护，两侧采用不锈钢螺栓固定；

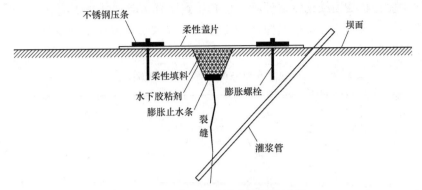

图 4.3-6 水下裂缝综合处理法示意

3）Ⅲ类（表面深层裂缝）：缝宽 0.3mm（深层裂缝）、缝深 100cm（深层裂缝），先对裂缝进行贴嘴灌浆处理，再按Ⅱ类裂缝处理措施进行；

4）Ⅳ类（贯穿裂缝）：缝宽 $\delta\geqslant$（贯穿裂缝、缝深 $h>500$cm），同样先对裂缝进行贴嘴灌浆处理，再按Ⅱ类裂缝处理措施进行。

4.3.2.2 水下结构缝渗漏处理

混凝土坝通常按 15～20m 设一条横缝（结构缝），为了防止库水沿结构缝渗入坝体廊道，在上下游坝面最高水位以下的结构缝均布置止水材料。混凝土坝的结构缝渗漏问题，基本由止水设施失效引起，主要原因有：①受坝段之间不均匀沉降影响，结构缝布置的止水设施产生拉裂破坏。②止水设施常年处于水下，老化失效。

结构缝渗漏处理既要达到封堵漏水通道的目的，又要使处理材料能够适应结构缝的伸缩变形，修补多采用柔性材料。对于结构缝渗漏的处理方法包括"嵌、贴、锚、灌"4 种。

①"嵌"：指将结构缝凿深均 5～6cm 的 V 形槽后，槽面涂刷胶粘剂，再填橡胶、沥青或树脂等嵌缝材料，最后回填弹性树脂砂浆与原混凝土面齐平。

②"贴"：指沿结构缝表面粘贴软性防水卷材。

③"锚"：指结构缝填充柔性止水材料后，采用压条沿结构缝锚固密封。

④"灌"：指采用弹性聚氨酯或改性沥青浆材等，对结构缝局部灌填处理。

4.3.2.3 水下破损渗漏处理

对于坝体薄弱部位，受施工质量、水流冲刷及硬物撞击等影响，当结构发生破损，容易形成渗漏通道，如泄水孔进口底板、闸门槽等。对于此类渗漏的处理，主要是对破损混凝土结构进行修复，处理方法是：①凿除破损混凝土块体，并将基面凿毛清洗；②钻孔并植入连系钢筋；③立模后浇筑一定强度的抗冲磨水下混凝土。

为了达到修补材料与原结构之间粘接良好的要求，修补材料与原基底材料的强度、弹性模量不能相差悬殊，否则会引起新老结构变形不协调。

1. 结构性修复处理方法

混凝土结构性修复通常分"填充修复法"和"填充锚固法"两类，主要浇筑水下不分散混凝土、环氧混凝土或树脂混凝土。

1）填充修复法

该方法主要是将破损结构恢复原状，使其达到原有功能和可靠性，所用混凝土的强度等级一般不小于 C25，并且要高出原混凝土强度，宜大于原混凝土强度的 1.25 倍。水下混凝土可以是树脂类、环氧类或不分散混凝土。修复处理大样见图 4.3-7。

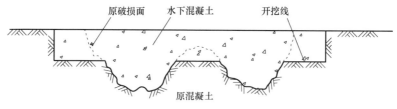

图 4.3-7　填充法示意图

2）填充锚固法

该方法通过布置锚筋，并与修补混凝土表面布置的钢筋网焊接，以增强修补混凝土与原结构的粘结作用。修补所用混凝土的强度等级不宜小于 C30，且一般高于原结构混凝土强度等级，宜采用聚合物类水下混凝土和水下不分散混凝土。

2. 结构破损修复材料

1）水下修复材料的特性

与水上修复材料不同，水下修复材料既不能溶于水，又必须具有一定的亲水性。要想达到稳定牢固的修复补强效果，修复材料需与混凝土结构具有很好的粘结性，而混凝土表面越粗糙，修复材料与混凝土粘结强度就越高。而在水下环境中，混凝土表面附着一层薄薄的水层，是影响混凝土粘结性的关键因素，具有亲水性能的高分子化合物基团可以改变水层表面结构，可以很好地解决水下修复材料"不溶于水且亲水"的问题，根据亲水性不同，高分子化合物基团可分为憎水性基团和亲水性基团。

根据修复材料使用性能的不同，可分为具有修复补强作用的聚合物混凝土材料、具有快速堵漏的密封材料、具有针对复杂裂缝的灌浆材料以及防渗材料。通常应用于水下结构破损修复的材料须具有如下特性：

（1）粘结强度：水下修复材料必须具有较好的粘结强度，使修复材料和混凝土表面间紧密结合，不至于在水流作用下出现冲蚀和脱落等破坏。

（2）快速固化：水下修复常带有"抢险"性质，需要修复材料在较短时间达到设计强度，在应用中常需添加固化剂，以缩短固化时间。

（3）不分散性：由于水下环境复杂，为了防止修复材料在水下分散离析，修复材料需具有一定的抗分散性，可以通过添加聚丙烯类或纤维素类化合物制成不分散混凝土。

（4）抗压和抗折强度：对于水下修复材料，根据修复建筑物和部位的不同，对材料的抗压、抗折和抗拉等强度有不同要求，使得修复材料在固化后能够承受建筑物荷载和水压力的影响，保证其使用寿命。

（5）抗老化性能：修复材料一般长期处于水下，受水中可溶性侵入介质、泥沙和其他固体颗粒长期作用，会产生冲蚀、磨损等现象，使结构老化速度加快，因此要求修复材料具有一定的抗老化性能。

2）常见水下修复材料

目前工程中常用的水下结构破损修复材料有：水下不分散混凝土、聚合物混凝土和水下环氧砂浆。

（1）水下不分散混凝土：简称 NDC，是在普通混凝土拌合物中加入高分子絮凝剂（抗分散剂）和其他添加剂（消泡剂和减水剂）制成的。高分子絮凝剂能在水泥颗粒之间形成架桥结构，增大吸附力，提高黏性，抑制混凝土拌合料的稀释，增加拌合物的触变性和保水性，减少了骨料的沉降和离析，从而使混凝土获得了在水下硬化前具有一定程度的抗分散性。近年来，工程中常用的水下抗分散剂主要成分为 welan 树脂和纤维素等，其他成分还有粉煤灰、矿渣粉、缓凝剂、萘磺酸盐和密胺树脂等。

水下不分散混凝土具有很好的抗分散性能，还能自流平和自密实，初凝时间 20～25h，终凝时间 30～35h；7d 抗压强度可达 20MPa 以上，抗折强度达到 5MPa 以上。该类混凝土在葛洲坝电站大江电厂尾水护坦冲坑修复、天津海堤加固等工程得到了成功应用。

（2）聚合物混凝土：主要是以高分子树脂为粘结料，与石子、砂、水泥等固结而成，具有极高的力学性能，可选择不同类型的树脂，通过调剂固化剂的用量，使其在水中快速固化。目前工程中常用的树脂有 PBM 和环氧树脂。

PBM 聚合物混凝土是以不饱和聚酯为胶结料形成的具有互穿网络结构的材料，它可在水中快速固化，强度迅速增加，1d 后的抗压强度可达 30MPa 以上，适用于水下混凝土破损的快速修补。此外，PBM 聚合物混凝土还具有在水下不分散、不离析、施工时不需导管，可直接倒入水下施工部位，无须振捣，具有自流平、自密实等特点。该混凝土抗压强度大于 70MPa，抗折强度大于 20MPa，抗拉强度大于 12MPa，粘结强度大于 2.5MPa，可在水下进行以厘米计的薄层修补。该类混凝土在五强溪电厂消力池底板冲坑修补、青铜峡大坝底板冲坑补强加固等工程都得到了成功应用。

（3）水下环氧砂浆：主要由环氧树脂、水中固化剂、填料和添加剂等配制而成，常用于水下混凝土结构的冲蚀和剥落修补。该材料具有强度高、抗冲击能力强、耐水、耐腐蚀、耐磨等特点，且与金属或非金属材料的粘结强度高。

（4）互穿网络聚合物型水下修复材料：是近年来国内外高分子材料共混改性领域中发展很快的一种新型修复材料，它由两种或多种聚合物在聚合过程中相互贯穿形成网络互锁结构，从而使聚合物具有优于任何单一组分的性能。以丙烯酸环氧树脂为主体，利用聚氨酯预聚体含有的 NCO 能与水反应的特点，将其引入浆液中，使该材料综合了不饱和聚酯、环氧树脂、聚氨酯等材料的多种优良性能。

3）水下修复材料的选择

水下修复材料种类繁多，各自都具有独特的良好性能。对水下混凝土结构缺陷进行修复时，需要对缺陷情况进行仔细检查，选择合适的修复材料。就水利水电工程而言，工程中通常出现的混凝土缺陷问题主要是结构裂缝和局部混凝土破损，针对裂缝问题可采取灌浆或嵌填密封材料进行修复，而针对混凝土破损问题，则多采用水下不分散混凝土和聚合物混凝土进行修补。相比之下，水下不分散混凝土较多用于水下大体积混凝土的浇筑与修补处理；对于薄层混凝土结构的快速修复则多采用 PBM 聚合物混凝土。

4.3.2.4 典型工程案例

1. 新安江 19～20 号坝段伸缩缝上游面水下防渗处理

1）工程简况和存在问题

新安江水电站是我国自行设计、自行施工的第一座大型水电站，以发电为主，兼具防洪、灌溉、航运、旅游等功能。大坝运行了 40 年，原坝段之间伸缩缝的沥青井阻水措施中，沥青已年久老化、失效，防渗阻水效果差，而且该大坝的沥青井并非垂直，在 80m 高程处转折，在坝顶垂直钻孔很难达到要求。对于坝内、廊道内的渗漏现象，多年来进行过多次防渗漏处理，但不能达到根治的目的。

新安江大坝 19～20 号坝段伸缩缝，错台严重（最大表面混凝土错台达 15cm）、多变（由于筑坝时混凝土跑模，导致伸缩缝表面混凝土错台忽左忽右），缝面高低不平。从历年水工建筑物年度检查中有关宽缝的资料来看，19～20 号坝段伸缩缝的渗漏水范围是 44～58m 和 62～74m 高程，其中 1988～1990 年连续 3 年在高程 62～74m 高程出现很大或大量渗水的记录。

2）解决方案

（1）水下化学灌浆

沿大坝横缝骑缝开凿灌浆槽，在伸缩缝灌浆缝槽底部垂直打一个 ϕ38mm、深不少于 1200mm 的止浆孔。采用填孔机具将水下快速密封剂封堵止浆孔，以对该伸缩缝实行上下隔离；在灌浆缝槽内埋设灌浆管，采用水下快速密封剂封闭灌浆槽。采用双组分水溶性聚氨酯灌浆材料开展水下化学灌浆，待灌浆结束后，扎闭灌浆管。

（2）表面防渗施工

对施工区域混凝土水下基面开展清理，并在缝槽两侧一定范围内均匀刷（刮）涂水下环氧胶粘剂，根据缝槽形状，预制复合水下防渗模块，并在表面预涂水下环氧胶粘剂，并由潜水员将复合水下防渗模块粘贴在灌浆完毕的横缝表面，并采用膨胀螺栓、扁铁和水下射钉锚固，并水下封缝胶泥对防渗模块各边及螺杆孔进行封边，并确保封边密实。

3）实施效果

本次水下施工为国内首次探索深水下伸缩缝渗水迎水面水下处理，经过处理高程 61m 廊道和高程 85m 廊道在 19～20 号坝段伸缩缝处均未发现渗漏水，在后期水库运行水位达到 103m 时，通过灌浆廊道和宽缝进行检查，19～20 号伸缩缝部位没有出现渗水现象。

2. 富春江电厂 1～3 号泄洪孔下游水下冲坑修复工程

1）工程简况和存在问题

富春江水力发电厂隶属于国网新源控股有限公司，电厂于 1968 年 12 月建成发电。电厂以发电为主，担负华东电网调峰、调频及事故备用任务，并兼有防洪减灾、航运、灌溉、城市供水、水产养殖等综合效益。装机 6 台，总装机容量 360MW。电厂始终保持电站的安全生产和稳定运行，对区域电网系统的稳定和保证供电质量起到了重要作用。

富春江大坝设计不承担防洪、滞洪的任务，洪水调节主要依靠上游新安江水库对兰江洪水的错峰调节。电站水库自蓄水以来，经历了 360 多场洪水的考验，其中最大一次洪峰流量为 15100m³/s，多年来通过电厂合理调度，在削峰错峰、减轻下游洪涝灾害方面发挥了较大的社会效益。

电厂 2016 年和 2018 年分别对大坝下游 90m 范围内河床进行了水下地形测量。检查内容主要是对机组出水口及溢流坝下游水下地形测量及水下摄像检查。根据水下地形测量成果可知，大坝下游河床由于受多年的多次大流量泄洪，形成了多个冲坑，其中 -4m 高程以下的冲坑共 6 个。冲坑范围垂直水流方向为整个大坝下游（大部分位于大坝两侧靠近鱼道、船闸侧），顺水流方向主要为坝下 50m 范围内（少量位于坝下 100m 左右），其中，最大的冲坑最深部位底高程约为−12m（距离大坝下游段水平投影距离仅为 12m 左右，距离鱼道水平投影距离不足 10m）。冲坑范围如进一步扩大，将会影响大坝、鱼道、船闸的正常安全运行。

本工程主要对 1～3 号泄洪孔下游冲坑进行修复，防止冲坑深度及范围继续发展，保障大坝的正常安全运行。

2）解决方案

（1）施工准备

在大坝左岸右侧平台处设置 HBT-90 型混凝土输送地泵一台，输送管线长度大于 300m。在坝下冲坑修复范围，搭设一长 15m×宽 15m 的水上浮动施工平台。平台上安装布料机、提升机等设备，设置水下混凝土浇筑导管，承担区域混凝土模板吊装、水下混凝土浇筑等工作。

（2）清基

潜水员对 1～3 号泄水孔下待修复范围先行水下清基处理。

水下检查并将待处理部位内松动的石块进行清除。潜水打捞船配合潜水员完成，打捞船抓斗将查明的松动块石抓起，提升机提起抓斗将块石吊离水面装入渣船运离。

大石块清除完成后，采用高压水枪配合排砂泵将待处理部位的石渣清除干净。水下清基时水下与水面配合操作。块石清理、抓斗提升，高压水枪、排砂泵，分组配合操作，结合水面外运弃渣。如有水生物或淡水贻贝附着在基岩上可采用气刷进行清除。

清基完成后将基坑网格化，进行水下测量，核实工程量及为模板制作提供准确的数据。

（3）分仓立模

按处理范围设置混凝土分块、分仓，按分块立模进行分层浇筑。根据泵送导管移动路径便利及浇筑能力估算，水下混凝土以左右方向 10m、上下游方向 7m、分层厚度 3m 为一基本分仓浇筑块，按分块立模进行跳仓分层浇筑。

模板安装前进行测量放样。模板根据清基后的测量图进行制作。采用钢结构模板，模板根据测量数据预制拼装，模板在电站下游左岸河滩地装船，运至浮动平台后进行拼装。模板以小钢模为基本模块，然后利用浮动平台上提升机配合潜水员进行水下定位、安装并固定。最终形成 3m 一层的水下仓面。

（4）混凝土浇筑

按设计强度等级定制商品混凝土，并在所要浇筑水体区域内预先抛撒水下保护剂，以实现水下混凝土浇筑时，区域内形成絮状物包裹混凝土而不分散。罐车运输到场并泵送经由潜水员引导的水下导管入仓，泵送混凝土分层分块浇筑，分层高度为 3m，上下层交错布置。混凝土日均浇筑量按 300m³，连续浇筑。

3）实施效果

浇筑完成后，对新浇筑不分散混凝土进行水下检查，冲坑部位已完全覆盖，其表面平整度较好，满足质量要求。

4.3.3 面板坝渗漏水下处理技术

面板坝是堆石坝的一种形式，按照坝体防结构的不同，面板坝分为混凝土面板堆石坝、沥青面板堆石坝；按坝体填筑体的不同，又可分为堆石坝或砂砾石坝。面板坝主要由堆石坝体、防渗面板和防渗接地结构三部分组成，其中堆石坝体则是面板的支撑结构，也是面板的基础，同时起到安全排泄坝体渗水的作用；防渗面板通过周边缝与基础帷幕连接，起到坝体的防渗作用。

混凝土面板堆石坝中渗漏是比较常见的问题。根据渗漏检测情况，面板坝漏水多因面板分缝止水损坏特别是周边缝止水破坏失效所致，有些工程出现面板开裂、破损甚至塌陷，导致大坝表面防渗体系失效。由于多数水库无法放空，且由于混凝土面板坝上游坝脚表面往往布置盖重区，一旦盖重底部面板发生破坏，给面板坝的渗漏检测带来较大困难，通常结合水下电视检测、声波等物探方法进行排查，以确定主要渗漏部位。

4.3.3.1 渗漏水下处理方法

当检测出堆石坝的混凝土面板出现严重破损时，为保证修复质量和耐久性，应优先考虑放空水库，对混凝土防渗面板的缺损部位进行修复；若水库不满足放空条件，可选择如下水下处理方法：

（1）针对混凝土面板破损情况，可采取灌注水下速凝柔性混凝土封堵或铺设土工膜进行密封防渗。

（2）针对混凝土面板裂缝，可采用潜水员作业，沿裂缝破损处切槽，采用柔性止水材料填充，最后在面板上浇筑一层混凝土板。

（3）针对混凝土面板伸缩缝漏水问题，可采用水下置换塑性填料及锚固柔性止水板材修补。

（4）当大坝出现渗漏且渗漏量不大，可采用在水面对渗漏部位抛填黏土、粉砂土或砂砾，以期待水流将抛填物质带进渗漏部位，填堵渗漏孔隙，减少渗漏量。如哥伦比亚的安奇卡亚坝，就通过抛填砾石、砂、黏土及膨润土覆盖漏水点，以减少渗漏量。但如水流流速较小，上述抛填物则难以被带进渗漏部位；或者垫层料被破坏或其级配不能满足渗透反滤要求，也难以解决渗漏问题。

4.3.3.2 典型工程案例

1. 株树桥水库面板堆石坝渗漏处理

1）工程简况和存在问题

株树桥水库位于湖南省浏阳市，是一座以发电为主，兼有灌溉、防洪、开发旅游等综合效益的大（2）型水库，总库容2.78亿m³。枢纽建筑物由大坝、溢洪道、引水发电隧洞及电站厂房等部分组成。大坝为混凝土面板堆石坝，坝顶高程171m，最大坝高78m，坝顶长245m。坝体采用常规分区，包括垫层料、过渡料、主堆石区和次堆石区等。上游坝体采用新鲜石灰岩，坝坡为1:1.4，下游坝体采用部分风化板岩代替料，坝坡为1:1.7。上游钢筋混凝土面板顶部厚度为0.3m，底部厚度为0.5m。

水库1990年蓄水后，大坝即出现渗漏，且逐年增加。1999年7月测得漏水量已达2500L/s以上，渗漏非常严重，威胁工程安全。

2）解决方案

（1）渗漏检测

1995年8月，管理单位先后委托多家单位采用水下查勘、水下录像、物探、钻孔检查以及集中电流场等方法查漏，检测结果认为：大坝渗漏主要通道位于覆盖层下部的周边缝和跨越趾板基础的断层；其上部的面板等结构未出现明显破坏，不存在渗漏通道。据此作了一定处理，但均未取得成效。

1999年，长江勘测规划设计研究院承担了该工程的渗漏处理设计，重新采用SD型水下电视摄像系统对大坝渗漏进行检测，发现上游面板多处折断，下部塌陷形成孔洞，防渗体系已发生严重破坏，必须尽快放空水库进行加固处理。

水库放空后对已出露的面板、止水与垫层料等进行检查，发现大坝破坏非常严重（图4.3-8），情况归纳如下：

① 靠近两岸边坡岩体的底部面板出现不同程度的破坏，特别是L1、L9～L11等面板下部严重塌陷、破裂，形成集中渗漏通道。

② 所有表面止水已基本失效，部分接缝底部止水撕裂，或因混凝土破碎而脱落，形成漏水通道。

③ 混凝土面板严重脱空，L8面板下部最大脱空高度达130cm。

④ 面板裂缝密集，部分裂缝发展成断裂。

⑤ 垫层料细颗粒流失严重，坝前防渗铺盖透水严重。

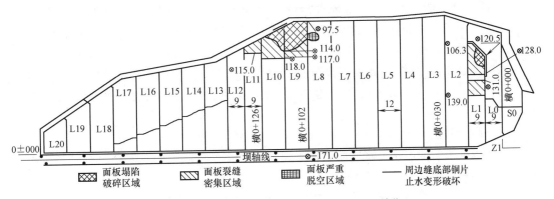

图4.3-8 大坝已发现严重破坏部位平面示意图（单位：m）

（2）渗漏处理

株树桥水库大坝渗漏处理分两阶段进行：①汛前对大坝进行度汛抢险处理；②汛后对大坝做进一步加固处理。

① 抢险处理

2000年1～4月通过放空水库，对上游坝面进行修补，处理后大坝渗漏量大大减少，库水位151.89m时观测的渗漏量不到10L/s。处理措施包括：

a. 混凝土面板修复。重新浇筑的混凝土面板采用双层双向配筋，各向配筋率约0.4%，混凝土强度等级为C25，抗渗等级为W10。

b. 面板裂缝处理。对于缝宽不小于0.2mm的裂缝及贯穿性裂缝，均沿缝凿槽，嵌填SR-2材料并粘贴SR盖片。对于缝宽小于0.2mm的裂缝及非贯穿性裂缝，只在其表面粘贴SR盖片。

c. 面板脱空处理。对重新浇筑的面板和面板脱空十分严重的L8进行处理，采用回填改性垫层料及凿孔充填灌浆的方法。

d. 止水处理。接缝的表面止水均以SR-2予以更换。

② 进一步加固处理

为了彻底解决大坝面板脱空问题，且避免再次放空水库带来的不利影响，2001 年 12 月～2002 年 5 月对大坝做了以下加固处理：

a. 坝顶钻超长斜孔对垫层料进行加密灌浆，灌浆材料采用水泥、粉煤灰和膨润土混合浆液。钻孔方向与面板平行，距面板底面的垂直距离 50cm，单孔最大孔深（斜长）117m。要求垫层料灌浆后的干密度不小于 $1.9g/cm^3$。

b. 根据新的水下彩色电视检测资料，对 L12～L14 混凝土面板灌筑水下速凝柔性混凝土，并抛投粉煤灰＋砂＋黏土，形成表面铺盖。

3）实施效果

大坝渗漏处理后，在正常蓄水位 165.0m 时，渗漏量降至 10L/s 以内，历经 20 年，至 2020 年底仍然稳定，效果显著。

2. 响水涧抽水蓄能电站上水库水下面板缺陷修复

1）工程简况

安徽响水涧抽水蓄能电站位于安徽省芜湖市三山区峨桥镇境内，距繁昌县城约 25km，距芜湖市约 45km。电站装机容量 1000MW，电站枢纽主要由上水库、下水库、输水系统、地下厂房洞室群、地面开关站、中控楼等建筑物组成。上水库位于浮山东部的响水涧沟源坳地，由主坝、南副坝、北副坝、库盆等建筑物组成。主坝、南副坝和北副坝均为混凝土面板堆石坝，最大坝高分别为 87.0m、65.0m、53.50m，坝顶长度分别为 520m、339m、174m，坝顶宽度均为 8.625m，筑坝石料主要取自上水库库盆扩容开挖料。

2）存在问题

响水涧抽水蓄能电站上水库面板缺陷修复工程包括主副坝面板裂缝及垂直缝和周边缝渗漏处理，具体范围及数量如下：

（1）主坝面板裂缝渗漏处理，位置：ZM29 面板靠近底部周边缝，渗漏点高程 203m；

（2）北副坝面板裂缝渗漏处理，位置：BM2 面板靠近周边缝，渗漏点高程 201m；

（3）南副坝面板裂缝渗漏处理，位置：NM3 面板底部，渗漏点高程 208m；

（4）主坝面板周边缝渗漏处理，位置：ZM29 面板，渗漏点高程 201m；

（5）主坝面板垂直缝渗漏处理，位置：ZM29 面板与 ZM30 面板之间垂直缝距周边缝 10cm，渗漏点高程 203m；

（6）主坝面板垂直缝和周边缝搭接处渗漏处理，位置：ZM19 与 ZM20 之间垂直缝和周边缝搭接处，渗漏点高程 170.9m；

2018 年 7～8 月，采用研制的水下环氧胶粘剂等材料对上水库面板缺陷进行了修复。

3）解决方案

（1）潜水方案

本次水下作业采用管供式空气潜水。潜水员按照预先制定的行动路线下水，并配备管供式空气潜水装具、水下照明设备、水下摄像机、潜水电话和水下测量工具。水下摄像机和水下电话通过电缆与水面监视器连接，这些先进设备保证把检查过程的画面连续传送到水面监控器，供水面上相关人员观看。

（2）裂缝渗漏处理方案

① 潜水员将裂缝渗漏及破损严重部位原有的止水材料、杂物等全部清理干净;

② 沿裂缝两侧切 V 形槽;

③ V 形槽内嵌填 $\phi30$ 氯丁橡胶棒,橡胶棒尽可能多地嵌入 V 形槽内;

④ 在胶棒上涂刷水下无溶剂环氧防渗涂料,嵌填 GB 高塑性材料;

⑤ 涂刷胶粘剂,用水下无溶剂环氧防渗涂料作为胶粘剂,粘贴防水盖片,并采用 M10 膨胀螺栓及不锈钢压条固定,膨胀螺栓间距 40cm,不锈钢压条宽度 5cm,厚度 0.3cm。

(3)垂直缝和周边缝渗漏修复

① 潜水员缓慢拆除垂直缝渗漏部位原有压条及盖片,边拆除边用喷墨法检查内部止水的渗漏情况,直至确定渗漏的最终范围。

② 潜水员将垂直缝渗漏及破损严重部位原有的止水材料、杂物等全部清理干净。

③ 缝内嵌填 $\phi30$ 氯丁橡胶棒,橡胶棒尽可能多地嵌入缝内。

④ 在止水封凹槽表面涂刷水下无溶剂环氧防渗涂料,嵌填 GB 高塑性填料,并按照原设计尺寸制作鼓包。

⑤ 涂刷胶粘剂,用水下无溶剂环氧防渗涂料作为胶粘剂,粘贴防水盖片,并采用 M10 膨胀螺栓及不锈钢压条固定,膨胀螺栓间距 40cm,不锈钢压条宽度 5cm,厚度 0.3cm。

(4)施工前的准备

施工前准备水上工作平台,满足使用和设备布置要求,并具有足够承载力和稳定性。按施工要求,布置工作平台和安放潜水、修复施工所用设备与器具;根据工程需要及进度要求,制定劳动力进场计划、机械进场计划及材料进场计划等准备工作。

4)实施效果

本次响水涧抽水蓄能电站上水库水下面板缺陷修复严格按照施工工艺,保质保量地完成了工程任务。水下修补工作结束后,潜水员对渗漏点修补处理的情况进行复查。检查结果表明,通过使用新研制的防渗盖片和水下环氧胶粘剂,保证了混凝土与盖片之间粘接情况良好,渗漏水部位修补后,渗流量降低明显,达到了预期目的。

4.3.4 水下加固技术展望

水下加固工程技术的核心是水下检测仪器、潜水技术和水下作业技术等。进入 20 世纪 90 年代以来,各国水下工程技术的研究重点已从常规有人潜水技术向大深度无人遥控潜水方向发展,并初步形成以高科技、高效率、自动化、遥控化和安全性为特征的现代水下工程技术。尽管近年来我国水下工程技术已广泛用于国民建设各领域,特别是以 2012 年 6 月 27 日 "蛟龙号" 载人潜水器(HOV)最大下潜深度达到 7062m 为标志,实现了我国深海技术发展的新突破和重大跨越。但是我国水下工程总体技术发展水平较国外发达国家还有较大差距。综合我国工程建设和工程管理情况,尚需从以下几方面发展水库大坝水下工程技术。

1. 检测仪器的研究

随着海洋石油工业的发展,水下检测技术得到了不断应用,检测仪器得到了不断改进。与海洋工程不同,水库大坝水下工程质量检测有其特殊性:一是缺陷部位未知而带来的检测工作量大；二是检测目标清晰度要求高，比如裂缝宽度往往不到1mm；三是库水环境复杂，诸如浑水、泥沙环境下的水下检测等。因此，研发自动高效、精确度高、环境适应性强的检测仪器可有效提高我国水库大坝水下工程技术水平。但，目前国内水下检测仪器的研发还处于初级阶段，除了水下超声波测量（声呐）外，对于覆盖层底部或岩体的渗漏检测、坝体深层裂缝的检测还缺乏专门的仪器和手段，我们还须加强适应水库大坝应用条件下的水下检测仪器的研究。

2. 水下加固材料研究

目前我国开发了一系列聚氨酯类和环氧树脂类的水下修补材料，在工程中得到了广泛应用。受水体流动和结构变化的影响，修补材料不可避免会发生老化、磨损及脱落等现象。由于我国已实施的水库大坝水下修补工程仍处于运行初期，未经受时间的考验，修补材料的有效性和耐久性还难以准确定位。因此，深入研发抗老化、抗冲磨、粘结力强、施工简单及无毒的水下修补材料在很长一段时间仍是我国水下工程的工作重点。

3. 水下施工设备研究

水库大坝水下修补工程包括检测、钻孔、打磨、涂刷、焊接、吊装等多种工序，为了满足施工质量及精度要求，施工设备应具有灵活性和高效性。由于我国有一大批高坝大库，工程条件各异，水下施工设备应能满足深水及复杂环境的作业要求。结合我国水下工程施工技术现状，在开发多功能集成化施工设备的同时，可从以下两方面展开研究：

1）深度潜水作业技术研究：如氦氧（混合气）潜水、饱和潜水及空气巡潜等技术，充分吸取海洋工程经验，实现水库大坝领域的深度潜水施工作业。

2）水下机器人研发：由于我国现有的水下机器人只能适用于视野开阔、水质较好水域的简单检测，对于环境复杂或空间狭小区域，现有的水下机器人还无法实施有效检测与修补作业。随着电子与通信技术的不断发展，研发小型化、高灵敏性、多功能的水下机器人，有助于提高我国水下工程整体技术水平。

4. 水下加固技术专业队伍建设

加强水下工程技术专业队伍的建立与培养有利于技术水平、技术力量的整合与提高，减少作业事故的发生。要开展好这项工作，应抓好国内潜水及水下工程技术人才市场需求的研究与预测，同时吸收国外经验及教训，分类建立培养计划，以适应未来市场的需求。

几十年来，我国水利水电建设成就巨大，但仍不能完全满足国民经济发展的需求，面临的水利水电开发任务仍非常繁重，加上经济发展、社会环境变化、极端气候频发，对大坝安全提出了更高要求。已建的高坝大库，经过若干年的运行后，均会出现不同程度的水下结构冲蚀、磨损、大坝渗漏等缺陷和问题。因此，加强大坝工程水下加固技术的研究，提高我国水库大坝水下工程检测技术、装备、材料及施工技术，对我国大坝安全具有十分重大的意义。

4.4 边坡治理

边坡失稳情况一旦发生，会导致整个工程的稳定性受到较大影响。通过边坡治理技术的有效应用，结合边坡失稳的主要因素采取合理的技术，进而最大限度地降低边坡失稳情况发生的概率，可有效保障工程安全性，提高工程施工的效率和质量。就目前的边坡研究水平而言，边坡加固措施方法很多，如何合理、经济地选择治理方案成为边坡治理的重要课题。

4.4.1 边坡加固工程措施

4.4.1.1 卸荷和压脚

在众多边坡加固措施中，一方面，对边坡上部进行开挖以减少上部荷载是提高边坡稳定性一种非常有效和经济的措施；另一方面，在坡脚处堆载对提高潜在不稳定边坡的稳定性也是很好的工程措施。在工程应用中，把坡体上部开挖卸荷的岩土体直接进行压脚则是一种优化的工程措施。

云桥大坝左岸滑坡是沿泥质灰岩的层面出现了变形位移，边坡的剩余部分的稳定性受到重点关注。为保证边坡的稳定性，设计人员在上游面和边坡的交汇处进行了叠式压脚、与几百根预应力锚索的初始支护方案相比（图 4.4-1），这一方案就显得相当经济且施工简单。

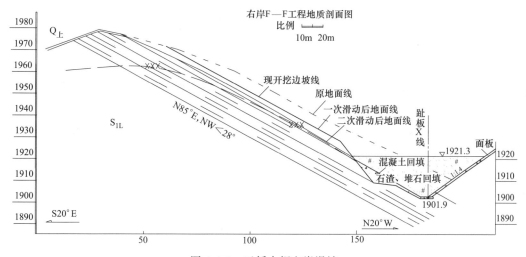

图 4.4-1 云桥大坝左岸滑坡

4.4.1.2 排水

根据众多滑坡事故案例分析，水是产生边坡变形失稳的一个重要因素。要有效降雨融雪等地表水、水库水位升降和地下水对边坡稳定的不利影响，对边坡进行有效的截排水是非常重要的，也是提供边坡稳定性的主要手段。排水工程应使其尽量做到排泄地表水和疏导地下水，以减少引起滑动土体的重量，增加组成斜坡物质的强度；同时，还应该考虑排水系统的完整性和总体性。通过排水工程，使水不再渗透到或滞留在滑坡体内，并排出和疏干滑坡体内已有的水，从而增加滑坡的稳定性，达到治理滑坡的目的。

1. 地面截排水系统

地面截排水，应根据滑坡地貌，地形条件，利用自然沟谷，在滑坡体内外修筑环形截水沟，排水沟和树杈状、网状排水系统，以迅速引走坡面雨水。在滑坡区范围内则设树枝状排水沟等。同时，对滑坡体表面的土层应进行整平夯实，并采用黏土等夯填裂缝，使地表水尽快归沟，防止或减少地表水下渗；对滑坡体范围内的泉水、封闭洼地积水，应引向排水沟予以排除或疏干；对浅层和渗水严重的黏土滑坡，可在滑坡体上植树、种草、造林等措施来稳定滑坡。截水排水沟的断面尺寸以该地区最大降雨强度时水流不漫沟为标准。沟底高程和沟底比降以顺利排除拦截地表水为原则。

2. 地下排水体系

根据边坡或滑坡所在山坡流域水文地质结构及地下水动态特征，选用隧洞排水、钻孔排水或者盲沟排水等地下排水方案。

为拦截滑坡体后山和滑坡体后部深层地下水及降低滑坡体内地下水位，横向拦截排水隧洞修于滑坡体后缘滑动面以下，与地下水流向基本垂直；纵向排水疏干隧洞可建在滑坡体（或老滑坡）内，两侧设置与地下水流向基本垂直的分支截排水隧洞仰斜排水孔。

当滑坡体内有积水湿地和泉水露头时，可将排水沟上端做成渗水盲沟，伸进湿地内，达到疏干湿地内上层滞水的目的。渗水盲沟用不含泥的块石、碎石填实，两侧和顶部做反滤层。

排水洞钻设排水孔幕，以降低地下水位，减少地下水渗压力。针对不同的岩区，排水孔幕可采用不同的布置形式：对于一般岩段，可用一排铅直孔；对于地下水富集地带，可采用两或两排以上排水孔。为了保证排水效果，尽量采用仰孔。

采用排水设施降低地下水位是我国水利水电工程边坡整治常用的方法。三峡船闸边坡中测到的地下水位仅比 7 级排水隧道高出几米。在小湾左岸引水沟堆积体加固治理中，采用了 5 层排水洞系统降低堆积体内地下水位，并得到良好的加固效果。

4.4.1.3 预应力锚索和抗滑桩

在水利水电边坡治理工程中，机械加固措施在边坡加固中经常使用，其中预应力锚索和抗滑桩最为常见。最近，很多边坡工程中将两者联合使用，即在桩上部或中部使用锚索，可以很好减小桩悬臂效应。

与其他非预应力加固机理不同，预应力锚索加固边坡的机理是主动加固措施。锚固体与边坡岩土体间相互作用时，预应力锚索加固结构能主动提高边坡岩土体的强度，利用边坡的自稳能力达到加固的目的，从而有效控制边坡薄弱层的滑移。同时，锚固材料置换或挤密岩土体时能提高边坡强度，其周围高压注浆液渗入裂隙形成的网状胶结结构也能提高岩土体强度，巨大的预应力在一定程度上改善边坡岩土体物理力学性质，边坡的自稳能力得到发挥。

抗滑桩的支护加固原理为：将桩身锚固到土体、岩体，实现三者的共同作用，利用地层力，来将滑坡推力平衡，从而实现了平衡稳定边坡的作用。在边坡灾害治理工程中，首先是抗滑桩必须确保设置位置准确合理；其次选择合适的抗滑桩位置，综合地质条件、滑坡区域水文情况等因素，清晰掌握滑坡损坏的形式。比如滑坡属于滑床较慢、滑坡前缘薄的情况下，抗滑桩施工，必须调整好桩位，最佳桩位为倾斜角≥15°位置，计算滑床水平承载力，确定桩孔深度，以此达到最理想的抗滑效果。

4.4.2 典型案例

4.4.2.1 溪洛渡水电站左岸电站进水口

上方为古滑坡。堆积体由下至上，依次为古滑坡残体，冰川、冰水堆积体，洪积和崩坡积，其中以冰水堆积和洪坡积为主。滑坡体顺江长约 530m，高程在 740～840m 范围

（图 4.4-2）。古滑坡残体主要分布于后缘基岩坡脚及前缘，厚度 3.6～49m。滑坡残体主要由铜街子组紫红色砂页岩和石灰岩碎块组成，次为飞仙关组砂岩和嘉陵江组泥灰岩碎块，钻孔揭示主滑带厚度前缘为 0.19～3.25m，后缘为 1.32～1.55m，滑带由宣威组灰色铝土质黏土岩，黄绿色泥质粉砂岩碎屑夹泥组成，内部夹杂紫红色砂页岩角砾碎块，颗粒成分以砂粒为主（74.8%），天然含水量 8.3%～8.5%。

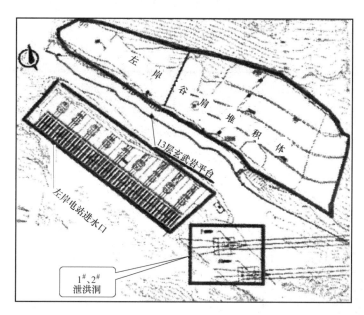

图 4.4-2 溪洛渡左岸进水口堆积体边坡

为保证边坡稳定，施工单位开发了一套注浆加锚索技术。在土质边坡加固中，土钉是常用技术。通常分为钻装（打入）式，粘结式，压力注浆土钉。溪洛渡工程采用击入式锚管，为消除击入过程中对土体的扰动，又补充注浆。因此，当属一种新型的混合式土钉加固技术。可以说，这是迄今所知加固面积最大的土钉工程。

支护分Ⅰ、Ⅱ、Ⅲ、Ⅳ、Ⅴ，共五个区。进行土锚管加固施工前需要进行生产试验，以确定土锚管的管材、灌浆的浆液浓度、灌浆压力以及土锚管支护的参数及施工工艺。最后确定的主要参数为：

（1）土锚管长 6m、φ18mm、壁厚 3.5mm，一端加工成锥型导向头。导向头端 3m 位置，沿管圆周方向旋转 90°螺旋线钻设间距 10cm、φ10mm 出浆孔，出浆孔用三角体角钢倒刺保护。

（2）土锚管夯入坡面 5.85m，间排距 1.5m×1.5m，梅花形布置，锚管垂直坡面夯入。

（3）土锚管灌注水泥净浆，水灰比 0.65:1，注浆压力控制在 0.4MPa 以内。

（4）注浆结束标准：孔口返浆或边坡往外串浆，即可结束灌浆；孔 1:1 未返浆，但灌浆压力已达到 0.4MPa，且浆液无明显下降时即可结束灌浆。

堆积体上共埋设变形测点 18 座。变形测点方向最大位移 1.80mm，最大累计位移 126.53m。位移主要集中在 2006 年 9 月以前和汛期，已处于稳定状态。

4.4.2.2 澜沧江小湾水电站左岸堆积体高边坡

小湾水电站坝址是澜沧江中下游河段控制性水库电站，位于云南省临沧地区凤庆县与大理州南涧县交界的河段上，总库容 150 亿 m^3，电站装机容量 4200MW，多年平均年发电量 149.14 亿 kW·h。枢纽工程主要由高 294.5m 的混凝土双曲拱坝、右岸地下引水发电系统、左岸泄洪洞等建筑物组成。由于枢纽布置的原因，坝前左岸分布有饮水沟堆积体（图 4.4-3）。左岸饮水沟堆积体平面上似舌状，规模巨大，它的稳定性直接关系到大坝、缆机平台等水工建筑施工和运行期间的安全，它的处理难度之大，在国内外工程界尚属首次，是小湾水电站建设的关键技术难题之一。

左岸饮水沟堆积体自然边坡坡度约 $32°\sim35°$，前缘高程约 1130m，后缘高程约 1590m，高差 470m。堆积体数值厚度一般为 $30\sim37m$，最大厚度为 60.63m，南北方向约 $80\sim200m$，东西方向约 $745\sim830m$，总体积 540 万 m^3。堆积体主要为块石和特大孤石夹碎石土或碎石层，底部分布有一层颗粒相对较细的接触带土体，下伏基岩结构特征复杂，倾倒、卸荷现象严重。

图 4.4-3 小湾水电站左岸边坡饮水沟堆积体

由于饮水沟堆积体附近水工建筑物布置的要求，堆积体边坡初步设计方案为：开口线高程 1645m；高程 1500m 以上，开挖坡比为 $1:1.3\sim1:1.5$；高程 $1500\sim1380m$，开挖坡比为 $1:1.15\sim1:1.2$；高程 $1380\sim1245m$，开挖坡比为 $1:0.8\sim1:1.2$；每 20m 高度设一级马道。自 2002 年 3 月开工以来，由于边坡开挖切脚、爆破震动、降雨等外界因素综合影响，饮水沟堆积体自 2003 年 12 月出现明显的蠕滑变形迹象，到 2004 年 1 月中下旬，变形的侧边界基本形成，主要变形范围分布在高程 $1245\sim1460m$ 之间，左右两侧主要分布于堆积体与基岩接触带附近。根据现场调查、监测资料分析，饮水沟堆积体截至 2004 年出现的滑移变形主要表现为位于堆积体下部沿底部接触带土体的平面滑移变形和位于堆积上部的圆弧形滑移；其变形失稳是一个由"局部失稳"逐渐扩张至整体的牵引式、渐进性过程。

经综合考虑堆积体规模、所处地质与环境条件、失稳后果以及处理工程量和工程投资等方面的因素，左岸饮水沟堆积体按二级边坡进行加固支护设计，其具体稳定控制指标如下：工程建成后正常运行 $F=1.20$，库水位骤降 $F=1.15$，8 度地震工况下 $F=1.05$；施工期雨季 $F=1.15$，旱季 $F=1.05$。

鉴于饮水沟堆积体的变形失稳模式以及它的稳定性的重要性，基于信息化动态治理的理念，采取了加强排水、预应力锚索、抗滑桩、支挡反压等支护措施，分区、分期对堆积体边坡进行综合治理。根据堆积体自身一些特点，如堆积体本身容易塌孔，采用了一些超常规的技术手段对在饮水沟堆积体进行了加固治理，主要有：

（1）跟管钻进预应力锚固。解决了堆积体中进行预应力锚索施工由于孔壁塌陷施工困难的问题。

（2）立体排水系统。根据治坡先治水的理念，为了有效降低堆积体中的地下水位和排泄堆积体与下伏基岩接触带的上层滞水，在堆积体下卧的基岩中，在高程 1245m 以上不同高程设置 9 层排水洞，主洞总长 3750m，并以 45 个水平支洞深入到堆积体中。

（3）悬臂抗滑桩。在高程 1244m 的施工马道上修建 14 个悬臂抗滑桩，桩底插入基岩，与桩顶高程 1274m 的悬臂段的钢筋混凝土墙联成整体。

通过采用加强排水、预应力锚索、抗滑桩、支挡反压等措施对左岸饮水沟堆积体进行分区、分阶段综合加固治理后，根据 3 个典型监测断面变形、视乎效应和渗流等方面的监测成果，治理效果明显，边坡处于稳定状态，满足设计要求。

4.5 大坝抗震加固

我国是世界上地震较多的国家之一，地震活动的分布范围十分广泛，基本地震烈度在Ⅵ度以上的地区占全国的 60% 以上。同时我国也是世界上修建水库大坝最多的国家，这些水库大坝有相当部分位于地震区，一旦发生地震将对水库大坝造成不同程度的损害，严重者甚至出现溃坝，对下游人民的生命财产产生严重的危害。因此，应高度重视大坝抗震安全和抗震加固技术研究，对大坝及时进行抗震加固处理。

4.5.1 混凝土坝抗震加固

遭遇震损或抗震设防不达标准的混凝土大坝需要进行抗震加固，大坝加固方案应满足现行《水工建筑物抗震设计标准》GB 51247—2018 的要求。地震可能导致坝体局部开裂，或原有裂缝的扩展，所以，高混凝土坝应加强裂缝的监测与控制，并做好施工缝的处理。坝体内部廊道和孔口部位的拉应力区应适当配筋，防止地震引起裂缝扩大带来的危害。地震作用下，坝体各部位间会发生明显的相对位移，接缝止水处易拉裂，为坝体的薄弱环节。因此，地震区的高坝对止水结构材料的抗震要求包括：具有较大的变形特性、合适的形式和结构。混凝土大坝抗震加固措施除了针对坝本身以外，还应重视对两岸坝肩岩体，特别是岩体裂隙发育时的加固工作，处理好坝基存在的断层、破碎带、软弱夹层等，重视高坝的基础固结灌浆、接触灌浆以提高两岸基岩的抗震稳定性，注意混凝土与基岩的结合强度，增加坝基和坝底的稳定。

以下将丹江口大坝加高、加固工程的抗震分析与安全性评价，作为混凝土大坝加固方案分析的典型案例进行介绍。

4.5.1.1 设防标准与计算参数

丹江口大坝坝址位于鄂豫两省交界地带，是南水北调工程水源的水库大坝。坝址在构造上处于秦淮弧内侧的武当隆起边缘，青峰断裂为隆起南界，东临南襄盆地。库区地层分区以青峰为界，北为秦岭区，南为扬子区。坝址区无区域性断裂通过，库区的主要断裂距坝址 6km 远，地震活动微弱，是地壳相对稳定区。根据地震安全性评价报告，丹江口大坝加固工程的抗震设防标准（5000 年一遇）基岩地震峰值加速度 $0.15g$；其最大可信地震（10000 年一遇）的基岩峰值加速度为 $0.18g$，作为校核地震的设防标准。

大坝抗震计算采用的混凝土、基岩物理力学参数见表 4.5-1，大坝坝体各缝面的计算参数取值如下：

（1）已张开缝面的抗拉强度为 0、粘结强度为 0.8MPa，摩擦系数为 0.8；

（2）新老混凝土接合面的抗拉强度为 1.0MPa、粘结强度为 1.0MPa，摩擦系数为 1.0；

（3）纵缝的抗拉强度为 0.5MPa、粘结强度为 0.5MPa，摩擦系数为 0.8；

（4）坝基面抗剪断强度参数取摩擦系数为 0.69、粘结强度为 0.54MPa。

以 2 号坝段为例，研究缝面参数不确定性的影响，对已张开缝面取以下 3 组参数进行敏感性分析：

缝面参数组一：抗拉强度为 0、粘结强度为 0.8MPa，摩擦系数为 0.8；

缝面参数组二：抗拉强度为 0、粘结强度为 0，摩擦系数为 0.65；

缝面参数组三：抗拉强度为 0、粘结强度为 0，摩擦系数为 1.0。

混凝土与基岩的物理力学参数 　　　　　　　　　　　　　表 4.5-1

材料分区	材料标号	强度等级	静态弹性模量（GPa）	静态抗压强度标准值（MPa）	泊松比	重力密度（kN/m³）
Ⅰ	$R_{90}300$	C22.4	48.0	20.4		
Ⅱ	$R_{90}150$	C10.3	18.0	10.1	0.167	24.0
Ⅲ	$R_{90}200$	C14.2	22.0	13.6		
基岩			21.0	—	0.22	27.0

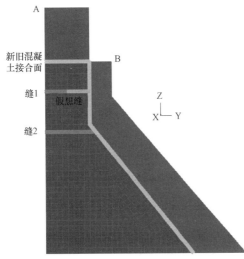

图 4.5-1　加高工程 2 号坝段

4.5.1.2 典型坝段的抗震分析结果

1. 2 号坝段

大坝 2 号坝段加高、加固分析计算模型见图 4.5-1，有限元计算模型中，A、B 混凝土坝块分别为大坝加高与加固的新增混凝土浇筑部分。考虑了 143m 高程水平贯穿裂缝（缝 2），154m 高程水平裂缝贯穿约一半（缝 1）以及假想缝，新旧混凝土结合面。

1）在峰值加速度为 $0.15g$ 的地震作用下

上游坝顶最大水平位移约为 7.0mm，最大竖向位移约为 1.7mm；下游面坝顶最大水平位移约为 3.8mm，最大竖向位移约为 1.4mm。总体上，位移值较小。坝体原有高程 154m 水平裂缝以及新老混凝土接合面，均有不同程度的局部张开，张开范围约 2.0～3.0m，最大张开度约 1.0mm，张开度较小，不至影响止水结构破坏。

取真实缝面抗拉强度为 0、粘结强度为 0、摩擦系数为 1.0 的情况下，上游坝顶最大水平位移约为 7.0mm，最大竖向位移约为 1.8mm；下游面坝顶最大水平位移约为 3.7mm，最大竖向位移约为 1.4mm。各位移值与真实缝面参数取抗拉强度 0、粘结强度 0.8MPa、摩擦系数 0.8 时基本一致。总体上，坝体位移值较小。

取真实缝面抗拉强度为 0、粘结强度为 0，摩擦系数为 1.0 时，坝体原高程 154m 水平裂缝扩展，扩展范围约 2m；新老混凝土接合面有两处产生不同程度的局部张开，张开范围约 2.0～3.0m；高程 143m 水平贯穿裂缝上游侧最大张开度约为 1.0mm，高程 154m 水平裂缝上游侧最大张开度约为 0.5mm。张开度均较小，不至影响止水结构破坏。上述 3 组缝面参数取值对缝的张开度、张开范围均没有较大影响。

由于局部应力集中，加高工程 2 号坝体动静综合主拉应力在坝踵区很小范围内可达到 3.52MPa。坝体原有裂缝处，由于地震时接触缝摩擦、碰撞，高程 143m 水平贯穿裂缝上游侧最大主拉应力约 3.00MPa、下游侧最大主拉应力约 1.50MPa；高程 154m 水平裂缝上游侧最大主拉应力约 1.80MPa。坝体其余部位最大主拉应力不大，不超过 0.80MPa。2 号坝段除坝踵及高程 143m 水平缝上游侧局部范围内拉应力超过混凝土抗拉强度外，坝体其余部位混凝土抗拉强度均满足规范的要求。坝踵区拉应力超过混凝土抗拉强度的范围小于帷幕中心线。根据美国垦务局 2007 年 5 月 1 日颁布的"水工混凝土结构抗震设计和评价"，对于坝体局部拉应力超强时，可以按需求能力比（Demand Capacity Ratio，DCR）进行评价。用时间历程法进行分析，确定 DCR 的最大值，如超出 2.0，须按材料非线性分析；如 DCR 的最大值小于 2.0，满足以下两个准则，则可认为大坝是安全的：

a. 在最大拉应力出现点的应力时程中，超标拉应力时间总和不大于 0.3s；

b. 超标拉应力所占坝面面积总和小于坝面总面积的 15%。

经计算校核，2 号坝段的拉应力满足美国垦务局上述的规定。

综上所述，2 号坝段满足中国重力坝设计规范中关于坝踵区拉应力超过混凝土抗拉强度的范围小于帷幕中心线的规定，也满足美国垦务局水工混凝土结构抗震设计和评价的准则的要求，因此，总体上 2 号坝段混凝土抗拉强度满足规范的要求。

2）在峰值加速度为 0.18g 的地震作用下

上游坝顶最大水平位移约 9.0mm，最大竖向位移约 2.5mm；下游面坝顶最大水平位移约 4.5mm，最大竖向位移约 1.5mm。坝体原有的高程 154m 水平裂缝沿下游扩展约 2m，新老混凝土接合面局部有一定程度的张开，张开范围约 3.0～4.0m。高程 143m 水平贯穿裂缝上游侧最大张开度约为 1.56mm，高程 154m 水平裂缝上游侧最大张开度约为 0.77mm。张开度均较小，不至于影响止水结构破坏。

计算结果表明，在峰值加速度为 0.18g 的地震作用下，2 号坝段的抗滑稳定性满足相关规范的要求。

2. 18 号坝段

18 号坝段的有限元计算模型见图 4.5-2。坝体裂缝考虑了 11 条真实缝、2 条施工纵缝、1 条新旧混凝土接合面以及 11 条假想缝。计算时，考虑该坝段横河向无约束。地震

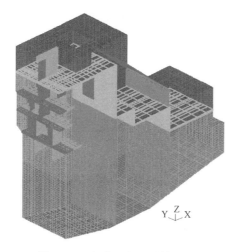

图 4.5-2 加高工程 18 号坝段的
有限元计算模型

波沿顺河向和竖向输入,横河向不输入地震波。

1) 在峰值加速度为 $0.15g$ 的地震作用下

坝顶上游侧最大水平位移约为 9.0mm,最大竖向位移约为 8.4mm;坝顶下游侧最大水平位移约为 9.0mm,最大竖向位移约为 5.6mm。总体而言,坝体位移值较小。各缝面的张开度均较小。

二期混凝土下游坝面最大主拉应力为 0.8MPa;一期混凝土下游坝面最大主拉应力为 1.0MPa;坝踵局部应力集中,最大主拉应力可达到 2.47MPa。坝体原有裂缝处,由于地震时接触缝摩擦、碰撞,水平裂缝上游侧最大主拉应力约 1.50MPa,竖向裂缝附近最大主拉应力约 0.80MPa。坝体其余部位的最大主拉应力较小,

最大值不超过 0.8MPa。坝址附近最大主压应力为 5.0MPa。总体而言,18 号坝段混凝土抗拉强度、抗压强度均满足现行抗震规范的要求。

2) 在峰值加速度为 $0.18g$ 的地震作用下

18 号坝段原有裂缝出现进一步扩展。其中,水平缝面 24 向下游扩展约 2.0m;竖直缝面 1 与水平缝面 24 相交接部位向下扩展约 0.5~2.0m、向上扩展约 1.0~3.0m、向下游扩展 1.0~4.0m;竖直缝面 3 与水平缝面 24 相交接部位向下扩展约 1.0m、向上扩展约 1.0~3.5m、向下游扩展 1.0~4.5m;下游侧施工纵缝顶部折角处向下游和下部开裂约 0.5m 的区域。

二期混凝土下游坝面最大主拉应力为 1.0MPa;一期混凝土下游坝面最大主拉应力为 1.0MPa;坝踵局部应力集中,最大主拉应力可达到 3.0MPa。坝体最大主拉应力出现在上游面水平裂缝附近,地震时由于缝面之间碰撞、摩擦,缝面附近出现了 6.08MPa 的最大主拉应力。竖向裂缝附近主拉应力约为 1.0MPa。坝体其余部位的主拉应力值较小,最大值不超过 1.0MPa。坝址附近最大主压应力为 6.0MPa;二期混凝土下游折角处最大主压应力为 2.0MPa;坝体动静综合主压应力最大值为 11.15MPa,出现在坝踵附近。总体而言,18 号坝段在校核地震作用下,除坝踵及上游面水平裂缝局部范围内混凝土抗拉强度不满足现行抗震规范的要求外,坝体其余部位混凝土抗拉强度均满足规范的要求。18 号坝段坝体混凝土抗压强度满足现行抗震规范的要求。

在峰值加速度为 $0.18g$ 的地震作用下,18 号坝段的抗滑稳定性满足相关规范的要求。

综上所述,丹江口大坝加高、加固工程设计方案满足现行抗震设计标准的要求。建议根据《水工建筑物强震动安全监测技术规范》SL 486—2011 的要求,进行强震动监测的建设。依据强震监测系统定期实施现场动力特性试验,测试大坝动力特性和关键部位传递函数的变化。

4.5.2 土石坝抗震加固

要做好土石坝抗震加固,首先需要深入把握土石坝的地震破坏形式和震害特征。中小

型土石坝的主要震害包括：坝体裂缝、滑坡、渗漏、坝顶沉陷及坝体变形，放水设施损坏、防浪墙断裂倒塌等。从震害发生的部位来看，多集中在坝体上部，坝顶最多，坝体中段也相对严重。

地基（坝体）液化破坏是造成土石坝地震破坏的主要因素之一，如果坝体或坝基中可液化土，在地震作用下发生液化，将引起坝坡或坝基失稳，使大坝产生严重裂缝、滑坡、坍塌，甚至溃坝等破坏现象。

对于高土石坝，主要是碾压施工的高面板堆石坝和高心墙堆石坝，其主要地震破坏形式和震害包括：

（1）坝坡和坝顶破坏。坝坡破坏形式主要是：堆石料滚落、浅层滑坡和局部塌陷，直至大面积滑坡、失稳。这是大坝稳定方面的主要破坏模式，其动态过程是：由较小的地震作用下的浅层滑坡，逐步发展成为深层滑动，从局部滑坡发展到整个坝坡的深层滑动和严重破坏；进一步引发坝顶和防渗体系破坏，造成高库水位下的漫顶发生，导致坝体溃决。

（2）地震变形，包括坝顶震陷等。地震变形的特点是河床中部区域的坝顶上部变形最大，沉降明显；地震变形分布与加速度反应程度和坝体高度有一致性。地震变形随地震作用的增大而增大，变形发展到一定程度，则进一步引发大坝的破坏。

（3）防渗体系破坏。对面板堆石坝而言，主要是面板脱空、断裂、挤压破坏、错台，周边缝止水结构破坏，坝顶防浪墙结构破坏、地基防渗体系破坏等。对心墙堆石坝而言，主要是是心墙体系破坏等。

（4）地基液化和破坏。地基液化破坏、地基变形破坏等。严重地基的震害会引发大坝在稳定、变形和防渗体系方面的地震破坏，引发溃坝风险。

把握土石坝的地震破坏形式和震害特点是做好土石坝抗震加固的前提，可为土石坝的抗震安全评价和抗震加固提供基础依据。

4.5.2.1 高土石坝抗震对策

大型水库多为高坝大库，一旦地震破坏必将造成更为严重的后果，这类大型土石坝是抗震设计和抗震加固的重点，保证其抗震安全意义重大；而高坝的实际工程震害特点和抗震经验对做好大坝抗震设计和加固非常重要。国内外经受强震的高坝工程比较少，高坝震害更值得深入总结。在汶川地震中有4座高坝经受了强震的考验，包括紫坪铺面板堆石坝（坝高156m）、沙牌碾压混凝土拱坝（坝高131m）、碧口土质心墙堆石坝（坝高105m）、宝珠寺混凝土重力坝（坝高132m）。特别是接近震中的紫坪铺面板堆石坝，堪称目前世界上唯一的一座遭遇强震的坝高大于150m的高混凝土面板堆石坝，其震害总结对做好高土石坝抗震意义重大。以下围绕紫坪铺工程震害对高土石坝的震害进行梳理。

紫坪铺水利枢纽工程拦河大坝为钢筋混凝土面板堆石坝。最大坝高156m，坝顶高程884.00m，坝顶全长663.77m，坝顶宽度12.0m，上游坝面坡度为1:1.4，下游坝面坡度为1:1.5和1:1.4。紫坪铺大坝当时按地震烈度8度设防，原设计采用100年超越概率2%的峰值加速度为0.26g。紫坪铺工程距离震中仅17km，根据目前的地震资料，此次遭受的地震在9度以上。大坝经受住了这次超常地震的考验，但还是产生了明显的震害。

1）大坝地震变形

汶川大地震使大坝产生了明显地震变形。最大沉降量超过80cm，位于大坝最大断面坝顶附近；坝坡向下游方向发生水平位移超过 30cm。监测数据表明，"5·12"汶川大地震导致坝体瞬间发生了最大为 683.9mm 的沉降，位于坝顶河床中部的大坝最大断面坝顶附近。2008 年 5 月 17 日，沉降量增大到 744.3mm。45d 后沉降变形最大值增加到 760.0mm，后趋于稳定。

2）面板的挤压破坏和错台与脱空

面板间的垂直缝发生挤压破坏。其中，面板 23～24 号之间垂直缝两侧混凝土挤碎，5～6 号面板间接缝也有挤碎。板间保角钢筋网与混凝土保护层分离，板中部受力筋折曲变形，比常规挤压破坏严重。高程 845m 二、三期混凝土面板施工缝错开，最大错台达 17cm。部分混凝土面板与垫层间有脱空现象，最大脱空 23cm。三期面板脱空约占其总面积 55%。

3）坝坡和坝顶地震破坏

强震下坝坡整体是稳定的；靠近坝顶浆砌石护坡完好，靠近坝顶附近的下游坡面干砌石松动、翻起，并伴有向下的滑移，有个别滚落。

坝顶防浪墙基本完好，个别部位发生挤压破坏和拉开现象；坝顶下游侧交通护栏大部分遭到破坏；坝顶下游路缘与坝上交通道路最大脱开超过 60cm，坝顶路面与下游堆石脱开严重。

4）周边缝结构地震破坏

地震不仅造成了面板的破坏，也造成了防渗体系的周边缝破坏。地震造成周边缝产生了明显变位，防浪墙与上游面板间的水平周边缝有破坏，其他周边缝也有震损，部分周边缝三向测缝计变位较大，超出了周边缝可承受范围。

5）渗漏量增大

地震发生后初期，无论是水库水位保持基本不变或逐渐降低，大坝渗流量均逐渐增加。震前 2008 年 5 月 10 日测值为 10.38L/s，6 月 24 日上升至 18.82L/s，对应库水位在 820.0～828.8m 区间。7 月 8 日为 19.1L/s，相应库水位 818.0m；7 月 20 日 18.34L/s，相应库水位 828.77m。水位波动，渗量基本稳定。渗流水质在震后的 1～2d 较震前浑浊，并夹带泥沙，以后水质变清，未出现再次混浊。

6）其他震害

震后 2 条泄洪洞、1 条排沙洞闸门井结构尚完整，启闭机房等上部结构损坏，泄洪洞闸门震后不能启闭，经过数天的紧急抢修已修复；排沙洞能开启泄水。电站厂房受损不严重，震后停机，但很快恢复发电泄水。

根据紫坪铺土石坝等震害资料、动力模型试验成果以及数值分析结果，高土石坝可能的地震破坏形式和震害特点包括坝坡和坝顶破坏、地震变形、防渗体系破坏、地基液化破坏等，因此高土石坝的抗震设计和除险加固中，主要从坝坡及坝顶抗震防护、坝体地震变形控制、防渗体系的抗震防护、地基抗液化措施与抗震加固等方面进行抗震设计和加固。

（1）抗震措施应从坝址选择、地基条件、坝型选择、细部设计、坝料及施工质量等环节和因素综合考虑。

（2）变形控制与稳定控制并重。震害资料和研究表明，地震引起的坝体残余变形是造成大坝震害的重要原因，控制坝体残余变形及变形的不均匀性，包括控制地震引起的面板挠度等防渗体变形可以显著提高大坝抗震能力。而控制地震残余变形的主要手段就是提高堆石坝填筑密度，因此科学确定坝料填筑控制标准，做好施工质量控制等非常重要。既然高堆石坝地震破坏过程是一个"由表及里"的发展过程，那就要针对性地做好坝体稳定控制的坡面抗震措施和坡内抗震措施，并加强坡面措施与坡内措施的联结，形成整体性抗震措施体系。

（3）抗震计算与抗震措施并重。对土石坝进行抗震计算，得到大坝的地震反应，并进行整体安全评价，有利于找出大坝在地震作用下的薄弱环节，采取针对性的抗震措施，以确保大坝的抗震安全。在紫坪铺面板堆石坝的设计阶段，按照水工建筑物抗震规范的要求进行了全面的抗震计算。设计阶段的抗震计算成果与"5·12"震害的良好可比性表明，当时设计阶段采用的非线性地震反应分析及抗震安全性评价方法是适用的和可靠的，分析成果可为工程抗震设计提供了可靠的技术参考。根据当时的抗震计算结果，以及计算揭示的大坝动力反应性状和抗震薄弱环节，在进行大坝抗震设计时，采取了针对性的抗震措施，其中包括优化了坝坡设计，采用了放缓上部坝坡、坝顶附近下游浆砌石护坡、加宽坝顶等，这也是紫坪铺大坝在"5·12"汶川大地震中的良好抗震表现的重要基础；这也充分表明了抗震计算的有效性和重要性。因此，在土石坝抗震设计中，应当抗震计算与抗震措施并重；基于抗震计算揭示抗震薄弱环节，结合工程经验，来确定工程抗震措施，可提高抗震措施的有效性和可靠性。为保证抗震计算的可靠性，合理考虑尺寸效应的影响，采用室内试验与现场测试相结合的方式确定筑坝材料的特性和参数。

（4）做好大坝各部分的连接设计和地基处理。土石坝的抗震能力及其安全性，主要与地基和坝体土石料的特性与密实程度、坝体与地基的防渗结构以及联结部分的牢固与否密切相关。对于建在强震区覆盖层地基上的土石坝，除了做好坝体本身的抗震设计和抗震措施外，还应做好地基的抗震设计和抗震措施。紫坪铺大坝在严格论证的基础上，对覆盖层地基进行了合理的处理，包括对可液化土层的处理，成功抗御强震的结果表明了合理的地基处理和抗震措施的重要性。

（5）应急处置措施到位。为了做到有效抗震减灾，土石坝工程应设置快速降低库水位或放空水库的泄水设施，做好强震监测和应急管理。

（6）对于强震区的高土石坝工程，应采取震害分析-模型试验-数值分析相结合的方法，共同揭示震害机理、抗震薄弱环节、充分论证抗震加固措施的有效性，做好抗震措施优化设计。

4.5.2.2 坝坡及坝顶抗震防护

土石坝地震震害调查、模型试验研究及动力反应分析等研究结果均表明，坝体上部边坡和坝顶区附属结构是土石坝抗震的薄弱部位之一，需要予以重点加强，对这些区域和结构的抗震防护手段主要包括大坝断面优化、坡面和坡内加固措施、裂缝防治措施和附属结构优化设计等。

适当加宽坝顶、放缓下游坡的上部坝坡，有助于堆石体稳定，提高坝体抗震能力。在坝坡改变的地方设置马道，有利于进一步提升坝坡稳定性。这些断面优化措施的效果都通过静动力对比分析得到了很好的验证。

对于坝坡表层，可采用钢筋混凝土面板护坡、干砌石护坡或浆砌块石护坡结合混凝土框格梁的方式进行防护，提高坝坡表面堆石体地震稳定性。紫坪铺高面板坝震后加固工程中，就是采用了坝顶区浆砌石护坡代替原有干砌石护坡的方式，提升坝坡表面堆石体的地震稳定性。

对于坝体内部，可采用土工格栅加筋或者钢筋网加筋的方式进行加固，以提高坝顶区坝体抗震能力。近年来，在冶勒、瀑布沟等工程中，采用了将土工格栅埋入堆石体的抗震措施。依靠土工格栅与堆石体间的相互作用以及格栅网眼所具有的特殊嵌锁和咬合作用，限制其上下堆石体的侧向变形，增加堆石体结构的稳定性，提高堆石体的抗剪强度和改善其变形特性。也有采用在堆石体中以钢筋网加筋的抗震措施，即将上下游方向的主钢筋与坝轴线方向的钢筋焊接成网，分层铺设在堆石体中。钢筋的刚度大，变形小，维系的加固力持久，但钢筋存在锈蚀问题，钢筋适应周围土体变形的能力亦不如土工格栅。图4.5-3为某工程施工中正在铺设土工格栅。

图 4.5-3　铺设土工格栅

但是，不管是钢筋混凝土面板护坡、干砌石护坡或浆砌块石护坡的表层防护措施，还是土工格栅加筋或者钢筋网加筋的坝体内部防护措施，为了提高这些抗震措施的有效性，都有必要采用有效连接手段将表层防护措施和内部防护措施连接成为一个整体。将表层防护措施和内部防护措施连接起来构成整体，以提高这些措施抗震整体加固效果，已经在多个大型振动台模型试验中得到了很好的验证。例如阿尔塔什高面板坝，将坝坡表层混凝土框格梁结合砌石护坡措施和坝体内部钢筋网加筋连接以后，大坝的坝坡稳定分性和抗地震变形能力均显著提升，砌石护坡在坡面上的抗滑稳定性得到了很好保障，对其发挥既定的设计作用提供了基础。

土石坝坝顶是产生裂缝的主要部位，防渗体与岸坡基岩或其他混凝土刚性建筑物的连接部位，由于刚度的差别，在地震时最容易产生裂缝。因此要特别注意这些部位防渗体的设计与施工。提高坝顶区坝体的填筑密度是防止裂缝产生的最主要手段，也是在工程实践中被证明了是最有效的手段。此外，在强强震区要适当加厚防渗体和过渡层，以防止出现贯通性裂缝或渗透破坏。防渗体与岸坡的结合面不宜过陡，与岩坡的结合面应不陡于70°，变坡角应小于20°，不允许有反坡和突然变坡。

强震会导致坝顶发生地震沉陷，也会引起水库地震涌浪，因此强震区土石坝的安全超高应包括地震涌浪高度和地震沉陷两部分。

地震涌浪高度与地震机制、震级、坝面到对岸距离、水库面积、岸坡和坝坡坡度等因素有关。一般地震涌浪高度可根据设计烈度和坝前水深采用0.5～1.5m。日本地震涌浪高度按1%坝高估计。设计时应校核正常蓄水位加地震涌浪高度后不致超过地震沉陷后的坝顶高程。此外，对库区内可能因大体积坍岸和滑坡而形成的涌浪高度，应进行专门研究。对库区内可能因地震引起的大体积崩塌和滑坡等形成的涌浪，应进行专门研究。

当设计烈度为7度、8度、9度时，安全超高应计入坝体和地基的地震沉陷。对于地震沉陷，从国内外的实例资料看，如果坝体质量良好，且不存在地基液化问题时，在地震烈度7度、8度地区，地震引起的坝顶沉陷并不明显，一般不超过坝高（包括地基厚度）的0.5%～1%。美国规定采用纽马克（Newmark）法计算填筑良好坝体顶部的地震沉陷，采用此方法计算的沿破坏面变形不超过0.60m。

防浪墙是高土石坝坝顶的重要附属结构，在极端情况下还可以起到临时挡水作用，对超标准洪水或者地震涌浪可以一定程度上降低库水漫顶的风险。汶川地震中，紫坪铺高面板坝出现了坝顶防浪墙倒塌等震害，这表明对于防浪墙结构需要加强其结构设计，以应对可能的超标水位情况。对于防浪墙的设计，要根据大坝自身特点选择合适的结构形式，并在重点区域加强配筋。

4.5.2.3 坝体抗震变形控制

震害资料和研究表明，地震引起的坝体残余变形是造成大坝震害的重要原因，控制坝体残余变形总体水平及变形的不均匀性，可以有效提高大坝抗震能力。而控制地震残余变形总体水平的主要手段就是提高堆石坝填筑密度，控制地震残余变形的不均匀性则主要依赖于对大坝断面进行科学合理的分区设计和施工流程、质量控制。

"5·12"汶川大地震使紫坪铺高面板产生了明显地震变形，震陷约80～90cm，但相对9～10度的地震作用，变形相对不大。紫坪铺面板坝在超设计标准的强震作用下的地震变形相对不大，得益于坝料选择和坝料分区合理，碾压质量得到有效控制，达到了高压实密度。因此，强震区宜增加坝体堆石料的压实密度，特别是在地形突变处的压实密度，做好坝料选择和坝料分区，并严格控制施工质量。

土石坝抗震设计相关规范中，对基于变形控制的大坝抗震措施设计提出了原则性规定：应选用抗震性能和渗透稳定性较好且级配良好的土石料筑坝，均匀的中砂、细砂、粉砂及粉土不宜作为强震区筑坝材料在强震区；应增加坝体堆石料的压实密度，特别是在地形突变处的压实密度和浸润线以下材料的压实密度；做好坝料选择和坝料分区，严格控制施工质量。

提高坝体的填筑密实度，一方面要合理确定坝料的设计压实标准（如砂砾料的相对密度指标、爆破堆石料的孔隙率指标等），另一方面是准确确定这些压实标准所对应的干密度特征指标。

对于砂砾料，以往多是基于缩尺坝料的室内振动台试验确定坝料相对密度特性指标，试验不能反映原型坝料级配特性和现场压实机具的压实功能水平。即便采用一定的外推方式，也难以基于室内试验结果准确确定坝料的相对密度特性指标，致使实际工程检测中常常出现压实相对密度大于1的不合理现象，更造成了现场压实干密度控制指标严重偏低、大坝碾压施工质量难以保证的不良后果。在现场采用大型相对密度桶法进行原级配砂砾料相对密度试验，解决了室内试验坝料尺寸效应和击实功能不能反映现场施工实际状况的问题。图4.5-4给出了大型相对密度桶法进行原级配砂砾料相对密度试验的试验原理。该方法已经在新疆的部分大中型工程中得到了一定程度的应用，并取得了良好的应用效果：采用现场大型相对密度桶法确定压实质量控制指标的工程实测大坝沉降和以往采用室内试验

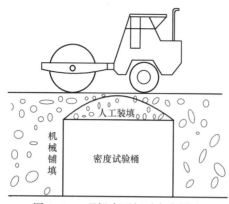

图 4.5-4　现场大型相对密度桶法
相对密度试验原理

方法确定压实质量控制指标的类似工程相比，大坝的沉降水平明显降低，如卡拉贝利和阿尔塔什等工程的施工期沉降都不到坝高的0.2%。图 4.5-5 为基于现场大型相对密度试验确定的大石峡工程砂砾料碾压施工质量检测三因素图。

鉴于筑坝砂砾料压实干密度指标合理确定对保证大坝压实质量重要性，有必要在大中型工程中加以推广应用，并在相关工程设计规范和施工规范予以明确，保证以砂砾石为主要筑坝材料的土石坝的压实填筑质量。

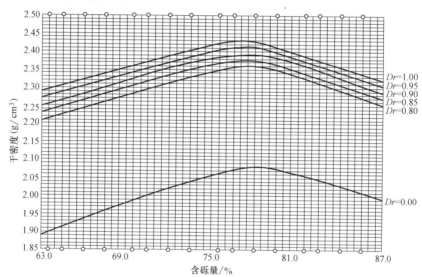

图 4.5-5　大石峡工程砂砾料碾压施工质量检测三因素图

对于爆破堆石料，填筑标准一般采用孔隙率表示。用孔隙率来表征堆石体的密实程度，可以一定程度消除矿物成分差异（比重）的影响，但不能消除颗粒级配差异的影响。用相对密度表示堆石体（砂砾石）的相对紧密度，可以较好反映堆石体（砂砾石）紧密程度对工程力学性质（包括压实性能）的影响，可以使得不同矿物成分、不同颗粒级配堆石体之间进行工程力学性质比较。相同孔隙率（或干密度）下的堆石料，由于级配不同，变形和强度性质可能有很大不同，单纯采用孔隙率（或干密度）作为堆石料填筑标准是难以有效控制堆石坝变形并保证工程安全的。

目前，已经开始有从不同级配的角度考虑，在现有孔隙率控制指标的基础上，增加与颗粒级配（主要以粗粒土含量表示）相关的相对密度控制标准作为评价上坝料压实特性指标的研究在逐步开展。为了确保相对密度控制标准对应的压实干密度指标合理准确，有必要像上述砂砾料一样，在现场开展大型相对密度桶法原级配爆破堆石料相对密度试验，确定坝料相对密度特性指标。

近年来，面对多座超高土石坝建设的工程实际，我国相关科研和设计单位开展了专题研究，对国内外已建、在建工程资料进行了系统分析和总结，研究确定了高土石坝不均匀变形控制的坝料分区设计原则。

大坝上下游不同坝料分区的变形协调控制措施包括：扩大上游区主堆石料范围，降低下游区次堆石料的受力水平；提高下游堆石区的填筑标准，使上下游堆石的抗变形能力接近；控制好大坝上、下游堆石料的填筑上升速度，使上下游堆石区变形进度保持一致。大坝轴线方向变形协调控制措施主要是在左右岸坝肩位置和坝顶部坝体设置增模区，使得两岸堆石体与河谷中央堆石体变形协调。对于面板坝，混凝土面板与坝体的变形协调控制措施主要包括：主堆石选用抗变形能力强的坝料，并提高压实标准；合理选择面板分期和各期堆石体填筑超高，避免各期面板与堆石体之间的不协调变形；合理确定面板浇筑时机和堆石体预沉降时间，减少面板浇筑后坝体沉降对面板变形的影响；减小面板与垫层区之间的约束，减小摩擦力引起的面板应力；增加坝顶区堆石料压实标准，提高其抗变形能力，避免坝肩附近面板拉裂缝和河谷中央面板挤压破坏；控制水库蓄水上升速度，适当延长蓄水时间，使得面板能够逐步适应坝体变形。

4.5.2.4 防渗体系的抗震防护

面板是面板坝防渗体系的核心，其抗震安全性是整个面板坝结构系统在地震中保证结构安全的基本保障，需要采用合理的抗震加固措施对其予以保证。目前，土石坝抗震设计相关规范推荐的主要面板抗震加固措施包括：

（1）加大垫层区的厚度，加强与地基及岸坡的连接。当岸坡较陡时，适当延长垫层料与基岩接触的长度，并采用更细的垫层料。强地震期间，面板发生破坏的可能性较大，严重时坝体可能开裂，应加强坝体的渗控设计。加大垫层区的宽度，严格控制垫层料级配，可使垫层区不被错开，保持挡水前缘的连续性，减少通过坝体的渗透流量。岸坡陡的条件下，为避免坝体与岸坡间发生裂缝，在与岸坡相邻处，需要用细垫层料填筑，加宽垫层区的尺寸。

（2）在河床中部面板垂直缝内填塞沥青浸渍木板或其他有一定强度和柔性的填充材料。地震后坝体观测资料和有限元计算表明，地震期间面板会沿纵向挤压。"5·12"汶川大地震中紫坪铺面板间的多条垂直缝发生挤压破坏，其中，中部面板23～24号之间垂直缝两侧混凝土挤碎，靠左岸的5～6号面板间接缝也有挤碎。若在挤压应力大的部位的垂直缝内填易压缩材料，可以减少面板混凝土被压碎的危险和范围。鉴于紫坪铺面板垂直缝的挤压破坏不仅仅发生在面板中部，强震区垂直缝的填充防护范围宜适当扩大。

（3）适当增加河床中部面板上部的配筋率，特别是顺坡向的配筋率。研究成果及震害资料表明，在0.75～0.8倍坝高附近面板动应力最大，坝上部堆石变形、松动、滚落引起面板脱空，面板可能开裂，甚至断裂。周边缝和施工缝附近也是面板易产生破坏的区域。紫坪铺的震害现象也表明了上述现象。增加这部分面板的配筋率，可以减少面板开裂的危险和范围。

（4）分期面板水平施工缝垂直于面板，并在施工缝上下一定范围内布置双层钢筋。震害资料表明，强震作用下，分期面板水平施工缝很可能成为面板抗震的薄弱环节，接缝结构形式对其抗御破坏能力有重要影响。紫坪铺面板坝二、三期面板的施工缝做成了水平向，在强震作用下产生了严重错台，如果做成垂直面板的施工缝，其发生错台的可能性将降低。因此，分期面板水平施工缝宜做成垂直面板的施工缝，并适当布置挤压钢筋。

（5）采用变形性能好的止水结构，并减少其对面板截面面积的削减。

心墙是心墙坝防渗体系的核心。对于心墙料而言，地震过程中土体的孔隙水压力上升，有效应力水平降低，其工作性态较静力工况下显著恶化。而且，心墙和垫层料或者过渡料的接触稳定性也面临着挑战，对其采取针对性的抗震措施设计是保证其在地震作用下安全的必要措施。目前，土石坝抗震设计相关规范推荐的主要心墙抗震加固措施包括：

① 确保防渗体与岸坡或混凝土结构的结合面坡角不大于 70°，变坡角不宜大于 20°，不得有反坡和突然变坡。

② 适当加厚防渗体及其上、下游面反滤层和过渡层，以防止出现贯通性裂缝或渗透破坏。

4.5.2.5 地基抗液化措施与抗震加固

地基（坝体）抗液化措施的加固原理，主要有下列几种：①改变地基土的性质，使其不具备发生液化的条件；②加大、提高可液化土的密实度；③改变其应力状态，增加有效应力；④改善排水条件，限制地震中土体孔隙水压力的产生和发展；⑤封闭可液化地基，消除或减轻液化破坏的危险性。

在设计使用时，可根据工程类型和具体情况，选择以下抗液化加固措施：①挖除液化土层并用非液化土置换；②振冲加密、强夯击实等人工加密；③压重和排水；④振冲挤密碎石桩等复合地基或刚性桩体穿过可液化土层进入非液化土层的桩基；⑤混凝土连续墙或其他方法围封可液化地基。

在选择抗液化加固措施时，需要考虑以下问题：①处理效果和方案可行性；②处理效果的检测和验证；③造价；④其他（如环保等）可能需要关注的问题。若液化土层埋深浅，工程量小，可采用挖除换土的方法，该方法造价低、施工快、质量高，处理后土体的相对密度可以达到 0.8 以上。振冲加密法和重夯击实法适用于所有可液化土，加密深度可达 10m 以上，可采用 CPT（圆锥贯入试验）或 SPT（标准贯入试验）进行处理后的检测，最好能同时获得处理前后数据，并建立场地的 SPT 与 CPT 的关系。振冲碎石桩，由于桩体有比桩周围土高得多的剪切模量，桩体将分担大部分地震产生的循环剪应力，使桩体周围的土体免受循环荷载作用影响，从而起到提高处理后土的抵抗地震循环剪应力能力的效果。但当桩的高径比大于 3 时，碎石桩的变形将逐渐由弯曲变形而非剪切变形决定，碎石桩对桩体周围的土体提供的保护效果将逐渐减小，作用主要体现为复合地基强度的提高。作为深基础的桩体或柱体，依靠可液化土层以下的深部地层承载，能减少或消除发生不可接受液化后沉降的可能，安全可靠，但桩或柱基础不能防止由于侧向结构位移引起的损害，需采取措施防止发生过大的侧向变形。填土压重可以增加可液化土层上覆非液化层的厚度和有效应力，常用于土石坝上、下游地基。围封可液化土层和桩基主要用于水闸、排灌站等水工建筑物，这类方法主要是防止发生大面积的侧向变形，而不能起到减少局部变形或沉陷的作用。"5·12"汶川大地震中，大渡河上的映秀湾等水电站厂房及各种设施遭受了严重毁坏，但地基经过围封处理的闸坝没有发生明显震害。显然，还要保证围封结构自身能在地震中不发生损坏。

水利水电工程场址大多在河床覆盖层上，场址处往往砂砾石来源丰富，且以往的经过振冲碎石桩处理的可液化地基成功经受了强震的考验，因此在上述方法中，振冲碎石桩法在国内外水利水电工程中应用最广，不少学者对振冲碎石桩加固可液化地基的机理，在此基础上也提出了评价加固效果的方法。图 4.5-6 给出了振冲碎石桩加固可液化地基结构原理图，图 4.5-7 给出了振冲碎石桩施工原理和过程。

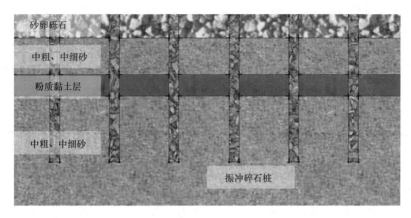

图 4.5-6　振冲碎石桩加固可液化地基结构原理图

一般将碎石桩加固可液化地基的机理归结为以下几个方面：

1）加密土体作用

这种加密作用包括挤密和振密两个方面：成桩时桩位砂土被挤入桩间，增大了桩间砂土的密实度，提供了其抗液化能力；振冲成桩过程中，激振器产生的振动使得附近土颗粒重新定向排列趋向密实；此外，Seed 等人的研究表明，砂土振动历史对土体液化有一定影响，砂土预先振动而不产生液化能增大其后期抗液化能力，成桩振动相当于对饱和砂土地基进行了预振，这对增强地基的抗液化能力十分有利。

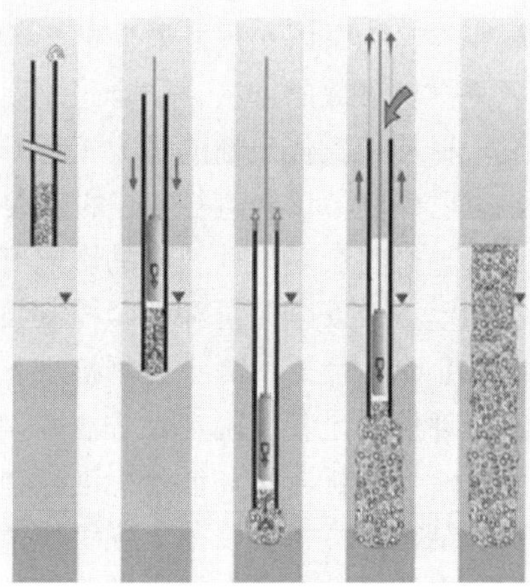

图 4.5-7　振冲碎石桩施工原理和过程

2）排水减压作用

碎石桩加固砂土时，桩孔内充填碎石为粗颗粒材料，桩体在可液化土层中形成渗透性良好竖向排水减压通道，可以有效消散地震动下桩间土层的孔隙水压力，从而防止超孔隙水压力的增高和砂土液化。

3）分担地震剪应力作用

碎石桩的模量明显大于桩间土的模量，碎石桩桩体实际上起到了加筋的作用。碎石桩的存在不仅分担了上部垂直荷载的作用，在遭遇地震时，还能够分担水平振动剪应力对桩间土体的作用。

在碎石桩加固效果评价方法上，主要包括三类方法：①基于标贯击数的经验方法；②以抗液化剪应力为基础的方法；③数值计算方法。

4.5.2.6　土石坝抗震加固技术展望

我国地处世界两大主要地震带之间，大部分国土面积为强烈地震区。我国水利水电水库大坝很大部分为土石坝，有些土石坝规模之宏大，坝高之高，地质环境之复杂是史无前例的。高坝大库一旦地震发生溃决失事，灾害后果不堪设想，土石坝作为一种主要选择坝型，抗震安全问题十分突出。为了进一步做好高土石坝抗震设计和抗震加固，迫切需要从以下几个方面开展研究：

（1）复杂深厚覆盖层上土石坝抗震安全和抗震设计关键技术。我国西南、西北等地区的水利水电工程很多需建在复杂深厚覆盖层坝基上，尤其是需要在覆盖层上建设土石坝的工程越来越多，规模越来越大。有的深厚覆盖层甚至超过400m，并地处9度地震烈度区，在世界上亦属罕见。虽然我国目前在覆盖层筑坝已取得一些经验，但至今还没有对覆盖层坝基变形控制和安全性评价等方面进行过系统的研究，诸如复杂地形地质条件下地震动传播特性及输入机制、考虑原位效应的覆盖层坝基的变形特性参数确定、复杂深厚覆盖层和深层砂土液化判别问题、坝基稳定性评价、高水头作用下覆盖层坝基渗透稳定性评价和防渗结构设计技术等一系列关键技术问题一直未能很好解决，深厚覆盖层上建设高土石坝的理论技术体系和抗震加固技术标准尚需进一步研究和确定。

（2）尺寸效应和超高土石坝地震灾变行为与安全控制技术。由于试验尺寸的限制，现行粒径缩尺方法和密度控制方法难以适用目前筑坝材料颗粒粒径及施工能量变化的情况，本构关系和确定的材料参数产生了严重的尺寸效应影响，迫切需要研究其对动力特性的影响规律等。为了解决尺寸效应的影响问题，应继续发展联合室内和现场试验综合确定坝体和坝基材料参数的方法，联合采用室内多尺寸试验、现场试验、监测资料反演的手段开展研究。目前依托代表性的重大工程开展了大尺寸、高应力的现场大型载荷和大型直剪等试验，也已研制了试样直径1m的超大型三轴试验机，通过对不同尺寸的三轴试验结果的对比分析，必将会对尺寸效应的影响有更为深入的认识，进而建立能够反映超高坝变形机理的本构模型及安全评价和安全控制技术会是今后的重点方向。

（3）全生命期的高土石坝抗震安全评价及灾害控制技术。目前有关高土石坝抗震分析和安全评价都是基于确定性方法，实际上地震作用和筑坝土石材料特性参数均存在分散性和随机性，分析方法和评价标准存在认识模糊性和方法不确定性，需要考虑高土石坝筑坝材料和结构动力特性以及大坝工作条件的"时间效应"及非确定性特性，研究筑坝材料和结构动力特性在全生命期内的演变规律，建立考虑时间演进的大坝全生命期抗震安全评价准则。考虑筑坝材料和结构动力特性（参数）确定中的不确定性，以及地震等大坝工作条件的不确定性，研究基于风险防控的高土石坝抗震安全评价方法和工程应用准则。

（4）水库大坝抗震监测预警、应急处置关键技术。我国大坝抗震的理论水平、抗震技术和设计能力已取得了巨大成绩。但我国的水库大坝抗震监测预警、应急处置关键技术研究仍旧处在相对滞后的状态，水库大坝抗震监测预警不到位，病险隐患发现不及时，为后续的抗震抢险应急处置带来困难。因此，针对我国水库大坝抗震和应急救灾条件现状，结合大数据、云计算以及智慧水利的理念，开展水库大坝抗震监测预警、应急处置等关键技术体系研究，对提升我国水库大坝抗震水平和应急处置能力具有重大意义。

（5）新的大型设备平台与新材料、新技术应用。由于实际土石坝震害资料的缺乏，动力模型试验是研究破坏模式和抗震措施的有效手段。中国水利水电科学研究院即将建成超大型离心机试验平台，将为土石坝抗震安全和抗震加固技术研究提供强有力的研究平台。另一方面，随着科技的进步，土工合成材料等新材料、土工加固等新技术也有快速发展，在土石坝抗震加固中充分利用这些新材料、新技术也将是今后的一个发展方向。

4.6 泄水建筑物抗冲磨修复技术

磨蚀问题是水工泄水建筑物主要病害之一，当受到高速挟沙水流或挟带推移质水流的冲刷并经历一定的运行时间后，会出现不同程度的冲磨破坏，有的甚至危及建筑物的安全运行，必须采用性能优越的材料及合理的施工技术手段对建筑物的磨蚀破坏进行修复。本节针对泄水建筑物长期运行过程中常见的磨蚀破坏情况，介绍常用的修复材料及技术，通过典型应用案例，分析溢洪道、泄洪排沙隧洞、底坎、大坝消力池、水垫塘等部位磨蚀及修复技术应用情况，为类似泄水建筑物的磨蚀修复提供借鉴。

4.6.1 泄水建筑物抗冲磨修复材料及技术

对高速水流造成的磨蚀、破坏及维护的研究已有几十年历史，所涉及的抗冲磨材料品种众多，主要从两个方面来应对冲刷磨蚀对泄水混凝土建筑物的破坏：一方面是提高混凝土本身的抵抗能力，如采用高强混凝土、硅粉混凝土、粉煤灰混凝土、矿渣混凝土、刚玉混凝土、铁矿砂混凝土、纤维增强混凝土及新兴的多元胶凝粉体抗冲磨混凝土等；另一方面是研发混凝土表面抗冲磨护面材料，如衬砌钢板、铸石板、环氧砂浆、聚合物乳液（如丙乳、丁苯胶乳等）砂浆和聚氨酯弹性涂层等。

在提高混凝土本身的抵抗能力方面，普通混凝土抗磨能力很低，采用高强度等级混凝土或在普通混凝土中掺加硅粉、粉煤灰、矿渣、刚玉、铁矿砂及纤维等材料，以配制高强度高性能混凝土为出发点，提高混凝土的整体抗冲磨强度。虽然硅粉混凝土在现有水工建筑物中应用比较普遍，但硅粉混凝土和易性较差，不易浇筑，收缩大，浇筑后容易产生龟裂现象，对混凝土的外观质量产生一定的影响；粉煤灰混凝土和矿渣混凝土的早期强度偏低，给施工造成一定的不便；刚玉和铁矿砂混凝土增加了抗磨混凝土骨料的强度从而提高了混凝土的整体强度，但是提高程度有限；钢纤维混凝土在制备时不能保证均匀分散到混凝土中，尤其是钢纤维混凝土在搅拌过程中，由于磁力作用不利于钢纤维在混凝土中的分散布置。虽然上述材料分别存在一定问题，但硅粉混凝土和高强耐磨粉煤灰混凝土（HF）抗磨性能较好，从长远考虑还是属于较经济适用的材料。

在混凝土表面抗冲磨护面材料方面，首先必须满足力学强度要求。其次是在满足力学要求的前提下尽可能选择弹性模量、热膨胀系数、收缩、徐变与混凝土接近的材料。已有研究表明，抗冲耐磨材料不能一味追求高强度，还应提高材料的韧性，提高其抵抗温度、湿度变化的能力，提高其对基层混凝土的粘结力等，使其成为混凝土表面抗高速水流冲磨破坏的保护层。抗冲耐磨材料的选择还应结合冲磨部位特点、水流含砂量、流速、气候条件等实际工况予以综合考量。耐久的水工混凝土抗冲磨防护修补中，应考虑的抗冲磨材料基本性能主要包括收缩性、热膨胀性、渗透性，以及弹性模量、粘结强度、抗压强度、抗拉强度、抗冲磨强度等综合力学性能。衬砌钢板由于成本较高，且抗冲磨效果有限，现在已很少使用；铸石板在工程选用时，应根据实际工程特点和水流介质等情况选取，以悬移质冲蚀破坏为主的修复，应选择硬度较高的辉绿岩铸石板，而以推移质冲蚀破坏为主的修复则不宜选用铸石板等抗冲蚀性能较差的材料。目前，环氧树脂类、聚脲类以及聚氨酯类等高分子抗冲磨防护材料，在诸多大型水电工程的不同部位抗冲磨防护修复中得到了较为广泛的成功使用，防护效果突出，相关材料及技术正在不断提升进步。鉴于此，针对水工泄水建筑物磨蚀修复常见的问题，下面选择几种应用效果较好的抗冲磨材料及技术进行介绍。

4.6.1.1 环氧树脂类抗冲磨材料及技术

随着新型环氧材料的出现，环氧树脂材料在水利水电、工民建等各领域的工程应用也越来越多。我国最早应用环氧类抗冲磨材料进行修补的工程是新安江电站溢流面的加固修补工程。应用形式多以环氧砂浆或环氧混凝土为主，包括普通环氧砂浆（混凝土）、低温固化环氧砂浆（混凝土）、弹性环氧砂浆（混凝土）、高耐候环氧砂浆（混凝土）等多种类型，其工程应用范围也扩大到裂缝修补、冻融剥蚀修补、钢筋锚固、抗冲刷结构保护层等领域，在水利工程中发挥着越来越大的作用。

虽然环氧树脂类抗冲磨材料在水利工程中已经得到广泛的应用，但是也存在一些问题。譬如在外界环境温差剧烈变化时，环氧类材料容易开裂，与基层混凝土脱空、剥落，特别是温变频繁的部位。因此，与混凝土材料相比，环氧砂浆的抗冲磨性能较高，但是环氧树脂材料质脆、易开裂的特性限制了这类材料在工程中的应用。长期以来学者们致力于环氧材料的改性，目的是克服开裂问题，提高其抗冲磨性能。解决环氧砂浆的冲磨问题，仅从提高环氧砂浆的抗冲磨性能入手是不够的，提高环氧砂浆抗开裂性能也是一个重要的方面。另外，芳香族环氧树脂存在耐候性差，易黄变等缺点，长期受到外界紫外光照射、气温温差变化以及空气氧化等作用后，性能显著降低，从而影响长期服役效果，脂肪族环氧树脂虽然耐候性有所提高但在柔韧性、溶解性、耐磨性等方面存在缺点。普通环氧树脂类材料的耐候性不足问题，限制了其在强紫外线等服役环境下混凝土抗冲磨表面防护的应用，亟待进一步提升。

近年来，环氧材料的增韧技术取得了突破性进展，多相多组分"海岛结构"环氧合金技术是一种新型环氧材料增韧技术，其技术核心是进行分子结构设计合成具有特种结构的多官能增韧体系，形成一种多相多组分的环氧树脂合金。复合树脂砂浆涂层技术由高抗磨蚀聚氨酯弹性体材料、弹性环氧树脂、固化剂、硬金属粉、棕刚玉、耐水剂、纳米材料等组成，该技术采用氨基材料作固化剂，提高环氧树脂剥离强度并降低其脆性，利用聚氨酯材料较强的抗空蚀性能，形成聚氨酯复合树脂砂浆耐磨蚀涂层。涂层综合性能优，粘结力强，抗磨、抗空蚀性能优良，其抗磨性能比环氧金刚砂涂层提高外，还克服了环氧金刚砂涂层在水机应用中抗空蚀性能差的缺点（表4.6-1）。

复合树脂砂浆力学性能指标　　　　　　　　　　　　　　表4.6-1

项目	指标	项目	指标
抗压强度（MPa）	≥80	抗冲击强度（MPa）	≥20
抗拉强度（MPa）	≥20	抗冲磨强度[h/(g/cm^2)]	≥10
抗折强度（MPa）	≥10	空蚀率（g/h）	≤0.05
粘接强度（MPa）	>4（混凝土）；20～30（不锈钢）		

CW系高耐候改性环氧抗冲磨防护材料具有抗冲耐磨性能优异、耐候性好、强度高、干燥和潮湿基面均可施工等特性，显著提高水工泄水建筑物抵抗悬移质、推移质等冲磨破坏和高速水流气蚀能力，施工快速简便，且安全环保（主要性能参数见表4.6-2）。NE-Ⅱ

型环氧砂浆也具有抗冲磨强度优异、力学性优良、施工方便等特点，在水利水电工程中广泛应用。

CW 系高耐候改性环氧抗冲磨防护材料主要性能参数

表 4.6-2

序号	检测项目		性能指标
1	操作时间(20℃,min)		>45min
2	固化时间(20℃,min)		大约 90min
3	抗冲磨强度[h/(kg/m²)],72h 水下钢球法		>100
4	抗冻性(快冻)		>F250
5	耐候性(紫外加速试验,2000h)		不粉化
6	28d 抗压强度(MPa)		>100
7	28d 抗拉强度(MPa)		>19
8	28d 与混凝土粘结强度	干粘结(MPa)	>4.5
		湿粘结(MPa)	>4.0

　　总的来说，环氧树脂类抗冲磨材料因强度高、与混凝土粘结良好、耐水、耐化学侵蚀性能良好、固化收缩小，目前在水工建筑物抗冲耐磨修复中应用较多。尤其是导流洞、低水头泄洪洞等结构由于石块、石子等推移质输运作用，消力池、水垫塘内进入石块、钢筋等介质后磨蚀作用，容易发生较严重的冲磨破坏，混凝土大规模磨蚀，钢筋磨损、切断甚至大面积冲毁。此类泄水服役工况采用环氧树脂类抗冲磨材料尤为适合。针对此类破坏，设计采用高强度抗冲磨材料体系进行损毁修补和防护，主要防护材料有高强度环氧混凝土、环氧砂浆或环氧涂料，通过在泄水过流面施做一层高强度环氧类材料，提高抵抗推移质撞击、刮擦、滚动磨蚀的能力，提高泄水建筑物的服役寿命。针对深度大于 5cm 的冲磨破损，采用一级配环氧混凝土进行修补防护，针对 3～5cm 的冲磨破损，采用高强度环氧砂浆进行修补防护，对磨蚀厚度小于 3cm 或直接进行抗冲磨防护的应用，采用高强度环氧砂浆/胶泥进行修补。配合大规模混凝土磨蚀修补，还有植筋加固工艺。整个环氧材料体系都经过耐候性改性，以提高修补材料的耐候性，延长服役寿命。

　　环氧树脂类抗冲磨材料的施工技术主要包含以下工艺流程：

　　(1) 环氧胶泥施工

　　环氧胶泥施工一般采用刮涂的形式，刮涂工具可采用刮板、刮铲等，材质宜为金属材质。环氧胶泥施工时，须根据基面平整度情况分次施工，通常先进行薄层点刮，将混凝土表面上的气孔、麻面、凹槽用胶泥填满，使基面平整。尤其应封闭混凝土基面气孔，防止环氧胶泥处理后出现较多气孔、气泡。填补气孔时，须多次填充，并来回挤刮以排出气体，禁止一次填满，以防止外部补平内部含有未排尽的气体现象。

　　点刮修补完毕，应及时对基面进行防尘、防水保护处理，以避免基面二次污染。待点刮修补表干后，对表面进行一次外观检查，对未填满的气孔进行修补平整，点刮环氧胶泥气孔。达到平整无气泡标准后，进行第二层环氧胶泥刮涂，两层环氧胶泥施工刮涂方向应垂直交叉，刮涂应逆水流方向进行，如未达到厚度要求，可进行第三次涂刮，直到达到设计要求的厚度。

　　(2) 环氧砂浆施工

环氧砂浆施工前，根据具体情况，可在处理好的混凝土基面上涂刷一层环氧树脂基液，以增强混凝土基面与环氧砂浆的粘结。具体操作方法是，按生产厂家配比配好的环氧树脂基液装在开口容器中，采用毛刷等工具，蘸取适量的环氧基液，均匀涂覆于混凝土基面，不得有遗漏或堆积环氧基液在一处。刷完待基液表面出现拉丝状，即可开始环氧砂浆施工。基液涂刷后务必保持表面干净，防止外界灰尘或雨水落到表面，造成界面污染。

双组分环氧砂浆由于环氧树脂主剂加入的石英砂、金刚砂等粒径较小，可均匀分散在环氧树脂主剂中，因此其施工工艺类似环氧胶泥，即采用刮涂的形式，用刮板、刮铲等工具先点刮混凝土气孔、凹坑等部位，使基面平整，再刮涂1～2次，使表面平整并达到设计厚度。

多组分环氧砂浆施工前，一般需按上述方法涂刷一层环氧基液，以提高粘结力。按生产厂家的比例，分别称量环氧树脂主剂、环氧树脂固化剂和耐磨介质等组分。先将耐磨介质等组分倒入机械搅拌器中，充分搅拌均匀。将环氧树脂固化剂呈细线状缓慢加入到环氧树脂主剂中，快速搅拌均匀，然后倒入到搅拌混匀的耐磨介质搅拌器中，使环氧树脂液体和耐磨介质固体充分混合均匀，检查搅拌器内壁等部位有无搅拌不均匀的组分。一般加料完毕后拌和5分钟即可结束。

分块分序将搅拌均匀的环氧砂浆铺在待修补部位，并用工具拍打或用平板震动器使环氧砂浆填充密实，表面平整。

（3）环氧混凝土施工

环氧混凝土施工前，须在待施工的混凝土基面上涂刷一层环氧基液，以提高粘结力，其方法与上述类似。

环氧混凝土浇筑前，须按设计要求进行分块，在分块边界立模板，模板宜采用钢铁或内表面光滑的木板，并涂刷一层合适的脱模剂。按生产厂家的比例，分别称量环氧树脂主剂、环氧树脂固化剂和砂石骨料、粉体填料等组分。先将砂石骨料、粉体填料等组分倒入混凝土搅拌器中，充分搅拌均匀。将环氧树脂固化剂呈细线状缓慢加入到环氧树脂主剂中，快速搅拌均匀，然后倒入到搅拌混匀的混凝土搅拌器中，使环氧树脂液体和砂石骨料、粉体填料等组分充分混合均匀，检查搅拌器内壁等部位，确保环氧树脂与砂石骨料、粉体调料等搅拌均匀。一般加料完毕后拌和5分钟即可结束。

用振捣器使环氧混凝土填充密实，环氧混凝土浇筑较厚时，须分层浇筑，每层厚度不宜超过20cm。浇筑完成后，用平板震动器将混凝土表面振捣平整，待表面干后即可拆模。

4.6.1.2 聚氨酯弹性涂层及技术

聚氨酯涂层技术是随聚氨酯合成化学和聚氨酯材料的发展而发展起来的。喷涂弹性聚氨酯涂层技术在20世纪60～70年代就出现雏形，因其耐磨性能优良而用作工业地坪和大型钢管的内衬材料。它由溶剂型喷涂聚氨酯弹性体衍生而来，使用无溶剂体系，这一技术拓展了喷涂成型技术的应用范围。20世纪80年代以后，随着聚氨酯反应注射成型（RIM）技术的发展、撞击混合式高压喷涂设备的出现，喷涂聚氨酯弹性涂层技术开始起步。聚氨酯涂层是以聚氨酯树脂为主要成膜物质的涂层。该涂层具有较高的韧性和耐磨性能，但是聚氨酯涂层活性氢组分的反应活性不高，施工过程中对水分、湿气敏感，施工时受温度、湿度的影响较大；制备的厚涂层中常有气泡存在，因而影响涂层的机械物理性能。

聚氨酯弹性材料是一种主体上有较多氨基甲酸酯官能团的合成材料，由聚酯、聚醚、烯烃等多元醇与异氰酸及二醇或二胺扩链剂逐步加成聚合，物理性质介于一般橡胶和塑料之间的弹性材料，既具有橡胶的高弹性，也具有塑料的高强度，同时具有较好的柔顺性、耐水性和抗磨性，机械强度范围广，回弹性能好。聚氨酯弹性体在水机表面防护领域表现出优良的抗磨蚀性能，表4.6-3是各种材料的抗磨指数，指数越小，其材料抗磨性能越高。从表4.6-3中可以看出，聚氨酯材料的抗磨蚀性能明显优于其他材料。表4.6-4是几种弹性高分子材料的性能比较可知，聚氨酯弹性体的性能远远超过其他高分子材料。

常用材料的耐磨性和抗空蚀性　　　　　　　　　　　表4.6-3

材料	耐磨指数	材料	耐磨指数	材料	耐磨指数
聚氨酯	8	高锰钢	55	碳钢	100
碳化钨	20	金属陶瓷	60	低亚聚乙烯	138
尼龙6/6	31	聚四氟乙烯	72	磷青钢	190
渗铝钢	50	热轧不锈钢	80	铝合金	318
天然橡胶	55	聚碳酸酯	96	硬石	435

聚氨酯材料和几种非金属材料的性能比较　　　　　　表4.6-4

名称及性能	聚氨酯	丁腈橡胶	氯丁橡胶	尼龙
密度(g/cm^3)	0.9~1.2	1.00	1.20	1.10
硬度(邵氏/洛氏)	60A/80D	40A/95A	40A/95A	103A/118D
抗张强度(kPa)	8~9	2~5	2~4	7~12
延伸率(%)	100~800	300~700	200~800	25~300
回弹率(%)	10~70	25	50	—
撕裂强度(kN/m)	30~100	10~30	20~30	—
抗磨损程度	优	差	差	良
耐臭氧	优	差	差	优
耐油性	优	差	差	优

目前，聚氨酯弹性涂层一般应用于闸门底坎底部钢板等金属部位，其施工工艺如下：

1）基面处理

对待修复基面进行清理，采用角磨机进行打磨，使其露出金属光泽，采用履带式加热片、电热毯等对打磨过的钢板进行加热，温度控制为60~80℃。

2）涂刷聚氨酯胶粘剂

涂刷聚氨酯专用胶粘剂，对底胶进行加热、干燥，刷涂2~3遍，增加涂层的粘结强度。

3）安装模具

按施工部位形状制作模具并固定，模具采用特制金属板，预留进胶口、出胶口。模具四周采用可靠的密封材料密封，确保密封良好，防止出现泄漏。可以采用肥皂泡等方法预先试验密封性。

4）浇注聚氨酯

待密封材料完全固化后进行注胶，首先配置聚氨酯胶，混合均匀，倒入压力容器，利用压力将聚氨酯胶浇注到模具。

5）加热固化。

采用电热管加热器，对浇注聚氨酯涂层进行加热固化，加热温度 70～140℃，时间 6～8h。

6）脱模及打磨修整。

拆除模具，使用百叶片对涂层进行打磨修整。确保周围和砂浆接触部位平稳过渡。

4.6.1.3 聚氨酯耐磨不锈钢鳞片漆及技术

在重防腐蚀涂料中的应用正在逐步扩大，聚氨酯涂料能低温固化、弹性好，湿固化聚氨酯涂料能全天候施工，可用多种树脂改性，发展前景好。该涂层主要基料为高抗磨蚀聚氨酯，分底漆和面漆，底漆为防锈涂料，面漆为不锈钢鳞片阻水材料。聚氨酯材料除具有良好的基本力学特性外，还具有良好的耐水性和耐老化性。

不锈钢鳞片采用超薄型不锈钢鳞片，密度为 $0.8g/cm^3$，片径为 $10～30\mu m$，厚度为 $0.6\mu m$。该鳞片是用含 Cr 为 18%～20%、Ni 为 10%～20%、Mo 为 3% 的超低碳不锈钢（即 316L 不锈钢），经熔化、脱氧、雾化后再研磨、筛分（干法研磨或湿法研磨）而成。由于含铬，形成了一种钝化防锈膜，这种防锈膜机械损伤后能自行恢复，它在涂膜中的多层片状平行排列形成致密的屏蔽膜，可阻挡外来介质的侵蚀。按测算，在 1～2mm 厚涂层中的不锈钢鳞片层的分布可达到上百层，形成平行叠加的错层厚膜，从而产生特殊的"迷宫"效应，不仅把涂层分割成许多小空间而降低涂层的收缩应力和膨胀系数，而且迫使介质迂回渗入，延缓了腐蚀介质扩散和侵入基体的途径和时间，因而具有极佳的抗渗透性和耐腐蚀性。同时在涂层中形成无数微小区域，将树脂中的微裂纹、微气泡切割开来，减少了涂层与金属基体之间的热膨胀系数之差，降低了涂层硬化时的收缩率及内应力，抑制了涂层龟裂、剥落，提高了涂层的粘结力和抗冲击性。因此，不锈钢鳞片涂料具有比玻璃鳞片涂料更为优异的耐蚀性、耐光性、耐磨性、耐高温、耐酸碱和耐水性，更具特有的导电性和装饰性。

利用旋转圆盘试验机测试聚氨酯不锈钢鳞片漆再高速含沙水流特性下材料的磨蚀性能，并与普通环氧鳞片漆进行对比，两种涂料在 $50kg/m^3$ 含沙量、4 个不同流速条件下的失重量，如图 4.6-1 所示。两种涂料不在不同流速下的最终损失量对比如图 4.6-2 所示。

从图 4.6-1 和图 4.6-2 中可以看出，环氧不锈钢鳞片涂料的磨损速度是比较快的，在同样试验条件下，要比高弹性聚氨酯耐磨漆严重得多，高弹性聚氨酯耐磨漆的耐磨性是环氧不锈钢鳞片漆的 50～80 倍。

聚氨酯耐磨不锈钢鳞片漆常用于轻度磨蚀或空蚀区域，其施工工艺如下：

1）基面处理。方式同上。

2）配制和刷涂底漆层。

按说明配制聚氨酯耐磨不锈钢鳞片漆底漆，通过刷涂或者喷涂方式将底漆涂覆到防护部位，在常温下固化12h，得到高弹性聚氨酯耐磨底漆涂层。

3）配制和刷涂面漆层。

按说明配制聚氨酯耐磨不锈钢鳞片漆底漆，均匀涂抹于底漆涂层上，在常温下固化12h，即得到高弹性聚氨酯耐磨底漆涂层。

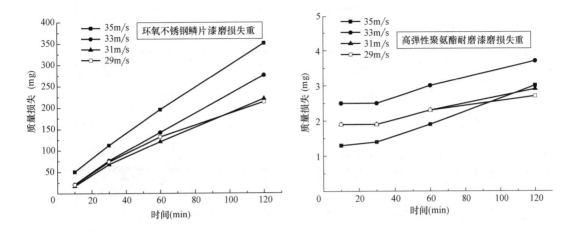

图 4.6-1 环氧不锈钢鳞片漆和高弹性聚氨酯耐磨漆磨损失重

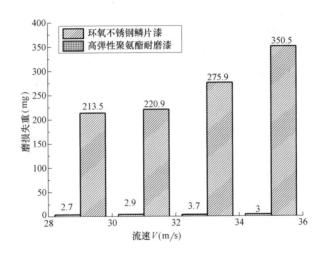

图 4.6-2 环氧不锈钢鳞片漆和高弹性聚氨酯耐磨漆磨损失重对比

4.6.1.4 聚脲涂层抗冲磨材料及技术

聚脲涂层具有强度高、可低温固化、低温韧性好、耐老化、抗热冲击及良好的耐腐蚀性能的优点，在混凝土过流面抗冲磨防护中也展现出良好的应用效果和前景。尤其是清水及悬移质水流泄水结构由于水流流速快，水流中含有泥沙等磨蚀介质，适合采用表面耐候性和弹韧性较好的单组分聚脲抗冲磨防护材料。

1. 单组分聚脲及技术

单组分聚脲是由异氰酸酯预聚体和封闭的胺类化合物、助剂等构成的液态混合物，采用涂刷、辊涂或刮涂方法施工，在空气中水分作用下，封闭的胺类化合物产生端氨基并与预聚体产生交联点而形成的弹性膜。根据水利水电工程混凝土建筑物的使用部位及运行条件，由中国水利水电科学研究院研制、生产的 SK 单组分聚脲分为"防渗型"和"抗冲磨型"两种。其主要力学性能指标见表 4.6-5。

单组分聚脲物理力学性能 表 4.6-5

项目	物理力学性能	
	防渗型	抗冲磨型
拉伸强度（MPa）	≥15	≥20
断裂伸长率（%）	≥350	≥200
粘结强度（MPa）	>3.0	>3.0
撕裂强度（N/mm）	≥50	≥70
低温弯折性（℃）	≤−45	≤−45
硬度（邵氏 A）	≥50	≥80
抗冲磨强度[h/(kg/m²)]	≥20	≥25
不透水性（0.4MPa×2h）	不透水	
吸水率（%）	<5	

SK 单组分聚脲优缺点如下：

（1）耐化学腐蚀，防渗效果及抗冲磨性能好；

（2）单组分聚脲就一种材料，避免了现场施工中配合比不当及搅拌不均匀造成质量缺陷；不需要专门的设备，可以采用涂刷、辊涂或刮涂方法施工，施工可操作时间长，涂层厚度的均匀性及尺寸可控，施工质量容易保证；

（3）与基础混凝土粘结强度大于 3.0MPa；

（4）低温柔性好，在−45℃下仍保持 50%～100%以上的延伸率，能适应高寒地区低温环境的运行要求；

（5）材料为脂肪族，耐老化性能好，不变色；

（6）无毒，可用于饮用水输水工程；

（7）由于固化时间长，混凝土裂缝及伸缩缝表面封闭可以增设胎基布增强；

（8）局部缺陷修补使用同一种材料，施工方便；

（9）人工刮涂，单组分聚脲触变性较好，在斜面或立面上一次涂刷厚度约为 1mm，厚度 2mm 一般需要涂刷 2～3 遍，施工工艺简单，只要施工场地容许，可以多个工作面同时施工。

该材料适用于处理水工混凝土建筑物伸缩缝、裂缝、减糙、大面积防渗及有抗冲磨要求的泄洪建筑物等水利水电工程领域，其施工工艺如下：

1）基层处理

清除基面灰尘、油污、盐析、脱膜剂、水泥浮浆等。可采用扫除、水洗（低压）等方式进行清洗，如果采用洗涤剂清洗，清洗后必须用清水将残留洗涤剂冲洗干净。表面的油污、盐析、脱膜剂等清除干净后可避免在打磨或喷砂过程中对混凝土造成再次污染。对深度污染及较厚疏松层的清除，一般采用机械清理如抛丸处理、喷砂处理、耙路机处理、高压水冲洗等方法去除。在清除有介质渗透现象的混凝土时，必须将介质渗透厚度完全清除。直至露出清洁、坚固的表面。

2）基面找平

用环氧腻子对底材表面的孔洞、蜂巢状结构、缺陷孔进行修补、找平。腻子固化后用电动砂轮磨平。

3）刷涂界面剂

按配比调配界面剂，配好的界面剂应尽快使用避免固化。涂刷界面剂时必须用刷子反复来回交叉涂3～4遍，确保界面剂均匀渗透基层，无漏涂现象。

4）刮涂聚脲涂层

界面剂表干后，采用塑料刮板进行刮涂聚脲，每次涂布厚度不超过1.0mm，第一道涂层表干之后再按同样方法刮涂聚脲第二道，使涂层总厚度达到2mm以上。

2. 慢反应双组分聚脲及其技术

针对泄水建筑物表面高速含沙水流的冲磨破坏难题，长江科学院设计了一种"粘结-缓冲-耐磨"多层抗冲磨防护新结构。该复合结构中包括粘结层、缓冲层和耐磨层，其中粘结底层为环氧胶泥材料，主要功能为修补混凝土基面微小缺陷，表面找平，同时为防护层与混凝土基底提供良好的粘结；缓冲中层为低黏度弹性环氧胶粘剂，其具有较好的粘结性能，确保底层与面层聚脲的良好粘结，同时形成弹性层和脆性层的过渡区，达到缓冲外界作用力的效果；面层材料为纳米改性聚天冬氨酸酯水免疫聚脲，采用耐候性最好的聚天冬氨酸酯聚脲，同时通过纳米改性进一步提高聚脲的耐候性能，抵抗微冲击和微磨蚀性能。三层材料通过物理化学特性、厚度的匹配和界面间的相容，实现了整体系统韧性、强度和耐久性的最优化，其主要性能参数见表4.6-6，可以看出整个抗冲磨系统实现了与混凝土基体高粘接性和适应性，在严苛气候环境下仍具有优异的抗冲磨能力和耐久性。

慢反应聚脲抗冲磨材料系统主要性能参数 表4.6-6

序号	测试项目	单位	测试结果	备注
1	拉伸强度(28d)	MPa	8.5	
2	断裂伸长率(28d)	%	120	
3	粘结强度(干，28d)	MPa	≥4.0	或混凝土内聚破坏
4	层间粘结强度(28d)	MPa	≥3.5	
5	撕裂强度(28d)	N/mm	41	
6	抗冻融		>F150	
7	抗冲磨强度(72h水下钢球法)	$h/(kg/m^2)$	>50	
8	低温柔性		不开裂	
9	不透水性		不透水	

慢反应聚脲多层抗冲磨防护结构系统的施工工艺如下：

在经过基面处理的大坝混凝土表面首先涂刷底层涂料环氧胶泥1～3mm，待其完全固化后表面涂刷中层低黏度环氧树脂胶粘剂，厚度为0.1～0.5mm，待中层表干前，在其上涂刷面层纳米改性聚天冬氨酸酯聚脲1～3次，总厚度不小于2mm。

底涂施工采用刮涂的方法，刮涂施工时应缓慢均匀、不漏涂、不堆积。中层界面胶粘剂完成后，界面剂表面应坚固、密实、平整，不应有流挂、针孔、起壳、蜂窝、麻面等现象。界面剂表面处理验收合格后，方可进行表层慢反应抗冲磨聚脲施工。CW慢反应抗冲磨聚脲施工前需检测露点温度是否满足要求，再使用气动或电动搅拌器对聚脲的A、B组分搅拌均匀。聚脲涂层施工适合在干燥、温暖环境中，施工时温度在5～40℃，相对湿度在 75% 以下，保证基底温度高于露点温度 3℃。涂刷作业时，如发现异常情况，应立即停止作业，检查并排除故障后方可继续施工。聚脲施工须按次多次涂刷的方法，下一道应覆盖上一道表面，两次喷涂方向垂直，两次时间间隔不宜过长，应确保在上道聚脲表干前完成下道聚脲涂刷，以免造成聚脲固化后分层。

4.6.2 典型工程案例

泄洪排沙隧洞的磨蚀破坏的强度与流速、含沙量、沙粒矿物质硬度、过水时间、水工材料的抗磨强度等因素有关，且是缓慢地由量变到质变、由缓变到突变的渐进过程。泄水建筑物磨蚀破坏在前期主要是泥沙磨损，这一过程是渐进而缓慢的；待磨损破坏达到一定程度，破坏了混凝土和金属结构表面的平整度，随之伴随有汽蚀的破坏，汽蚀与磨损相互作用，导致这些结构破坏的速度大大加快。本节通过介绍泄洪排沙隧洞闸门、隧洞、底坎等部位磨蚀及修复技术应用情况，为类似泄洪排沙隧洞磨蚀修复提供借鉴。

4.6.2.1 新疆达克曲克排沙隧洞磨蚀修复

1. 工程简况

达克曲克水电站为玉龙喀什河"两库五级"开发方案中的第四个梯级工程。达克曲克工程位于玉龙喀什河下游河段的峡谷山区内，隶属新疆和田县，坝址位于玉龙喀什河与布亚河汇合口下游 29km 的河段上，S216 公路里程桩为 63km 处。坝址断面多年平均年径流量 21.67 亿 m^3，多年平均流量 68.67m^3/s。

达克曲克水电站总装机容量为 75MW（生态电站 5MW），水库总库容 1130 万 m^3，确定工程等别为Ⅲ等，属中型。电站设计洪水位 1776.0m，死水位 1771.0m，多年平均年发电量 2.38/2.63 亿 kW·h（单独/联合）。电站的任务是发电和承担上游玉龙喀什水利枢纽调峰发电后的反调节。

2. 存在问题

电站主要建筑物包括大坝、泄水建筑物、发电引水建筑物、水电站厂房及尾水渠。工程于 2013 年 6 月正式开工，2014 年 10 月通过验收并截流，导流兼泄洪冲沙洞过水；2015 年 6 月通过蓄水安全鉴定，7 月上旬下闸蓄水，7 月底发电引水洞通水，8 月首台机组并网发电，2016 年 5 月第 2 台机组并网发电。经过一年多的运行，目前导流兼泄洪冲沙洞出现磨蚀破坏现象。具体情况如下：

1）有压洞底拱

洞内混凝土衬砌段底拱 60°左右范围有磨损现象，洞身局部有露筋，洞身混凝土部分地方骨料裸露，尤其在有压洞转弯的地方，磨损现象更为明显。未封堵及多余预埋钢管未割除的灌浆孔部位、结构缝止水磨损亦较严重。隧洞顶拱整体情况良好，磨损轻微或未磨损。

2）工作闸井

（1）工作闸井混凝土：工作闸井边墙混凝土距底板 2~4m 范围存在明显磨蚀现象，距底板 1m 范围内磨损严重，混凝土骨料裸露，部分部位磨蚀较深。弧门底板钢衬及下部二期混凝土已严重破坏。底板钢衬下游 3~5m 范围一期、二期底板混凝土磨损严重，左侧靠近边墙部位冲磨蚀深度约 30cm。在底板钢衬下游约 0.5~2m 范围发现有垂直水流向钢筋已冲蚀磨断。

（2）弧形工作闸门：闸门底缘水封螺栓孔下缘面板均冲磨蚀破坏，部分面板已冲磨贯穿，螺栓头脱，存在磨损和汽蚀共同作用。

3）弧形工作闸门门槽

闸门底槛上游侧（含门前 1000mm 钢板衬护）4000mm 范围内钢板均遭到严重破坏，门上游侧 1000mm 钢板完全破坏，门后 3000mm 范围内钢板局部连接在埋件工字钢上，其剥落部位断口锐利。下游侧钢板虽还保持完整，但从灌浆孔部位向后磨蚀破坏，部分磨穿，边缘断口锐利。侧支承埋件过水断面，即距底板 200mm 至底板范围内镶嵌于钢板内的水封座板不锈钢均已消失，与底槛钢板焊接部位有明显的冲蚀破坏。

4）无压洞及挑坎段

无压洞及挑坎段底板及边墙底部 1m 范围内磨蚀情况较为严重，局部有钢筋裸露，局部混凝土施工原因磨损稍严重；同时未封堵及多余预埋钢管未割除的灌浆孔部位磨损亦较严重；无压洞及挑坎段顶拱整体情况良好。

3. 解决方案

（1）有压洞身、无压洞身、挑坎段现场试验

利用水流、高压气体或钢丝轮等将基面泥浆冲洗干净，利用热鼓风装置对基面进行鼓风干燥，同时也对基面起到加热作用。利用角磨机、凿子等设备，将清洗后的混凝土面进行处理，以增加待处理面的平整度，提高复合树脂砂浆的可施工性及涂层的粘接性能。打磨过后，清理粉尘，然后刷涂配置好的底胶。刷涂时，要尽量均匀，避免漏刷；刷涂后要在一定时间内涂抹复合树脂砂浆，避免底胶固化。底胶刷涂均匀后，涂抹复合树脂砂浆。涂抹时要尽量压实，增加砂浆的密实度；砂浆表面尽量平整，减小由于涂层表面不平造成对水流流态的影响。根据现场温湿度情况，可采用常温或者加温固化。复合树脂砂浆固化完成后，刷涂配置好的复合树脂胶。刷胶时，尽量均匀、不挂泪，复合树脂胶一次刷涂完成。刷涂完成后如有挂泪，需对挂泪进行涂抹，应避免复合树脂胶刷涂过厚。在常温条件对涂层进行固化。涂层厚度 10～20mm，施工完效果如图 4.6-3 所示。

图 4.6-3 复合树脂砂浆施工后效果

（2）弧形工作门底板门槽现场试验

由于弧形工作面门槽受到高速含沙水流的冲蚀，运行的环境恶劣，严重的情况下高速

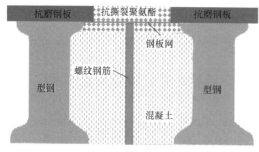

图 4.6-4　型钢之间焊接钢板网示意图

水流中伴有石块的冲击，采用型钢＋耐磨钢板＋浇注抗撕裂改性聚氨酯涂层的施工方案。

1）施工区域

闸门迎水面前 2m 范围、闸门门板后 7m 范围铺设焊接耐磨钢板型钢后，型钢相隔 40cm 内进行聚氨酯浇注，型钢中间焊接钢板网，见图 4.6-4。

2）现场试验

利用角磨机对混凝土、工字钢、耐磨钢板侧壁表面进行机械打毛、除锈，清理混凝土表面泥沙及打磨粉尘。利用热鼓风机对混凝土表面进行干燥处理，确保混凝土与聚氨酯弹性体涂层具有较好的粘接性能。焊接完成后，对焊接质量进行检测，发现缺陷处及时记录并进行修复。焊接钢板网并对混凝土及型钢进行加热干燥后，刷涂聚氨酯弹性体涂层专用底胶，刷涂胶面平滑、无流挂。将工业加热毯、电热管等加热设备覆盖到浇注聚氨酯模具上，利用控温设备控制温度在 100～120℃，对聚氨酯涂层进行加热固化，固化时间 6～9h。涂层固化后，对涂层表面及缺陷处进行及时修补，涂层边缘部位利用角磨机进行打磨，使涂层与型钢接触部位更为平整。

4. 实施效果

经过一个汛期运行，对导流洞磨蚀情况进行勘察，整体防护效果良好，磨蚀最严重的工作闸门底板完好，复合树脂砂浆涂层除无压段底部少部分表层破坏以外，其他部位基本完好（图 4.6-5）。

图 4.6-5　导流洞工作闸井汛后情况

针对达克曲克水电站导流洞的磨蚀问题，通过对其进行整体磨蚀防护，导流洞磨蚀最严重的过流部位经过一个汛期运行，经受住了高速高含沙水流的冲蚀考验，取得了良好的磨蚀防护效果。

4.6.2.2　贵州乌江构皮滩水电站水垫塘水损修复处理

1. 工程简况

构皮滩水电站位于贵州省余庆县，上游距乌江渡水电站 137km，下游距河口涪陵 455km，电站装机容量 3000MW。水垫塘设于坝后，采用平底板封闭抽排结构形式。水垫塘横断面为复式梯形，净长约332m，标准断面底宽70m，底板高程420~412m。二道坝坝顶高程444.50m。水垫塘两侧贴坡混凝土顶高程495.50m，左右岸分别在高程430.00m、481.00m设置马道。水垫塘为钢筋混凝土结构，其混凝土品种：430m高程以下表面50cm厚为C50 W12F200抗冲磨混凝土，其余为C25 W8F200混凝土。

2. 存在问题

由于长期水冲磨，水垫塘底板表面、底板和边墙交角掏槽处、边墙底部处遭遇大面积冲刷磨损，粗骨料出露面积约3350m²，平均冲磨深度约10mm，局部冲坑深约20~50mm；中小骨料出露面积约6850m²，平均冲磨深度小于5mm。构皮滩水电站水垫塘水损修复工程中缺陷面积大，工作内容多，工期紧，质量要求高，工程的难点主要有：

（1）工期紧，必须在汛前完成。项目施工工艺短，并需在汛期来临前完成，加上施工准备及修补层养护，预估工期不超过一个月，施工时间要求为25d，这对施工进度控制提出了很高的要求。

（2）工作内容多，工序复杂。项目施工设计工作种类多样，含混凝土基面处理、刻槽、凿毛、裂缝填补处理、环氧胶泥修补、环氧砂浆修补、聚脲涂层修补等，工作内容多，工序复杂，所需设备、材料多样。

（3）需不断抽水，形成干地条件。因为消力池地板平整度要求高，坝体局部渗水，为保证环氧材料的施工质量，必须不断抽水，通过自然风干和压缩空气吹干等方式形成干地施工条件。

（4）施工进度及质量受降雨影响大。环氧材料施工要求相对干燥的基面条件，水垫塘底板为大面积水平面，降雨防护要求高，施工部位除需布置防雨棚外，还要与无雨棚区做隔水圈，保证处理好的混凝土基面、新施工的环氧修补层不被雨淋和浸泡。加上施工时期下雨比较频繁，故防雨和保证施工质量的工作尤为重要。

3. 解决方案

构皮滩水电站底板冲磨修补主要针对粗骨料出露且平均冲磨深度≥3mm的部位进行修补。修补区厚度不足10mm（不足5mm的开凿至不小于5mm）的采用高耐候环氧抗冲磨材料修补，10mm以上的，面层5mm厚采用高耐候环氧抗冲磨材料修补，底层采用高性能改性环氧砂浆，如图4.6-6所示。

（1）确定修补范围。以水垫塘底板按结构缝分割的板块为基本单元，逐单元检查粗骨料出露情况确定修补范围。

（2）待修区表面混凝土处理。用手钎或其他工具将混凝土面疏松部分凿除，再用插尺或其他工具检查需要修补的区域，判断需修补的厚度是否大于5mm，如不够5mm则需对其进行凿除，使其不小于5mm。对修补区域的边缘进行凿齿槽处理，避免在修补区边缘形成浅薄的边口。用角磨机或钢丝轮将需修补的、凿除处理好的基面的污染物、松散颗粒清除干净，直至露出新鲜、密实的骨料。混凝土表面有超出平面局部凸起，用角磨机磨平；混凝土表面有蜂窝、麻面等情况，用切割机切除薄弱部分。用压缩空气将表面砂粒、灰尘吹去，再用压缩水冲洗混凝土，使基面干净无灰尘，最后再用风干、压缩空气冲吹或采用其他干燥措施使基面干燥，表面干燥程度根据配方要求控制。

（3）固定厚度标尺，调线确定抗冲磨修复层的平均厚度，并打标高点以保证修复厚度。

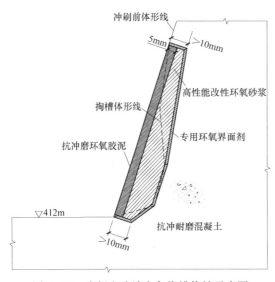

图 4.6-6 底板和边墙交角掏槽修补示意图

（4）涂刷专用环氧界面剂。在清理干净并干燥的基面上用毛刷涂刷专用环氧界面剂一遍，涂刷应薄而均匀，使胶液尽可能渗入混凝土基面。待界面剂用手触摸有拉丝现象时，再铺装护面料。

（5）铺装护面料。

对于修补总厚度 10mm 以上区域，采用高性能改性环氧砂浆进行涂抹后刮涂抗冲磨环氧胶泥。把按规定配比拌制均匀的 CW711 高性能改性环氧砂浆直接铺设到干净、平整且涂刷过界面剂的基面上，使其相对均匀的分层铺设，每层铺设厚度不宜大于 20mm，并用力压实抹平。高性能改性环氧砂浆厚度按修复部位总深度减 5mm 确定。在改性环氧砂浆施工完毕后，保持基面干净，用刮刀刮涂抗冲磨环氧胶泥，环氧胶泥厚度 5mm，表面要抹光抹平，使其满足表面不平整度要求。对于修补总厚度 10mm 以下区域，要把准备好的抗冲磨环氧胶泥用刮刀刮涂到干净、平整且涂刷过界面剂的基面上，环氧胶泥厚度不小于 5mm，表面抹光抹平。

需要注意的是在大面积修补时应分区施工，这有利于避免环氧砂浆或胶泥的收缩及固化发热膨胀引起环氧砂浆层自身开裂和空鼓。分块边长控制在 3m 以内，施工块间应预留 30～50mm 的间隔缝，待固化 1～2d 后再将间隔缝用改性环氧砂浆或环氧胶泥填补密实平整（具体材料与缝两侧材料相同），并与两边的施工块保持平整一致，不得有错台和明显的接缝痕迹。施工中出现的施工缝，做成 45°斜面，再次施工时，斜面应做清洁处理并涂刷界面剂后方可回填填缝料，并注意压实找平，不得出现施工冷缝。施工环境日温差不宜太大，按配方要求决定使用温度。施工时应搭设雨阳棚，避免日光雨水直接作用于施工面。施工完成后，环氧砂浆应进行养护和表面覆盖，表面覆盖至水垫塘充水。水垫塘充水前遇温度较高时，应进行洒水降温。

4. 实施效果

构皮滩水电站水垫塘水损修复处理工程于 2015 年 4 月 7 日开工，2015 年 4 月 23 日水垫塘塘底抗冲磨涂层施工结束。修补工程共完成底板高耐候抗冲磨环氧胶泥施工 2558.2m²，底板高耐候环氧抗冲磨材料施工 860m²，底板和边墙交角掏槽处修补 7.43m，边墙底部磨蚀处理 260m²，裂缝处理 36m。修补后的水垫塘外观见图 4.6-7。

2016 年 11 月，贵州乌江水电开发有限责任公司构皮滩发电厂组织对构皮滩水

图 4.6-7 修复工程完成后的水垫塘外观

电站水垫塘进行水下检查，采用 ROV 水下机器人对水电站坝址静水区及二道坝坝面、水垫塘、左右护边墙、底板与边墙夹角、边墙底部。检查在经历两个汛期后水垫塘修复部位是否存在新的冲磨破坏。经检查发现，2015 年汛期开展的水损修复部位除少量淤泥及附着物外，未发现新的裂缝、表面冲蚀、剥落、坑洞、破损等缺陷，修复区表面抗冲磨层工作状态良好。

4.6.2.3　柳洪水电站闸室推移质冲磨修复

1. 工程简况和存在问题

柳洪水电站位于四川省凉山彝族自治州美姑河上，距西昌市 166km，距美姑河汇入金沙江的汇入口 27km。工程开发任务为发电，利用落差 392m（1305～913m），设计发电引用流量 57m³/s，总装机容量 180MW。本工程枢纽为引水式布置形式，由首部枢纽、引水系统和厂区枢纽组成。首部枢纽位于拉木阿觉乡下游的峡谷里，水工建筑物（从左至右）主要由取水口、左岸混凝土挡水坝、一孔冲沙闸、三孔泄洪闸和右岸混凝土挡水坝等组成。

美姑河历史汛期降雨形成的最大洪水流量达 2980m³/s，水势呈明显暴涨暴落趋势。柳洪水电站泄洪闸的泄洪特点是流速较高，泄洪时携带有大量的推移质，年平均输送石沙量为 4.28 万 t，最大粒径 76.6cm，并且推移质物质质地坚硬。自 2007 年 8 月发电以来，柳洪水电站泄洪闸经多个汛期运行，在洪水和推移质的共同作用下，三孔泄洪闸底板出现了不同程度的冲蚀磨损，其中 3 号泄洪闸底板混凝土冲磨严重。该工程采用环氧砂浆、高强度混凝土等材料进行了多次处理，均没有解决推移质冲蚀磨损问题，为保证柳洪水电站大坝安全运行，2016 年在 3 号闸室底板再次进行了推移质冲磨破坏修复试验。

2. 解决方案

3 号闸室底板冲蚀最为严重，在结构缝的右侧部为有整排钢筋网裸露在外，并且混凝土冲蚀深度达到 17cm，另外混凝土有裂缝渗水、伸缩缝表面破损等缺陷。针对 3 号闸室底板混凝土冲磨破坏情况，选用的修复方案为复合式修复方案，首先恢复原设计的钢筋及插筋，采用高强环氧砂浆将冲蚀坑找平至低于原高程 24mm 的高程，回填 20mm 厚的高弹性抗冲磨砂浆，最后用 4～5mm 厚的抗冲磨型 SK 手刮聚脲进行防护。其中高强环氧砂浆用于回填冲蚀坑，找平及恢复原结构；高弹性抗冲磨砂浆用于吸收推移质石块冲击式锤击所产生的锤击能量；表层的抗冲磨型 SK 手刮聚脲用于防止推移质石块对其下高弹性抗冲磨砂浆的磨损，同时也可以吸收泄洪时推移质对底板产生的部分锤击能量。复合式修复方案是通过以柔克刚的设计思路来解决高速水流携带推移质对水工泄洪建筑物的冲击及磨损。

高弹性抗冲磨砂浆是以 SK 手刮聚脲作为胶结材料，将玻璃彩砂按不同配比和胶结材料及辅助填料混合而成。室内材料试验结果表明，高弹性抗冲磨砂浆具有极佳的弹性，压缩 50% 后可以恢复原状；断裂伸长率在 10%～30% 之间（根据配比不同而异），具有良好的抗裂能力和适应基础变形能力，抗冲击性能强。

对 3 号闸室底板冲蚀破损严重并有钢筋外露的部位，表面凿除剥蚀的混凝土约 20cm，对破坏的钢筋进行修复并增设插筋（图 4.6-8），对原锈蚀的钢筋除锈，涂刷阻锈剂；涂刷环氧砂浆界面剂，用高强环氧砂浆充填并找平，表层预留 24mm 厚，高强环氧砂浆固化后表面涂刷聚脲界面剂；聚脲界面剂表干后涂刷一遍 SK 手刮聚脲（约 0.3cm 厚），再充填 20cm 厚的高弹性抗冲磨砂浆并找平；在高弹性抗冲磨砂浆表面涂刷 4mm 厚的抗冲磨型 SK 手刮聚脲（图 4.6-9）。

图 4.6-8　凿毛及补焊钢筋

图 4.6-9　面涂刷 SK 手刮聚脲

3. 实施效果

2016 年汛期泄洪较往年频繁，图 4.6-10 为泄洪过程，汛后对 3 号闸室底板混凝土修补后的情况进行了检查，图 4.6-11 为泄洪后的情况，闸底板外观无冲磨迹象，表层的 SK 手刮聚脲无老化及剥蚀现象，整体修补效果很好。实践证明，本次混凝土冲磨破坏修复处理施工所选用的材料及复合式修复方案是成功的。

图 4.6-10　2016 年汛期泄洪情况

图 4.6-11　3 号闸室底板汛后检查情况

4.6.2.4　富春江水电站溢流面耐久性防护

1. 工程简况和存在问题

富春江水电站位于浙江省桐庐县富春江镇，该电站建成于 20 世纪 60 年代初，溢流面共有 17 孔，新安江和兰江之水在此汇集，因此溢流面需经常过流。图 4.6-12 为富春江水电站溢流面整体情况和磨损情况。可以看出，经过多年的泄洪冲刷，溢流面混凝土出现大面积剥蚀磨损，最大磨损深度约 2cm，并且有裂缝存在。为了延长建筑物的使用寿命，需要对溢流面进行耐久性防护。

2. 解决方案

2011 年采用 SK 单组分聚脲对大坝溢流面进行了抗冲磨防护修复（1～4 号孔溢流面约 1600m^2）。施工工艺如下：

图 4.6-12 富春江水电站溢流面整体和磨损情况

（1）凿除表面松动、脱落的基层混凝土，将基面清洗干净，用弹性环氧砂浆修复平整；

（2）混凝土裂缝采用内部化学灌浆处理，表面用 SK 单组分聚脲复合胎基布进行表面封闭；

（3）溢流面伸缩缝混凝土破损部位用环氧砂浆修复，伸缩缝表层缝内嵌填聚氨酯柔性材料，用 SK 单组分聚脲复合胎基布进行表面封闭；

（4）打磨整个溢流面混凝土表面，清洗基面并使其干燥，涂刷潮湿型界面剂，待界面剂指触表干后，刮涂 SK 单组分聚脲 2～3 遍，大面积涂层厚度达到 2mm，裂缝、伸缩缝以及拐角部位厚度达到 3mm；

（5）大面积刮涂聚脲施工结束后，涂层表面保证 24h 内不浸水，进行自然养护。

在 7～17 号溢流面抗冲磨防护修复时，由于发电的需要，白天发电期间下游水位较高，溢流面有一半处于水下，夜里停止发电，溢流面全部露出水面。每天只能利用夜间 10h 左右的时间施工。这就需要在完成溢流面基面处理后，利用 6h 完成水位以下的 SK 单组分聚脲施工，4h 无水养护。为此，专门配置了潮湿型快速界面剂，涂刷界面剂 1h 后就可以刮涂 SK 单组分聚脲，聚脲内添加了固化剂，可以保证 4h 内完成刮涂两遍聚脲而不流淌，聚脲厚度大于 2mm，聚脲施工完毕养护 4h 后被水淹没，聚脲在水中继续固化，28d 后聚脲强度可以满足泄洪的要求。

3. 实施效果

2012 年汛期溢流面经历了多次泄洪，图 4.6-13 为溢流面涂刷聚脲后泄洪情况和涂层

图 4.6-13 溢流面涂刷聚脲后泄洪情况和涂层检查情况

检查情况。汛后对修补部位进行了检查，溢流面整个 SK 单组分聚脲涂层表面无老化、破损、开裂及磨损现象，尾坎边缘无起边，SK 单组分聚脲与混凝土之间的粘结强度大于3.0MPa。2012～2018 年采用同样的方案分别对 5～17 号溢流面进行了抗冲磨防护修复，实践证明，SK 单组分聚脲涂层对溢流面混凝土的防护效果良好。

参考文献

[1] 邢林生. 混凝土坝坝体渗漏危害性分析及其处理 [J]. 水力发电学报，2001 (3)：108-116.

[2] 谭界雄，位敏，徐轶，等. 水库大坝渗漏病害规律探讨 [J]. 大坝与安全，2019 (4)：12-19.

[3] 刘王勇. 某水库双曲拱坝坝体防渗加固技术浅析 [J]. 陕西水利，2020 (8)：189-193.

[4] 汪在芹，魏涛，李珍，等. CW 系环氧树脂化学灌浆材料的研究及应用 [J]. 长江科学院院报，2011，28 (10)：167-170.

[5] 魏涛，汪在芹，韩炜，等. 环氧树脂灌浆材料的种类及其在工程中的应用 [J]. 长江科学院院报，2009，26 (07)：69-72.

[6] 张健，魏涛，韩炜，等. CW520 丙烯酸盐灌浆材料交联剂合成及其浆液性能研究 [J]. 长江科学院院报，2012，29 (02)：55-59.

[7] 唐湘茜，李珍，邵晓妹，等. 复杂地质体水泥化学复合灌浆精细控制技术 [J]. 水利水电快报，2020，41 (05)：6-7.

[8] 魏涛，章瑞文. 三峡永久船闸北坡第五级竖井化学灌浆技术 [J]. 人民长江，2008 (20)：10-11.

[9] 李积花. 混凝土坝渗漏的成因及其修补处理 [J]. 科技情报开发与经济，2009 (11)：153-155.

[10] 程雪军，金文华，马江权. 迎水面混凝土裂缝处理施工技术 [J]. 技术与市场，2011 (9)：103-105.

[11] 胡清焱，王抗，张国寿，等. 浅析化学灌浆在坝体裂缝处理中的应用 [J]. 四川水力发电，2018 (5)：29-32.

[12] 龚晓南. 深基坑工程设计施工手册 [M]. 2 版. 北京：中国建筑工业出版社，2018.

[13] 张凤祥，焦家训. 水泥土连续墙新技术与实例 [M]. 北京：中国建筑工业出版社，2009.

[14] 赵峰，倪锦初 刘立新. "TRD" 工法在堤防工程中的应用研究 [J]. 人民长江，2000，31 (6)：23-24.

[15] 安国明，宋松霞. 横向连续切屑式地下连续墙工法-TRD 工法 [J]. 施工技术，2005 (增刊)：278-282.

[16] 袁静，刘兴旺，何一飞. 渠式切割水泥土连续墙（TRD）的工程应用和实例分析 [C] 第四届全国岩土与工程学术大会论文集. 北京：中国水利水电出版社，2013，105-113.

[17] 袁静、刘兴旺. 杭州某应用 TRD 工法基坑工程 基坑工程实例 5 [M]. 北京：中国建筑工业出版社，2014.

[18] 唐军，梁志荣，刘江，等. 三轴水泥土搅拌桩的强度及测试方法研究—背景工程试验报告 [R]. 2009，7.

[19] 邵红艳. 高碾压混凝土拱坝裂缝成因分析及处理 [J]. 水利技术监督，2020 (5)：202-205.

[20] 杨斌，魏涛，李珍. 混凝土裂缝用环氧树脂灌浆材料及其标准 [J]. 新型建筑材料，2008 (04)：71-74.

[21] 盖盼盼，姜琳琳，刘超，等. 混凝土防护涂层研究进展 [J]. 上海涂料，2011，49 (5)：42-45.

[22] 宋恩来. 加强寒冷地区混凝土坝上游防渗的必要性 [J]. 大坝与安全，2009，2：9-14.

[23] 魏涛，廖灵敏，韩炜，等. CW 系列混凝土表面保护修补材料研究与应用 [J]. 长江科学院院报，

2011, 28 (10)：175-179.

[24] 汪在芹，梁慧，冯菁，等. 聚脲复合涂层材料的改性和耐老化性能研究 [J]. 水力发电，2017，43 (10)：111-114.

[25] 唐湘茜，李珍，邵晓妹，等. CW 系水免疫纳米聚脲防护修补材料与配套技术 [J]. 水利水电快报，2020，41 (08)：6-7.

[26] 孙志恒，李萌. 单组分聚脲在水工混凝土缺陷修补及防护中的应用 [M]. 北京：中国水利水电出版社，2020：55-57.

[27] 贾金生，郦能惠，徐泽平，等. 高混凝土面板坝安全关键技术研究 [M]. 北京：中国水利水电出版社，2014.

[28] 熊海华，徐耀，贾金生，等. 高混凝土面板堆石坝面板挤压破坏分析 [J]. 水力发电，2015，41 (1)：27-30.

[29] 徐耀，孙志恒，张福成，等. 混凝土面板堆石坝面板接缝止水修复技术及工程应用 [C]. 中国大坝工程学会 2017 学术年会论文集. 郑州：黄河水利出版社，2017：595-601.

[30] 魏涛，张健. 金沙江溪洛渡水电站 AGR1 灌浆平洞岩体渗水处理 [J]. 中国建筑防水，2013 (20)：15-18.

[31] 魏涛，张健，陈亮. 向家坝水电站挠曲核部破碎带水泥-环氧树脂复合灌浆试验研究 [J]. 长江科学院院报，2015，32 (07)：105-108.

[32] 夏杰，肖承京，周荣，等. 大坝坝体混凝土渗漏缺陷化学灌浆处理 [J]. 中国建筑防水，2019，(3)：15-49.

[33] 周艳国，傅少君，邹丽春，等. 考虑地基松弛后的小湾拱坝诱导缝布置分析 [J]. 武汉大学学报（工学版），2008，41 (6)：43-47.

[34] 孙志恒，李萌. 混凝土面板坝表面喷涂聚脲防护试验研究 [J]. 大坝与安全，2009 (3)：71-74，77.

[35] 杨伟才，孟川，魏陆宏. SK 双组分慢反应聚脲在浆砌石坝面防渗处理中的应用 [J]. 大坝与安全，2020 (3)：64-67.

[36] 杨伟才，孙志恒，郭慧黎，等. 聚脲弹性体在水工建筑物止水中的应用 [J]. 人民黄河 2011 (2)：120-121.

[37] 谭界雄，王秘学，蔡伟，等. 砂水库大坝水下加固技术 [M]. 武汉：长江出版社，2015.

[38] 杨启贵，谭界雄，卢建华，等. 堆石坝加固 [M]. 北京：中国水利水电出版社，2017.

[39] 张国光，薛利群，董建顺，等. 海洋水下工程技术的发展与展望 [C]. 第四届长三角地区船舶工业发展论坛论文集，上海市造船工程学会等，2008.

[40] 单宇骞，曹霞. 水下补强加固新技术在水库大坝除险加固中的应用 [C]. 大坝安全与堤坝隐患探测国际学术研讨会论文集，2005.

[41] 孙志恒，鲁一晖. 混凝土大坝水下裂缝修补技术 [J]. 水力发电，2002 (11)：65-67.

[42] 李军，吕子义，等. 水下混凝土裂缝修补技术的进展 [J]. 新型建筑材料，2007 (10)：9-12.

[43] 王秘学，徐轶，等. 以 ROV 为载体的水库大坝水下检测系统选型研究 [J]. 人民长江，2015，46 (22)：95-98.

[44] 冷元宝，何剑，等. 混凝土面板堆石坝实用检测技术 [M]. 郑州. 黄河水利出版社，2003.

[45] 长江勘测规划设计研究有限责任公司国家大坝安全工程技术研究中心. 湖南省城步县白云水电站大坝渗漏检测报告 [R]. 2011.

[46] 王玉洁，朱锦杰，等. 三板溪混凝土面板坝面板破损原因分析 [J]. 大坝与安全，2009 (5)：19-21，28.

[47] 周光华，罗超文，何迈. 株树桥水库水下渗漏检测 [J]. 人民长江，2001，32 (12)：33-34.

[48] 谭界雄，王秘学，等. 株树桥水库面板堆石坝加固实践与体会 [J]. 人民长江，2011，42 (12)：85-88.

[49] 吴凤林，薛江明，等. 砌石坝混凝土面板裂缝水下处理施工 [J]. 水电与新能源，2010 (2)：27-29.

[50] 毛方琯，我国潜水装具现状和发展 [J]. 中国救助与打捞，2006.

[51] 刘涛，王璇，王帅，等. 深海载人潜水器发展现状及技术进展 [J]. 中国造船，2012，53 (3)：233-243.

[52] 谭界雄，田金章，王秘学. 水下机器人技术现状及在水利行业的应用前景 [J]. 中国水利，2018，846 (12)：71-74.

[53] 王秘学，徐轶，田金章. 混凝土面板堆石坝渗漏规律研究 [J]. 中国水利，2019，866 (8)：46-48.

[54] 龙虎，赵伽，等. 丹江口混凝土坝水下裂缝检查与处理 [J]. 湖北水力发电，2008，(5)：22-23.

[55] 叶三元，刘永红. 特殊条件下透水通道堵漏抢险施工技术 [J]. 人民长江，2010，41 (22)：52-55.

[56] 谭建平. 新安江大坝 19～20 号坝段上游面水下横缝防渗施工 [J]. 大坝与安全，2004，4 (5)：24-26.

[57] 陈厚群. 大坝的抗震设防水准及相应性能目标 [J]. 工程抗震与加固改造，2005，12：1-6.

[58] 陈厚群，等. "九五"国家重点科技攻关课题－300m 级高拱坝抗震技术研究 [R]. 北京：中国水利水电科学研究院，1999.

[59] 中国水利水电科学研究院. 有缝拱坝-地基系统非线性地震波动反应分析 [R]. "九五"国家重点科技攻关课题报告 95-221-03-02-02 (1)，1999.

[60] 中国水利水电科学研究院. 高拱坝地基地震能量逸散影响的研究 [R]. "九五"国家重点科技攻关课题报告 95-221-03-02-01 (1)，1999.

[61] Chopra A K. et al, Modelling of dam-foundations interaction in analysis of arch dams [C]. Proc, 10th, WCEE, Madrid, 8, 1992.

[62] Dominguez J. et al, Model for the seismic analysis of arch dams including interaction effects [C]. Proc. 10th WCEE, Madrid, 8, 1992.

[63] Zhang C H, Jin F, Wang G L. Seismic Interaction Between Arch Dam and Rock Canyon [C]. Proc. of 11th WCEE, Netherlands：Elsevier, 1996.

[64] 胡晓，张艳红. 佛子岭连拱坝动力分析和抗震安全复核 [R]. 中国水利水电科学研究院研究报告，2002.

[65] 廖振鹏. 工程波动理论导论 [M]. 2 版. 北京：科学出版社，2002.

[66] 中国水利水电科学研究院. 多次透射公式稳定实现措施的研究 [R]. "九五"国家重点科技攻关课题 95-221-03-02-01 (2)，1999.

[67] 王铎，等. 弹性动力学最新进展 [M]. 北京：科学出版社，1995.

[68] 潘家铮，等. 中国大坝 50 年 [M]. 北京：中国水利水电出版社，2000.

[69] U. S. National Research Council. Earthquake Engineering for Concrete Dams：design, performance and research needs [M]. National Academy Press of U. S., Washington D. C, 1990.

[70] R W Clough, K T Chang, H Q Chen, et al. Dynamic interaction effects in arch dams [R], Report of University of California, Berkeley, 1985.

[71] Yusof Ghanaat, Hou-Qun Chen, et al. Experimental study for dam-water-foundation interaction [R]. QUEST Structures, Emerryville, California, 1993.

[72] Yusof Ghanaat, Hou-Qun Chen, et al. Measurement and prediction of dam-water-foundation inter-

action at Longyangxia dam ［R］. QUEST Structures，Orinda，California. 1999.

［73］ 《中国大坝技术发展水平与工程实例》编委会. 中国大坝技术发展水平与工程实例 ［M］. 北京：中国水利水电出版社，2007.

［74］ 陈厚群. 水工混凝土结构抗震研究进展的回顾和展望 ［J］. 中国水利水电科学研究院学报，2008，4：245-257.

［75］ 陈厚群，等. 中国水工结构重要强震数据及分析 ［M］. 北京：地震出版社，2000.

［76］ 孟建宁. 黄河高速含沙水流对水工建筑物的磨蚀破坏 ［J］. 水利水电技术，1985（09）：16-19.

［77］ 黄河水利委员会. 黄河流域综合规划（2012-2030）［R］. 北京：中华人民共和国水利部，2013.

［78］ 孙志恒，李萌. 单组分聚脲在水工混凝土缺陷修补及防护中的应用 ［M］. 北京：中国水利水电出版社，2020.

［79］ 国民，张军. 三门峡水库泄水孔洞磨蚀破坏及抗磨材料运用效果 ［J］. 人民黄河，1992（12）：40-42.

［80］ 杨春光，王正中，田江永，等. 抗冲磨混凝土的研究应用和发展 ［J］. 中国农村水利水电，2006（06）：97-99.

第5章

风险评估与应急预案

5.1 风险评估技术

5.1.1 概述

水库大坝是人类防止水旱灾害和合理开发资源的需要，对农业灌溉、城市供水、防洪减灾、开发水电、改善航运等发挥其社会经济效益的同时，客观存在的潜在风险也是无法回避的。1959 年的法国马尔帕塞拱坝、1963 年的意大利瓦伊昂拱坝、1976 年的美国提堂坝、2009 年俄罗斯萨扬舒申斯克水电站、2017 年老挝南奥水电站、2020 年乌兹别克斯坦萨尔多巴大坝、美国密歇根伊登维尔和桑福德大坝，以及 1975 年我国河南板桥水库、1993 年青海沟后水库、2013 年山西曲亭水库、2018 年四川龙潭电站和新疆射月沟水库等国内外大量造成严重后果的险情或溃坝事故案例警示我们，必须高度重视大坝安全，尤其应更深入地开展大坝风险分析和风险评估。

早在 1983 年美国国家研究委员会（National Research Council）定义"风险"是一种衡量可能性和不利后果严重程度的度量。一般可用以下公式表述：

风险＝失事概率×后果损失的严重程度

大坝风险评估包括全面综合大坝失事的可能性和可能造成后果严重性两个方面，前者主要是对水库大坝自身工程的各种致灾因素的分析，后者与水库下游城镇人口、重要基础设施、生物栖息地、文物名胜古迹分布及沿岸经济社会发展程度有关。大坝风险管理是以风险控制为目标，通过风险识别、风险分析、风险评估、风险处置的动态全过程管理。风险管理国际标准 ISO 31000 定义风险评估是风险识别、风险分析及风险评价的全过程。ISO 31010 "风险管理——风险评估技术"中，明确给出了风险评估过程需要解决的 5 个基本问题：

（1）现状是什么？可能发生什么？为什么发生？

（2）产生的后果是什么？对目标的影响有多大？

（3）这些后果发生的可能性有多大？

（4）是否存在可以减轻风险后果、降低风险可能性的因素？

（5）风险等级是否是可容忍或可接受的？是否需要进一步应对？

风险分析和评估技术源于金融领域和保险业，在工业技术方面最早使用于军事工业，如航天、航空和核工业等。1974 年，美国原子能委员会（United States Atomic Energy Commission，USAEC）发表了《核电站风险报告》（WASH-1400），引起了世界各国学者的关注，推动了风险分析技术在各个领域的研究与应用。大坝风险理念始于 1976 年美国提堂坝和后来的塔可凡坝相继失事。1979 年，美国联邦政府颁布了《联邦大坝安全指南》（Federal Guidelines for Dam Safety），包含有关大坝安全评价，大坝设计、坝址选择的不确定性的风险决策分析。1982 年美国陆军工程师团（USACE）提出了用相对风险指数来判别大坝风险概念，美国垦务局（USBR）推荐使用现场评分法来衡量水库大坝的风险，葡萄牙工程师考虑了环境、工程结构和溃坝损失 3 个方面 11 个风险因素，综合成为风险指数，评价工程的风险。1991 年加拿大 BC Hydro 将风险分析方法引入大坝安全分析和评价中，以实现在确定水库大坝安全程度的基础上，采用最为经济的方法加固不安全的大坝。1994 年澳大利亚大坝委员会（ANCILD）颁布了《ANCILD 风险评估指南》，为大坝安全评估提供了依据，并不断对该指南进行修订。2000 年在北京举办的第 20 届国际大坝会议第一次将大坝风险分析作为会议议题，标志着大坝风险分析与管理技术已经在世界范围内得到广泛的认可。此后，相关的研究在许多国家得到了迅速的发展。2005 年，国际大坝委员会发布了《大坝安全管理中的风险评价》，进一步推动了世界范围内大坝风险管理技术的推广与应用。

中国从 21 世纪初开始大坝风险评估和管理研究及应用，并取得一系列符合国情的成果。相关研究建立了基于风险的大坝安全评价方法的体系框架，提出了溃坝模式与溃坝概率分析计算、溃坝后果评估与综合评价等一系列方法和模型。目前，我国水库大坝安全管理与风险评估领域已初步形成国家法律、行政法规、国家规范、行业标准、企业制度的全方位多层次体系化的安全评价与风险管理体系。

5.1.2　大坝风险标准

由于风险具有不确定性，在风险研究中，有两个重要的指标，即可接受风险和可容忍风险，通过这两个指标，对风险进行了界定。根据英国健康和安全委员会（The Health and Safety Executive，HSE）定义，可接受风险是指为了工作和生活等目的，任何承受风险影响的人在风险控制机制不变的条件下准备接受的风险；可容忍风险是为了取得某种利润或达到某种目的，社会所能够忍受的风险，这种风险在一定范围内不能忽略，需要定期检查，如果可以应该进一步减小这种风险。

5.1.2.1　风险标准确定的基本原则

在风险分析中，风险并不是越小越好，因为降低风险需要付出代价，不管是通过工程措施降低失效概率，还是通过防范措施减少风险损失，都要投入人力、财力和物力。确定可接受风险标准其实就是解决"怎样的安全，才被人们认为是安全的"这一问题，因此风险标准的确定应满足一定的原则。

1. ALARP 准则

ALARP（As Low As Reasonably Practicable）准则，又称最低合理可行准则，即不必要的风险可以不接受，但合理的风险一定要接受，对于有重大危害的风险要尽量降低。大坝风险具有普遍性和客观性，通过任何工程预防措施难以彻底消除各种风险；当大坝风险水平越低，再进一步降低风险的所需要的投资就越大，故大坝风险应控制在合理可接受

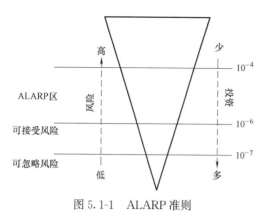

图 5.1-1　ALARP 准则

的范围内，如图 5.1-1 所示。

2. 生命平等原则

在风险标准制定的过程中，生命风险是最为主要的，对于每一个独立的个人而言，其在同一风险条件下所承担的个人风险应该是平等的，当风险超过某一对人生命安全造成威胁的临界值时，应无条件地采取工程措施或非工程措施降低或规避该风险，以确保人身安全。

3. 影响可控原则

影响可控是指任何工程或设施的建设与安装，其风险都应在一定的可控制的范围内。在一个复杂的系统内，新增或新建工程与设施不能使原有工程的风险有明显的增加。对于后果损失极为严重的风险，应努力降低其失效概率。对水库大坝而言，其对下游的影响应通过工程措施控制，且不能使得上下游的梯级风险明显增加。

4. 投资-风险-效益分析原则

任何工程的建设，都是在承担一定风险的前提下，投入一定的资本，从而获取预期的效益。人们修建水库大坝所承担的风险一方面是为了防止洪水灾害，另一方面是为了获取农业灌溉、城镇供水、发电以及航运等方面的效益，但所承担的风险又可以通过增加投入降低风险。通常，在投资一定的条件下，承担的风险越高，则获得的效益就越多；然而，风险与投资和效益之间又非直接的线性关系。因此，在风险标准确定时，应努力寻求投资与效益所对应的风险平衡点，见图 5.1-2。

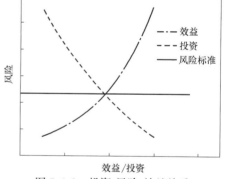

图 5.1-2　投资-风险-效益关系

5.1.2.2　国内外大坝风险标准

1. 国外大坝风险标准

国外对可接受风险标准的研究起步较早。20 世纪 60 年代，Chauncey Starr 提出"多安全才安全"的问题，引起了当时学术界对风险可接受性研究的重视，并根据显示偏好法得出了不同风险情况下的社会可接受性。到 70 年代，风险领域的 ALARP（As Low As Reasonably Practicable）准则首次在英国法律中采用，该准则对于可接受风险的研究和合理降低风险措施的制定都具有重要意义。1984 年，剑桥大学 Fischhoff 提出风险不是无条件接受的，可接受的风险即所获得的利益可以补偿因此而带来的风险，也就是说可接受风险其实质是由决策产生的，而非风险本身所具有。1988 年，英国健康和安全委员会对可接受风险给出了明确的定义，并通过对核电站风险调查，他们建议主要工业灾害的典型个体可接受风险值取 $10^{-6} \sim 10^{-5}$ 次/年。1989 年，Reid 收集了美国、英国及澳大利亚等国家不同行业主动和被动承受风险者的可接受风险统计值，据其统计结果发现自然灾害和一般风险如雷电、火车旅行的以年计的死亡概率不到 10^{-5} 次/年，建筑、铁道等职业风险可达 10^{-4} 次/年，危险运动如高空滑翔的风险高达 10^{-3} 次/年。1993 年，Fell 主张对于被动风险接受者，以年计的可接受风险值的应在

$10^{-6}\sim 10^{-5}$ 次/年，并提出了各行业可接受风险的确定方法如下式：

$$P_{\mathrm{f}}=\frac{10^{-4}}{N_{\mathrm{r}}}K_{\mathrm{s}}N_{\mathrm{d}} \tag{5.1-1}$$

式中　N_{r}——受影响的人数量；

　　　N_{d}——设计基准年限；

　　　K_{s}——区域重要性指数，其取值按建筑物类型不同可取 0.005（大坝，人群聚居处）、0.05（办公室，商业，工业区）、0.5（桥梁）、5（塔，近海结构）。

近年来，美国土木工程协会（ASCE）规定使用安全指标（Safe Index，SI）值作为风险可接受性准则，加拿大标准协会（CSA）规定水域海上石油对生命损失和环境污染的可接受风险为 $10^{-5}\sim 10^{-3}$ 次/年。

在水利水电工程行业，尤其是挡水大坝，美国、加拿大、澳大利亚、荷兰等国家在风险标准和风险分析方面的研究起步较早，澳大利亚等一些国家编制了相应的风险分析导则和行业规范。对于水利水电工程风险主要包括自身的失效概率和失效后的风险损失两方面，风险损失主要涉及生命损失风险、经济损失风险和环境损失风险。目前，国外大坝风险主要考虑生命风险和失效概率，通常以"F-N"风险控制图的形式表述，其中 F 代表以年计的失效概率，N 代表受影响的人数。澳大利亚、荷兰、美国、加拿大、南非以及中国香港，均制定了相应的风险控制图。澳大利亚大坝委员会、美国陆军工程师兵团、美国垦务局、加拿大哥伦比亚水电局所制定的 F-N 曲线如图 5.1-3～图 5.1-6 所示，南非针对大坝制定的风险 F-N 曲线如图 5.1-7 所示，荷兰水防治技术咨询委员会引入了个人意愿系数 β（数值为 $0.01\sim 10$），对于主动和被动承受的风险分别做出了设定，如图 5.1-8 所示。

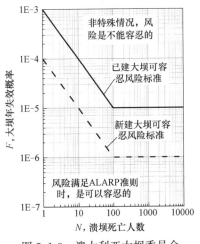

图 5.1-3　澳大利亚大坝委员会

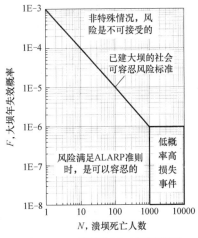

图 5.1-4　美国陆军工程师兵团

2. 国内大坝风险标准

国内对于风险管理及可接受风险标准的研究起步相对较晚，各个行业的研究成果差异性比较大，很多领域都还处在起步的阶段。李雷、蔡跃波等人分析了我国大坝安全管理的三个阶段，认为风险理念已在我国得到广泛接受，风险管理技术也日益受到关注。姜树海给出了允许风险作为大坝防洪可接受风险的阀值范围，介绍了基于允许风险的大坝防洪标准确定方法。马福恒在国外可接受风险标准的基础之上，建立了我国大坝的个人、社会、经济以及环境的可接受风险标准，有的建议直接采用了国外的标准，但国外的标准未必适合我国的实际情况，因此其可行性还需要进一步的探讨。杜效鹄等人对我国水电站大坝溃坝生命风险标准进行了讨论，建议我国水电站大坝溃坝个体可容忍风险标准不低于 10^{-4} 次/年，可接受风险标准不低于 10^{-5} 次/年。陈伟、许强等人对我国地质灾害可接受水平的确定进行了研究，提出我国地质灾害可接受风险标准为 $10^{-6} \sim 10^{-7}$ 次/年。彭雪辉等研究提出我国水库大坝风险标准见表 5.1-1，但尚未形成广泛共识。

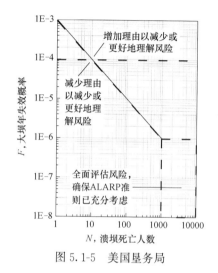

图 5.1-5　美国垦务局

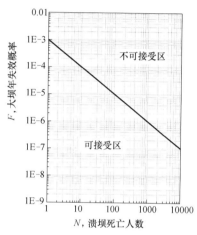

图 5.1-6　加拿大哥伦比亚水电局

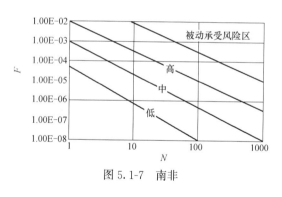

图 5.1-7　南非

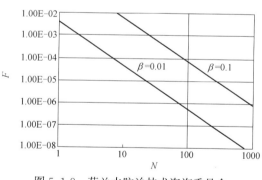

图 5.1-8　荷兰水防治技术咨询委员会

水库大坝风险分区标准　　　　　　　　　　　　　表 5.1-1

大坝风险分类	大坝风险分区			
	可接受风险	可容忍风险	不可接受风险	极高风险
个体生命风险（次/年）	$<1.0\times10^{-5}$	$[1.0\times10^{-5}, 1.0\times10^{-3}]$	$(1.0\times10^{-3}, 1.0\times10^{-2})$	$>1.0\times10^{-2}$
群体生命风险（人/年）	$<1.0\times10^{-4}$	$[1.0\times10^{-4}, 1.0\times10^{-2}]$	$(1.0\times10^{-2}, 1.0\times10^{-1})$	$>1.0\times10^{-1}$
经济风险（元/年）	<300	$[300, 30000]$	$(30000, 300000]$	>300000
社会与环境风险（次/年）	$<1.0\times10^{-4}$	$[1.0\times10^{-4}, 1.0\times10^{-2}]$	$(1.0\times10^{-2}, 1.0\times10^{-1})$	$>1.0\times10^{-1}$

目前，能源行业标准《梯级水库群风险防控导则》（征求意见稿）中，提出梯级水库

群个人可接受风险标准应为 1×10^{-6} 次/年，可容忍风险标准应为 1×10^{-4} 次/年；社会风险标准应满足图 5.1-9 *F-N* 曲线要求。

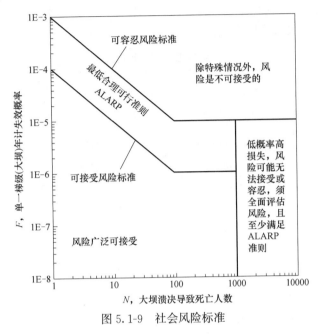

图 5.1-9 社会风险标准

5.1.3 大坝风险识别

众所周知，大坝失事很多时候绝非偶然，失事前均会有病害或险情征兆，而且有些水库大坝的险情征兆现象较多。大坝风险识别决定着风险评估和风险管理的范围，在客观了解存在的各种风险的基础上，深入分析引起大坝事故或失事的各种关键性病害因素、迹象或征兆，是有力支撑大坝风险分析和风险评估，有的放矢地做好风险应对，并编制好应急预案的重要基础。只有全面而系统地辨识水库大坝自身问题和可能面临的风险，才能提前做好准备，将风险控制在可接受的范围。

5.1.3.1 历史溃坝统计分析

根据水利部历年资料和笔者统计整理，1954～2019 年我国共发生 3537 座水库大坝溃决事件。其中，30m 以下溃坝 3117 座，占溃坝总量的 88.1%；30～70m 溃坝 115 座，占比 3.2%；70m 以上是位于青海省共和县的沟后水坝（71m）1 座溃决。此外 304 座坝高不详的溃决事件，一些文献将其归类为 30m 以下。

以我国已建 98478 座水坝作为大样本统计，低于 30m 的水坝（93850 座）溃坝率 3.64%，年计 0.057%；介于 30～70m 的溃坝率、年计分别为 2.29%、0.043%；高于 70m 的分别为 0.139%、2.17×10^{-5}。随着坝体高度增加，溃坝概率逐渐降低，低坝和中坝没有量级差别。高坝溃决概率极低。低坝的溃坝概率大约为 0.06%，接近于当地材料坝的校核洪水防洪标准上限 0.1%。排除设计中的安全超高以及样本中少数刚性坝，低坝溃坝概率基本可以认为是校核洪水防洪标准。低土石坝遭遇超过千年一遇洪水流量就极可能溃决。如果考虑早期水文系列长度不足，洪水是引起低坝尤其是低土石坝发生溃决的主要因素。

1. 历史溃坝资料分析

根据我国1954～2006年的3498座溃坝事件，《全国水库垮坝登记册》将大坝溃决的原因可分为5大类24小类，具体如表5.1-2所示。表5.1-2还列举出了正常运行水库各种破坏原因导致的溃坝数及相应的比例。

各种原因溃坝数和百分比

表5.1-2

序号		溃坝原因		数量（座）	百分比（%）	正常运行的溃坝数（座）	百分比（%）
1	(1)	漫顶	超标洪水	440	12.58	309	12.91
	(2)		泄洪能力不足	1352	38.65	836	34.94
2	(3)	质量问题	坝体渗漏	593	16.95	456	19.06
	(4)		坝体滑坡	113	3.23	87	3.64
	(5)		坝体质量差	50	1.43	32	1.34
	(6)		坝基渗漏	40	1.14	31	1.30
	(7)		坝基滑动或塌陷	6	0.17	5	0.21
	(8)		岸坡与坝体接头处渗漏	79	2.26	70	2.93
	(9)		溢洪道与坝体接触处渗漏	22	0.63	20	0.84
	(10)		溢洪道质量差	192	5.49	105	4.39
	(11)		涵洞（管）与坝体接合处渗漏	155	4.43	138	5.77
	(12)		涵洞（管）质量差	40	1.14	27	1.13
	(13)		生物洞穴	4	0.11	3	0.13
	(14)		新老接合处渗漏	14	0.40	11	0.46
3	(15)	管理不当	超蓄	40	1.14	32	1.34
	(16)		维护运用不良	62	1.77	31	1.30
	(17)		溢洪道筑埝不及时拆除	15	0.43	11	0.46
	(18)		无人管理	51	1.46	38	1.59
4	(19)	其他	库区或溢洪道塌方	68	1.94	50	2.09
	(20)		人工扒坝	81	2.32	58	2.42
	(21)		工程设计布置不当	20	0.57	14	0.59
	(22)		上游垮坝	5	0.14	2	0.08
	(23)		其他	5	0.14	2	0.08
5	(24)		原因不详	51	1.46	25	1.04
		合计		3498	100	2393	100

大坝溃决的原因很复杂，有很多大坝都是由于多种原因而最终导致溃坝。由表5.1-2的统计各种破坏原因来看，漫顶依然是最主要的原因，占51.23%，其中由超标准洪水导致漫坝破坏的占12.91%，由泄洪能力不足导致溃坝的占34.94%。本次统计中对因质量

问题而导致溃坝的原因进行了细化，发现土石坝不同结构部分的接触面发生集中渗流而引起垮坝的比例占有相当数量，例如岸坡与坝体接头处、溢洪道与坝体接触处、涵洞（管）与坝体接触处、坝体新老接合面等，这些部位都是土石坝的薄弱环节，很容易发生渗流破坏。

2. 历史年份溃坝资料分析

1998年是我国洪水灾害较为严重的一年，全国共溃坝18座。其中，中型水库2座，小（1）型水库3座，其余13座为小（2）型水库；坝高30m和31m的各1座，其余16座大坝坝高均小于等于23m；溃坝类型包括3座堆石坝、1座心墙坝、1座施工中的拱坝，其余为均质土坝；详细溃坝信息见表5.1-3。

2010年是进入2000年后溃坝数量最多的一年，共溃坝11座，其中10座为均质土坝，1座为黏土心墙坝，4座为小（1）型水库，7座小（2）型水库。所有坝高均不到30m，6座为15m以下的，具体溃坝信息见表5.1-4。

1998年我国垮坝情况一览　　　　　　　　　　表5.1-3

序号	省份	水库名称	水库类型	工程现状	坝型	坝高(m)	总库容(万m³)	垮坝时库水位距坝顶距离(m)	垮坝库容(万m³)
1	内蒙古	圣水	小(1)型	运行	均质土坝	8.7	200.0	超1.0	262.5
2	内蒙古	共和	小(2)型	运行	均质土坝	2.3	10.0	超0.4	33.04
3	内蒙古	小河西	中型	运行	均质土坝	12.0	1088.0	超1.0	2000
4	黑龙江	四方山	中型	停建	均质土坝	7.5	1348.0	超0.76	2371
5	黑龙江	先进	小(1)型	停建	均质土坝	4.0	383.0	超1.0	475
6	黑龙江	齐心	小(2)型	停建	均质土坝	4.4	27.0	超0.3	27
7	福建	坑井	小(1)型	运行	斜墙堆石坝	31.0	162.4	1.95	142
8	江西	黄龙坑	小(2)型	运行	堆石坝	20.0	29.0	超2	29
9	江西	大坞山	小(2)型	运行	心墙土坝	12.0	12.0	超过坝顶	12.5
10	湖北	小寨子河	小(2)型	施工	拱坝	15.0	22.0	0.6	20
11	湖南	赵里溪	小(2)型	运行	土坝	16.0	55.2	超0.6	60.96
12	广东	东岭	小(2)型	运行	均质土坝	15.0	90.0	1.2	100
13	广东	茶山坑	小(1)型	运行	均质土坝	30.0	597.0	1.29	597.6
14	广东	烂井	小(2)型	运行	均质土坝	15.0	30.0		
15	四川	大水箐	小(2)型	运行	均质土坝	20.0	16.4	超0.3	17
16	四川	回龙	小(2)型	运行	均质土坝	7.6	37.2	超0.98	64.6
17	四川	苍山	小(2)型	运行	均质土坝	23.4	11.0	超1.0	13
18	新疆	乌孜木布拉克	小(2)型	运行	浆砌石堆石坝	4.5	20.0	0	9

2010年我国溃坝情况一览　　　　　　　　　　表5.1-4

序号	省份	水库名称	水库类型	坝型	坝高(m)	总库容(万m³)
1	新疆	二十三公里	小(1)型	均质土坝	5	230
2	江西	茄坑	小(2)型	均质土坝	21.5	38

序号	省份	水库名称	水库类型	坝型	坝高（m）	总库容（万 m³）
3	江西	何塘	小（2）型	均质土坝	10	47.8
4	新疆	麻扎布拉克	小（2）型	均质土坝	11.5	10
5	广西	的冲	小（2）型	黏土心墙	12.6	17
6	贵州	红星	小（2）型	均质土坝	10.9	15
7	贵州	大寨	小（2）型	均质土坝	16	37
8	吉林	罗圈沟	小（2）型	均质土坝	8.28	60
9	新疆	阿克肖	小（1）型	均质土坝	28	134
10	吉林	大河	小（1）型	均质土坝	23	412
11	海南	赤纸	小（1）型	均质土坝	28.1	720

5.1.3.2 水库大坝主要风险因素

大坝主要风险因素可分为自然灾害风险、工程自身风险和人为破坏风险三大类。

1. 自然灾害风险

1）超标洪水

大坝遭遇超标洪水轻则会导致漫坝，重则导致大坝的贯穿性裂缝或坝体位移，会产生局部溃决或者全部溃决，对水库大坝及其下游的梯级水库、城镇、村庄、厂矿企业等将造成不可估量的损失。

事故案例：佛子岭大坝洪水漫顶

佛子岭水库位于安徽省淮河南岸支流淠河的东支，以防洪为主，兼有发电和灌溉。枢纽建筑物包括连拱坝、溢洪道、输水钢管、发电厂房和交通桥等。1969 年 7 月水库流域连续降雨，7 月 3～16 日总降雨量 967mm，来水 16.5 亿 m³。7 月 13 日 20 时，库区又降大暴雨，暴雨强度大于 10mm/h，最大 3d 暴雨 567mm，3d 洪量 10.29 亿 m³。由于溢洪道启用过迟，打开中途又遇电源中断，致使 7 月 14 日佛子岭大坝发生洪水漫顶事故。

佛子岭水库在运行时，在洪水漫坝约 8h 之前，一直仅开 3 道泄洪钢管放水。等决定开启溢洪道时，又为了下游霍山县居民和下游两河口民工的撤退，放流较小，后来加大溢洪道泄量时，入库流量已超过溢洪道全开的泄量，洪水漫坝已不可避免。在溢洪道闸门开启过程中又因漫坝水流冲击大坝右岸山坡电杆，引起倒杆和电线头爆炸，电源中断，闸门不能全部开启，因此造成洪水较长时间漫顶。

事故案例：射月沟水库溃决

射月沟水库位于新疆维吾尔自治区哈密市。大坝为沥青混凝土心墙砂砾石坝，加高部分为混凝土板。上游坡比为 1：2.25（纵横比，$V：H$），下游坝坡比为 1：2（$V：H$）。大坝于 2008 年建成，二期加高于 2011 年完成。本次加高后，最大坝高 41.15m，坝顶长 415m，水库设计总库容 678 万 m³。2018 年 7 月 31 日下午至 8 月 1 日晨哈密地区发生暴雨，1h 内最大降雨量为 40mm，累积降雨量达到 110mm，是该地区 52.4mm 年降雨量的 2 倍多。8 月 1 日上午 8 时许，一场洪峰为 1773m³/s 的洪水入库，大坝漫顶溃决，估算洪峰流量为 3180m³/s，20 人遇难，8 人失踪。溃坝现场照片见图 5.1-10。

图 5.1-10 射月沟水库溃坝

2）地震

地震可以导致水电站建（构）筑物结构变形、开裂甚至破坏，造成重大财产损失、人员伤亡，威胁工程安全。地震使水电站周围围岩应力发生改变，电站地下硐室、隧道等原有的平衡遭到破坏，可能会造成崩塌等毁坏。地震可导致其他次生灾害，如大坝两岸边坡的坍塌破坏，边坡滚石砸坏坝顶机电设备，闸门及启闭设备的变形或损坏等。

事故案例：新疆喀什一级水电站地震破坏

喀什一级水电站位于新疆维吾尔自治区喀什地区疏附县卡甫卡乡的克孜河出山口处，为一径流引水式电站，装机容量 3×6.5MW。水库库容 900 万 m^3。工程本身规模应属四等工程，考虑到喀什一级水电站枢纽还担负着下游二级、三级和疏附县卡甫卡水电站、栏杆水电站的引水发电任务，工程又位于 8 度地震区，因此原设计按Ⅲ等工程设计，首部枢纽按Ⅱ等工程设计。首部枢纽采用的洪水标准为：设计洪水重现期为 200 年，校核洪水重现期为 10000 年，并按 8 度地震设防。该电站首部枢纽由拦河大坝、泄洪闸、引水弯道和进水冲砂闸组成，电站厂房距首部枢纽 7km。拦河大坝原设计为砂砾石坝壳防渗黏土斜墙坝（砂砾石坝壳下还设有防渗膜）坝长 486m，坝高 16m，坝顶宽 12m，坝顶高程 1580.0m。

1980 年该电站投产运行。1985 年 8 月新疆乌恰县境内发生里氏 7.4 级地震，震中距水库大坝仅 50 余千米。地震造成大坝迎水面沿防渗膜滑入水库中，1～2 号两孔泄洪闸闸体受到不同程度的破坏，1 号闸闸门无法开启，河中 7 号闸靠大坝一侧边墩断裂。因为当时地区急需恢复发电，所以仅仅对大坝作了修复，而对受损的闸体未作根本处理。重修大坝设计标准不变，仅取消了防渗膜，将大坝斜墙改成黏土心墙。这是喀什一级大坝第一次遭受严重损伤。1996 年新疆喀什地区发生 6.4 级地震，震中距大坝也只有几十公里，这次地震使坝体下游侧产生裂缝。

事故案例：汶川地震

据掌握的资料，2008 年汶川地震导致四川省 1803 座水库出现险情。位于都江堰市的紫坪铺水库大坝发生较严重的震害，主要震损现象为：①防浪墙结构缝挤压致裂或拉开；坝顶路面沉降，右岸坝顶路面与岸坡（溢洪道边墙）错台沉降；坝顶路沿石与路面间局部脱开和沉降；坝顶下游部分栏杆倒向上游路面或下游坝面。②上游面板在垂直缝附近起拱、鼓起、脱落，面板裂缝或开裂；面板顶与防浪墙间的水平缝产生沉降，部分垂直缝和周边缝错台，止水结构剪切破坏明显，二期和三期面板水平施工缝错台等；上部面板发生较大范围脱空。③下游坝坡大片干砌石护坡有震松、翻起等隆起现象，伴有零星掉块。④大坝渗漏量较地震前有所增加，但总量不大，震后不久水质恢复清澈。震损情况见图 5.1-11。大坝经抢险和补强后恢复正常运行。

图 5.1-11　紫坪铺水库大坝震损情况

3）地质灾害

大坝可能遭遇的地质灾害包括崩塌、滑坡、泥石流、塌岸、地面沉陷、坡地变形等，其直接后果是造成坝前水位的短暂上升，导致大坝溃决的可能性较小。

水库蓄水过程中会造成岸坡稳定性降低，进而会诱发各种形式的破坏，如崩塌、滑坡等，一旦发生大规模的失稳，则有可能造成涌浪翻坝。引起这些破坏的原因有：岸坡部分淹没引起的浮力作用、库内水位骤降产生的渗透水压力、坡脚侵蚀崩塌造成岸坡抵抗荷重减少。地质灾害还可能引起渣场失稳、拉裂松动岩体失稳。

事故案例：柘溪水库塘岩光滑坡

柘溪水电站位于湖南资水中游，最大坝高 104.25m，为混凝土支墩大头坝，装机947.5MW，库容 38.81 亿 m^3，为湖南省首建的大型水库。1958 年动工，1963 年完工。水库位于基岩峡谷区。滑坡区位于大坝上游右岸 1550m 处之塘岩光。塘岩光上、下游3km 的河段，河流流向 S60°W，库岸基本平直，微有弯曲。

柘溪水库滑坡为中华人民共和国以来峡谷水库发生的首次滑坡事故。1961 年 2 月 5日，当大坝建筑至 153m 高程时，水库提前蓄水，主体工程和厂房仍继续施工。10d 内水库蓄水达 6.6 亿 m^3。在此期间，自 2 月 27 日至 3 月 6 日，连续 8d 降雨，降雨量达129mm。至 3 月 6 日，水库水位已由原河水位 100m 上升至 148.9m，日平均升高 1.75m。3 月 6 日上午 7 时左右，在滑坡区附近已出现小的岸坡坍滑，岸坡上出现弧形裂缝，并逐渐加宽。对岸 500m 处水库支沟谢家溪内水上船民听到崩坍声响，水面见有起伏不稳波浪，浪高约 1m。下午 6 时，巨大滑坡突然发生。塘岩光边坡表部覆盖层连同部分风化基岩突然以高速滑落水库,形成巨大涌浪。行驶于滑坡区段的帆船的高 10m 的桅杆被涌浪没顶。较大涌浪前后出现约 10 次,首次涌浪稍低,第二个涌浪最高,以后涌浪逐渐减弱。涌浪前后延续约 1min。据事后观测,滑坡发生时库水面宽 220m,水深 50～70m,滑坡对岸涌浪高 21m,直径 25cm 的大树被涌浪连根拔起。上游 8km 处涌浪高 1.2～1.5m,15km 处涌浪高 0.3～0.5m,再向上游涌浪逐渐减弱消失。下游 1.55km 处两岸浪高 2.5～3.0m,大坝迎水面浪高 3.6m。据估算,涌浪作用于水坝的正压力达 260t/m²,冲毁大坝堰顶临时挡水木笼,漫过坝顶冲泄至坝下施工场地。由于涌浪的冲击,使滑坡附近两岸边坡反复受到淘刷,相继产生较多的覆盖层坍滑,但规模都较小。

2. 工程自身风险

大坝的安全与否直接影响下游人民的生命财产安全,一旦失事将可能造成巨大损失。混凝土坝在施工的过程中,尤其是冬期施工时,如果在浇筑的过程中温降控制不当,或者养护不当,将导致混凝土坝的表面及坝基出现表面裂缝、深层裂缝甚至贯穿裂缝,从而使结构的整体性受到破坏,影响到结构的强度、稳定、抗渗、抗冻、耐久等性能,将会使坝体渗漏量加大,严重者会造成渗流破坏,影响大坝的稳定。土石坝若建在弱透水基础上又未采取适宜的坝内排水措施,坝体浸润线较高;当水库水位迅速降落,均质土坝的黏性土孔隙水不易排出,影响坝体安全性;施工期因自重而产生的孔隙压力消散缓慢,对坝坡稳定不利。

事故案例:青海省沟后水库面板坝失事

沟后水库位于流经青海省共和县恰卜恰镇的恰卜恰河上游,距城镇 13km,大坝为钢筋混凝土面板沙砾石坝,最大坝高 71m,坝顶长 265m,宽 7m,设有 5m 高的防浪墙,上游坡 1:1.6,下游坡 1:1.5。水库设计总库容为 330 万 m³,坝顶高程为 3281m,正常蓄水位、设计洪水位和校核洪水位均为 3278m,汛期限制水位 3276.72m。

该坝于 1985 年 8 月正式动工兴建,经招标确定由铁道部第二十工程局负责施工。1989 年 9 月下闸蓄水,1990 年 10 月完工,1992 年 9 月通过竣工验收。施工被评为"优良"工程。1989 年底由共和县成立水库管理局,负责水库和工程管理。

失事时间是 1993 年 8 月 27 日 22 时,实测库水位 3277m,垮坝时最高库水位 3277.25m,约超过防浪墙底座上游平台 0.0～0.25m,此时水库蓄水量为 318 万 m³。失事造成 288 人遇难者,40 人失踪,直接经济损失达人民币 1.53 亿元。

失事的直接原因是防浪墙底座与面板间水平接缝和防浪墙分段之间的止水失效,库水通过水平接缝直接进入坝体,坝体排水不畅,发生渗流破坏和多次浅层滑动,库水直接冲刷坝体,面板失去支撑而折断,最终大坝溃决。大坝施工存在的严重质量问题和坝体设计上的缺陷给水库留下了致命的隐患,是垮坝的主要原因。

事故案例:山西省洪洞县曲亭水库管涌破坏

2017 年 2 月 15 日 7 时,山西省洪洞县曲亭水库大坝左侧灌溉洞进水口沿洞线下游约 20m 处发现水面有漩涡出现,洞内有水泄出,系灌溉洞渗透破坏导致洞顶坍塌的险情。16 日 10 时左右大坝沿灌溉洞线溃决。溃口时相应库水位 553.0m,库容 1387 万 m³。最大溃口过水宽度约 90m,溃口最大流量 1460m³/s。这是一起由于坝下埋管发生的典型的管涌破坏事故,溃坝现场见图 5.1-12。

图 5.1-12　曲亭水库溃坝

3. 人为破坏风险

1）大体积漂浮物

在水库大坝上游流域，尤其是发生暴雨时，可能会有大体积漂浮物流入库区，如失控船只或水上养殖网箱等。大体积漂浮物若未得到及时处理，对大坝的冲击可能导致泄洪闸门损坏或影响泄水，严重时可能破坏大坝稳定性。

事故案例：广西红花水库泄洪闸被运砂船卡住

红花水库选址于广西柳江下游河段红花村里雍林场附近。2012 年 7 月 18 日凌晨 5 时许，一艘运砂船在红花水电站上游 4km 处失事倾覆，造成船上 6 人落水，其中 1 人失踪，5 人获救。倾覆的船体被洪水冲到红花水电站，并卡在了 4 号泄洪闸内。19 日，打捞人员试图用两艘拖船将运砂船拖出泄洪闸，但因直径 22mm 的钢缆绷断而失败；20 日上午，用新的直径 28mm 的钢缆拖拽，两船全马力运行仍然失败；之后，船体因断裂冲向下游，红花水电站险情解除。

2）军事袭击

在战争中，铁路、桥梁、大坝、电站等重大工程历来是重点攻击对象。"二战"期间，为了迫使德军尽快投降。英国空军于 1943 年派出 19 架轰炸机，对德国鲁尔（Ruhr）工业区河流上游的两座混凝土重力坝默内（Mohne）大坝（高 40m）及埃德（Eder）大坝（高 48m）进行空袭，将 5 枚 6t 的炸弹投入坝前库区实施水中爆炸，造成大坝溃决，下游广大地区被淹，德国近 3 万人丧生，几百座军工厂被冲毁，德国军工厂被断电，损失惨重。

图 5.1-13　德国默内大坝被炸前后

5.1.4　大坝风险分析

风险分析是在大坝风险识别风险因素的基础上，结合大坝工程自身特点，全面分析可能溃坝失事模式、溃坝风险概率、溃坝风险损失，换言之，主要回答如下三个问题：

(1) 现实中最可能的溃坝失事模式是什么？

(2) 大坝溃决或失事发生的概率有多大？

(3) 大坝溃决或失事后会造成多大的损失？

5.1.4.1　可能溃坝失事模式分析

不同的坝型受力机理和作用原理不同，故同样的荷载作用对其造成的溃坝失事模式必然不同。如土石坝主要破坏形式为漫顶和管涌，混凝土重力坝主要破坏形式为深层抗滑稳定，拱坝的主要破坏形式为拱坝失稳、坝体或坝基破坏等。现分别就土石坝、土重力坝、拱坝三大坝型可能的溃坝失事模式及其破坏路径进行分析。

1. 土石坝失事模式及其破坏路径

我国 95% 以上的水库大坝为土石坝，从前文历史溃坝统计分析结果来看，所溃大坝中也主要以土石坝为主，混凝土坝的溃坝比例不足 1%，因此土石坝溃坝模式和路径分析成为溃坝研究的重点，其失事的主要模式为漫顶、结构破坏、渗透破坏和其他四大类，包括了由洪水、持续降雨、地震等不同原因而引起的 25 种可能的破坏路径，见表 5.1-5。

土石坝失事模式及其破坏路径

表 5.1-5

失事模式	破坏路径
漫顶	洪水—闸门操作正常—坝顶高程不足—不能及时加高坝顶—漫顶—冲刷坝体—失事
	洪水—部分闸门故障—逼高上游水位—坝顶高程不足—不能及时加高坝顶—漫顶—冲刷坝体—失事
	洪水—全部闸门故障—逼高上游水位—坝顶高程不足—不能及时加高坝顶—漫顶—冲刷坝体—失事
	洪水+持续降雨—无溢洪道—近坝库岸滑塌—涌浪—漫顶—冲刷坝体—失事
	洪水—溢洪道泄量不足—逼高上游水位—坝顶高程不足—不能及时加高坝顶—漫顶—冲刷坝体—失事
	洪水—上游水库溃坝—坝顶高程严重不足—漫顶—冲刷坝体—失事
结构破坏	洪水—洪水不能安全下泄—溢洪道冲毁—冲淘溢洪道基础—库水无控制下泄—溃口扩大—失事
	洪水—洪水不能安全下泄—溢洪道冲毁—冲淘溢洪道基础—库水无控制下泄—上游坝坡滑坡—失事
	洪水—洪水不能安全下泄—溢洪道冲毁—冲淘溢洪道基础—库水无控制下泄—回流冲刷下游坝脚—下游坡滑动—失事
	洪水—大坝下游坡滑坡—坝顶高程降低—坝顶高程不足—漫顶—冲刷坝体—失事
	洪水—闸门全部开启—上游水位下降过快—上游坡滑坡—坝顶高程不足—漫顶—冲刷坝体—失事
	洪水—持续降雨—上游坝体饱和—纵向裂缝—坝体局部失稳—坝顶高程降低—失事
	洪水—坝体深层横向贯穿性裂缝—集中渗漏破坏—失事
	地震—坝体横向裂缝—漏水通道—管涌—失事
	地震—坝体纵向裂缝—坝体滑动—坝顶高程降低—漫顶—失事
	地震—基础液化—大坝破坏(坝顶高程降低、滑动、裂缝)—漫顶或管涌—失事
渗透破坏	洪水—坝体集中渗漏—管涌—失事
	洪水—坝基集中渗漏—管涌—失事

续表

失事模式	破坏路径
渗透破坏	洪水—坝下埋管发生接触冲刷破坏—失事
	洪水—下游坡大范围散浸—浸润线抬高—坝体失稳—坝顶高程降低—漫顶—失事
	洪水—坝体渗流管涌破坏—坝体失稳—坝顶高程降低—漫顶+管涌—失事
	坝体、坝基集中渗漏—管涌—失事
	坝下埋管发生接触冲刷破坏—失事
	坝体渗流管涌破坏—坝体失稳—坝体高程降低—漫顶+管涌—失事
其他	战争—坝体破坏或漫顶—失事

2. 重力坝失事模式及其破坏路径

重力坝在水压力及其他荷载作用下，主要依靠坝体自重产生的抗滑力来满足稳定要求；同时依靠坝体自重产生的压力来抵消由于水压力所引起的拉应力以满足强度要求。按重力坝施工方式可分为浇筑混凝土（砌石）重力坝和碾压混凝土重力坝，其失事模式分为漫顶、大坝基础缺陷或坝体破坏、战争和其他四大类、破坏路径为 17 条，见表 5.1-6。

重力坝失事模式及其破坏路径 表 5.1-6

失事模式	破坏路径
漫顶	洪水—坝顶高程不足—漫顶（一坝基和坝座岩体被冲蚀—大坝失稳）—失事
	洪水—上游水库溃坝—漫顶（一坝基和坝座岩体被冲蚀—大坝失稳）—失事
	洪水—溢洪道受堵（或无溢洪道，或泄量不足，或闸门故障）逼高水位—漫顶—（坝基和坝座岩体被冲蚀—大坝失稳）—失事
	正常工况—近坝库岸滑塌—漫顶（一坝基和坝座岩体被冲蚀—大坝失稳）—失事
	地震—库岸滑塌—漫顶（一坝基和坝座岩体被冲蚀—大坝失稳）—失事
大坝基础缺陷或坝体破坏	正常或非常工况—地基深部断层或软弱夹层未发现和处理（或基岩软弱面材料被压碎或拉裂，或基岩软弱夹层受高压渗流冲蚀、溶蚀破坏，或扬压力超限）—滑动失稳—失事
	正常或非常工况—大坝倾覆—失事
	* 正常或非常工况—施工质量差—RCC 层面抗剪强度小—沿 RCC 层面滑动失稳—失事
	* 正常或非常工况—施工质量差—RCC 层面抗剪强度小，坝体材料强度低—坝体下游剪压屈服与沿 RCC 层面剪切滑移组合破坏—失事
	上游防渗设计不足/防渗帷幕施工存在缺陷或遭冲蚀破坏/排水孔堵塞/基岩存在隐蔽渗漏通道—坝基扬压力升高—基岩抗剪强度降低—深层岩体剪切破坏—失事
	上游防渗设计不足/防渗帷幕施工存在缺陷或遭冲蚀破坏/排水孔堵塞/基岩存在隐蔽渗漏通道—坝基扬压力升高—竖向有效荷载减小—沿坝基面产生滑动—失事
	岸坡防渗设计不当或施工质量差—边坡强度不足—上游滑坡—涌浪—坝体失稳—失事
	设计施工不足—碱骨料反应/水位变动区或开裂渗出部位冻融剥蚀/溢流面冲蚀气蚀—混凝土强度降低—失事
战争/恐怖袭击	战争—大坝上游坝面遭轰炸—坝体炸开缺口，缺口周围混凝土松动—失事
	战争—坝内廊道处被炸—廊道底板以上坝体被掀掉—失事
其他	发生腐蚀—混凝土结构锈蚀开裂—失事
	库水位下降过快—边坡孔隙压力增大，有效应力降低—边坡滑坡—失事

* 表示此失事路径出现于碾压混凝土重力坝。

3. 拱坝失事模式及其破坏路径

拱坝借助拱的作用将水压力的全部或部分传给河谷两岸的基岩，其失事模式可分为漫顶、坝体破坏、坝基破坏、拱端破坏、拱座破坏和其他六大类，包括了由降雨引发洪水、上游溃坝洪水、地震和设计施工不足等原因而引起的 21 种可能的破坏路径，见表 5.1-7。

拱坝失事模式及其破坏路径 表 5.1-7

失事模式	破坏路径
漫顶	特大洪水—溢洪道泄洪能力不足—水位上升—漫顶(—冲毁坝趾)—失事
	洪水—闸门故障—水位上升—漫顶(—冲毁坝趾)—失事
	洪水+持续降雨—上游水库溃坝—水位上升—漫顶(—冲毁坝趾)—失事
	洪水—岸坡防渗不当/施工质量差—强度不足—上游滑坡—涌浪—漫顶(—冲毁坝趾)—失事
	地震—软弱夹层破坏或裂隙扩展—上游滑坡—涌浪—漫顶(—冲毁坝趾)—失事
拱座破坏	洪水—水位上升—岸坡岩体受压坍塌—失事
	地震—拱端岩体软弱面破坏—拱端岸坡坍塌—失事
	高水位+防渗帷幕失效或排水孔堵塞—坝基扬压力增大—岸坡抗剪强度降低—失事
坝体破坏	封拱温度偏高或偏低—运行期坝体温度应力超限—坝体开裂—失事
	低水位+持续环境低温—运行期坝体温度应力超限—下游面水平缝—失事
	地震—坝体应力超限—坝体开裂—失事
	设计、施工存在不足—碱骨料反应、冻融、老化、腐蚀—强度、密实度降低—失事
	坝体分缝灌浆不密实—灌浆材料受渗流冲蚀破坏—整体性受损—失事
	坝体分层浇筑面质量差—结合面开裂渗流—整体性受损—失事
	坝体断面、材料选择不当—坝体刚度与基岩刚度差别较大—坝体受力开裂—失事
坝基破坏	坝基软弱层处理不当—蓄水受力—软弱面开裂—坝基开裂—失事
	高水位+防渗帷幕失效或排水孔堵塞—坝基扬压力增大—基岩抗剪强度降低—失事
	坝体反复受力—岩体疲劳破坏—坝基开裂—失事
拱端破坏	低水位+持续环境高温—运行期坝体温度应力超限—拱端竖向裂缝—失事
	坝肩软弱层处理不当—蓄水受力—软弱面开裂—拱端开裂—失事
其他	战争—坝体破坏或漫顶—失事

5.1.4.2 溃坝风险概率分析

1. 历史经验估计法

所谓历史经验估计法是根据历史上发生过类似事件的概率，邀请本行业的专家结合自身经验，确定溃坝过程中每个环节出现的概率，并把每位专家对某一环节的定性判断转换为定量的概率。目前，国际上已有多位学者和大坝管理机构提出了定性描述和定量概率转换之间对照表，1999 年，美国垦务局综合考虑了 Steven G. Vick（1992）和 J. Barneich（1996）建议的转换关系表的基础上，提出了定性描述与定量概率之间的转换关系，见表 5.1-8；2003 年，澳大利亚大坝委员会在风险评价导则中也列出了各种程度可能性的定性描述和对应的概率，见表 5.1-9。

以上定性描述和定量概率转换关系将事件发生的可能性分为 7～8 个等级来赋值，对比表 5.1-8 和表 5.1-9 可发现，对同一定性水平的描述，澳大利亚大坝委员会建议的转换数值明显低于美国垦务局建议的数值。澳大利亚大坝委员会为操作方便，给出了判断的依据，对 $10^{-4}\sim10^{-6}$ 的概率标准，在理论上是可行的，但从实际操作的角度考虑，很难以准确区分，而 $0.9\sim0.2$ 的区间表示"非常确定"跨度偏大。流域梯级系统中某一梯级大坝失事，其过程是极为复杂的，很多因素是专家无法把控预测的，就是对同一事件的同一环节，不同的专家的判断可能也相差甚远。

美国垦务局提出的转换表（1996）　　　　　　　表 5.1-8

定性描述	发生概率	定性描述	发生概率
绝对肯定	0.999	不可能	0.1
非常可能	0.99	非常不可能	0.01
可能	0.9	绝对不可能	0.001
两者都可能	0.5		

澳大利亚大坝委员会建议的转换表（2003）　　　　表 5.1-9

定性描述	概率量级	判断依据	定性描述	概率量级	判断依据
确定	1 或 0.999	肯定发生	不太可能	0.001	别处近来发生过
非常确定	$0.9\sim0.2$	曾经发生多起类似事件	非常不太可能	10^{-4}	别处过去发生过
非常可能	0.1	曾经发生一次类似事件	非常不可能	10^{-5}	有类似记录,但不完全一样
可能	0.01	如不采取措施可能发生类似事件	几乎不可能	10^{-6}	类似事件从来没发生过

目前，工程界常用的风险评估技术是安全检查表法（Safety Check List，SCL），该方法是运用安全系统工程的方法，检查整个水电工程各个部位、机器设备和操作运行管理中的各种不安全因素的一种定性的方法。一般安全检查表中均需包含表 5.1-10 所列内容。

安全检查表基本内容　　　　　　　　表 5.1-10

检查项目	待检查项目的名称
检查内容	待检查项目所包含的内容
检查依据	每一项检查内容进行评判的依据
检查测定方法	检查中所采用的方法、手段等
检查记录	对检查项目的内容的状态和实际情况的描述
检查结论	每一项检查结果合格与否
整改措施建议	对于不符合要求的项目内容提出整改的建议和措施

2. 风险概率分析法

风险概率分析法是根据溃坝事故基本因素（如暴雨、地震等）发生的概率，应用概率方法分析在荷载作用下，梯级系统中的挡水、输水、泄水以及附属建筑物可能出现的破坏形式及发生的概率。目前常用的方法主要有故障树、事件树、贝叶斯网络等分析方法。

1）故障树分析法

故障树分析（Fault Tree Analysis，FTA）是运用演绎推理的半定量风险分析方法，从可能发生或已发生的故障开始,层层分析其发生的原因,一直分析到不能分解为止,并将导致故障的原因按因果逻辑关系逐层列出,然后通过对模型的简化、计算,找出事件发生的各种可能路径和发生的概率。故障树的定量分析是基于最小割集、最小径集以及各基本事件发生概率已知的条件下,计算顶上事件发生的概率,并可计算基本事件的结构重要度、概率重要度和临界重要度。对流域梯级系统中某一梯级失事的概率,可通过顶上事件的概率来求解,多种溃坝模式和路径,可通过概率重要度对比确定。针对土石坝溃决,建立如图 5.1-14 所示故障树模型。对顶上事件"土石坝溃决"发生概率的计算方法通常有以下四种算法:

① 直接分布算法

计算过程自下而上,首先收集故障树中各基本事件的发生概率,通过每一个逻辑门输出事件的发生概率,并代入上一层逻辑门,计算其输出概率,以此类推,直至顶上事件。对"或"门连接的事件可按下式计算:

$$P_e = 1 - (1-q_1)(1-q_2)\cdots(1-q_n) = 1 - \prod_{i=1}^{n} q_i \tag{5.1-2}$$

对"与"门连接的事件可按下式计算:

$$P_e = q_1 \cdot q_2 \cdots q_n = \prod_{i=1}^{n} q_i \tag{5.1-3}$$

式中 P_e——输出事件 e 的概率;

q_i——第 i 个输入事件的概率;

n——该逻辑门处输入事件的个数。

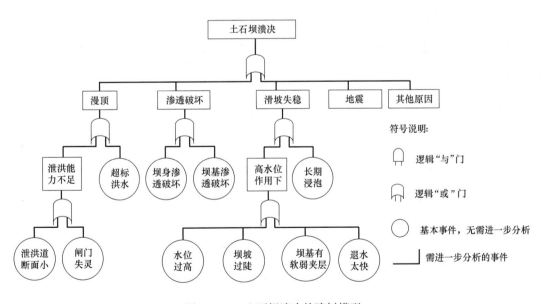

图 5.1-14 土石坝溃决故障树模型

② 利用最小割集计算

最小割集是指导致顶上事件发生的最低限度的基本事件的集合,如用最小割集表示故障树,则顶上事件与最小割集的连接门为"或"门;各个最小割集与基本事件的连接门为

"与"门。由于"与"门的结构函数为：

$$\phi(x)=x_1 \bigcap x_2 \bigcap \cdots \bigcap x_n = \bigcap_{i=1}^{n} x_i \tag{5.1-4}$$

"或"门的结构函数为：

$$\phi(x)=x_1 \bigcup x_2 \bigcup \cdots \bigcup x_n = \bigcup_{i=1}^{n} x_i \tag{5.1-5}$$

如果各个最小割集没有重复事件，可按下式计算顶上事件发生的概率：

$$P_T=\bigcup_{r=1}^{N_G} G_r = \bigcup_{r=1}^{N_G} \bigcap_{x_i \in G} x_i = \bigcup_{r=1}^{N_G} \prod_{x_i \in G} q_i \tag{5.1-6}$$

式中　G_r——最小割集；

　　　N_G——最小割集数；

　　　r——最小割集序数；

　　　i——基本事件序数；

　　　q_i——第 i 个基本事件的发生概率。

如果最小割集中有重复事件，则需采用布尔代数运算将上式中重复事件消去，一般按下式计算：

$$q_T=\sum_{r=1}^{N_G}\prod_{x_i \in G_r} q_i - \sum_{1\leqslant r<s\leqslant N_G}\prod_{x_i \in G_r \bigcup G_s} q_i + \cdots + (-1)^{N_G-1}\prod_{r=1}^{N_G} q_i \tag{5.1-7}$$

式中　r，s——最小割集序数；

　　　$x_i \in G_r$——属于第 r 个最小割集的第 i 个基本事件，$1\leqslant r<s\leqslant N_G$ 为任意两个最小割集的组合顺序。

③ 利用最小径集计算

在故障树中，某些基本事件不发生则顶上事件必然不会发生，这些基本事件的集合称之为径集。如果用最小径集表示故障树，则顶上事件与最小径集的连接门为"与"门；各个最小径集与基本事件的连接门为"或"门。

如果最小径集中基本事件无重复，可按下式计算顶上事件发生的概率：

$$q_T=\prod_{r=1}^{N_P}\bigcup_{x_i \in P_r} q_i = \prod_{r=1}^{N_P}[1-\bigcap_{x_i \in P_r}(1-q_i)] \tag{5.1-8}$$

式中　N_P——最小径集个数；

　　　r——最小径集序数；

　　　i——基本事件序数；

　　　$x_i \in P_r$——第 i 个基本事件属于第 r 个最小径集；

　　　q_i——第 i 个基本事件发生的概率。

同最小割集算法，如最小径集中有重复事件时，需用布尔代数运算将其消除，一般按下式计算：

$$q_T=1-\sum_{r=1}^{N_P}\prod_{x_i \in P_r}(1-q_i)+\sum_{1\leqslant r<s\leqslant N_p}\prod_{x_i \in P_r}(1-q_i)-\cdots+(-1)^{N_P-1}\prod_{\substack{r=1 \\ x_i \in P_r}}^{N_P}(1-q_i)$$

$$\tag{5.1-9}$$

式中符号同前所述。

④ 首项近似法

当故障树的最小割集和最小径集数量较多时，其计算繁重，一般采用具有一定精确度的近似方法，使用最多的是首项近似法，一般按下式近似计算：

$$q_{\mathrm{T}} \approx \sum_{r=1}^{N_{\mathrm{P}}} \prod_{x_i \in P_r} q_i \qquad (5.1\text{-}10)$$

式中符号同前所述。除此之外，还有独立近似法、区间近似法、平均近似法等。

2）事件树分析法

事件树分析（Event Tree Analysis，ETA）是一种运用归纳推理的定性和定量风险分析方法，一般按事故发展的时间顺序，由初始事件开始，根据事件后果的两种完全对立状态，逐步向事故推导，直至分析出原因为止。

对于溃坝概率分析而言，首先应当确定可能的荷载，这些荷载出现的概率不同，并在某一荷载作用下，画出溃决事件的整个过程，并对每一基本事件的发生赋予一定的概率，进而可得到这一荷载作用下这种路径发生溃坝的概率。图 5.1-15 为某土石坝由于坝基管涌导致最终溃坝的事件树，其中"坝基管涌"为初始引发事件，"未发生""未发展""未溃坝""溃坝"均为结果事件，其余均为中间节点事件。

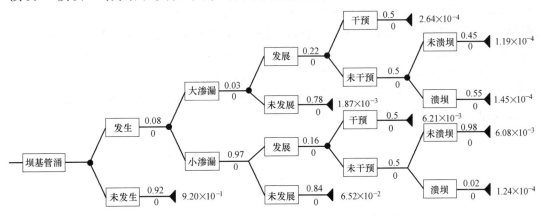

图 5.1-15 土石坝坝基管涌破坏导致溃坝的事件树

图 5.1-15 中土石坝由于坝基管涌导致溃坝总概率等于导致事故发生的各个途径概率的总和，即 $P = 2.69 \times 10^{-4}$。

由以上事件树方法可知，使用该方法计算溃坝概率时，需要确定大坝可能溃决的途径，不能遗漏主要途径；其次，需要确定各种事件发生的概率，往往需要基于历史统计和专家评价，具有较大的不确定性。

3）贝叶斯网络分析法

贝叶斯网络（Bayesian Network，BN）分析方法，使用图形模式来表示一系列变量及其概率关系，它是一种有向的无环图，由代表基本事件的节点和连接节点的有向边组成，其前提是任何已知信息（先验）可以和随后的测量数据（后验）相结合，在此基础之上去推求时间的概率。贝叶斯理论的基本表达式是：

$$P(X \mid Y) = \{P(X)P(Y \mid X)\} / \sum_i P(Y \mid E_i)P(E_i) \qquad (5.1\text{-}11)$$

式中　$P(X)$——事件 X 的概率；

　　　　E_i——第 i 个事项；

　$P(X/Y)$——在事件 Y 发生的情况下，X 的概率。

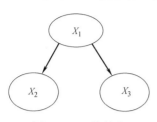

图 5.1-16　简单的
贝叶斯网络

图 5.1-16 是一个简单的贝叶斯网络，图中 X_1 称为 X_2 的父节点，X_2 称为 X_1 的子节点，其贝叶斯网络的联合概率分布函数为：

$$P(x_1, x_2, x_3) = P(x_2 \mid x_1) P(x_3 \mid x_1) P(x_1)$$

(5.1-12)

根据贝叶斯网络的条件独立假设和分隔定理，贝叶斯网络的联合概率 $P(X_1, X_2, \cdots, X_n)$ 可以表示为各节点边缘概率的乘积，即：

$$P(X_1, X_2, \cdots, X_n) = \prod_{i=1}^{n} P(X_i \mid parent(X_i))$$

(5.1-13)

式中　　　X_i——第 i 个贝叶斯网络节点；

$parent(X_i)$——第 i 个贝叶斯网络父节点。

贝叶斯网络按照其结构的复杂程度可分为简单结构贝叶斯网络和广义的贝叶斯网络，对于简单结构的贝叶斯网络又可根据父节点与子节点的关系分为串联连接、发散连接和汇聚连接结构，如图 5.1-17 为针对溃坝概率分析的三种类型的贝叶斯网络模型。图 5.1-17（a）为降雨（小雨、中雨、大雨）、水位（正常、校核、保坝）、漫顶（未发生、发生）和溃坝（未发生、发生）之间的一个有向连接。在水位未知的工况下，降雨大小对水位产生的影响，并将进一步对是否发生漫顶、溃坝产生影响；但在水位已知的工况下，降雨和漫顶就被有向分隔了，是否漫顶就和降雨情况没有关系了。

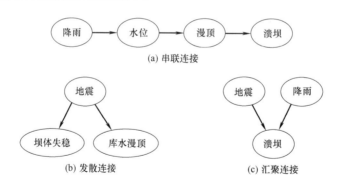

图 5.1-17　贝叶斯网络分类

另外，根据节点变量的分布特征，贝叶斯网络还可分为离散型、连续型和混合型。往往在工程实际应用中，一般将模型近似简化为离散型贝叶斯网络模型。

贝叶斯网络分析法的优点包括：（1）本身是一种不定性因果分析模型，更为贴切地反映了各个变量之间的关系；（2）具有强大的不确定性问题处理能力；（3）可以有效地进行多源信息表达和融合。其局限性包括：（1）复杂系统中确定贝叶斯网络所有节点之间的相互作用相当困难；（2）需要条件概率知识，这一般需要专家判断提供，软件工具只能基于这些假定来提供答案。

3. 可靠度分析法

为了便于理解，有必要对结构可靠度分析方法的基础理论作一简单的回顾。

1）极限状态方程

将安全系数 F 表达为输入参数 x_1，x_2，$\cdots$，x_n 的函数。这些输入参数可以是强度指标、孔隙水压力等。系统的功能函数可改写为

$$G'=F-1=F(x_1,x_2,\cdots,x_n)-1 \tag{5.1-14}$$

x_1，x_2，$\cdots$，x_n 均为随机变量，因而 G 和 F 的直方图如图 5.1-18 所示。当 $G<0$ 或 $F<1$ 时，系统失效。直方图中 $F<1$（即 $G<0$）的面积（图 5.1-18 中的阴影区）就是失效概率 P_f。

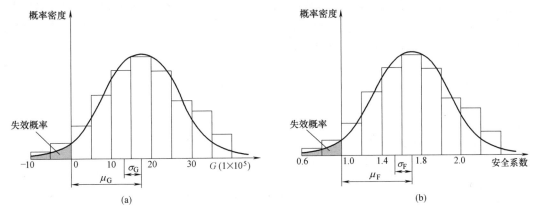

图 5.1-18　功能函数的直方图及失效概率

目标函数：（a）功能函数 $G=R-S$；（b）安全系数 F

2）可靠指标

考察图 5.1-18，可以发现，分布曲线的概型一旦确定，图中阴影的面积即可唯一地表达为均值 μ_G 和标准差 σ_G 的函数。也就是说，如果定义可靠指标 β 为

$$\beta=\frac{\mu_G}{\sigma_G}=\frac{\mu_F-1}{\sigma_F} \tag{5.1-15}$$

那么，β 可以和失效概率 P_f 分别建立如式（5.1-16）和表 5.1-11 所示对应的相关关系（假设相应参数满足正态分布）。

$$P_f=1-\Phi(\beta) \tag{5.1-16}$$

P_f 和 β 的关系（正态分布）　　　　　　　　　　　　　　　表 5.1-11

失效概率 $P_f=1-\Phi(\beta)$	可靠指标 β
0.5	0
0.25	0.67
0.1	1.28
0.05	1.65
0.01	2.33
0.001	3.10
0.0001	3.72
0.00001	4.25

这样，确定失效概率 P_f 的问题可以通过计算可靠指标 β 来实现。

此外，我国已建和在建一批坝高 200m 级及以上的大坝。这些工程的设计已经超出现行规范风险控制适用的范围。在国家重点基础研究发展计划（2013CB036400）的支撑下，水利水电行业开展了相关的风险标准研究，建议对坝高 200m 及其以上的大坝专列一个"特高坝"的等级。对土石坝，大坝允许失效概率在 10^{-6} 和 0.5×10^{-5} 范围内，可靠指标在 $4.45 \sim 4.7$ 之间。

3）可靠指标 β 的计算方法

计算结构可靠指标，是可靠度分析领域一项专门的研究分枝，目前常用的方法有蒙特卡洛法、一次二阶矩法和 Rosenbleuth 法等。经研究，这三种方法可得到基本一致的 β 值。鉴于 Rosenbleuth 仅要求对目标函数 G 简单重复的运算，无论从运算的复杂程度和稳定性角度来看，均可作为常用的一种方法予以采用，以下进行简单介绍。

可靠指标计算方法中，蒙特卡洛法包含了数目极大的随机采样；FOSM 法则需要通过多次迭代求解。因此，这两种方法在实际工程应用中均比较困难。Rosenbleuth 于 1975 年提出通过点估计的方式来计算岩土工程中的可靠指标 β，在边坡稳定分析领域实际应用此法时发现，这一十分简单的计算方法所得到的可靠指标与前述两种方法惊人地吻合，因此，该方法可成为一种实用的可靠指标计算方法。

Rosenbleuth 法要求在某几个点上估计功能函数的值，根据这些数据即可通过简单的计算公式确定可靠指标。这些点是根据一定的原则由随机变量的均值以及标准差生成的。

下面以包含 3 个随机变量的功能函数为例说明 Rosenbleuth 法的计算过程。

定义功能函数为 $g(x_1, x_2, x_3)$，则它的一、二阶矩阵 $E(g)$ 和 $E(g^2)$ 的计算公式为

$$E(g) \approx P_{+++}g_{+++} + P_{++-}g_{++-} + P_{+-+}g_{+-+} + \cdots \quad (5.1\text{-}17)$$

$$E(g^2) \approx P_{+++}g_{+++}^2 + P_{++-}g_{++-}^2 + P_{+-+}g_{+-+}^2 + \cdots \quad (5.1\text{-}18)$$

式中　　g——随机变量 x_1，x_2，x_3 的目标函数（功能函数）。

式（5.1-17）和式（5.1-18）的右边分别包含了 8 项，g 和 P 的下标及正负号分别定义为

$$g_{+++} = g(\mu_{x_1} + \sigma_{x_1}, \mu_{x_2} + \sigma_{x_2}, \mu_{x_3} + \sigma_{x_3}) \quad (5.1\text{-}19)$$

$$g_{++-} = g(\mu_{x_1} + \sigma_{x_1}, \mu_{x_2} + \sigma_{x_2}, \mu_{x_3} - \sigma_{x_3}) \quad (5.1\text{-}20)$$

$$g_{+-+} = g(\mu_{x_1} + \sigma_{x_1}, \mu_{x_2} - \sigma_{x_2}, \mu_{x_3} + \sigma_{x_3}) \quad (5.1\text{-}21)$$

$$P_{+++} = (1 + \rho_{12} + \rho_{23} + \rho_{31})/8 \quad (5.1\text{-}22)$$

$$P_{++-} = (1 + \rho_{12} + \rho_{23} - \rho_{31})/8 \quad (5.1\text{-}23)$$

$$P_{+-+} = (1 + \rho_{12} - \rho_{23} + \rho_{31})/8 \quad (5.1\text{-}24)$$

式中　　ρ_{ij} 为随机变量 x_i 与 x_j 的相关系数。

根据式（5.1-17）和式（5.1-18），Rosenbleuth 法的可靠指标 β 计算公式为

$$\beta = \frac{E(g)}{\sqrt{E(g^2) - E(g)^2}} \quad (5.1\text{-}25)$$

Rosenbleuth 方法的计算过程虽然十分简单，但生成如式（5.1-17）和式（5.1-18）所示规则的符号系统并非易事。这一套符号集的矩阵必须在执行 Rosenbleuth 方法之前生

成。在计算未结束时，存放矩阵 B 的数组就不能消去。如果功能函数包含的随机变量的数目 n 较大，则需要很大的内存空间来存贮该矩阵。例如，当 $n=15$ 时，则需要容量为 $2^{15}\times15/2$ 的内存，从而使计算效率降低。如果矩阵 B 也能按列生成，则每个 g 和 P 可以同时进行计算，那么内存里的信息以后不再使用，即可以删除。

5.1.4.3　溃坝风险损失分析

从溃坝风险后果损失的角度来说，洪水造成的损失可分为生命损失、经济损失和对环境的影响三方面的损失。

1. 生命损失估算

个人和居民群体的生命安全是梯级水库风险防控中最为重要的保护对象，生命损失的估算是较为复杂的过程，需考虑的因素较多。目前，国外在生命损失估算方面研究较多，基本都是基于历史统计资料，提出的经验性的简化估算公式，如表 5.1-12 所示。

生命损失估算方法　　　　　　　　　　　　　　　表 5.1-12

名称	估算公式	参数说明
Brown & Graham(1988)	$LOL=\begin{cases}0.5PAR & W_T<0.25h\\0.06PAR & 0.25h<W_T<1.5h\\0.0002PAR & W_T>1.5h\end{cases}$	LOL 为生命损失； PAR 为风险人口； W_T 为警报时间； F 为洪水强度（高洪水风险区 $F=1$，低洪水风险区 $F=0$）； f 为损失伤亡率； i 为洪水严重程度影响系数； c 为修正系数
Dekay & Mcclelland(1993)	$LOL=0.075PAR^{0.56}\exp[-0.759W_T+(3.790-2.223W_T)\times F]$	
Assaf(1997)	$LOL_u=PAR_u\times(1-P_r)$	
Graham(1999)	$LOL=PAR\times f$	
芬兰 RESCDAM	$LOL=PAR\times f\times i\times c$	
美国 Utah 州立大学	LIFESim 模型	

由表 5.1-13 可知，溃坝生命损失的估算需充分考虑风险人口（Population at Risk, PAR）、预警时间（Warning Time, W_T）、洪水的严重程度以及风险人口逃生的概率等因素。LIFESim 生命损失模型是美国 Utah 州立大学在前人的基础上，考虑了详细的洪水动力过程，集合了多个模块系统的生命估算模型。该方法是美国陆军工程师团（USACE）最严格地估算潜在的溃坝生命损失的方法。LIFESim 克服了以往基于经验统计的生命损失估算方法，USACE 将该方法嵌入 ArcGIS ArcMap 平台。目前，USACE 已将 LIFESim 用于多个大坝和高度城市化区域的风险分析中，如明尼苏达州（Minnesota）的圣保罗防洪工程（Saint Paul Flood Control Project）、加利福尼亚州的萨克拉曼多河防洪工程（Sacramento River Flood Project）。对于风险人口的确定，LIFESim 采用了美国联邦应急管理局（US FEMA）的 HAZUS-MH 软件，HAZUS 数据库包含了一个多边形区域文件，其中有这一区域详细的人口普查和建筑物分布的特征数据。LIFESim 包括洪水演进模块、避所损失评价模块、预警评估模块和生命损失评估模块，具体的评价流程如图 5.1-19 所示。

2. 经济损失估算

在流域梯级系统中，洪水造成的经济损失可分为直接经济损失和间接经济损失，其中直接经济损失可根据损失率、毁坏尺寸、工农业中断的时间等指标估算；间接损失可直接估算或采用经验系数估算。在经济损失估算方面的研究，我国取得的成果相对较多，且可操作性较强，具体如表 5.1-13 所示。

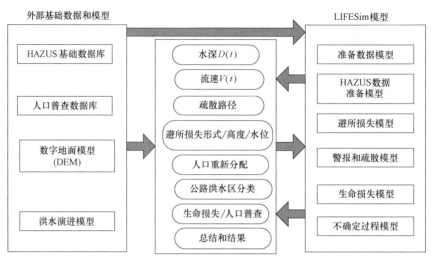

图 5.1-19　LIFESim 模型系统流程图

经济损失估算方法　　　　　　　　　　　　　　　　表 5.1-13

损失类型		计算依据	计算方法	适用范围
	工程损失		由工程概预算直接获取	工程自身的损失
直接经济损失	淹没损失	按损失率计算	$S=\sum_{i=1}^{n}\sum_{j=1}^{m}\sum_{k=1}^{l}\beta_{ijk}W_{ijk}$ S 为经济损失，β_{ijk}、W_{ijk} 分别为第 i 类第 j 种财产在第 k 类风险区的损失率和价值，n 为财产类别数，m 为第 i 类财产类别数，l 为风险区类别数	社会固定资产、流动资产
		按毁坏尺寸等指标计算	$S=\sum_{i=1}^{n}\sum_{j=1}^{m}\sum_{k=1}^{l}A_{ijk}f_{ijk}$ S 为经济损失，A_{ijk}、f_{ijk} 分别为第 i 种毁坏程度下第 j 类第 k 种设施毁坏尺寸和修复费用，n 为设施类别数，m 为第 i 类设施类别数，l 为毁坏程度等级	铁路、公路、输送管道、高压电网、水利堤坝渠道、房屋等设施
		按经济活动中断时间计算	$S=\sum_{i=1}^{n}\sum_{j=1}^{m}\sum_{k=1}^{l}T_{ijk}S_{ijk}$ S 为经济损失，T_{ijk}、S_{ijk} 分别为第 i 类部门第 j 行业在第 k 类经济活动中断时间和损失价值，n 为部门类别数，m 为第 i 类行业类别数，l 为第 i 类部门第 j 行业经济活动类别数	工业、商业、铁路、公路、航运、供电、供水等部门经济活动中断所造成的损失
		农业收益型损失计算	$S=S_0+R_c+I_l$　S 为经济损失，S_0 为当年/季减产绝产损失，R_c 为重置恢复费用，I_l 为恢复期丧失的收入	洪水淹没对农业造成的损失
		工程设施毁弃损失计算	$S=V_0+V_R$　　S 为经济损失，V_0 为灾前价值，V_R 为重置增加费用	建筑、水利、市政等工程
间接经济损失		直接估算	分析溃坝洪水的淹没范围，分类直接估算各种间接经济损失	应急费用、企业停产减产损失等
		系数法	$S_{li}=k_iS_{di}+b_i$　S_{li}、S_{di} 分别为溃坝给第 i 部门或事业造成的间接经济损失和直接经济损失，k_i、b_i 为系数	通过不同区域的抽样调查从而确定间接经济损失

3. 环境影响

　　流域梯级水库失事对自然生态环境的影响涉及面广而复杂，当前，国际对于环境影响的定量估算，李雷等采用风险指数法，从我国的实际出发，综合考虑风险人口、城市重要性、河道形态、人文景观、设施重要性、生物环境等因素，将各个因素采用赋值打分的形式，估算各自的权重，提出社会与环境影响指数 f，其表达式为：

$$f = N \times C \times I \times h \times R \times l \times L \times p \qquad (5.1\text{-}26)$$

式中　f——社会与环境影响指数；

　　　N——风险人口系数；

　　　C——城市重要性系数；

　　　I——设施重要性系数；

　　　h——文物古迹等系数；

　　　R——河道形态系数；

　　　l——生物环境系数；

　　　L——人文景观系数；

　　　p——污染工业系数。

5.1.5　大坝风险评估

国外许多国家对大坝风险已经以行业规范或者法律的形式进行了分级，现今采用的等级划分，不同的国家或地区根据其自身不同的实际情况有分两级、三级、四级，甚至是五级的，其中以"高风险""中风险"和"低风险"三级标准和"极高风险""高风险""中风险"和"低风险"四级标准较为普遍。美国 80% 的州根据大坝潜在的风险对各自的大坝进行了分级，根据美国联邦紧急事务管理局的国家大坝安全计划，其中 60% 都采用了三级风险，蒙大拿州和乔治亚州采用了两级风险，加利福尼亚州、科罗拉多、新罕布什尔州、俄亥俄州、弗吉尼亚州和西弗吉尼亚州均采用了四级风险，康涅狄格州采用了五级风险。欧洲国家大坝等级的确定主要依据大坝的高度和库容，一些国家也对风险进行了分级，如挪威、葡萄牙、西班牙都采用了三级风险，瑞典采用了四级风险，其他国家（澳大利亚、芬兰、德国、意大利等）均规定需进行溃坝风险分析，并制定了相关的紧急预案。

5.1.5.1　风险等级确定

结合我国已颁布的《堰塞湖风险等级划分标准》SL 450—2009、《大中型水电工程建设风险管理规范》GB/T 50927—2013 以及国外大坝风险管理的等级划分标准，《梯级水库群风险防控导则》（征求意见稿）综合考虑风险概率和风险损失，采用风险矩阵的方法确定大坝风险等级。以下进行简要介绍。

1. 风险概率等级

不同坝型的风险发生的可能性不同，相同客观条件下，土石坝的风险肯定要比混凝土坝的风险高；同一坝型，由于等别越高的工程采用了较高的设计标准，如若施工质量达到预期目标的前提下，等别越高、库容越大的梯级，从理论上讲其风险发生的可能性越小。《梯级水库群风险防控导则》（征求意见稿）提出，流域梯级水库群大坝风险概率分为"不可能""不太可能""可能""很可能"和"非常可能"五级，具体定量指标如表 5.1-14 所示。

风险概率等级标准　　　　　　　　　　　　　　　　表 5.1-14

可能性	几乎不可能	不太可能	可能	很可能	非常可能
概率等级	1	2	3	4	5
概率取值	$\leq 10^{-5}$	$10^{-5} \sim 10^{-4}$	$10^{-4} \sim 10^{-3}$	$10^{-3} \sim 10^{-2}$	$\geq 10^{-2}$

2. 风险损失等级

流域梯级系统中，风险损失即某一梯级失事所造成潜在的后果损失，一般包括个人的生命损失、经济损失、环境影响和社会居民群体紧急转移，其确定应当简单、直观，可操作性强。2007年6月，国务院493号令《生产安全事故报告和调查处理条例》第三条规定：30人以上死亡，或者100人以上重伤（包括急性工业中毒，下同），或者1亿元以上直接经济损失的事故为特别重大事故；10人以上30人以下死亡，或者50人以上100人以下重伤，或者5000万元以上1亿元以下直接经济损失的事故为重大事故；3人以上10人以下死亡，或者10人以上50人以下重伤，或者1000万元以上5000万元以下直接经济损失的事故为较大事故；3人以下死亡，或者10人以下重伤，或者1000万元以下直接经济损失的事故为一般事故。根据以上法令，并参照已颁布的对大中型水电工程建设中风险损失严重性程度的划分标准，建议将梯级水库群风险损失的严重性分为"轻微""较大""严重""很严重"和"灾难性"五级，具体如表5.1-15所示。

风险损失（后果）严重性程度等级标准 表5.1-15

后果损失等级		风险损失描述			
		生命损失	经济损失	社会影响	环境影响
A	一般	死亡3人以下或重伤10人以下	直接损失1000万元以下	轻微的，或需紧急转移安置100人以下	对当地环境无影响或影响范围很小，但无需关注
B	较大	死亡3~10人或重伤10~50人	直接损失1000万~5000万元	较严重的，或需紧急转移安置100~1000人	对当地环境有一定的影响，涉及范围较小，自然环境在短期内可自我修复
C	重大	死亡10~30人或重伤50~100人	直接损失5000万~1亿元	严重的，或需紧急转移安置1000~1万人	对当地环境有较大的影响，涉及范围较大，但对生物种群无影响，预期恢复时间至少需要10年
D	特别重大	死亡30~100人或重伤100~500人	直接损失1亿~5亿元	很严重的，或需紧急转移安置1万~10万人	对当地环境有很严重影响，涉及范围很大，可能导致当地物种灭绝，预期恢复时间至少需要20年
E	灾难性	死亡人数大于100人以上或重伤500人以上	直接损失5亿元以上	恶劣的，或需紧急转移安置10万人以上	对当地环境有摧毁性的影响，涉及范围广泛，直接导致物种灭绝，预期恢复时间需要30年以上

3. 大坝风险等级

综合考虑梯级水库群风险发生的可能性和风险损失的严重性，采用风险矩阵建议梯级水库群风险等级为极高（Ⅳ）、高（Ⅲ）、中（Ⅱ）、低（Ⅰ）四级，分别对应为红色区域、橙色区域、黄色区域和绿色区域，如表5.1-16所示。在流域梯级系统中，每一梯级所对应的风险等级随时间为动态的，对每一梯级的风险处置对策和措施也应随等级的变化有所调整，以使得有限的客观条件下，流域梯级的风险控制在可接受的风险水平。

风险等级标准矩阵 表5.1-16

概率等级 \ 损失等级	A 一般	B 较大	C 重大	D 特别重大	E 灾难性
几乎不可能	Ⅳ	Ⅳ	Ⅳ	Ⅲ	Ⅲ
不太可能	Ⅳ	Ⅳ	Ⅲ	Ⅲ	Ⅱ
可能	Ⅳ	Ⅲ	Ⅲ	Ⅱ	Ⅰ
很可能	Ⅲ	Ⅲ	Ⅱ	Ⅱ	Ⅰ
非常可能	Ⅲ	Ⅱ	Ⅱ	Ⅰ	Ⅰ

5.1.5.2 风险管控措施

当前，随着我国大批量大坝的逐步建成和众多老坝坝龄期的增长，溃坝洪水风险分析应纳入风险管控措施，对不同风险等级的水库大坝，要求溃坝洪水分析的详细深入程度与之风险相适应。对中风险等级大坝，要求进行单一梯级溃坝洪水分析；对于高风险等级和极高风险等级的大坝应进行连溃洪水风险分析，并提前制定可行的预案，并采取相应的风险降低和防控措施，具体见表 5.1-17。

水库大坝风险控制准则   表 5.1-17

风险等级	接受准则	应对策略	控制方案
Ⅳ级	可忽略	宜进行风险状态监控	开展日常审核检查
Ⅲ级	可接受	宜加强风险状态监控	宜加强日常审核检查，开展单一梯级大坝溃坝洪水分析
Ⅱ级	可容忍	应实施风险管理，降低风险，且风险降低所需成本应小于风险发生后的损失	应实施风险防范与监测，开展连溃洪水分析，确定联调方案，划定连溃洪水淹没范围，不同区域制定相应的风险处置措施
Ⅰ级	不可接受	必须采取风险控制措施降低风险，至少应将其风险等级降低至可容忍或可接受的水平	应实施风险防控措施，严格开展连溃洪水分析，实施联调方案，洪水淹没区预警预报，编制风险预警与应急处置方案，或进行有关方案修正或调整，或规避风险

水库大坝风险控制应采用经济、可行、积极的处置措施规避、减少、隔离、转移风险。在整个流域梯级系统中，应采用系统理念，全局考虑，对于风险损失大、发生概率大的灾难性风险，应采取风险规避，提早预案，积极应对，尽量将风险置于可控的范围内；对于风险损失小、发生概率大的风险，宜采取风险缓解，及时进行预警预案，将风险零损失作为风险防范的目标；对于风险损失大，发生概率小的风险，宜采用保险或合同款将责任进行风险转移；对于风险损失小，发生概率小的风险，宜采用风险自留。

5.1.5.3 国际大坝风险评估实践

1. 澳大利亚

1994 年，澳大利亚大坝委员会（Australian National Commission on Large Dam，ANCOLD）颁布《风险评估指南》，指导大坝安全评估的应用。之后对其进行修订，并在2003 年发布了新指南，对大坝风险管理提供了新的框架和步骤，明确了风险分类、分析、评估和处理各过程的主要步骤。除此之外，澳大利亚还制定了许多风险分析与管理的指南，如 1995 年，澳大利亚和新西兰标准局颁布了《风险管理标准》；1998 年澳大利亚大坝委员会颁布的《大坝地震设计指南》和《大坝环境管理指南》；2000 年澳大利亚大坝委员会颁布的《大坝溃决后果评估指南》；2003 年澳大利亚大坝委员会颁布的《大坝安全管理指南》；2012 年澳大利亚大坝委员会颁布的《大坝后果分类指南》等。目前，澳大利亚风险分析与管理技术在国际上处于领先水平，已经在相当数量的水库大坝上应用，而且群坝风险评价也已经在澳大利亚的几个大坝群中应用，并取得了一定的成果。澳大利亚典型大坝风险评估流程如图 5.1-20 所示。

2. 加拿大

加拿大联邦政府没有专设的大坝安全监管机构，对于跨境河流的水资源管理由联邦层面组建的国际联合委员会负责，境内水资源管理和水电开发利用由各省区全权负责，各国

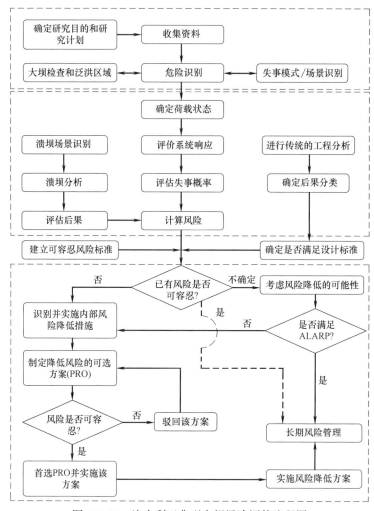

图 5.1-20　澳大利亚典型大坝风险评估流程图

省区结合自身实际情况，由省政府主管部门以法律法规的形式进行许可审批管理。加拿大大坝协会（Canadian Dam Association，CDA）作为加拿大全国性的行业协会，2007 年发布了《大坝安全导则》，配套发布了系列技术公报，并于 2013 年进行了修订；除此之外，加拿大大坝协会于 2011 年还发布了《大坝公共安全导则》。这些导则为各省区大坝安全管理提供推荐性技术指导与实践依据。

1）不列颠哥伦比亚省 BC Hydro 方法体系

根据不列颠哥伦比亚省大坝安全的基本立法《水资源可持续发展法》，森林、土地、自然资源经营和农村发展部（the Ministry of Forests，Lands，Natural Resource Operations and Rural Development，MFLNRO）对全省的大坝安全进行审批许可。

1967 年，不列颠哥伦比亚省开始实施了大坝安全计划（Dam Safety Program，DSP），并于 2000 年基于《水法》颁布了《大坝安全条例》。同时，为进一步帮助协助大坝业主管理好大坝，不列颠哥伦比亚省制定了一系列的导则，如《大坝检查与维护》《大坝退役和失事后果分级》《不列颠哥伦比亚省基于立法的大坝安全审查》等。

以上法规导则中,重点要求业主对大坝的日常安全管理和运维,定期检查、核查、更新大坝运行维护与监管手册、大坝应急行动计划。对于后果损失等级为高、非常高、极高的大坝安全计划至少每5年复核一次,后果损失等级为中级的大坝安全计划至少10年复核一次,且对于大坝后果损失等级为高、非常高、极高的大坝业主必须填报大坝安全年度报告。

BC Hydro 对其所有的43座水坝曾开展了系统的安全管理,其中当时仅有11座满足安全标准。在此基础上,BC Hydro 从1991年将风险管理的方法用于水坝安全管理,并与美国、英国、瑞典、澳大利亚等国家共同推动大坝风险管理理论与方法的进步,取得了较好的成果。

BC Hydro 在董事会设有分管安全的副总裁,并由大坝安全主任负责大坝安全计划的实施,具体组织机构设置如图5.1-21所示。BC Hydro 的大坝风险管理方法是一套完备的程序,其中包括许多操作规程、手册和准则,并及时更新修订,以符合实际情况,具体风险管理流程如图5.1-22所示。其中,矩形代表开展的任务事项,菱形代表开展风险评估,通过至少3次风险分析与评估,并最终以风险管理选项将大坝风险控制在可接受的范围内。

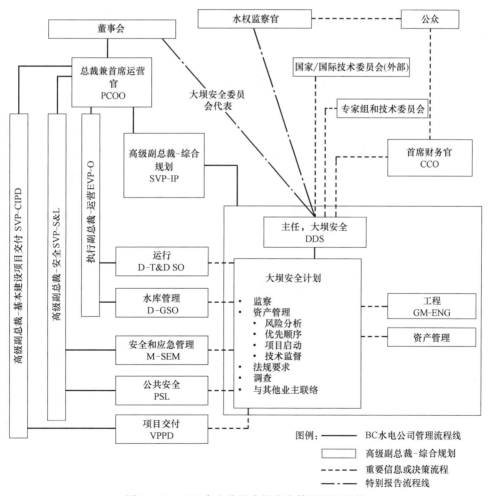

图 5.1-21 BC 水电公司大坝安全管理组织机构

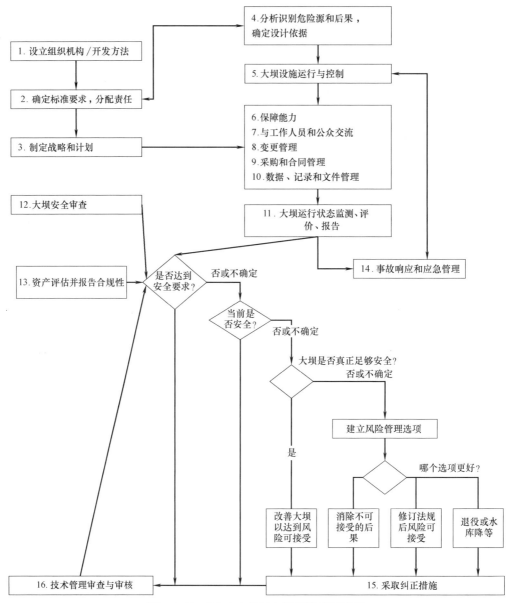

图 5.1-22　BC 水电公司大坝风险管理流程

2）安大略省 OPG 方法体系

安大略省根据《河流和湖泊改善法》，由自然资源与林业厅（MNRF）对全省管辖的 3300 座水坝进行监管，安大略省发电公司（Ontario Power Generation，OPG）负责其所有大坝的安全管理。在《河流和湖泊改善法》的基础上，安大略省颁布了省级行政法规 454/96-建设、河流和湖泊改善法行政指南及其配套的 9 部技术公报（即坝址批准，已建大坝的升级、改造和维修，入库设计洪水（IDF）和分类，地震隐患、结构设计安全系数、溢洪道和防洪结构、岩土设计安全系数、大坝退役和拆除、维持水管理计划），以及两项推荐性管理导则。安大略省水电开发需要经过以下四个步骤：（1）进场。即获得安大略省的土地。水电项目开发位于省级公有土地的，可联系安大略省自然资源厅和林业厅，根据土地管理相关办法进行审批。如项目涉及私有土地，则需开展尽职调查，根据法律通过财产契约进行交易。（2）环境评价。对装机容量小于200MW的项目，可采用安大略省水力发电协会发布的《水电项目环境评估》进行环评工作。若装机容量大于等于200MW，则需进行单独环评工作。（3）行政许可。水电项目开发过程中，需要申请许多许可证，并可能随着政策和支持文件的更新有所调整。目前，联邦法规许可包括《水力发电自治法》《渔业法》《航运保护法》《濒危物种法》等共12项。省级法规许可包括《电力法》《环境评价法》《环境保护法》等共23项。（4）建设。在完成许可阶段所有的审批与许可后，即可开工建设水电项目。

安大略省大坝安全计划正式实施于1986年，现行内容中包括大坝安全、公共安全和应急管理三部分，并制定了严格的大坝安全管理流程和管理系统，如图5.1-23所示。同时，为保证大坝安全计划的有效性，OPG制定了详细的实施模板，列出了每个大坝执行大坝安全计划要求所涉及的所有活动，大坝安全行动计划需要每个季度更新并报告一次。

3）加拿大大坝协会（CDA）大坝安全导则

2007年，加拿大大坝协会发布了《大坝安全导则》，并于2013年修订，配套8项技术公报，包括洪水、后果和大坝安全分级、大坝设施监督、大坝安全的水流控制设备、大坝安全分析和评价、大坝安全水工技术、地震危害、地质技术、结构注意事项。2011年，加拿大大坝协会发布了《大坝公共安全导则》，配套3项技术通报，对水库大坝附近的标识牌设置、浮漂、声光报警信号等提出了明确的规定。

《大坝安全导则》分基本原则、大坝安全管理、运行维护和监督、应急准备、大坝安全复核、分析和评价6章内容。该导则明确业主是大坝安全管理的责任主体，提出大坝安全管理的四条基本原则：（1）在合理可行的范围内尽可能降低风险，以保护公众和环境不受溃坝或下泄洪水的影响；（2）大坝安全管理的标准应与其潜在失事后果的增量损失相称，即大坝等级由潜在后果增量损失确定，按照风险人口、生命损失、环境和文化价值、基础设施和经济损失，将大坝分为低、中、高、非常高、极高五级；（3）严格安全管理应贯穿大坝全生命周期的各个阶段，包括设计、建设、运行、退役；（4）每座水库大坝均应建立大坝安全管理系统，包括方针政策、职责、计划与程序、文件管理、培训，以及对缺陷和不合格项的复核与完善措施；业主的大坝安全管理系统流程如图5.1-24所示。

在运行期，要求每座水库大坝均制定完善的运行、维护与监测手册（OMS），并遵循以下原则：（1）根据大坝失事后果和运行影响情况，制定大坝安全运行、维护和监测的要求，并记录详细信息；（2）在正常、异常和紧急工况下，均应按大坝运行和水流控制设备操作规程书面文件执行；（3）应遵循书面的维护规程，以确保大坝保持安全运行状态；（4）遵循监测规程，以早期识别异常情况，及时消除可能影响大坝安全的风险；（5）水流控制设备必须进行测试，以达到运行要求。

每座水库大坝均应制定科学有效的应急行动计划，包括应急响应程序、通信与对外联络、培训与演练等，应急行动计划需定期更新。每座大坝必须定期进行安全复核，包括大坝失事后果分析、运行维护与监测规程和实践情况、应急行动计划、之前的大坝安全复核情况、溃坝模式分析、入库设计洪水分析、地震荷载分析、其他荷载及其组合分析、泄流设施的可靠性分析、大坝安全管理系统的有效性分析等。大坝安全复核须由经验丰富的注册专业工程师或小组负责，提出结论和建议。

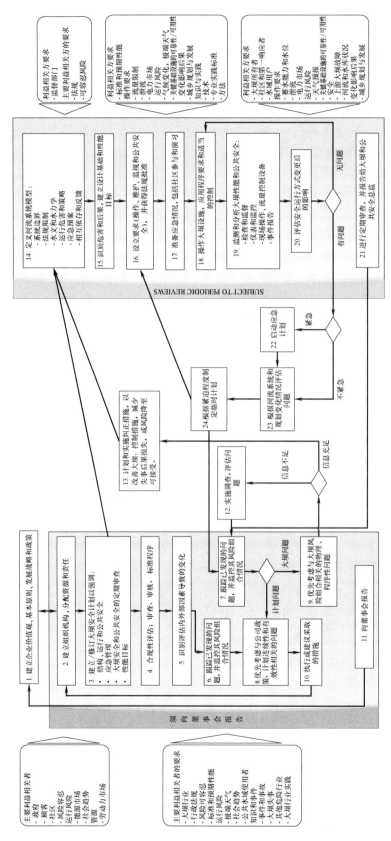

图 5.1-23 安大略省发电公司 OPG 大坝风险管理流程

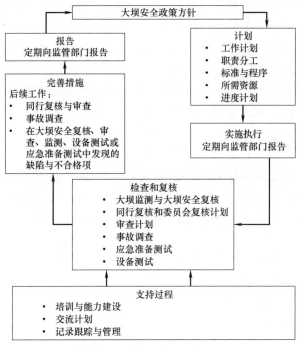

图 5.1-24 大坝安全管理系统

《大坝公共安全导则》作为业主有效管理近坝区域安全的指导性文件，包含方针目标与要求、风险评估与处置计划、公共安全实施计划、监测与评估、审查复核与持续措施，其中风险分析建议采用风险矩阵的方法进行分级管理，对大坝及其上下游区域的标志、浮漂、声光信号等提出了明确的要求。

5.2 溃坝风险分析

5.2.1 概述

溃坝前分析估算出溃决洪水流量过程，可为合理制订救灾措施和人员迁移方案提供支撑。大坝风险评估和编制应急预案时，溃坝洪水分析计算是一项基础性的工作，但其具有重要的指导意义。我国水库大坝位居世界首位，提高预测溃坝洪水流量过程，尤其是洪峰流量的精确度，开发简便易行的程序，对科学指导应急抢险，保护人民生命财产安全至关重要。

近年来，许多学者研究开发基于物理机制的溃坝分析模型，包括 Christofano（1965），Harris 和 Wagner（1967），Brown 和 Rogers（1977，1981），Ponce 和 Tsivoglou（1981），SCS（1981），MacDonald 和 Langridge-Monopolis（1984），Costa（1985），Fread（1984a，1988），Froehlich（1995a），Walder 和 O'Connor（1997），Singh 等（1988），Wang 和 Bowles（2006），Macchione（2008），Chang 和 Zhang（2010），Wu（2013）。针对土石坝溃决洪水分析难题，这一系列方法多基于流深、剪应力、堤坝材料等属性预测溃口发展特征和洪水流量过程。在此类模型中包含泥沙和水的连续方程、运动方

程，以及考虑初始条件、边界条件的辅助方程，如阻力方程、几何关系等。回顾已发表论文，我们发现，这些分析方法的架构基本相同，主要包括三个基础问题：（1）考虑库水损失和溃口的水量和能量守恒问题；（2）基于冲蚀率的土体材料冲蚀特性问题；（3）考虑溃口边坡稳定分析的溃口扩展问题。

本节将从经验参数模型、一维简化物理模型和精细化通用计算模型三方面介绍溃坝洪水分析评估的基本原理、方法和程序，并辅以实例分析作为验证。

5.2.2　经验参数模型

在溃坝洪水分析理论和计算能力不足的早期，研究人员基于溃坝实例，采用统计和回归方法预测溃坝洪水的特征参数，如洪峰流量、溃口宽度、溃决时间等。经验模型由于其简单适用、快捷有效，仍然被广泛采用。特别是在制定应急预案时，这些模型有一定的实用价值。

一般来说，经验模型的独立输入参数通常包括坝高、水库蓄水、可能溃坝模式选择、溃坝时水库初始水位、最高水位、溃口尺寸和坝体材料冲刷侵蚀特性。不少学者进行了分类统计和总结。本节介绍南科院较全面的总结性资料，如表 5.2-1、表 5.2-2 和表 5.2-3 所示。

土石坝溃决洪峰流量经验模型　　　　　　表 5.2-1

编号	研究人员	案例数量		公式
		实际案例	模拟案例	
1	Kirkpatrick(1977)	13	6	$Q_p = 1.268(h_w + 0.3)^{2.5}$
2	SCS(1981)	13	—	$Q_p = 16.6 h_w^{1.85}$
3	Hagen(1982)	6	—	$Q_p = 0.54(h_d S)^{0.5}$
4	Singh 和 Snorrason(1984)	20	8	$Q_p = 13.4 h_d^{1.89}$ 或 $Q_p = 1.776 S^{0.47}$
5	MacDonald 和 Langridge-Monopolis(1984)	23	—	$Q_p = 1.154(V_w h_w)^{0.412}$
6	Evans(1986)	29	—	$Q_p = 0.72 V_w^{0.53}$
7	USBR(1988)	21	—	$Q_p = 19.1 h_w^{1.85}$
8	Froehlich(1995a)	22	—	$Q_p = 0.607 V_w^{0.295} h_w^{1.24}$
9	Walder 和 O'Connor(1997)	18	—	$Q_p = 0.031 g^{0.5} V_w^{0.47} h_w^{0.15} h_b^{0.94}$
10	Xu 和 Zhang[a](2009)	75	—	$Q_p = 0.175 g^{0.5} V_w^{5/6} (h_d/h_r)^{0.199} (V_w^{1/3}/h_w)^{-1.274} e_4^B$
11	Thornton 等(2011)	38	—	$Q_p = 0.1202 L^{1.7856}$， 或 $Q_p = 0.863 V_w^{0.335} h_d^{1.833} w_{ave}^{-0.663}$， 或 $Q_p = 0.012 V_w^{0.493} h_d^{1.205} l_d^{0.226}$
12	Lorenzo 和 Macchione(2014)	14	—	$Q_p = 0.321 g^{0.258} (0.07 V_w)^{0.485} h_b^{0.802}$（漫顶）， $Q_p = 0.347 g^{0.263} (0.07 V_w)^{0.474} h_b^{-2.151} h_w^{2.992}$（管涌/流土）
13	Hooshyaripor 等(2014)	93	—	$Q_p = 0.0212 V_w^{0.5429} h_w^{0.8713}$ 或 $Q_p = 0.0454 V_w^{0.448} h_w^{1.156}$
14	Azimi 等(2015)	70	—	$Q_p = 0.0166(g V_w)^{0.5} h_w$
15	Froehlich[b](2016)	41	—	$Q_p = 0.0175 k_M k_H (g V_w h_w (h_b)^2 / w_{ave})^{0.5}$

续表

编号	研究人员	案例数量		公式
		实际案例	模拟案例	
16	Rong 等(2020)	84	—	$Q_p = 0.0755 V_w^{0.444} h_w^{1.240}$（漫顶）， $Q_p = 0.0556 V_w^{0.479} h_w^{0.998}$（管涌/流土）
17	Zhong 等(2020b)	120	—	$Q_p = V_w g^{0.5} h_w^{-0.5} (V_w^{1/3}/h_w)^{-1.58} (h_w/h_b)^{-0.76}$ $h_d^{0.10} e^{-4.55}$（土石坝）， $Q_p = V_w g^{0.5} h_w^{-0.5} (V_w^{1/3}/h_w)^{-1.51} (h_w/h_b)^{-1.09}$ $h_d^{-0.12} e^{-3.61}$（黏土心墙堆石坝）

注: g——重力加速度；h_r——参考坝高，参数设置为15m；w_{ave}——平均坝宽。

[a] $B_4 = b_3 + b_4 + b_5$，其中，b_3 对于黏土心墙坝、混凝土面板堆石坝以及土石坝分别取－0.503，0.591，0.649，b_4 对于漫顶破坏以及管涌/流土破坏分别取－0.705，1.039，b_5 对于冲蚀程度高、中、低三种情况分别取－0.007，0.375，1.362。

[b] 对于漫顶溃决模式，$k_M = 1.85$；对于管涌/流土破坏模式，$k_M = 1$。当 $h_b \leqslant 6.1m$ 时，$k_H = 1$；当 $h_b > 6.1m$ 时，$k_H = (h_b/6.1)^{1/8}$。

土石坝溃坝溃口宽度经验模型　　　　　　　　　　表 5.2-2

编号	研究人员	案例数量		拟合公式
		实际案例	模拟案例	
1	USBR(1988)	21	—	$B_{ave} = 3h_w$
2	Von Thun 和 Gillette[a](1990)	57	—	$B_{ave} = 2.5h_w + C_b$
3	Froehlich[b](1995b)	22	—	$B_{ave} = 0.1803 K_0 (V_w)^{0.32} (h_b)^{0.19}$
4	Xu 和 Zhang[c](2009)	75	—	$B_{ave} = 0.787 (h_b)(h_d/h_r)^{0.133} (V_w^{1/3}/h_w)^{0.652} e_3^B$
5	Froehlich[d](2016)	41	—	$B_{ave} = 0.27 k_M (V_w)^{1/3}$
6	Rong 等(2020)	92	—	$B_{ave} = 0.352 V_w^{0.282} h_w^{0.313}$（漫顶）， $B_{ave} = 0.163 V_w^{0.330} h_w^{0.174}$（管涌/流土）
7	Zhong 等(2020b)	67	—	$B_{ave} = h_b (V_w^{1/3}/h_w)^{0.84} (h_w/h_b)^{2.30}$ $h_d^{0.06} e^{-0.90}$（土石坝）， $B_{ave} = h_b (V_w^{1/3}/h_w)^{0.55} (h_w/h_b)^{1.97}$ $h_d^{-0.07} e^{-0.09}$（黏土心墙堆石坝）

[a] 当 $S < 1.2335 \times 10^6 m^3$ 时，$C_b = 6.096$；当 $1.2335 \times 10^6 m^3 \leqslant S < 6.1676 \times 10^6 m^3$ 时，$C_b = 18.288$；当 $6.1676 \times 10^6 m^3 \leqslant S < 1.2335 \times 10^7 m^3$ 时，$C_b = 42.672$；当 $S \geqslant 1.2335 \times 10^7 m^3$ 时，$C_b = 54.864$。

[b] 对于漫顶破坏，$K_0 = 1.4$；对于管涌破坏，$K_0 = 1.0$。

[c] $B_3 = b_3 + b_4 + b_5$，其中，b_3 对于心墙坝、混凝土面板坝以及均质坝/分区填筑坝分别取－0.041，0.026 以及0.226；b_4 对于漫顶破坏以及管涌破坏分别取0.1498，0.389；b_5 对于冲蚀程度高、中、低三种情况分别取0.291，0.14，0.391。

[d] 对于漫顶破坏，$k_M = 1.3$；对于管涌破坏，$k_M = 1.0$。

土石坝溃坝溃决时长经验模型　　　　　　　　　　表 5.2-3

编号	研究人员	案例数量		拟合公式
		实际案例	模拟案例	
1	MacDonald 和 Langridge-Monopolis(1984)	23	—	$T_f = 0.0179 (0.0261 (V_w h_w)^{0.769})^{0.364}$

编号	研究人员	案例数量		拟合公式
		实际案例	模拟案例	
2	USBR(1988)	21	—	$T_f = 0.011B_{ave}$
3	Froehlich(1995b)	22	—	$T_f = 0.00254(V_w)^{0.53}(h_b)^{-0.9}$
4	Xu 和 Zhang[a](2009)	75	—	$T_f = 0.304T_r(h_d/h_r)^{0.707}(V_w^{1/3}/h_w)^{1.228}e_5^B$
5	Froehlich(2016)	41	—	$T_f = 63.2(V_w/(gh_b^2))^{0.5}/3600$
6	Zhong 等(2020b)	39	—	$T_f = (V_w^{1/3}/h_w)^{0.56}(h_w/h_b)^{-0.85}h_d^{-0.32}e^{-0.20}$ （土石坝）， $T_f = (V_w^{1/3}/h_w)^{1.52}(h_w/h_b)^{-11.36}h_d^{-0.43}e^{-1.57}$ （黏土心墙堆石坝）

[a] T_r＝参考溃决时间，参数设置为 1h；$B_5 = b_3 + b_4 + b_5$，其中 b_3 对于心墙坝、混凝土面板坝以及均质坝/分区填筑坝分别取 −0.327，0.674，0.189；b_4 对于漫顶与管涌分别取 −0.579，0.611；b_5＝对于冲蚀程度为高、中、低三种情况分别取 −1.205，0.564，0.579。

5.2.3 一维简化物理模型

溃口洪水分析一般可分为两大类：一类是通过水量平衡方程，采用宽顶堰流公式计算溃口过流流量；另一类是以圣维南方程组为水流控制方程，采用有限差分的数值计算方法，通过附加边界条件求得控制方程的近似解。这两类方法各有所长，前者可考虑溃口水流的跌落现象，通过溃口侵蚀率和溃口边坡稳定分析模拟溃口的物理冲刷过程，但其溃口并非严格的宽顶堰或孔口出流，按宽顶堰公式或孔口出流公式计算存在一定的局限性，且无法计算下游的洪水演进；而后者是严格按照水动力学及水土力学耦合的方法描述溃决过程，但圣维南方程组是建立在流速沿整个过水断面均匀分布、河床比降小、水面曲线近似水平等基本假定的前提下。本节介绍的南科院和水科院模型系建立在宽顶堰公式基础上的一维溃坝模型，清华大学模型则是建立在圣维南方程组基础上的同时计算溃口和洪水演进的一维模型。

5.2.3.1 一维溃口洪水模拟：水科院模型

中国水利水电科学研究院在对唐家山、易贡、大渡河流域梯级水库群等堰塞湖、水库大坝工程案例进行分析反演工作的基础上，完善和改进了溃决洪水计算理论和方法。图 5.2-1 总结了其主要框架，主要的改进点如下：

1. 流量平衡

溃口断面的流量不仅受到水流在垂直方向收缩影响，而且会受到侧向收缩的影响。由于下游河床很低，溃口出流可按自由出流考虑，这时溃口断面流量可用宽顶堰公式计算，即图 5.2-1 中式（1）描述。其中，C 为流量系数，理论值为 $1.7\text{m}^{1/2}/\text{s}$（Singh，1996）。以往的研究者采用的 C 值在 $1.3 \sim 1.7\text{m}^{1/2}/\text{s}$ 之间（Jack，1996）。当破坏接近完成水库水位接近尾水位，就需要考虑一个淹没系数（如 Fread，1988；Singh 等，1988）。大量的研究在图 5.2-1 的式（1）中采用了一个综合系数 C，（Harris 和 Wagner 1967；MacDonald 和 Langridge-Monopolis 1984；Chang 和 Zhang 2010），这个值可以根据实验和修正决定。

鉴于溃口的流速远大于入流速度，水流进入溃口后水面将有一个跌落，堰后水深 h

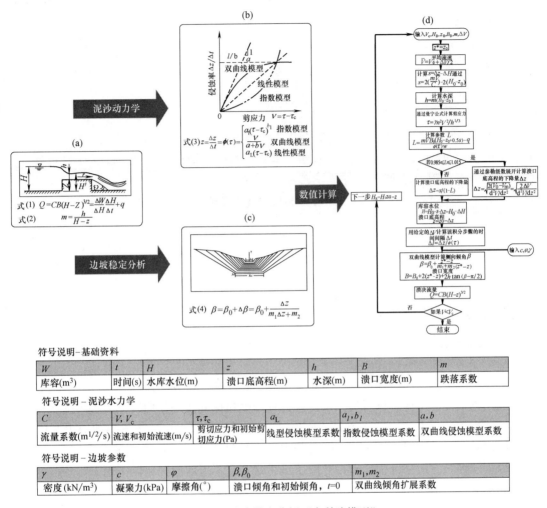

图 5.2-1　溃决洪水分析"水科院模型"

应用图 5.2-1 中经验公式式（2）确定。跌落系数 m 建议在 $0.6 \sim 0.8$ 之间，可通过敏感性分析考察不同 m 值对计算结果的影响。结果表明，m 的假定值对洪峰的计算值影响较小。

2. 溃口冲蚀

冲蚀模型即冲蚀率和剪应力之间的关系曲线。冲蚀模型是溃决研究的重要问题，冲蚀问题包括抗冲流速和冲蚀速度两个方面，其中抗冲流速一定程度上决定了土石坝冲蚀的起始时间和终止时间，并且是决定冲蚀速度的一个重要参数。我们在总结前人试验成果的基础上，结合实际工程信息将冲蚀模型大体分为三类：线性模型；指数模型；双曲线模型。其中图 5.2-1 中式（3）双曲线土体冲蚀模型是作者结合唐家山堰塞湖实测资料以及前人资料归纳总结提出的。

其形式如下：

$$\dot{z} = \varPhi(\tau) = \frac{\nu}{a+b\nu} \tag{5.2-1}$$

$$\nu = k(\tau - \tau_c) \tag{5.2-2}$$

式中　$\dot{z}$——冲蚀率（mm/s）；

　　　τ——剪应力（Pa）；

　　　t——时间（s）；

　　　ν——扣除临界剪应力后的剪应力；

　　　k——在剪应力 τ 范围内允许 $\dot{z}$ 接近 $\dot{z}_{ult}$ 的单位变换因子。

双曲线模型中有一当 v 接近无限值时的渐进线，其 $\dot{z}_{ult}$ 值为 $1/b$。此处，k 取 100，$1/a$ 表示 $v=0$ 时曲线的斜率。该模型基于结构材料的理解而建立的，即土体材料抵抗冲蚀时，不应有无限"强度"。基于实测数据，建议一套参数，如表 5.2-4 所示。

不同土体冲蚀参数建议值　　　　　　　　　　　　　表 5.2-4

	a	b
压实黏土	1.2	0.0001
坝体堆石	1.2	0.001
压实沙砾	1.2	0.0005
大坝	1.2	0.0007

3. 溃口扩展

溃口底部不断地被刷深的过程中，两侧边坡发生崩塌失稳，侧面不断地扩大，其破坏形式很难统一，因此溃口发展的模拟是一个十分难以准确实现的过程。与以前的溃坝分析模型采用楔形体法不同，作者提出了计算过程中溃口侧向崩塌采用岩土工程中已经被广泛接受的滑动面分析方法：简化的 Bishop 法。在侧向扩展模型中，土石料剪应力和内摩擦角是确定的。因为在泄流槽水面骤降过程中，大坝材料的渗透性决定了水不能自由排出。通过分析或经验方法来准确地获得孔隙水压力是几乎不可能的，所以采用不排水抗剪强度参数的总应力法常被用于库水位快速升降的土石坝设计中（Sherard 等 1963；Lowe Ⅲ 和 Karafiath，1959；Johnson，1974）。

作者近期的研究表明，在可接受的精度范围内，可用一个双曲线模型来计算梯形侧面倾角增量 $\Delta\beta$，使用图 5.2-1 中式（4）即可确定。其中 $1/m_1$ 和 $1/m_2$ 分别表示双曲线的初始切线和渐近线。在 DB-IWHR 程序中，用户输入土料的材料密度 γ 和强度参数内聚力 c 和内摩擦角 φ，通过内插即可得到双曲线模型参数 m_1 和 m_2。

4. 数值计算

常规的计算方法（如：Fread，1988；Singh，1988；Chang 和 Zhang，2011）都是通过给定的初始时间 t_0 和时间步长 Δt，计算相应的水位增量 ΔH，冲蚀深度 Δz 和流速变化量 ΔV。

"水科院模型"采用给定初始流速 V_0 和流速增量 ΔV 进行数值积分。一旦给定流速 V，可以直接求出相应的 ΔH、Δz 和 Δt。这一新的算法和常规通过给定的初始时间 t_0 和时间步长 Δt 方法相比，避免了非线性迭代，大大增强了鲁棒性。

在 Microsoft Excel 2013 中用 VBA 语言编写了 DB-IWHR 程序，如图 5.2-2 所示，该程序能快速计算出大坝溃决的洪水流量过程。

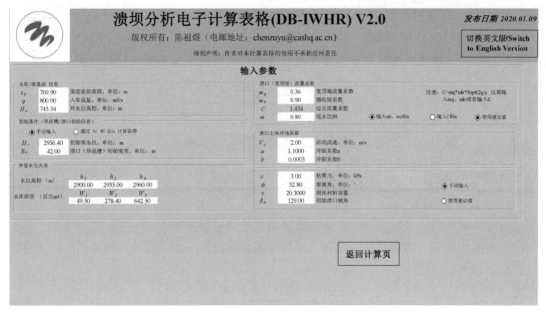

图 5.2-2 DB-IWHR 程序界面

5.2.3.2 一维溃口洪水模型：南科院模型

南京水利科学研究院针对我国面广量大的土石坝工程开展研究，研究对象包括均质坝、心墙坝、面板坝和大坝的漫顶与渗透破坏溃决机理及溃决过程数值模拟。随后，基于以上的漫顶溃决机理，历时十余年的研究攻关，建立了一个可描述大坝漫顶溃决过程的数学模型。模型主要包括三部分：水动力模块、材料冲蚀模块和溃口发展模块。

1. 水动力模块

大坝在发生漫顶溃决时，上游水位是一个动态变化的过程，在计算水位变化时，需同时考虑不同水位的湖面面积、入流量及溃口出流量，使得整个过程服从水量平衡关系，湖面面积采用下式计算。

$$A_s(z_s)\frac{\mathrm{d}z_s}{\mathrm{d}t}=Q_{\mathrm{in}}-Q_{\mathrm{b}} \tag{5.2-3}$$

式中 $A_s(z_s)$——湖面面积；

z_s——水位；

t——时间；

Q_{in}——入流量；

Q_{b}——溃口流量。

采用宽顶堰公式计算溃口流量：

$$Q_{\mathrm{b}}=k_{\mathrm{sm}}(c_1bH^{1.5}+c_2mH^{2.5}) \tag{5.2-4}$$

式中 b——溃口底宽；

H——溃口处水深，$H=z_s-z_b$，其中 z_b 为溃口底部高程；

m——溃口边坡系数（水平向/垂直向）；

c_1、c_2——修正系数，模型选取 $c_1=1.7\mathrm{m}^{0.5}/\mathrm{s}$，$c_2=1.1\mathrm{m}^{0.5}/\mathrm{s}$；

k_{sm}——尾水淹没修正系数。

2. 材料冲蚀模块

根据地质调查和现场试验，由于大坝材料的冲蚀率沿深度呈线性减小的趋势，并且有分层的特点。选择基于水流剪应力原理的冲蚀率公式模拟每层大坝材料的冲蚀：

$$\frac{dz_b}{dt} = k_d(\tau_b - \tau_c) \tag{5.2-5}$$

式中 k_d——冲蚀系数；

τ_b——溃口底床处的水流剪应力，可通过曼宁公式确定；

τ_c——大坝材料的临界剪应力。

k_d 与 τ_c 可通过试验或经验公式确定。

3. 溃口发展模块

通过大坝的溃决过程发现，溃口边坡坡角在冲蚀过程中基本上不变，直至失稳。假设在溃决水流作用下，每层材料的纵向下切与横向扩展速度一致，则溃口顶宽横向扩展速度可表示为：

$$\frac{dB}{dt} = \frac{n_{loc} \cdot (dz_b/dt)}{\sin\beta} \tag{5.2-6}$$

式中 B——溃口顶宽；

n_{loc}——溃口位置表征参数，其中 $n_{loc}=1$ 表示溃口只能向一侧发展，$n_{loc}=2$ 表示溃口可向两侧发展；

β——溃口边坡坡角。

溃口底宽横向扩展速度可表示为：

$$\frac{db}{dt} = n_{loc}\frac{dz_b}{dt}\left(\frac{1}{\sin\beta} - \frac{1}{\tan\beta}\right) \tag{5.2-7}$$

对于大坝在溃决过程中顺河向坝坡坡角的变化，模型假设大坝下游坡脚处的冲蚀深度为 0，并沿下游坡向上线性增加直至大坝顶部，由于顶部的冲蚀深度可通过式（5.2-5）计算，便可通过线性差值获取下游坡坡角的变化。

溃口的持续下切与横向扩展会导致边坡的失稳，采用极限平衡法模拟溃口边坡的失稳，并假设滑动面为平面。由于大坝每层材料的物理力学指标不同，假设边坡失稳后的坡角由溃口所在位置的材料确定。溃口边坡发生失稳的条件为：

$$F_d > F_r \tag{5.2-8}$$

式中 F_d——边坡失稳的驱动力；

F_r——边坡失稳的抵抗力。可分别采用下式表示：

$$F_d = W\sin\alpha = \frac{1}{2}\gamma_s H_s^2\left(\frac{1}{\tan\alpha} - \frac{1}{\tan\beta}\right)\sin\alpha \tag{5.2-9}$$

$$F_r = W\cos\alpha\tan\varphi + \frac{CH_s}{\sin\alpha} = \frac{1}{2}\gamma_s H_s^2\left(\frac{1}{\tan\alpha} - \frac{1}{\tan\beta}\right)\cos\alpha\tan\varphi + \frac{CH_s}{\sin\alpha} \tag{5.2-10}$$

式中 W——失稳块体的重量；

α——失稳后新溃口边坡的坡角；

γ_s——材料的重度；

H_s——溃口边坡高度；

C——材料的黏聚力。

针对溃决后可能存在残留坝高，模型有两种计算方法可供选用：（1）通过计算水流在溃口底床的切应力和材料的临界剪应力确定溃口能否继续下切；（2）通过设定溃口最终底高程对残留坝高进行设置，当溃口下切至设置高程后无法继续向下发展，只能横向扩展。

4. 数值计算方法

采用按时间步长迭代的数值计算方法模拟溃决过程中的水土耦合作用，输入初始参数，设置计算时长 t_c 和时间步长 Δt，采用如图 5.2-3 所示流程图计算大坝的溃决过程。

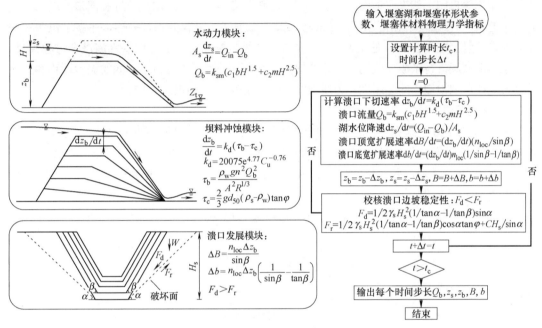

图 5.2-3　溃决洪水分析"南科院模型"

"南科院模型"的主要特点如下：

（1）采用宽顶堰公式计算溃口流量，采用水量平衡方程处理溃决过程中的水位变化。漫顶溃决过程中，上游水位是一个动态变化的过程，在计算水位高程变化时，同时考虑不同高程处的湖面面积、入湖流量及溃口出流量，使得整个过程服从水量平衡方程。

（2）选择基于水流剪应力原理的冲蚀公式模拟坝料的冲蚀。当堰顶溃口水深与下游坡溃口水深确定后，可计算获得溃决水流的剪应力 τ_b、冲蚀系数 k_d 与坝料临界剪应力 τ_c 可通过试验测定；当冲蚀系数和坝料临界剪应力无法通过试验获取时，可采用考虑宽级配坝料特征的经验公式计算。

（3）假设溃口的纵向下切与横向扩展速度一致。当溃口处水深小于溃口深度时，按理论分析，溃口水流仅能冲蚀水面线以下的土体材料；但大坝多由散粒材料构成，且未经碾压，当水面以下土体被冲蚀后，上部土体会发生滑落，因此模型的假设可以成立。

（4）通过模型试验和现场实测数据发现，一般沿河流运动方向较长，在漫顶溃决过程中下游坡逐渐变缓。模型假设大坝在水流冲蚀作用下，堰顶高程逐渐降低，下游坡坡角逐渐减小，直至溃决结束；下游坡坡角的变化可通过堰顶与下游坡溃口深度的变化推导获取。另外，随着溃决过程加剧，溃口边坡可能会发生失稳，模型采用极限平衡法分析溃口边坡的稳定性。

（5）模型采用按时间步长迭代的数值计算方法模拟溃口发展过程与溃口流量过程之间的耦合关系，可输出每个时间步长结束时的溃口流量、溃口顶宽、溃口底宽、溃口底高程和湖水位等计算参数。

5.2.3.3 一维洪水演进全过程模拟：清华模型

从物理机制上考虑，大坝溃决是复杂的水流流态变化（非恒定、非均匀）和溃口发展（泥沙非恒定输移、边岸土体重力失稳）相互作用的复杂过程，涉及水动力学、泥沙运动力学和水土耦合作用等机制。如果仅考虑漫溢溃决模式，则需描述溃口中的水流演进和溃口发展两个耦合的子过程。Wang 等、傅旭东等和 Liu 等通过考虑上述子过程的物理描述，建立了包含 3 个率定参数（曼宁糙率系数、泥沙速度滞后系数和边坡冲蚀系数）的一维洪水演进全过程模型，在唐家山堰塞湖进行了成功应用。在此基础上，安晨歌等进一步分析了不同的泥沙输移和边坡冲蚀模式在溃坝模拟中的适用性，为溃坝模型中封闭条件的选择提供了参考。

1. 水流演进

一维圣维南方程组在实际应用过程中存在不同的形式，且不同形式的方程在数学上互相等价。但是溃坝过程往往伴随着剧烈的河床变形，不规则的断面形态可能会对离散的数值格式带来较大误差，此时使用以水位和流量作为自变量的方程则能够较好克服数值不稳定性和非守恒性问题。具体的水流控制方程组如下所示：

$$\frac{\partial Z}{\partial t}+\frac{\partial (Q/B)}{\partial x}=-\frac{Q}{B^2}\frac{\partial B}{\partial x} \tag{5.2-11}$$

$$\frac{\partial Q}{\partial t}+\frac{\partial}{\partial x}\left(\frac{Q^2}{A}\right)=gA\left(-\frac{\partial Z}{\partial x}-S_f\right) \tag{5.2-12}$$

式中　　　　　　　　　t——时间；

x——沿河道方向的空间坐标；

$Z=h+Z_b$——水位高程；

h——水深；

z_b——床面高程；

$Q=Au$——流量，A 为过水面积，u 为流速；

B——水面宽度；

$-\partial Z/\partial x$——水面线斜率；

$S_f=n^2Q|Q|A^{-2}R^{-4/3}$——阻力项；

n——曼宁系数；

R——水力半径。

与参数模型中常用的堰流公式相比，圣维南方程组考虑了水流的快速时间变化和沿程阻力影响，适用于瞬溃和渐溃等不同情形溃决洪水计算，具有广泛的适用性。

2. 河床变形

溃坝过程中的河床演变是水流和溃口边界强相互作用的结果，包括水力冲蚀及其诱发的边坡土体破坏两种机制。这两种机制需要在溃坝模型中分别加以考虑。在较小时间尺度上，水流对床面影响深度与床沙粒径相当（Gyr 和 Schimid，1997）；对于非均匀沙，在水流分选作用下，亦会在河床表面形成一到两个颗粒尺寸高度的表面粗化层（Seminara 等，

1996）。假设水流与床沙相互作用发生在河床表层床沙中，其厚度和床沙粒径相当。定义该层为床沙边界层，考虑床沙的不均匀性所带来的粗沙对细沙的遮蔽效应，则床沙边界厚度可写为（傅旭东等，2010）：

$$\delta = d_s f(\phi_k, d_k) \tag{5.2-13}$$

式中　　　　　　δ——床沙边界厚度；

$d_s = \sum_k \phi_k d_k^3 / \sum_k \phi_k d_k^2$——泥沙颗粒 Sauter 粒径，$d_k$ 表示对泥沙粒径进行分组之后第 k 组泥沙的代表粒径，ϕ_k 为床沙边界层中第 k 组泥沙所占的百分数；

$f(\phi_k, d_k)$——遮蔽函数，表示床沙非均匀性所引起的遮蔽效应，是床沙颗粒级配的函数，用下式表示：

$$f(\phi_k, d_k) = 1 - \sqrt{\sum_k \phi_k \left(d_k - \left(\sum_k \phi_k d_k^3\right)^{1/3}\right)^2} \left(\sum_k \phi_k d_k^3\right)^{-1/3} \tag{5.2-14}$$

泥沙输运造成床面冲淤，并进一步引起床沙边界层内的泥沙质量变化。对于长 Δx、厚 δ 的单宽床沙边界单元，在每个时间步长 Δt 内，假设沿流向的泥沙输入输出与垂向的底层补给/表层淤积交替进行（Hoey 和 Ferguson，1994），且后者的作用结果是维持 δ 的大小，且床沙边界层内颗粒充分混掺。在沿流向泥沙输移阶段，基于 Exner 方程，得到河床高程随时间的冲淤变化为：

$$(1-p)\frac{\partial z_b}{\partial t} + \frac{\partial q_{bT}}{\partial x} = q_{sy} \tag{5.2-15}$$

式中　p——床沙孔隙率；

q_{bT}——各组泥沙单宽输沙率之和；

q_{sy}——由于边岸冲蚀带来的床面泥沙淤积。

计算这两个变量的封闭方法将在后面两节中分别加以介绍。根据质量守恒原理，进一步可以得到床沙边界层内第 k 组泥沙的百分数 ϕ_k 的输运方程为（Wang 等，2008；傅旭东等，2010；Liu 等，2012）：

$$\frac{\partial(\delta\phi_k)}{\partial t} = \phi_{I,k}\frac{\partial z_b}{\partial t} - \left(\frac{\partial z_b}{\partial t}\right)_k \tag{5.2-16}$$

式中　$(\partial z_b/\partial t)_k$——第 k 组泥沙所对应的床面变形；

$\phi_{I,k}$——边界层与下层河床发生交换泥沙的级配。

当河床下切时，$\partial z_b/\partial t < 0$，下层泥沙进入边界层，此时 $\phi_{I,k} = \phi_k(z)|_{z=z_b}$。当河床抬升时，$\partial z_b/\partial t > 0$，边界层泥沙进入下层河床，此时 $\phi_{I,k} = \phi_k$（Hirano，1971）。床沙边界层的具体变化过程如图 5.2-4 所示。

3. 泥沙输移

1）修正的 Meyer-Peter & Muller 公式

泥沙输运是溃口发展过程中基本的动力学机制，选择合适的输沙公式是溃坝模拟中的关键因素。在目前的河流模拟中，已经存在众多的推移质输沙公式，其中 Meyer-Peter 等在 1948 年提出的以水槽试验资料为基础的半经验公式，因其试验资料的详细充分而被广泛使用，是推移质运动计算中最常用的公式之一。Wong 和 Parker 指出，原始的 Meyer-

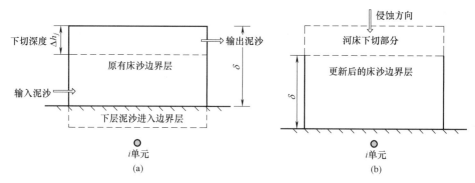

图 5.2-4　床沙边界层变化过程示意图

(a) 初始状态；(b) 河床下切之后

Peter & Muller（MPM）公式在考虑床面形态阻力时使用了 Nikuradse 关于床面粗糙高度的错误结论。在更正这一错误之后，得到修正的 MPM 公式。将这一公式用于天然河流的非均匀沙输沙计算时，方程可以表达为如下形式：

$$q_k^* = 3.97\phi_k(\tau_k^* - 0.0495)^{1.5}$$ (5.2-17)

式中　q_k^*——第 k 组泥沙的无量纲输沙率；

τ_k^*——相应的无量纲剪切力（谢尔兹数），其表达式分别如下所示：

$$\tau_k^* = \frac{\rho_w hS}{(\rho_s - \rho_w)d_k}$$ (5.2-18)

$$q_k^* = \frac{q_{bk}}{d_k\sqrt{gd_k\dfrac{\rho_s - \rho_w}{\rho_w}}}$$ (5.2-19)

式中　S——河床比降；

ρ_w——水体密度，计算中取为 1000kg/m³；

ρ_s——泥沙颗粒的密度，计算中取为 2650kg/m³；

d_k——第 k 组泥沙的代表粒径；

q_{bk}——第 k 组泥沙的推移质单宽输沙率。

根据计算得到的各组泥沙的单宽输沙率，求和即可得到床面总单宽输沙率 q_{bT}：

$$q_{bT} = \sum_k q_{bk}$$ (5.2-20)

其中，堰塞体在天然堆积条件下其河床坡降通常较陡，泥沙颗粒自重沿流向的分量同样会对泥沙运动产生较大的驱动作用，此时还需要考虑这一效应并对输沙计算进行陡坡修正。常见的陡坡修正通常是对泥沙运动的临界剪切力进行调整，但这一方法无法适用于河床坡度接近于泥沙自然休止角的情况。Wu 等采取了如下修正水流剪切力的方法，取得了较好的效果：

$$\tau_m^* = \tau^* + \left[1 + 0.22\left(\frac{\tau^*}{\tau_c^*}\right)^{0.15} e^{2\sin\varphi/\sin\phi}\right]\tau_c^* \frac{\sin\theta}{\sin\varphi}$$ (5.2-21)

式中　τ_m^*——修正后的无量纲剪切力；

$\tau_c^* = 0.00495$——临界谢尔兹数；

θ——床面坡度；

φ——泥沙自然休止角。

2）层移运动模型

在溃坝非恒定、非均匀水流条件下，现有的以 MPM 为代表的经典推移质公式因缺乏应用的理论基础而可能失效。Wang 等、傅旭东等、Liu 等建立了推移质的层移运动模型。该模型能够在较小的时间尺度上，分辨强非恒定流下的水沙作用及泥沙选择性输移过程。

根据 Pugh 和 Wilson 的试验，该模型假定水流流速在床沙边界层内呈线性分布，边界层底部的水流流速为 0，边界层顶部（即河床表面）的水流流速为 u。对于边界层中的泥沙而言，若当地的水流流速超出了该粒径泥沙的临界起动流速，泥沙就会在水流的搬运作用下发生层移运动。计算泥沙临界起动流速也可以有不同选择，模型中采用肖焕雄的临界流速公式，同样考虑泥沙自重对公式进行陡坡修正：

$$u_{ck}=K\sqrt{2g\frac{\rho_s-\rho_w}{\rho_w}d_k\left(\cos\theta-\frac{\sin\theta}{\tan\varphi}\right)} \tag{5.2-22}$$

式中　u_{ck}——第 k 组泥沙的临界起动流速；

K——泥沙稳定性系数，根据肖焕雄的研究，在模型中该参数取为 0.89。

根据临界起动流速公式和 Pugh 和 Wilson 的流速线性分布假设，可以得到床沙边界层内第 k 组泥沙所能起动的部分占同粒径泥沙的比例近似为：

$$P_k=\begin{cases}1-\dfrac{u_{ck}}{u} & u_{ck}<u \\ 0 & \text{其他}\end{cases} \tag{5.2-23}$$

对第 k 组泥沙而言，其起动之后在水流拖曳力等作用下，以速度 u_{sk} 沿流向运动。由于泥沙颗粒的惯性，速度 u_{sk} 与当地水流速度之间存在滞后效应，当地水流流速和断面平均流速也存在着一定比例关系。综合考虑这些效应，将颗粒运动速度表示为：

$$u_{sk}=k_l u \tag{5.2-24}$$

式中　k_l——综合的速度滞后系数，表示颗粒运动速度和断面平均流速之比，需要在模型中进行率定。

由此得到层移模型中第 k 组泥沙的单宽输沙率为：

$$q_{bk}=u_{sk}P_k\phi_k\delta \tag{5.2-25}$$

4. 边岸冲蚀

Cantelli 等从质量守恒的角度出发，通过泥沙运动的连续性方程，同样建立了描述边岸冲蚀的数学模型。该模型更加强调岸坡上的推移质运动对边岸发展的作用，将边岸的冲蚀过程模化为一个连续过程。该模型较好地再现了 Cantelli 等的室内溃坝实验结果，并且能够描述河床快速下切过程中的河道束窄现象。

该模型中假设边岸与床面上的水流剪切力之比为一个常数 χ，利用已有的推移质公式（如 MPM 公式等）同样可以求得在河道的边岸部分沿水流方向的推移质输沙率 q_s。进一步将二维泥沙守恒方程在河道全断面上积分，可求得河道底部的宽度 b 随时间变化的方程：

$$\frac{\partial b}{\partial t}=\frac{2}{S_s}\frac{\partial z_b}{\partial t}+\frac{1}{(1-p)(h_d-z_b)}\left(\frac{2}{S_s}\frac{\partial hq_s}{\partial x}+q_s\frac{\partial b}{\partial x}+2q_{sy}\right) \tag{5.2-26}$$

式中　S_s——河岸边坡的坡度，边岸补给床面的泥沙通量 q_{sy} 为

$$q_{sy} = q_s \alpha_n \sqrt{\frac{\tau_c^*}{\varphi \tau_m^*}} S_s \qquad (5.2\text{-}27)$$

式中 α_n——系数，取为 2.65。

5.2.4 精细化通用计算模型

随着计算机和高性能计算水平的快速发展，使得溃坝数值分析计算得到了很好的发展，由早起的统计回归、一维简化计算，逐步发展为二维、三维的精细化通用分析计算模型。如国内外应用较为广泛的 MIKE 系列软件、HEC 系列软件、Fluent 软件等。本节以美国陆军工程师兵团水文中心研发的 HEC-RAS 和西安理工大学研发的 GAST 模型为例，介绍一维和二维溃坝洪水计算和演进分析的基本原理和方法。

5.2.4.1 HEC-RAS 溃决洪水演进模拟

HEC-RAS 可针对自然河道或人工河道进行恒定流水面线计算、模拟非恒定流、泥沙运移计算和水质分析等，洪水演进的计算方法主要包含只考虑一维方向洪水运动的圣维南方程，考虑二维方向的浅水方程（蓄洪区，洪泛区），和三维水流运动 N-S 方程。

1. 恒定流模拟计算方法

HEC-RAS 的恒定流计算模块一般用于计算渐变流、混合流以及急变流的水面线，模拟计算的基本方程为能量方程，如式（5.2-28）所示：

$$Z_1 + H_1 + \frac{\alpha_1 v_1^2}{2g} + h_f = Z_2 + H_2 + \frac{\alpha_2 v_2^2}{2g} \qquad (5.2\text{-}28)$$

式中 Z_1、Z_2——河道断面底部高程（m）；

H_1、H_2——河道水深（m）；

v_1、v_2——河道断面水流的平均流速（m/s）；

h_f——断面间的水头损失，由根据曼宁公式计算，即式（5.2-29）计算：

$$h_f = L\overline{S_f} + C \left| \frac{\alpha_2 v_2^2}{2g} - \frac{\alpha_1 v_1^2}{2g} \right| \qquad (5.2\text{-}29)$$

式中 α_1、α_2——流速系数；

L——河槽及两岸漫滩两相邻断面之间的加权平均值，其取值原则如式（5.2-30）所示（m）；

C——扩展或收缩系数；

$\overline{S_f}$——两计算断面之间的水力坡降，其计算公式如式（5.2-31）所示。

$$L = \frac{L_{ro}\overline{Q_{ro}} + L_{ch}\overline{Q_{ch}} + L_{lo}\overline{Q_{lo}}}{\overline{Q_{ro}} + \overline{Q_{ch}} + \overline{Q_{lo}}} \qquad (5.2\text{-}30)$$

式中 $\overline{Q_{ro}}$、$\overline{Q_{ch}}$、$\overline{Q_{lo}}$——主河槽及两岸漫滩的平均流量（m³/s）；

L_{ro}、L_{ch}、L_{lo}——主河槽及两岸漫滩的两个相邻计算断面之间的距离（m）。

$$\overline{S_f} = \left(\frac{Q}{K} \right)^2 \qquad (5.2\text{-}31)$$

式中 K——流量模数（m/s）。

HEC-RAS 中有四种方法来计算 $\overline{S_f}$，分别为平均流量公式法、平均坡降公式法、几何平均坡降法和调和平均坡降法，其计算公式如下所示：

$$\overline{S}_f = \left(\frac{Q_1 + Q_2}{K_1 + K_2}\right)^2 \tag{5.2-32}$$

$$\overline{S}_f = \frac{S_{f1} + S_{f2}}{2} \tag{5.2-33}$$

$$\overline{S}_f = \sqrt{S_{f1} \times S_{f2}} \tag{5.2-34}$$

$$\overline{S}_f = \frac{2(S_{f1} + S_{f2})}{S_{f1} + S_{f2}} \tag{5.2-35}$$

这四种方法均要求两断面之间的距离不宜过长，进而提高其计算精度，一般情况下，HEC-RAS 默认以平均流量方程为平均水力坡降，即式（5.2-32）。

对于自然或人工河道的渐变流，能量方程是适用的，而当出现断面收缩，坡度突变、跌坎及河流交叉点等河道断面变化的情况时，必须采用动量方程来计算，动量方程如式（5.2-36）所示：

$$Q\rho\Delta_x = P_2 - P_1 + G_x - F_f \tag{5.2-36}$$

式中　Q——流量（m^3/s）；

Δ_x——流向方向的流速变化量（m/s）；

P_1、P_2——前后断面的水压力（kN）；

G_x——流向方向的重力分量（kN）；

F_f——两相邻断面之间的摩擦阻力，其计算公式如式（5.2-37）所示（kN）。

$$F_f = \tau\overline{P}L = \gamma\left(\frac{A_1 + A_2}{2}\right)\overline{S}_f L \tag{5.2-37}$$

式中　τ——剪应力（MPa）。

以上即为 HEC-RAS 中恒定流计算的原理，在进行水面线计算时，HEC-RAS 采用迭代的方法，精度一般为 0.003m，最大迭代次数为 40 次。

2. 非恒定流模拟计算方法

非恒定流模拟计算主要运用 Saint-Venant 方程组，如下式所示：

$$\begin{cases} 连续性方程：\dfrac{\partial A}{\partial t} + \dfrac{\partial Q}{\partial x} = q \\[3mm] 运动方程：\dfrac{\partial Q}{\partial t} + \dfrac{\partial\left(\alpha\dfrac{Q^2}{A}\right)}{\partial t} + gA\dfrac{\partial h}{\partial x} + \dfrac{gQ|Q|}{C^2 AR} = 0 \end{cases} \tag{5.2-38}$$

式中　A——横断面的过水面积（m^2）；

q——侧向流入水量（m^3/s）；

R——河道水力半径（m）。

目前对 Saint-Venant 方程组的解法有：有限单元法、瞬时流量法、特征线法、有限体积法等，而 HEC-RAS 在计算时采用特征线法进行 Preissmann 四点隐式差分求其数值解。

5.2.4.2　二维水动力模型模拟-西安理工模型

GAST 模型是西安理工大学开发的用于模拟地表水及其伴随输移过程的数值模型。相对于经典的水动力学数值模型，此模型具备如下特征：数值求解格式为 Godunov 类型的有限体积法，该类方法能够很稳健地解决不连续问题如溃坝，并可严格保持物质守恒；采用一套能适用于任何复杂网格的二阶算法，不仅提高了模拟的精度和计算效率，也解决了在地表水流动和物质输移过程模拟中一些其他数值求解难题，如处理复杂地形、复杂边界、复杂流态包括干湿演变等；该模型另一个特点是利用新的硬件技术来提高计算性能以满足实际应用需求。采用 GPU 技术来加速计算，该技术可以在单机上实现大规模计算（较同成本的 CPU 计算机能提速 20 倍左右）。

1. 控制方程

应用具有守恒格式的平面二维浅水方程（简称 SWEs）来模拟溃坝洪水的演进过程。忽略了运动黏性项、紊流黏性项、风应力和科氏力，二维非线性浅水方程的守恒格式可用如下的矢量形式来表示：

$$\frac{\partial \boldsymbol{q}}{\partial t}+\frac{\partial \boldsymbol{f}}{\partial x}+\frac{\partial \boldsymbol{g}}{\partial y}=\boldsymbol{S} \tag{5.2-39}$$

$$\boldsymbol{q}=\begin{bmatrix} h \\ q_x \\ q_y \end{bmatrix}, \boldsymbol{f}=\begin{bmatrix} uh \\ uq_x+gh^2/2 \\ uq_y \end{bmatrix}, \boldsymbol{g}=\begin{bmatrix} vh \\ vq_x \\ vq_y+gh^2/2 \end{bmatrix}$$

$$\boldsymbol{S}=\begin{bmatrix} 0 \\ -gh\partial z_b/\partial x \\ -gh\partial z_b/\partial y \end{bmatrix}+\begin{bmatrix} 0 \\ -C_f u\sqrt{u^2+v^2} \\ -C_f v\sqrt{u^2+v^2} \end{bmatrix} \tag{5.2-40}$$

式中 $\boldsymbol{q}$——变量矢量，包括水深 h，两个方向的单宽流量 q_x 和 q_y；

        g——重力加速度；

    u、v——x、y 方向的流速；

    $\boldsymbol{F}$、$\boldsymbol{G}$——x、y 方向的通量矢量；

        $\boldsymbol{S}$——源项矢量；

        z_b——河床底面高程；

$C_f=gn^2/h^{1/3}$——谢才系数，n 为曼宁系数。

2. 数值方法

本模型采用 Godunov 格式的有限体积法求解二维浅水方程。单元界面通量应用 HLLC 格式的近似黎曼求解器求解。通过静水重构来修正干湿边界处负水深。底坡源项模型使用作者提出的底坡通量法处理。摩阻源项的计算使用半隐式法来提高稳定性。采用二阶显式 Runge Kutta 方法进行时间步长的推进。从而构造具有二阶时空精度的 MUSCL 型格式，有效解决复杂地形干湿界面处的负水深和伪高流速等现实中不存在的物理现象所造成的计算失稳和物质动量的不守恒。因溃坝洪水演进过程模拟一般尺度较大，为提高计算效率，模型采用 GPU 并行计算技术实现高速运算。

5.2.5 典型溃坝案例

5.2.5.1 板桥溃决实例

1975 年 8 月 4～7 日河南省中部的一场特大暴雨（通称"75·8"暴雨），造成板桥、石漫滩两座大型水库，田岗、竹沟两座中型水库和 58 座小型水库垮坝。导致 29 个县

12000km² 的土地受淹，1700 万亩耕地，1100 万人受灾，2.6 万人遭受灾害，是近代水利史上的一次重大灾害。

1. 板桥水库概况

板桥水库建成于 1951 年，主要用于防洪、灌溉、发电和养鱼，地处河南省驻马店市以西 45km，泌阳县板桥乡境内的汝河上，控制流域面积 762km²，多年平均径流量 2.8 亿 m³。大坝是黏土心墙砂壳坝，建成时最大坝高 21.5m，坝顶长 1700m，宽 8m，上游坝坡 1:3，下游坝坡 1:2.5，拦蓄的总库容为 2.44 亿 m³，右侧设有宽 80m 的溢洪道和高 3.2m 的输水洞。1956 年发现坝体沉陷并严重开裂，故进行加固扩建，采用对原坝体进行大开膛的方案，即在坝上开挖长 1300m、宽 30m、深 29.5m 的槽，再重新回填土料压实。加固扩建后坝顶加高 3m，相应坝顶高程为 116.34m，最大坝高 24.5m，坝顶宽 6m、长 2020m，最大库容增加为 4.92 亿 m³。同时在右岸的天然山谷内增建一座宽 300m 的副溢洪道，最大下泄流量 1160m³/s。具体的坝体结构和材料参数可参考表 5.2-5。

板桥坝体结构和材料参数

表 5.2-5

板桥参数	心墙材料	外壳材料
高度(m)	24.5	24.5
坝顶宽度(m)	3	3m
上游坡比	1:4	1:3
下游坡比	1:4	1:2.5
D_{50}(mm)	0.03	0.2
孔隙比	0.3	0.35
内聚力(kPa)	30	0
内摩擦角(°)	20.3	26.5
黏土含量(%)	40	—

1975 年 8 月 3 日，由于台风引起的特大暴雨，驻马店大部分地区在 3d 内遭遇了 1000mm 以上的降雨。板桥水库入库流量过程线见图 5.2-5，溃坝时入库流量约 13000m³/s，从 7 日 17：00～8 日 0：00，库水位从 114.79m 升高到 117.94m，到达坝顶位置，随后坝体开始发生漫顶溃决。牛运光等记载了有关水文、气象和溃坝的特征信息，由实测剖面图可以看出，溃口宽度为 310m，如图 5.2-6 所示。

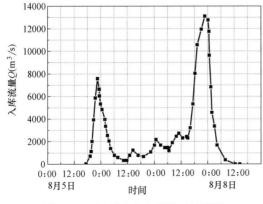

图 5.2-5　板桥水库入库流量过程线

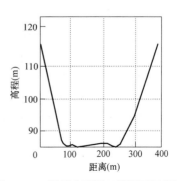

图 5.2-6　板桥水库溃口横断面示意图

2. 反演分析

采用 DB-IWHR 模型反演分析板桥溃坝过程，输入计算数据见表 5.2-6。板桥水库溃口流量及溃口宽度与时间的关系见图 5.2-7 和图 5.2-8。反演分析计算结果与实测数据见表 5.2-7。

	名称	符号	取值
地理学参数	库容	p_1,p_2,p_3	$1.99,-30.68,187.17$
	初始库水位	H_0	117.94m
	入流流量	q	5000m^3/s
水力学参数	宽顶堰系数	C	1.42
	跌落系数	m	0.8
	启动流速	V_c	2.4m/s
	冲蚀参数	a,b	1.0,0.0003
岩土力学参数	坝体材料参数	γ,c,φ	16kN/m^3,30kPa,25°
	溃口双曲线模型参数	m_1,m_2	0.27,0.02
	初始底高程	z_0	115.79m

板桥水库溃坝的参数列表　　　　表 5.2-6

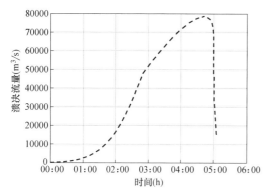

图 5.2-7　板桥水库溃口流量与时间的关系曲线　　　图 5.2-8　板桥水库溃口宽度与时间的关系曲线

板桥水库溃坝计算结果与实测数据列表　　　　表 5.2-7

	符号，单位	计算结果	实测数据
峰值流量	Q_p,m^3/s	78622	78100
峰值流量对应时间	t_p,h	4.70	3.5
溃口均宽	B_{avg},m	311	291

5.2.5.2　白格堰塞湖溃决洪水与演进模拟

2018 年 10 月 10 日、11 月 3 日，西藏自治区昌都市江达县和四川省甘孜藏族自治州白玉县交界处，金沙江右岸同一位置连续发生两次山体滑坡，堵塞金沙江形成白格堰塞湖。两次堰塞湖分别在 2018 年 10 月 12 日和 11 月 13 日发生溃决，溃决洪峰流量分别约为 10000m^3/s 和 31000m^3/s。其中"11·03"堰塞湖溃决洪水造成下游在建苏洼龙水电站基坑被淹，云南省迪庆、丽江、大理等 4 州市 11 个县市区共计 5.4 万人受灾，直接经济损失达 74.3 亿元。

白格"11·03"堰塞湖从形成到溃决经历了 9d 时间。现场人员在抢险救灾的过程中做好了充分的准备，迎接洪水的到来，不仅实测了堰塞湖溃决时的泄流全过程，而且记录了下游 750km 7 个水文站的流量、水位过程。这一金沙江上游超过万年一遇的洪水实测为深化河流动力学的理论研究和提高溃决洪水分析水平提供了极有价值的科学资料。

1. 基本概况

1）地形地貌

白格堰塞体位于金沙江上游，东经 98°42′32.24″，北纬 31°4′59.27″，如图 5.2-9 所示。金沙江流域为不对称的 100～130m 宽"V"形河谷，左右两侧边坡坡度陡峭，约为 40°～80°。

2018 年 11 月 3 日，"10·10"白格滑坡的残余滑坡体再次下滑，在原残余堰塞体基础上形成"11·03"白格堰塞体。堰顶垭口宽约 195m，长约 273m，堰顶高程约 2967m，平均较"10·10"堰塞体大约高 30m，堰塞体高出水面 58.24m，如果蓄满最大库容将达 $7.9×10^8$ m³。相应的库容水位关系曲线如图 5.2-10 所示。"11·03"白格堰塞湖基本概况如表 5.2-8 所示。

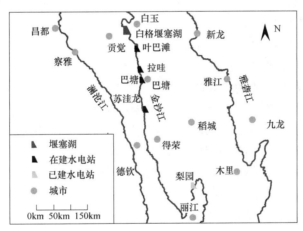

图 5.2-9 白格堰塞湖地理位置

"11·03"白格堰塞湖基本概况 表 5.2-8

类别	参数	数值
滑坡	滑坡高度	800m
	滑坡顶高程	3670m
	山顶高程	3718m
堰塞体	滑坡体方量	$2.4×10^6$ m³
	顺河向长度	1400m
	横跨河谷长度	600m
	最低处高程	2967m
	最高处高程	3004m
堰塞湖	最高水位	2956.4m
	可能的最大库容	$7.9×10^8$ m³
	实际最大库容	$5.78×10^8$ m³
	原河床高程	2861m

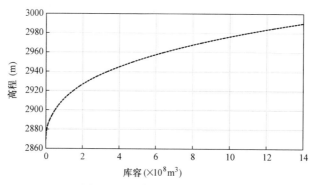

图 5.2-10　库容水位关系曲线

2）物质组成与力学特性

白格"11·03"堰塞体堆石料呈混色，主要为灰绿色、灰黄色、灰白色。堰塞体下滑推挤河床后的河床推挤物与滑体混杂堆积，颜色杂，河床物磨圆较好，以砂砾为主。堆积于左岸堰塞体下游表部，为黄褐色和灰绿色碎石土，表部碎石富集较明显。堰塞体表部后半部分（坝面顺河下游）由碎块石组成，细颗粒含量少，呈灰褐色，块径多为 5～30cm，大者可达 200cm，碎石（块径 2～20cm）含量约占 40%，块石（块径大于 20cm）含量约占 30%，砾石（粒径 0.2～2cm）约占 15%，砂砾（粒径 0.075～2mm）约占 10%，细粒土约占 5%，为弱风化岩体中的粗颗粒经初步分选而成。堰塞体表部前半部分（坝面顺河上游），细颗粒含量多，粗颗粒含量少，呈灰褐、灰绿色，碎石约占 20%，砾石约占 40%，砂粒约占 20%，粉黏粒约占 15%，另夹少量块石。在溃决后现场观测时发现，裸露的表层沉积物被上部较粗的颗粒降解，下部明显致密。

堰塞体材料颗粒分布曲线如图 5.2-11 所示。对白格"11·03"堰塞体残留土体进行固结排水试验，其有效黏聚力分别为 3.0kPa 和 1.2kPa，有效内摩擦角分别为 32.8°和 30.6°（图 5.2-12），其物理力学指标见表 5.2-9。

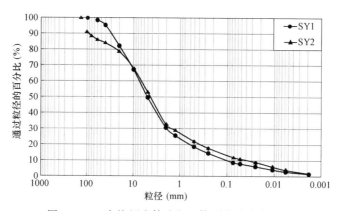

图 5.2-11　白格堰塞体残留土体颗粒分布曲线图

3）冲蚀特性

堰塞体材料的冲蚀特性是影响溃决洪水流量最重要的因素，国内外已研发了许多不同的冲蚀试验设备来测量冲蚀剪应力和土体材料的冲蚀率。作者团队研发了圆筒型冲蚀试验设备（CETA）测量土体材料冲蚀特性。CETA 设备如图 5.2-13 所示。图 5.2-14 是白格堰塞体残留土体的冲蚀剪应力与冲蚀率的关系图，其数据来于 CETA 设备。根据作者提出的双曲线模型测定的参数（图 5.2-14）白格堰塞湖溃决分析中，$1/a$、$1/b$ 分别为 0.9 和 2.5mm/s。

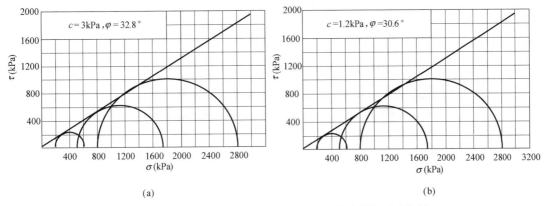

图 5.2-12　白格堰塞体残留土体三轴固结排水剪切试验结果

(a) SY1；(b) SY2

白格堰塞体残留土体物理力学指标　　　　　　　　表 5.2-9

样品编号	不均匀系数 C_u	曲率系数 C_c	中值粒径 d_{50} (mm)	密度 G_s (g/cm³)	含水率 w (%)	干密度 ρ_d (g/cm³)	压实度 K	黏聚力 c (kPa)	摩擦角 φ (°)
SY1	75.4	4.9	5.10	2.72	9.0	2.03	0.95	3.0	32.8
SY2	189.1	8.9	4.39	2.68	9.2	2.04	0.95	1.2	30.6

图 5.2-13　圆筒型冲蚀试验设备（CETA）

4）堰塞湖溃决过程及下游实测流量过程

"11·03"堰塞体堰顶高程 2967m，高出水面 58.24m，如果蓄满最大库容将达到 $7.9 \times 10^8 \mathrm{m}^3$。在比较了爆破、水冲、人工开挖、机械开挖形成泄流槽的可行性和安全性后，经过慎重研判、商讨，最终决定采用机械开挖形成泄流槽的方式干预处置堰塞湖，如图 5.2-15 所示。调用工程机械 18 台，其中挖掘机 13 台，装载机 5 台，11 月 8 日，现场机械到达堰塞

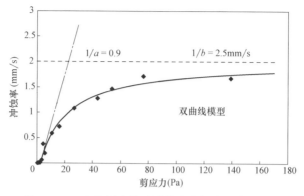

图 5.2-14　白格堰塞体冲蚀剪应力与冲蚀率关系图

体顶部。11 月 11 日下午泄流槽开挖完成。泄流槽长 220m，泄流槽底坎高程 2952.52m，顶宽 42m，底宽 3m，最大深度 15m。11 月 12 日凌晨，泄流槽开始进水，10 点 50 分开始过流；13 日 8 时前后泄流槽过流流量明显增大，13 日 12 时冲蚀明显加快；13 日 13：45 过流流量超过堰塞湖入湖流量，堰塞体前最高水位 2956.40m，相应库容 $5.78 \times 10^8 m^3$；13 日 18 时出库最大流量 31000m^3/s 左右；14 日 8 时溃口处流量退至基流。

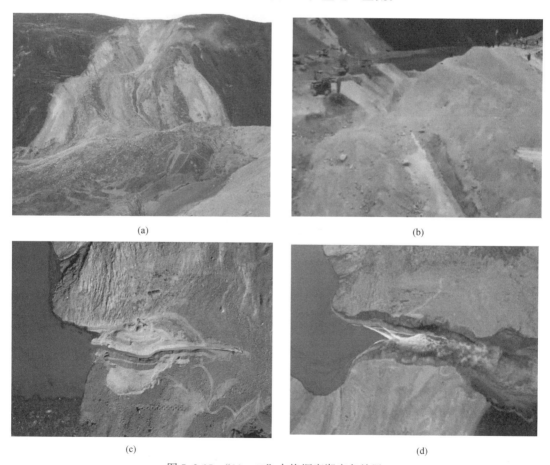

(a)	(b)
(c)	(d)

图 5.2-15　"11·03" 白格堰塞湖应急处置

"11·03"白格堰塞湖溃决流量过程如图5.2-16所示,各电站流量过程如图5.2-17所示。13日18时,溃口最大洪峰31000m³/s,下游54km处的叶巴滩水电站13日19时50分出现洪峰流量28300m³/s,相应水位2760.16m,历时1h50min洪峰到达叶巴滩电站;13日23时15分,历时5h15min溃决洪水演进至下游135km的拉哇水电站,洪峰流量削减至22000m³/s。14日1时55分,历时7h55min洪峰演进至巴塘电站坝址,最大洪峰流量20900m³/s。14日3时50分,历时9h50min洪峰演进至苏洼龙电站,最大洪峰流量19620m³/s。14日13时,历时19h洪峰演进至奔子栏水文站,最大洪峰流量15700m³/s。15日8时40分,历时38h40min洪峰演进至石鼓,最大洪峰流量7120m³/s。15日11时15分,历时42h30min洪峰演进至苏洼龙电站,最大洪峰流量7200m³/s。

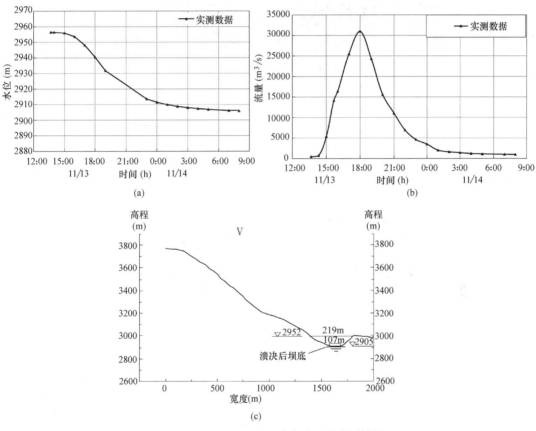

图5.2-16 "11·03"堰塞湖溃口处实测数据
(a)堰塞湖水位;(b)溃决流量;(c)溃口宽度

2. 溃堰洪水流量反演以及演进分析

采用水科院模型反演计算白格堰塞湖实际开挖引流槽和不开挖引流槽的溃堰流量,输入的全部参数见表5.2-10,并采用HEC-RAS进行溃堰洪水演进分析。

开挖和不开挖泄流槽"11·03"白格堰塞湖水位、溃口流量、溃口宽度的实测值和计算值见图5.2-18。反演分析十分接近再现了实测溃决过程。13日18时,溃口最大洪峰31000m³/s,溃决库容达到5.44×10⁸m³。若不开挖泄流槽,将在堰顶2967m时堰塞体漫顶溃决,库容达到8.69×10⁸m³,峰值预测为41623.48m³/s,开挖泄流槽使洪峰流量减少 34%，洪量减少 60%，最大限度地减少了对下游的灾害损失。

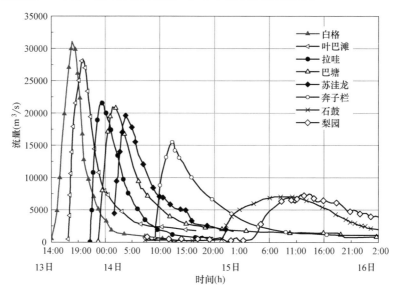

图 5.2-17　堰塞体至梨园段实测洪水流量过程图

白格堰塞湖"11•03"溃决过程反演分析"水科院模型"输入参数　　表 5.2-10

	名称	符号	默认值
水库特征	库容	$H_1,W_1,H_2,W_2,H_3,W_3,H_r$	2905.75
	初始库水位	H_o	2956.40m
	入库流量	q	850m³/s
	初始底高程	z_0	2952.52m
	溃口(导流槽)初始宽度	B_0	42
水力学参数	宽顶堰系数	C	1.43
	跌落系数	m	0.8
	启动流速	V_c	4m/s
	冲蚀参数	a,b	1.1,0.00038
岩土力学参数	密度	γ	2.03g/cm³
	凝聚力,摩擦角	c,φ	3kPa,32.8°
	初始溃口倾角	β_0	129°

注：库容关系曲线由相应 3 组库水位高程和库容 H_1，W_1，H_2，W_2，H_3，W_3，H_r 内插决定，H_r 为相对高程起点。

由于输入数据中涉及大量的不确定性，溃决分析结果不可能十分精确。因此，研究不同输入值的影响是溃决计算的一部分。水科院模型改变水力参数 c 和 m、冲蚀参数 a 和 b 以及溃口扩展参数 c 的溃决流量过程结果见表 5.2-11。

参数 $\dot{z}_{max}=1/b$（最大可能的冲蚀率），是对洪峰计算值最有影响的输入参数。本工程反演如果 b 的输入值介于 0.0003～0.0005 之间，这意味着 $\dot{z}_{max}$ 从 3.33mm/s 降至 2mm/s，溃决洪峰流量变化为（38406.53－25242.83）/31000＝42.4%。这一结果与目前

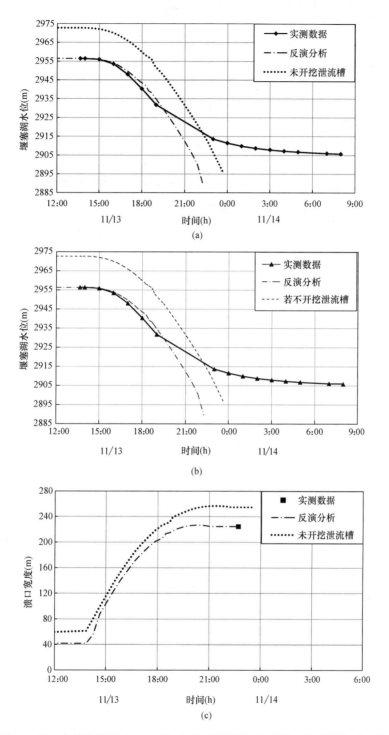

图 5.2-18 水科院模型"11·03"白格堰塞湖溃决计算结果与实测数据对比
（a）堰塞湖水位；（b）溃决流量；（c）溃口宽度

已知的溃决流量分析精度水平一致，峰值流量的变化在 50% 以内。由表 5.2-11 结果可以看出，其他参数输入值对计算结果的影响并不敏感。

不同案例特征值汇总 表 5.2-11

				到达时间 t_m (h)	流量 Q_m (m^3/s)	流速 V_m (m/s)	宽度 B (m)
实测数据				18:00	31000.00	7.00	219
反演分析				18:28	31041.09	8.03	226.70
未开挖泄流槽				18:54	41623.48	8.52	256.79
敏感性分析	水力学参数	$m=0.8$	$m=0.6$	18:21	32317.52	11.71	213.51
			$m=0.7$	18:11	32919.70	9.89	219.55
		$C=1.43$	$C=1.67$	18:04	32501.42	9.14	219.53
			$C=1.31$	18:45	30360.77	7.44	231.01
	冲蚀系数	$a=1.1$ $b=0.00038$	$a=1.0$ $b=0.0005$	19:13	25242.83	7.68	212.58
			$a=0.9$ $b=0.0003$	17:48	38406.53	8.41	242.48
	溃口扩展参数	$c=3kPa$ $\varphi=32.8°$	$c=16kPa$ $\varphi=45°$	18:50	31063.76	8.45	207.64
			$c=10kPa$ $\varphi=25°$	17:56	31955.35	7.61	272.60

　　根据"11·03"白格堰塞湖及各站点实测洪水流量过程，对"11·03"白格堰塞湖溃坝洪水及演进过程进行了洪水演进计算，模拟洪水演进过程与实测过程对比结果如图 5.2-19 所示。溃堰洪水演进至叶巴滩水电站时，实测历时 5.5h 到达洪峰流量 28300m^3/s，模拟结果比实测结果推迟，历时 6.17h 到达洪峰流量 26296.98m^3/s，比实测洪峰流量偏小 2003.02m^3/s；实测洪峰历时 8.92h 到达拉哇水电站，洪峰流量为 22000m^3/s，模拟结果洪峰到达时间为 9.67h，比实测推迟 0.75h，洪峰流量为 21827.48m^3/s。模拟结果比实测结果洪峰流量偏小 172.52m^3/s，模拟结果基本一致。实测洪峰流量于 11.33h 后演进至巴塘电站坝址，洪峰流量为 20900m^3/s。洪峰模拟至巴塘电站处用时 11h，洪峰流量 19870.52m^3/s，比实测提前 0.33h，洪峰流量偏小 1029.48m^3/s；实测洪峰流量到达苏洼龙时为 13.50h，洪峰流量 19620m^3/s，模拟洪峰流量演进至苏洼龙电站用时 15.17h，洪峰流量 15628.46m^3/s，洪峰流量相较实际差 3991.54m^3/s，模拟结果有一定的误差，主要由于模拟距离较长，误差叠加至苏洼龙被放大，模拟精度变差。实测洪峰流量于 23h 后演进至奔子栏水文站，洪峰流量为 15700m^3/s。洪峰模拟至奔子栏水文站处用时 22.50h，洪峰流量 13155m^3/s，比实测提前 0.5h，洪峰流量偏小 2545m^3/s；实测洪峰流量于 42.66h 后演进至石鼓，洪峰流量为 7170m^3/s，洪峰模拟至石鼓处用时 40h，洪峰流量 6554.29m^3/s，比实测提前 2.66h，洪峰流量偏小 615.71m^3/s；实测洪峰流量于 46.50h 后演进至石鼓，洪峰流量为 7200m^3/s，洪峰模拟至梨园处用时 56.5h，洪峰流量 4679.36m^3/s，比实测延迟 10h，洪峰流量偏小 2520.64m^3/s。

　　模拟洪水过程与实测洪水过程对比结果见表 5.2-12，随着演进距离的增加，洪峰流量误差有一定变大趋势，最大误差发生在梨园水电站处，这是由于梨园水电站处洪峰流量较小，同时演进距离过长导致。

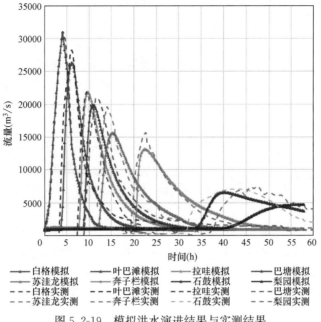

图 5.2-19 模拟洪水演进结果与实测结果

模拟洪水过程与实测洪水过程对比结果汇总表   表 5.2-12

特征断面	实测洪峰流量 （m³/s）	实测洪峰到达时间 （h）	模拟洪峰流量 （m³/s）	模拟洪峰流量到达时间 （h）	洪峰流量误差 （%）
白格	31000	4.00	31025.80	4.00	0.08
叶巴滩	28300	5.50	26296.98	6.17	7.08
拉哇	22000	8.92	21827.48	9.67	0.78
巴塘	20900	11.33	19870.52	11.00	4.93
苏洼龙	19620	13.50	15628.46	15.17	20.34
奔子栏	15700	23.00	13155.00	22.50	16.20
石鼓	7170	42.66	6554.29	40.00	8.58
梨园	7200	46.50	4679.36	56.5	35.00

    通过以上分析发现，采用 HEC-RAS 演进分析白格堰塞湖溃决洪水，并以实测溃决流量作为实例验证，从结果可以看出，下游各典型断面处洪水流量过程与实测流量过程非常接近，最小误差仅为 0.78%，但是随着演进距离的增加，误差有所增加，最大误差为梨园水电站处，这是由于梨园水电站处洪峰流量较小，同时演进距离过长导致。

5.3 应急预案与管理要求

5.3.1 概述

    应急管理是国家治理体系和治理能力的重要组成部分，承担防范化解重大安全风险、及时应对处置各类灾害事故的重要职责，担负保护人民群众生命财产安全和维护社会稳定的重要使命。要发挥我国应急管理体系的特色和优势，借鉴国外应急管理有益做法，积极推进我国应急管理体系和能力现代化。应急预案是应对突发事件、降低灾害损失最重要、最有效的非工程措施之一。应急预案是应急管理工作的重要组成部分，做好应急预案建设和管理是降低突发事件风险，开展及时有效救援的重要保障。通过预先编制应急预案，可有效提高病险坝突发事件应对能力，规范应急响应和应急管理程序，科学有效地开展抢险救援和人员财产应急转移，最大限度地减少突发事件人员伤亡和财产损失，确保经济社会健康稳定可持续发展。

自中华人民共和国成立以来，我国应急管理从起初的灾害应对管理到"单灾种"的分散应急管理，再到2003年"非典"事件后的综合协调应急管理，2012年中央国家安全委员会成立和2018年的应急管理部组建，我国应急管理体系逐步形成"全灾种、大应急"的综合应急管理。

中华人民共和国成立初期，我国应急管理以各行业专业部门为主的灾害应对体系，并在1950年成立了中央救灾委员会作为全国救灾工作的最高指挥机关；针对当时主要是水旱灾害和传染病防治，设立了中央防汛总指挥和中央防疫委员会，形成了以各专业和职能部门为基础，以中央救灾委员会为核心，中央防汛总指挥部和中央防疫委员会为辅助的我国第一代灾害应对应急管理模式。

1979年改革开放后，随着我国经济社会快速发展，安全生产事故逐渐进入高发期，党和国家高度重视安全生产，于1985年成立了全国安全生产委员会，由国务委员担任委员会主任，并设副主任和多名委员，是在国务院领导下研究、协调和指导关系全局性重大安全生产问题的组织。1993年国务院决定实行"企业负责、行业管理、国家监察、群众监督"的安全生产管理体制。2001年组建了国家安全生产监督管理局，2002年出台了《安全生产法》，安全生产与应急管理逐渐步入以法制为基础的分散协调临时响应的应急管理模式。2003年抗击"非典"疫情取得胜利后，党和国家进一步加强应急管理工作，大力推进以应急预案和应急管理体制、机制、法制为核心的国家应急管理体系建设。

2003年国家安全生产监督管理局由国务院直属，并于2005年升格为总局，成立了国务院安全生产委员会，由国务院副总理担任委员会主任，国务委员担任副主任，设多名委员。同时，2005年国务院办公厅设置国务院应急管理办公室，承担国务院应急管理日常工作，履行值守应急和综合协调职能。2007年，为预防和减少突发事件，出台《突发事件应对法》。我国逐渐形成以法制为基础，以"一案三制"为核心的综合协调应急管理模式。

党的十八大以来，习近平总书记全面推进新时代应急管理工作，强调坚持以防为主、防抗救相结合；坚持常态减灾和非常态救灾相统一，努力实现从注重灾害救助向注重灾前预防转变，从应对单一灾种向综合减灾转变，从减少灾害损失向减轻灾害风险转变；统筹发展和安全，坚持人民至上、生命至上，强调要借鉴国外应急管理有益做法，积极推进我国应急管理体系和能力现代化。2013年成立中央国家安全委员会，由国家主席担任委员会主席，国务院总理担任副主席，下设常务委员、委员，完善了国家安全体制和国家安全战略。2018年组建应急管理部，为构建中国特色应急管理体制，树立了新的重要里程碑。进入新时代，我国应急管理体系建设上升到国家最高层面，坚持总体国家安全观，全面推进应急管理体系建设，应急管理事业迈入新的发展阶段。

从我国应急管理体系发展历程来看，我国应急管理事业起步于2003年应对"非典"疫情之后。为解决卫生防疫基础薄弱、应急响应能力不足等问题，"非典"疫情后，以"一案三制"为四梁八柱的中国应急管理体系逐步建立起来。所谓"一案三制"，"一案"是指应急预案，"三制"则分别是应急管理体制、机制、法制。总体来看，"一案三制"中，应急预案是当时应急管理体系建设的重要抓手和切入点，2005年，国务院发布了《国家突发公共事件总体应急预案》，截至2020年9月，共制定了超过550万件应急预案。在体制方面，2006年4月，在国务院办公厅设置了国务院应急管理办公室（国务院总值班室），事实上承担着国务院应急管理的日常工作和国务院总值班工作，履行值守应急、信息汇总和综合协调职能，发挥运转枢纽的功能；各地也相继设立了专门的应急管理机构，另外，许多中央单位也成立了应急管理机构。在法制方面，2003年5月国务院公布实施了《突发公共卫生事件应急条例》，着重解决突发公共卫生事件应急处理工作中存在的信息渠道不畅、信息统计不准、应急响应不快、应急准备不足等问题，旨在建立统一、高效、权威的突发公共卫生事件应急处理机制；2007年颁布并实施的《中华人民共和国突发事件应对法》，以规范突发事件应对活动，这是我国应急管理工作法制化的里程碑。

因此，从我国应急管理体系和能力现代化的角度来看，应急预案是各行各业提升应急能力，最大限度减少人民群众生命损失和财产损失最有效的措施之一，水利水电领域亦是如此。尤其针对病险水库，根据国家法律法规、规章制度、技术标准要求，编制科学合理、可操作性强的应急预案十分重要。

5.3.2 应急预案编制要求

我国经历70余年的发展，已由中华人民共和国成立初期应对水、旱、涝、地震等传统单一自然灾害，逐步发展为当前的"防灾、减灾、抗灾、救灾"的综合减灾、"全灾种、全过程、全主体"的综合应急、"风险、隐患、灾害、安全"一体化的综合治理体系，综合灾害管理制度创新实现了从传统救灾工作到现代灾害管理工作的转变，以"一案三制"为框架的全灾种全过程的管理形态填补了中国综合应急管理制度的空白。目前，我国从法律法规、国家标准、行业规范等各个层次，均对应急预案编制、应急能力建设、应急准备能力等方面提出了明确的要求。

5.3.2.1 国家法律要求

1998年1月1日，《防洪法》颁布实施，对各级人民政府和大坝主管部门提出要求，并于2009年、2015年、2016年进行了三次修订。第三十六条规定："各级人民政府应当组织有关部门加强对水库大坝的定期检查和监督管理。对未达到设计洪水标准、抗震设防要求或者有严重质量缺陷的险坝，大坝主管部门应当组织有关单位采取除险加固措施，限期消除危险或者重建，有关人民政府应当优先安排所需资金。对可能出现垮坝的水库，应当事先制定应急抢险和居民临时撤离方案。"

2002年11月1日，《安全生产法》首次颁布实施，并于2009年、2014年、2020年修订三次。《安全生产法》规定了生产安全事故排查治理及应急救援预案的制定与管理机制。第三十八条规定："生产经营单位应当建立健全生产安全事故隐患排查治理制度，采取技术、管理措施，及时发现并消除事故隐患。事故隐患排查治理情况应当如实记录，并向从业人员通报"；第七十七条规定："县级以上地方各级人民政府应当组织有关部门制定本行政区域内生产安全事故应急救援预案，建立应急救援体系"；第七十八条规定："生产经营单位应当制定本单位生产安全事故应急救援预案，与所在地县级以上地方人民政府组织制定的生产安全事故应急救援预案相衔接，并定期组织演练"。2020 年《安全生产法》修正案坚持以人民为中心，树立安全发展理念，坚持安全第一、预防为主、综合治理的方针，完善安全生产责任制，坚持党政同责、一岗双责、失职追责，坚持管行业必须管安全、管业务必须管安全、管生产经营必须管安全，强化和落实生产经营单位的主体责任，建立生产经营单位负责、职工参与与政府监管、行业自律和社会监督的机制，防范各类事故，坚决遏制重特大安全事故。

2007 年 11 月 1 日，《突发事件应对法》首次颁布实施，规定了突发事件的预防与应急准备、监测与预警、应急处置与救援、事后恢复与重建等应对活动。第十七条规定："国务院有关部门根据各自的职责和国务院相关应急预案，制定国家突发事件部门应急预案。地方各级人民政府和县级以上地方各级人民政府有关部门根据有关法律、法规、规章、上级人民政府及其有关部门的应急预案以及本地区的实际情况，制定相应的突发事件应急预案。"第五十六条规定："受到自然灾害危害或者发生事故灾难、公共卫生事件的单位，应当立即组织本单位应急救援队伍和工作人员营救受害人员，疏散、撤离、安置受到威胁的人员，控制危险源，标明危险区域，封锁危险场所，并采取其他防止危害扩大的必要措施，同时向所在地县级人民政府报告；对因本单位的问题引发的或者主体是本单位人员的社会安全事件，有关单位应当按照规定上报情况，并迅速派出负责人赶赴现场开展劝解、疏导工作。"迄今为止，《突发事件应对法》颁布实施已有十余年，目前有关部门正在修订，并有将《突发事件应对法》修改为《应急管理法》的说法。

5.3.2.2　行政法规要求

1991 年 3 月 22 日，国务院令第 77 号发布，《水库大坝安全管理条例》颁布实施，并于 2011 年进行了修订。该条例规定了水库大坝安全管理的工作内容，包括大坝建设、管理、险坝处理、罚则等。第三条规定："国务院水行政主管部门会同国务院有关主管部门对全国的大坝安全实施监督。县级以上地方人民政府水行政主管部门会同有关主管部门对本行政区域内的大坝安全实施监督。各级水利、能源、建设、交通、农业等有关部门，是其所管辖的大坝的主管部门。"第四条规定："各级人民政府及其大坝主管部门对其所管辖的大坝的安全实行行政领导负责制。"第六条规定："任何单位和个人都有保护大坝安全的义务。"第十九条规定："大坝管理单位必须按照有关技术标准，对大坝进行安全监测和检查；对监测资料应当及时整理分析，随时掌握大坝运行状况。发现异常现象和不安全因素时，大坝管理单位应当立即报告大坝主管部门，及时采取措施。"第二十四条规定："大坝管理单位和有关部门应当做好防汛抢险物料的准备和气象水情预报，并保证水情传递、报警以及大坝管理单位与大坝主管部门、上级防汛指挥机构之间联系通畅。"第二十五条规定："大坝出现险情征兆时，大坝管理单位应当立即报告大坝主管部门和上级防汛指挥机构，并采取抢救措施；有垮坝危险时，应当采取一切措施向预计的垮坝淹没地区发出警报，做好转移工作。"

2009 年 4 月 1 日，《生产安全事故应急预案管理办法》颁布实施，并于 2016 年、

2019 年修订。该条例规范生产安全事故应急预案管理工作，包括应急预案的编制、评审、公布和备案、实施、监督管理、法律责任等。第五条规定："生产经营单位主要负责人负责组织编制和实施本单位的应急预案，并对应急预案的真实性和实用性负责；各分管负责人应当按照职责分工落实应急预案规定的职责。"第六条规定："生产经营单位应急预案分为综合应急预案、专项应急预案和现场处置方案。"第三十三条规定："生产经营单位应当制定本单位的应急预案演练计划，根据本单位的事故风险特点，每年至少组织一次综合应急预案演练或者专项应急预案演练，每半年至少组织一次现场处置方案演练。"根据 2019 年 7 月 11 日应急管理部令第 2 号《应急管理部关于修改〈生产安全事故应急预案管理办法〉的决定》修正，进一步明确了应急管理部负责全国应急预案的综合协调管理工作，强化了生产经营单位的主体责任，尤其是生产经营单位主要负责人的责任。

2019 年 4 月 1 日，《生产安全事故应急条例》颁布实施，该条例规定了生产安全事故应急工作，包括应急准备、应急救援、法律责任等。第五条规定："生产经营单位应当针对本单位可能发生的生产安全事故的特点和危害，进行风险辨识和评估，制定相应的生产安全事故应急救援预案，并向本单位从业人员公布。"第十六条规定："生产经营单位可以通过生产安全事故应急救援信息系统办理生产安全事故应急救援预案备案手续，报送应急救援预案演练情况和应急救援队伍建设情况；但依法需要保密的除外。"由于电力运行具有网络性、系统性，电力安全事故的影响往往是跨行政区域的，同时电力安全监管实行中央垂直管理体制，电力安全事故的调查处理不宜完全按照属地原则，由事故发生地有关地方人民政府牵头负责。因此，电力安全事故难以完全适用《生产安全事故应急条例》的规定，有必要制定专门的行政法规，对电力安全事故的应急处置和调查处理做出有针对性的规定。

2004 年湖北省清江大龙潭水电站施工围堰溃决和 2005 年云南省昭通市双龙电站蓄水工程坝体溃决，均造成了重大人员伤亡。2005 年 10 月 19 日，国家防总发布《关于明确水库水电站防汛管理有关问题的通知》（国汛〔2005〕13 号），规定水库、水电站防洪抢险应急预案原则上由水库、水电站防汛行政责任人所在人民政府的防汛抗旱指挥部审批，并报上级防汛抗旱指挥部备案。人民政府防汛抗旱指挥部在审批防洪影响跨省级行政区域水库、水电站的防洪抢险应急预案时，应征求有关省（自治区、直辖市）防汛抗旱指挥部和水库、水电站所在流域防汛总指挥部或水利部流域管理机构的意见。《关于印发〈水库防汛抢险应急预案编制大纲〉的通知》（办海〔2006〕9 号）规定水库遭遇的突发事件是指水库工程因以下因素导致重大险情：超标准洪水、工程隐患、地震灾害、地质灾害、上游水库溃坝、上游大体积漂移物的撞击事件、战争或恐怖事件、其他；大纲内容明确包含"突发事件危害性分析"章节，其中包括重大工程险情分析、大坝溃决分析和影响范围内有关情况。重大工程险情分析需根据水库实际情况，分析可能导致水库工程出现重大险情的主要因素；分析可能出现重大险情的种类，估计可能发生的部位和程度；分析可能出现的重大险情对水库工程安全的危害程度。大坝溃决分析需根据水库实际情况，分析可能导致水库大坝溃决的主要因素；分析可能发生的水库溃坝形式；进行溃坝洪水计算；分析水库溃坝洪水对下游防洪工程、重要保护目标等造成的破坏程度和影响范围，绘制水库溃坝风险图；分析水库溃坝对上游可能引发滑坡崩塌的地点、范围和危害程度。影响范围内有关情况需确定影响范围内的人口、财产等社会经济情况；确定影响范围内的工程防洪标准以及下游河道安全泄量等。

2004 年 12 月 1 日，国家电监会发布《水电站大坝运行安全监督管理规定》（国家电力监管委员会令第 3 号），由于电力体制改革，2015 年 4 月 1 日，国家发展和改革委员会再次发布《水电站大坝运行安全监督管理规定》（发改委 23 号令），规定电力企业应当建立大坝安全应急管理体系，制定大坝安全应急预案，建立与地方政府、相关单位的应急联动机制。《防止电力生产事故的二十五项重点要求》《电力安全事件监督管理规定》《电力企业应急预案管理办法》《电力企业应急预案评审与备案实施细则》等规定，明确电力企业是安全与应急管理的主体责任。国家能源局及其派出机构负责指导、督促、监督管理，电力企业应将应急预案报国家能源局或派出机构备案。国家能源局及其派出机构对电力企业应急预案的备案情况和备案内容提出审查意见。对于符合备案要求的电力企业应急预案，应当出具《电力企业应急预案备案登记表》，并建立预案登记管理。电力企业编制的应急预案应当每三年至少修订一次，预案修订结果应当详细记录。

5.3.2.3 国家标准要求

《生产经营单位生产安全事故应急预案编制导则》GB/T 29639—2020 于 2021 年 4 月 1 日起实施，该标准规定了生产经营单位生产安全事故应急预案的编制程序、体系构成和综合应急预案、专项应急预案、现场处置方案的主要内容以及附件信息。

《大中型水电工程建设风险管理规范》GB/T 50927—2013 要求"大中型水电工程应急预案应包括综合应急预案、专项应急预案及现场处置措施。专项应急预案中包括水电厂垮坝应急预案、施工期溃堰垮坝应急预案等"。

5.3.2.4 行业规范要求

2015 年 12 月 22 日，水利部发布实施《水库大坝安全管理应急预案编制导则》SL/Z 720—2015，规定对于对水利行业的大、中型水库预案应包括预案版本号与发放对象，编制说明，突发事件及其后果分析，应急组织体系，运行机制，应急保障，宣传、培训与演练，附表、附图等，重点明确要分析溃坝、超标泄洪等突发洪水事件及其后果，并绘制洪水风险图。

2019 年 5 月 1 日，国家能源局发布实施《水电站大坝运行安全应急预案编制导则》DL/T 1901—2018，规定了大、中型水电站大坝运行安全应急预案的编制程序、主要内容和要求等。其中，在编制程序中要求成立预案编制工作组，开展资料收集、风险评估、应急能力评估、预案编制、推演论证、预案评审与备案；预案主要内容中明确规定可能导致溃坝、漫坝、影响大坝正常运行、非正常泄水等后果的突发事件主要分为以下类别：（1）洪水、台风、暴雨、凌汛、地震、地质灾害；（2）上游溃坝或上游水电站非正常泄水；（3）水库大体积漂浮物或失控船舶撞击大坝或堵塞泄洪设施；（4）大坝结构或坝基、坝肩的缺陷、隐患突然恶化；（5）泄洪设施或相关设施不能正常运用；（6）水库调度不当和水电站运行、维护及检修不当；（7）战争、恐怖袭击、人为破坏事件；（8）其他突发事件。

2020 年 7 月 1 日，国家能源局发布实施《水电工程水库蓄水应急预案编制规程》NB/T 10348—2019，规定了新建、改建和扩建的水电工程从导流泄水建筑物开始下闸封堵至水库水位蓄至正常蓄水位时段水库蓄水应急预案编制的要求，主要内容包括突发事件风险分析、突发事件分级、应急组织机构及职责、监测预警与信息报告、应急响应、后期处置、保障措施、应急预案管理等内容。其中，突发事件风险分析宜包括但不限于超标洪水、蓄水期间泄洪设施功能未达到设计要求、水库或坝体渗漏、导流设施设备异常或损坏、库岸边坡失稳、大坝漫坝、溃决、水淹厂房或水淹大坝廊道、建筑物边坡失稳、上游大体积漂移物的撞击等，重点明确要分析溃坝、超标泄洪等突发洪水事件及其后果，并绘制洪水风险图。

5.3.3 应急预案编制要点

5.3.3.1 应急预案主要内容

不论从国家法律、行政法规，还是从行业规范的层面，我们均可看出，国家对应急预案编制的科学性、可行性和合理性要求越来越高。目前，根据国家和行业法律法规和技术规范要求，水库大坝编制的应急预案主要包括国家防办要求编制《水库防汛抢险应急预案》，适用于全国所有承担防汛任务的水库大坝；水利行业的水库大坝，水利部要求编制《水库大坝安全管理应急预案》；水电行业的水电站大坝，国家发展和改革委员会和国家能源局要求蓄水期的水库大坝编制《水电工程水库蓄水应急预案》，运行期的水库大坝编制《水电站大坝运行安全应急预案》。此外，对于水电站大坝，国家能源局要求电力企业还要编制电力企业综合应急预案、专项应急预案及现场处置。其中，水电站发电企业的专项应急预案包括自然灾害类、事故灾难类、公共卫生事件类、社会安全事件类，共计四大类20项，事故灾难类中包含垮坝事故应急预案。

以上应急预案类别中，针对水库大坝应急预案编制的格式要求略有差异，但重点内容基本相同，主要包括以下几个方面：

（1）明确应急预案编制的目的、依据、工作原则和适用范围。

（2）介绍水库大坝或水电站工程所在流域概况、工程基本情况、水文气象、监测预警、调度运用计划、历史灾害等。

（3）突发事件风险分析，包括自然灾害类事件、事故灾害类事件、社会安全类事件和其他突发事件。可能突发事件应由专家在现场安全检查基础上结合大坝安全评价结论确定，也可采用破坏模式与后果分析法（FMEA法）和破坏模式、后果和危害程度分析法（FMECA法）分析确定。

（4）大坝漫顶或溃决分析，针对土石坝和混凝土坝采用相适宜的漫顶洪水风险分析和溃坝洪水计算分析模型，计算可能的溃坝洪水流量过程。

（5）洪水演进分析和淹没损失估算。采用洪水演进计算分析模型，划定下游洪水淹没范围，并估算可能会影响的居民村庄耕地、珍稀动植物资源、交通航运、文物古迹等损失。

（6）突发事件分级。一般根据突发事件发生的可能性、严重程度和影响范围，将突发事件分为特别重大、重大、较大、一般四级。

（7）应急组织机构设立，包括应急机构设置和参与单位及其在突发事件应急处置中的职责与相互之间的关系，并绘制应急组织体系框架图，并明确当地政府与应急救援工作相关的单位或部门及其联系方式。

（8）险情监测与报告。明确突发险情监测和巡查的责任部门和人员、监测方法和信息渠道、信息报告程序，明确险情上报的渠道和责任人。

（9）险情抢护调度与应急转移。明确应急响应责任主体及联动单位和部门，及时开展抢险调度。针对事件类别和可能发生的次生事件危险性和特点，明确先期处置、应急处置、应急处置等措施，并做好相应的人员和财产转移工作。

（10）应急保障有关内容。应急保障是应急预案有效运转的物质基础。应急保障机构需根据应急处置的需要，充分利用当地政府总体应急预案中的应急保障资源，制定应急保障计划，建立应急保障体系，为防洪抢险应急处置提供人力资源、经费、设备及物质保障，并满足交通、通信、电力、医疗卫生、基本生活、治安保障需求。

（11）宣传、培训和演练。确定预案宣传的内容和方式以及组织实施单位、责任人。明确对单位人员开展应急培训的计划、方式和周期要求。如果预案涉及社区和居民，应做好宣传教育和告知等工作。明确单位应急演练的频度、范围和主要内容。

（12）有关附件。主要包括应急预案体系框架图，应急组织体系和相关人员联系方式，应急工作需要联系的政府部门、电力监管机构等相关单位的联系方式，关键的路线、标识和图纸，应急信息报告和应急处置流程图，应急物资装备的名录和清单。

5.3.3.2 水库大坝应急预案示例

由于国内水库大坝编制的最新应急预案均在受控状态，较早的老版应急预案对当前而言参考价值有限，且涉及版权问题，故以美国联邦能源监管委员会（Federal Energy Regulatory Commission，FERC）对水库大坝应急预案的具体编制要点为示例。美国联邦能源监管委员会于 1985 年、1988 年、2006 年、2015 年先后修订了应急行动计划（Emergency Action Plans，EAP）。在 2015 版的应急行动计划中，联邦能源监管委员会已结合了联邦应急管理署（Federal Emergency Management Agency，FEMA）于 2013 年发布的应急行动计划（FEMA-64）编制的有关内容。2015 年联邦能源监管委员会最新发布的应急行动计划（EAP）中，对其目的和范围、应急行动计划的要求、准备、演习、豁免要求、放射性应急响应计划、联邦大坝应急行动计划、施工临时应急行动计划等均提出具体的规定。对水库大坝而言，应急预案编制主要内容和要点如下：

1. 封面和扉页

应急预案封面和扉页中设置了标题页、目录表和签名页。标题页指定了应急预案适用的水库大坝和范围，并在标题页注明每个大坝独有的国家大坝编号（NID）；目录表列出应急预案涉及的主要内容、图表和地图；签名页应由参与计划实施的所有各方签字，以确保每个人都了解应急预案规定的各方责任，同时，签名页还包括一张被许可方签署的确认表，表明被许可方已阅读文件内容，并认为所有陈述是真实和正确的。

2. 应急预案责任概况（非必要）

总结了应急预案实施各方的主要责任，对实施应急预案活动提供快速简便的参考，表 5.3-1 是一份样表。

应急预案责任概况　　　　　　　　　　　　　　　　　　　　表 5.3-1

被许可方	1）确认和评估大坝的紧急情况 2）通知应急管理参与各方 3）采取抢险措施 4）发布紧急情况报告 5）宣布紧急情况终止
城镇任何地方（Y 县）警察、消防和救援	1）从被许可方处接收紧急情况报告 2）通知城镇范围内的公众 3）如需要，疏散可能淹没区的公民 4）必要时向 Y 县提供援助 5）必要时向被许可方提供协助

续表

X县警察、消防和救援以及应急服务	1）从被许可方接收紧急情况报告 2）在X县内通知公众 3）如需要，疏散X县的可能淹没区公民 4）如有要求和能力，向Y县提供互助
Y县警察、消防和救援以及应急服务	1）从被许可方处接收紧急情况报告 2）通知Y县公众 3）如有必要，疏散Y县可能淹没区公民

注：大坝及其下游区域均在X县和Y县境内；城镇均位于Y县境内。

3. 通知流程图

通知流程图确定大坝安全事件通知谁、由谁通知并以何种顺序通知。图5.3-1提供了一个通知示例。流程图中的信息对于及时通知负责采取紧急行动的人员至关重要。为了便于在事故中使用，应急预案应包括通知流程图，该流程图应清楚地显示以下信息：通知被许可方代表和应急管理机构的个人、通知的优先级、将被通知的个人，如果需要多个流程图，还需要补充通知流程图的紧急级别，通知流程图应包括适当的联系信息，如姓名、职位、电话号码和无线电呼叫号码，补充联系信息可以包括在紧急联系人的列表或表格中，补充联系信息可能包括传真号码、电子邮箱地址、直接连接号码和备用联系人。通知流程图应指定被许可方将联系的人员以及当地应急管理机构将联系的人员。被许可方通常会联系工程师、管理人员、公共事务人员、当地应急管理机构或911中心、国家大坝安全工程代表、FERC区域办事处、上游和下游被许可者。当地应急管理机构通常会联系警察或消防队、国家应急管理机构、受影响的居民和企业、国家气象局。

4. 目的陈述

应急预案应包括描述应急预案目的的简短声明。示例如下：

示例：本紧急行动计划的目的是在贝塔河大坝发生故障或大规模径流导致洪水的情况下，保护住在贝塔河沿岸的阿尔法县公民的生命并减少对其财产的损害。

5. 项目描述

本节应提供大坝、其所在地和国家大坝清单编号。如果没有国家大坝清单编号，应使用状态标识号。建议使用大坝附近的地图和一幅显示大坝特点的简图，以及重要的上游或下游大坝及下游社区的清单，这些地方可能受到因大坝失事或大型操作性泄放而导致的洪水影响。如果组织不需要信息来实施计划，被许可者应该修订在紧急行动计划副本中设计信息和现场特定问题。

6. 应急预案响应流程

当大坝被检测到异常或紧急事件时，通常应遵循事件检测、评估和紧急级别确定，通知和通信，紧急行动，终止和跟进四个步骤。这些步骤构成了应急预案响应过程。

（1）事件检测、评估和紧急级别确定

在步骤1中，检测并确认异常情况或事件。异常情况或事件是每个大坝独有的，应尽可能在应急预案中确定。应考虑包含或参考以下信息，以帮助被许可方完成此步骤：

◇ 检测现有或潜在失事的措施；

◇ 运行信息，如正常和异常水库水位数据；

◇ 描述监控设备，如水位传感器和预警系统；

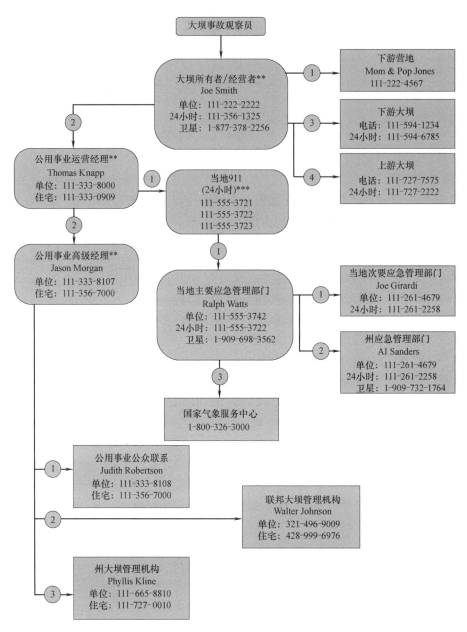

注：图中数字代表呼叫顺序。＊代表附加联系信息；＊＊公共事业人员应该为应急预案提供警告信息样本；
＊＊＊如果报警电话不是由公共事业人员拨打的，那么需要打给大坝运行人员。

图 5.3-1　通知流程图示例

◇ 监控和仪器仪表方案；

◇ 检查程序；

◇ 分析和确认输入数据的过程。

在发现并确认异常情况或事件后，被许可者将根据启动条件或触发事件的严重性将事件的情况归类为已确定的紧急级别之一。被许可者和紧急事务管理机构都应该了解紧急级别和彼此的预期反应。建议保持紧急级别范畴的一致性，以消除紧急应对人员因其管辖范围包含多个大坝和被许可者的困惑。

许可证持有人应与应急管理机构协调，根据具体情况确定每个大坝所需的应急等级数量。推荐以下四个大坝安全应急等级类别：

◇ 大流量；
◇ 不溃坝；
◇ 潜在溃坝；
◇ 即将溃坝。

如果应急预案使用的级别不同于本指南中所述的级别，被许可方应在应急预案状态报告中通知区域工程师。应急预案应描述每个紧急等级如何适用于特定大坝。描述不同事故紧急级别的示例见表5.3-2。

确定紧急级别的示例指南表   表 5.3-2

事件	情况	紧急级别
溢洪道水流	辅助溢洪道顶部或溢洪道处的水库水面高程正在无主动侵蚀地流动	不溃坝
	泄洪道伴有活跃的侵蚀性流动	潜在溃坝
	如果水库水位继续上升，溢洪道水流可能威胁下游人员	潜在溃坝
	溢洪道水流威胁控制段	即将溃坝
大坝漫顶	水库水位低于坝顶20英寸	潜在溃坝
	水库里的水正流过大坝的顶部	即将溃坝
渗流	大坝内部或附近有新渗漏区域	不溃坝
	有浑浊排放或流速增加的新渗漏区域	潜在溃坝
	流量大于每分钟××加仑的渗漏	即将溃坝
泄水口	库区或堤上泄水口的观测	潜在溃坝
	快速扩大的泄水口	即将溃坝
堤坝开裂	堤内新裂缝宽度大于××英寸，无渗漏	不溃坝
	堤坝出现渗漏裂缝	潜在溃坝
路堤移动	路堤边坡的视觉滑动	不溃坝
	路堤边坡的突然或快速滑动	即将溃坝
仪器	仪器读数超过预定值	不溃坝
地震	大坝上或大坝周围20英里范围内感觉到或报告到可测量的地震	不溃坝
	地震对大坝或附属设施造成了明显的损坏	潜在溃坝
	地震导致大坝无法控制的放水	即将溃坝
安全威胁	已核实的炸弹威胁，如果实施，可能导致大坝损坏	潜在溃坝
	导致大坝或附属设施损坏的引爆炸弹	即将溃坝
破坏/故意破坏	可能对大坝运行产生不利影响的损害	不溃坝
	导致渗流的损坏	潜在溃坝
	导致失控泄水的损害	即将溃坝

下面讨论四种紧急级别。

大流量：大流量紧急级别表明河流系统正在发生洪水，但对大坝的完整性没有明显的威胁。被许可方使用大流量紧急级别向外部机构传达下游区域可能会受到大坝泄洪的影响。尽管洪水量可能超出了被许可方的控制范围，但泄洪流量和时间等关键信息有助于当局做出警告和疏散的决策。应根据泄洪与下游区域影响时间之间的相关性预先进行通知。大流量紧急级别通知通常发送给受影响的当地管辖区、美国国家气象局、下游被许可者和其他机构（如有必要）。被许可方应制定一个表格，将闸门开度和/或水库水位与外流、预期下游影响以及将联系的机构相关联。表 5.3-3 提供了大流量通知示例表。

大流量通知表示例 表 5.3-3

开门数量	流量（m³/s）	下游影响	要通知的组织
1～4	<10000	无	无
5	12500	轻微洪水	镇警察局、国家气象局、下游被许可者
6	15000	河边的地方道路出现轻微洪水	镇警察局、国家气象局、下游被许可者
7	17500	河边的当地道路被严重淹没	镇警察局、国家气象局、下游被许可者
8	20000	92号州际公路桥梁被淹，河流附近的地方道路和房屋被严重淹没	镇警察局、国家气象局、下游被许可者、州应急管理局

不溃坝：不溃坝紧急级别适用于大坝上本身不会导致故障但需要内部或外部人员调查和通知的事件。例如：①大坝下游出现新的渗漏或渗漏；②大坝出现未经授权的人员；③闸门出现故障。

潜在溃坝：潜在溃坝紧急级别表示大坝正在出现可能导致大坝溃决的迹象。例如：①库水位上升，接近大坝非溢流建筑物顶部；②堤坝横向开裂；③已核实的炸弹威胁。潜在的溃坝应该是在大坝出事前有时间可用于分析、决策和采取行动。溃坝可能会发生，但预先确定的响应措施可能会缓和或减轻溃坝造成的损失。

即将溃坝：即将溃坝紧急级别表明大坝已经溃决或即将溃决。紧急破坏通常涉及坝体持续被冲走。一般不可能确定大坝完全溃决需要多长时间。因此，一旦发现没有时间防止溃坝，必须发出警告。为便于疏散公众，当地应急管理政府部门应假设发生溃坝的最坏情况。

（2）通知和通信

在确定大坝的应急级别后，将按照紧急行动计划的通知流程图响应。被许可者应与紧急事务管理机构密切沟通协调，所有各方都必须理解，紧急事务管理机构正式宣布公共紧急状态可能是一项非常困难的决定，所以被许可者应提供所有有助于该决定的信息。

在执行通知和沟通协调时，所有人必须以简单明了的非专业术语交流，以确保被通知的人了解发生的真实情况、紧急状况以及采取的行动。为协助这一步骤，紧急行动计划可以包括核对清单和/或事先写好的信息，以帮助呼叫者充分描述紧急情况给紧急事务管理机构。

在初步通知后，被许可者应按照通知流程图和相关程序，定期向受影响的紧急情况当局和其他利益攸关方提交状况报告。尽管采取了缓和或减轻事故的行动，如果局势继续恶化,地方当局可能根据下游居民的位置和预计需要的时间警告他们,疏散机构可能会考虑提前疏散或持续警告,直到紧急情况结束。

（3）紧急行动

发出初步通知后,被许可方将采取行动,以保护大坝和尽量减少对生命、财产和环境的影响。当情况改善或恶化时,紧急行动计划可能会在步骤（2）和（3）中经历多个紧急级别。被许可方应制定包括具体行动的表格,以尽量减少大坝安全事故的影响,表5.3-4提供了一个示例表。

紧急级别示例——潜在溃坝　　　　　　　　　　表5.3-4

条件描述	项目	采取的措施
高水位/大型溢洪道泄流		
水库水位达到海拔×××英尺,并以每小时1英尺以上的速度上升	1	检查泄洪道是否有侵蚀迹象,尤其是在翼墙附近
	2	评估水库水位升高的原因,尤其是在天气晴朗的情况下
	3	按照大坝工程师的指示执行额外的任务
	4	如果情况恶化,下游洪水即将来临,发出通知
渗流		
沿土质路堤的下游面或坡脚观察到局部新的渗漏,伴有泥浆不断增加的渗水但总体可控	1	测量并记录特征尺寸、近似流速以及与现有表面特征的相对位置,尽可能拍照。在现场平面图和检查报告中记录位置
	2	在顶部朝着自然排水路径放置一圈沙袋,以监控流速。如果流速变得太快而无法装沙袋,可使用无纺滤织物和豌豆砾石在该区域放置一个毯式过滤器。尝试以可测量流量的方式(不进行任何挖掘)控制流量
	3	除非工程师另有指示,否则每天检查大坝并收集压力计、水位和渗流数据。仔细观察大坝是否有凹陷、渗漏、排水、裂缝或移动的迹象
	4	联系岩土工程师并提供收集的所有数据
	5	保持持续监控。记录测量的流速和任何条件变化,包括有无泥浆渗出
	6	审查现场检查收集的信息,并根据需要提供额外的说明和措施
	7	如果情况恶化,即将发生故障,请发出通知
闸门(阀门)故障或失效		
大坝闸门/阀门结构损坏(破坏、碎片等)	1	关闭任何其他闸门
	2	采取可行的措施,停止或减缓水流
	3	咨询结构/机械工程师或其他专家
	4	必要时修理/更换闸门/阀门
	5	如果情况恶化,则发出通知

（4）终止和跟进

紧急行动计划应解释大坝安全事故和紧急情况的终止和跟进程序。这一步骤应说明所遵循的过程和确定大坝事件已得到解决的标准。可以编制一个大坝紧急事件终止日志并且用于记录时间情况和决定。表5.3-5中提供了一个日志示例表。

7. 一般责任

在制定应急预案的过程中,必须确定应急预案相关任务的责任。被许可方负责编制应急预案。许可证持有人与应急管理当局协调,负责实施紧急行动计划。负有法定义务的应急管理机构负责受影响区域内的警报和疏散。应急预案必须明确规定所有相关实体的责任，以确保在大坝发生紧急情况时采取有效和及时的行动。应急预案必须有针对性，因为大坝和大坝上下游的条件对每个大坝都是独特的。

大坝紧急终止日志示例

表 5.3-5

大坝名称：		县名：
大坝位置：		河流：
日期：		
天气条件：		
紧急情况概述：		
受影响的大坝区域：		
大坝损坏的程度和可能的原因：		
对大坝运行的影响：		
初始水库高程/时间： 最大水库高程/时间： 最终水库高程/时间：		
下游淹没区域描述/损坏/生命损失：		
大坝安全紧急情况终止的理由：		
其他数据和意见：		
报告编写人(打印姓名和签名)：		日期：

8. 准备

与大坝应急预案相关的准备工作，通常包括事件发生前的活动和行动。准备活动需要促进对事件的响应，以及预防、减缓或减轻事件的影响。应急预案应描述已经完成的准备行动，以及在紧急情况发生后可以采取的既定的预先计划的行动。准备行动的内容应至少包括：监督和监测、检测和响应时间的评估、到达现场的方法、"黑暗时期"的响应、周末和节假日的响应、恶劣天气的响应、紧急备用能源、应急物资和信息、储存材料和设备、信息的协调、训练和演习、替代通信系统、公众警示和沟通。

9. 洪水淹没图

淹没图的主要目的是，如果大坝发生溃坝或在洪水条件下有操作性泄洪，则显示将被淹没的区域以及在关键地点的洪峰流量和到达时间。淹没图是紧急行动计划的一个必要组成部分。洪水淹没图由受许可方商有关应急管理机构编制，供应急管理相关方共同使用。绘制洪水淹没图应开展现实可能的溃坝计算、洪水演进分析、考虑不同溃坝模式和洪水流量的淹没区域，并进行合理的敏感性分析。洪水淹没图应突出显示下游基础设施、开发区、娱乐区和淹没区内的任何其他重要特征，以便进行疏散和救援。洪水淹没图示例见图 5.3-2 和图 5.3-3。

10. 附件

遵循应急预案主体内容，补充应急预案编制和修订中使用的相关材料信息。至少应包含：溃坝洪水调查与分析、审查、修订和应急预案报送分发计划、发布通知流程图的计划、表格和日志、现场注意事项。

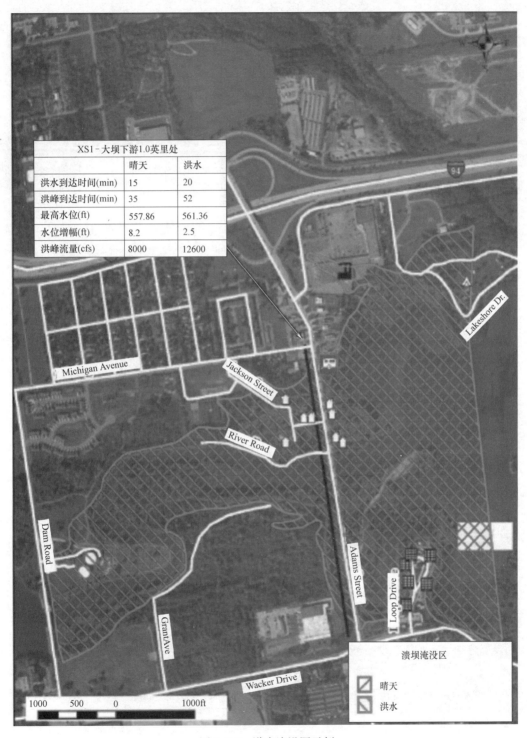

图 5.3-2　洪水淹没图示例

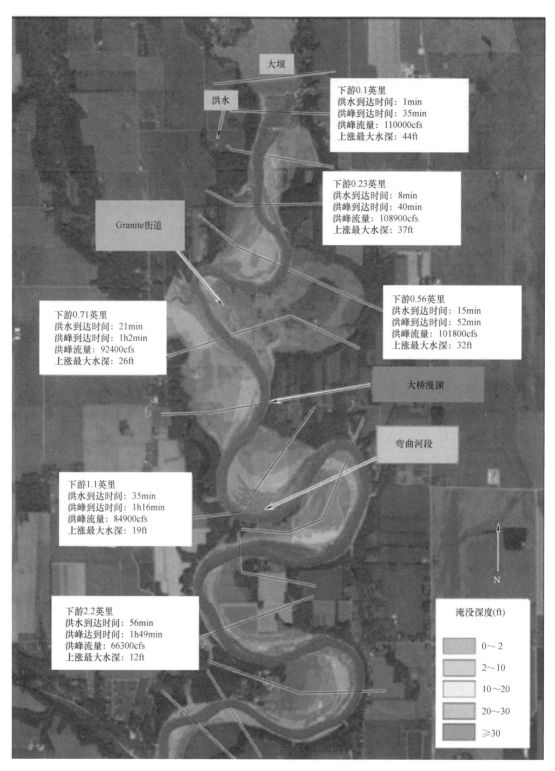

图 5.3-3　基于卫星地图的二维洪水淹没图示例

美国联邦能源监管委员会 2015 年发布的应急行动计划建议预案编制目录如下：

前页

    封面

    标题页

    目录

    应急预案签名

第一部分：应急预案信息

  1. 应急预案责任摘要（非必要）

  2. 通知流程图

  3. 目的陈述

  4. 项目描述

  5. 应急预案响应流程

    （1）事件检测、评估和紧急级别确定

    （2）通知和通信

    （3）紧急行动

    （4）终止和跟进

  6. 一般职责

    （1）被许可方的职责

    （2）通知和沟通职责

    （3）疏散职责

    （4）监控、安全、终止和后续职责

    （5）应急预案协调员的职责

  7. 准备

    （1）监督和监测

    （2）检测和响应时间评估

    （3）到达现场的方法

    （4）"黑暗时期"的响应

    （5）周末和节假日期间的响应、恶劣天气期间的响应

    （6）紧急备用电源

    （7）应急物资信息

    （8）储存材料和设备

    （9）协调信息

    （10）训练和演习

    （11）替代通信系统

    （12）公众警示和沟通

  8. 淹没地图

第二部分：附件

  附件应包含补充信息。附件通常包括用于制定应急行动计划的材料、应急处置期间可用于协助决策的信息（例如，详细的运行和维护要求、溃坝信息和分析、审查计划和更新

记录、计划分发列表、事故跟踪表）。

  1. 溃坝洪水调查与分析

  2. 应急预案的训练、锻炼、更新和发布计划

  3. 现场注意事项

  4. 文件

参考文献

[1] 潘家铮，何璟，中国大坝 50 年 [M]. 北京：水利水电出版社，2000.

[2] Valiani A，Caleffi V，Zanni A. Case study：Malpasset dam-break simulation using a two-dimensional finite volume method [J]. Journal of hydraulic engineering，2002，128：460-472.

[3] Paronuzzi P，Rigo E，Bolla A. Influence of filling-drawdown cycles of the Vajont reservoir on Mt. Toc slope stability [J]. Geomorphology，2013，191：75-93.

[4] Muhunthan B，Pillai S. Teton dam，USA：Uncovering the crucial aspect of its failure [C]. Proceedings of the institution of civil engineers，2008，161：35-40.

[5] Vahedifard F，AghaKouchak A，Ragno E，et al. Lessons from the Oroville dam [J]. Science，2017，355：1139-1140.

[6] 周兴波，杜效鹄，关于老挝南奥水电站溃坝情况的报告 [R]. 北京：水电水利规划设计总院，2017.

[7] 周兴波，杜效鹄，关于乌兹别克斯坦萨尔多巴水库溃坝事故有关情况的报告 [R]. 北京：水电水利规划设计总院，2020.

[8] 周兴波，杜效鹄，关于 2020 年 5 月 19 日美国密歇根州伊登维尔（Edenville）大坝和桑福德（Sanford）大堤溃决事故的报告 [R]. 北京：水电水利规划设计总院，2020.

[9] 伏安，石漫滩、板桥水库的设计洪水问题 [J]. 中国水利，2005，16：39-41.

[10] 陈祖煜，沟后水库大坝失事实录 [J]. 水力发电，1994，3 (25)：1-29.

[11] Raftery J. Risk analysis in project management [J]. Nature，1994，239 (5370)：274-6.

[12] Purdy G. ISO 31000：2009 setting a new standard for risk management [J]. Risk Analysis：An International Journal，2010，30 (6)：881-886.

[13] 王玉杰，周兴波，大坝可接受风险标准及风险等级 [R]. 北京：中国水利水电科学研究院，2015.

[14] 周兴波，建立在可靠度与溃坝计算基础上的梯级水库群风险分析 [D]. 陕西西安：西安理工大学，2015.

[15] 盛金保，厉丹丹，蔡荨，等. 大坝风险评估与管理关键技术研究进展 [J]. 中国科学：技术科学，2018，48：1057-1067.

[16] 石振明，熊永峰，彭铭，等. 堰塞湖溃坝快速定量风险评估方法——以 2014 年鲁甸地震形成的红石岩堰塞湖为例 [J]. 水利学报，2016，47：742-751.

[17] Zhong Q，Wu W，Chen S，et al. Comparison of simplified physically based dam breach models [J]. Natural Hazards，2016，84：1385-1418.

[18] Huang D，Yu Z，Li Y，et al. Calculation method and application of loss of life caused by dam break in China [J]. Natural Hazards，2017，85：39-57.

[19] 周兴波，周建平，杜效鹄. 我国大坝可接受风险标准研究 [J]. 水力发电学报，2015，34 (1)：63-72.

[20] 李雷，蔡跃波，盛金保. 中国大坝安全与风险管理的现状及其战略思考 [J]. 岩土工程学报，2008，30 (011)：1581-1587.

[21] 姜树海. 防洪设计标准和大坝的防洪安全 [J]. 水利学报，1999 (05)：19-25.

[22] 马福恒. 病险水库大坝风险分析与预警方法 [D]. 南京：河海大学，2006.

[23] 杜效鹄，杨健. 我国水电站大坝溃坝生命风险标准讨论 [J]. 水力发电，2010，36 (5)：68-70+94.

[24] 陈伟，许强. 地质可接受风险水平研究 [J]. 灾害学，2012，27 (1)：23-25.

[25] 彭雪辉，盛金保，李雷，等. 我国水库大坝风险标准制定研究 [J]. 水利水运工程学报，2014 (4)：7-13.

[26] 杜效鹄. 中国水坝安全状况分析与研究 [J]. 水力发电，2019，045 (002)：64-69.

[27] 周建平，杨泽艳，范俊喜，等. 汶川地震灾区大中型水电工程震损调查及主要成果 [J]. 水力发电，2009 (05)：1-5.

[28] 金德镰，王耕夫. 柘溪水库塘岩光滑坡——中国典型滑坡 [C]. 中国岩石力学与工程学会年会，1986：311-317.

[29] 李雷，王仁钟，盛金保，等. 大坝风险评价与风险管理 [M]. 北京：中国水利水电出版社，2006.

[30] 黄胜方，土石坝老化病害防治与溃坝分析研究 [D]. 合肥：合肥工业大学，2007.

[31] 金永强. 水库大坝溃坝险情的分析方法研究 [D]. 南京：河海大学，2008.

[32] 傅忠友，张士辰. 基于工程实例的重力坝溃决模式和溃决路径分析 [J]. 水利水电技术，2010，9 (41)：57-60，71.

[33] 周建平，王浩，陈祖煜，等. 特高坝及其梯级水库群设计安全标准研究 I：理论基础和等级标准 [J]. 水利学报，2015，46 (05)：505-514.

[34] 陈祖煜，姚栓喜，陆希，等. 特高土石坝坝坡抗滑稳定安全判据和标准研究 [J]. 水利学报，2019，50 (1)：12-24.

[35] Cristofano E A. Method of computing erosion rate of failure of earth dams [R]. U. S. Bureau of Reclamation，Denver，1965.

[36] Harris G W，Wagner D A. Outflow from breached earth dams [D]. Salt Lake City：University of Utah，1967.

[37] Brown R J，Rogers D C. BRDAM users' manual [R]. Department of the Interior，Denver，1981.

[38] Ponce V M，Tsivoglou A J. Modeling gradual dam breaches [J]. Journal of the Hydraulics Division，1981，107 (7)：829-838.

[39] Soil Conservation Service (SCS). Simplified dam-breach routing procedure [J]. Technical Release. 1981，66 (1)：39.

[40] Macdonald T C，Langridge Monopolis J. Breaching characteristics of dam failures [J]. Journal of Hydraulic Engineering，1984，110 (5)：567-586.

[41] Costa J E. Floods from dam failures [J]. Open File Report 85-560，1985.

[42] Fread D L. Dam breach erosion modeling [J]. Delineation of Landslide，Flash Flood，and Debris Flow Hazards in Utah，1985：281-310.

[43] Fread D L. DAMBRK：The NWS dam break flood forecasting model [R]. National Oceanic and Atmospheric Administration，National Weather Service，Silver Spring，MD，1984.

[44] Fread D L，Lewis J M. FLDWAV：A generalized flood routing model [C]. Proceedings of National Conference on Hydraulic Engineering，ASCE，New York，1988：668-673.

[45] Fread D L. BREACH：An erosion model for earthen dam failures (Model description and user manual) [R]. National Oceanic and Atmospheric Administration，National Weather Service，Sil-

ver Spring，MD，1988.

[46] Froehlich D C. Peak outflow from breached embankment dam [J]. Journal of Water Resources Planning & Management，1995，121 (1)：90-97.

[47] Walder J S，O'Connor J E. Methods for predicting peak discharge of floods caused by failure of natural and constructed earth dams [J]. Water Resources Research，1997，33 (10)：2337-2348.

[48] Singh V P，Scarlatos P D，Collins J G，et al. Breach erosion of earthfill dams (BEED) model [J]. Natural Hazards，1988，1 (2)：161-180.

[49] Wang Z，Bowles D S. Three-dimensional non-cohesive earthen dam breach model. Part 1：Theory and methodology [J]. Advances in Water Resources，2006，29 (10)：1528-1545.

[50] Macchione F. Model for predicting floods due to earthen dam breaching. I：Formulation and evaluation [J]. Journal of Hydraulic Engineering，2008，134 (12)：1688-1696.

[51] Chang D S，Zhang L M. Simulation of the erosion process of landslide dams due to overtopping considering variations in soil erodibility along depth [J]. Natural Hazards and Earth System Sciences，2010，10 (4)：933-946.

[52] Wu W. Simplified physically based model of earthen embankment breaching [J]. Journal of Hydraulic Engineering，2013，139 (8)：837-851.

[53] Zhong Q M，Chen S S，Fu Z Z，et al. New empirical model for breaching of earth-rock dams [J]. Natural Hazards Review，2020，21 (2)：06020002.

[54] Zhong Q，Wang L，Chen S，et al. Breaches of embankment and landslide dams-State of the art review [J]. Earth-Science Reviews，2021，(12)：103597.

[55] Mahmood，K，Yevjevich，VM. Unsteady flow in open channels [M]. Fort Collins，Colorado，USA：Water Resources Publications，1975.

[56] 刘宁，杨启贵，陈祖煜. 堰塞湖风险处置 [M]. 武汉：长江出版社，2016.

[57] Chen Z，Ma L，Yu S，et al. Back analysis of the draining process of the Tangjiashan barrier lake [J]. Journal of Hydraulic Engineering，2015，141 (4)：682-688.

[58] Wang L，Chen Z Y，Wang N X，et al. Modeling lateral enlargement in dam breaches using slope stability analysis based on circular slip mode [J]. Engineering Geology，2016，209：70-81.

[59] Chen S J，Chen Z Y，Tao R，et al. Emergency response and back analysis of the failures of earthquake triggered cascade landslide dams on the Mianyuan River，China [J]. Natural Hazards Review，2018，19 (3)：05018005.

[60] Zhou X B，Chen Z Y，Yu S，et al. Risk analysis and emergency actions for Hongshiyan barrier lake [J]. Natural Hazards，2015，79 (3)：1933-1959

[61] Chen Z Y，Ping Z Y，Wang N X，et al. An approach to quick and easy evaluation of the dam breach flood [J]. Science China Technological Sciences，2019，62：1773-1782.

[62] 陈祖煜，陈生水，王琳，等. 金沙江上游"11·03"白格堰塞湖溃决洪水反演分析 [J]. 中国科学：技术科学，2020，50 (6)：763-774.

[63] Singh V P. Dam breach modeling technology [M]. Springer Netherlands，1996.

[64] Jack R. The mechanics of embankment failure due to overtopping flow [D]. Civil and Resource Engineering，University of Auckland，New Zealand，1996.

[65] Roberts J，Jepsen R，Gotthard D，et al. Effects of particle size and bulk density on erosion of quartz particles [J]. Journal of Hydraulic Engineering，1998，24 (12)：1261-1267.

[66] Gaucher J，Marche C，Mahdi T F. Experimental investigation of the hydraulic erosion of noncohesive compactedsoils [J]. Journal of Hydraulic Engineering，2010，136 (11)：901-913.

[67]　Sherard J，Woodward R，Gzienski S，et al. Failures and damages ［C］. Earth and Earth-Rock Dams，1st ed. ，John Wiley and Sons，Inc. ，New York，1963，130-131.

[68]　Lowe Ⅲ J，Karafiath. Stability of earth dam upon drawdown ［C］. First Pan-American Conference on Soil Mechanics and Foundation Engineering. Mexico City，1959.

[69]　Johnson J J. Analysis and design relating to embankments ［C］. Proceedings of the Conference on Analysis and design in Geotechnical Engineering，University of Texas，Austin，Texas，ASCE，1974：1-48.

[70]　陈生水，钟启明，曹伟. 黏土心墙坝漫顶溃决过程离心模型试验与数值模拟 ［J］. 水科学进展，2011，22（5）：674-679.

[71]　陈生水，方绪顺，钟启明，等. 土石坝漫顶溃决过程离心模型试验与数值模拟 ［J］. 岩土工程学报，2014，36（5）：911-931.

[72]　钟启明，陈生水，邓曌. 堰塞坝漫顶溃决机理与溃坝过程模拟 ［J］. 中国科学：技术科学，2018，48（09）：43-52

[73]　Chen S S，Zhong Q M，Shen G Z. Numerical modeling of earthen dam breach due to piping failure ［J］. Water Science and Engineering，2019，12（3）：169-178.

[74]　Zhong Q M，Chen S S，Deng Z. Numerical model for homogeneous cohesive dam breaching due to overtopping failure ［J］. Journal of Mountain Science，2017，14（3）：571-580.

[75]　Zhong Q M，Chen S S，Mei S A，et al. Numerical simulation of landslide dam breaching due to o-vertopping ［J］. Landslides，2018，15：1183-1192.

[76]　Zhong Q M，Chen S S，Deng Z，et al. Prediction of Overtopping-Induced Breach Process of Cohe-sive Dams ［J］. Geotech Geoenviron，2019，145（5）：04019012.

[77]　Zhong Q M，Chen S S，Deng Z. A simplified physically-based model for core dam overtopping breach ［J］. Engineering Failure Analysis，2018，90：141-155.

[78]　Zhong Q M，Chen S S，Deng Z. A simplified physically-based breach model for a high concrete-faced rockfill dam：A case study ［J］. Water Science and Engineering，2018，11（1）：46-52.

[79]　Zhong Q M，Chen S S，Fu Z Z. Failure of concrete-face sand-gravel dam due to water flow over-tops ［J］. Journal of Performance of Constructed Facilities，2019，33（2）：04019007.

[80]　Wang G Q，Liu F，Fu X D，et al. Simulation of dam breach development for emergency treatment of the Tangjiashan Quake Lake in China ［J］. Science in China Series E：Technological Sciences，2008，51（2）：82-94.

[81]　傅旭东，刘帆，马宏博，等. 基于物理模型的唐家山堰塞湖溃决过程模拟 ［J］. 清华大学学报：自然科学版，2010，（12）：1910-1914.

[82]　Liu F，Fu X，Wang G，et al. Physically based simulation of dam breach development for Tangjias-han Quake Dam，China ［J］. Environmental Earth Sciences，2012，65（4）：1081-1094.

[83]　安晨歌，傅旭东，马宏博. 几种溃坝模型在溃决洪水模拟中的适用性比较 ［J］. 水利学报，2012，43（S2）：68-73.

[84]　Zhou J G，Causon D M，Mingham C G，et al. The surface gradient method for the treatment of source terms in the shallow-water equations ［J］. Journal of Computational Physics，2001，168（1）：1-25.

[85]　Ying X，Wang S S Y. Improved implementation of the HLL approximate Riemann solver for one-dimensional open channel flows ［J］. Journal of Hydraulic Research，2008，46（1）：21-34.

[86]　Ma H，Fu X. Real time prediction approach for floods caused by failure of natural dams due to o-vertopping ［J］. Advances in Water Resources，2012，35：10-19.

[87] Gyr A，Schmid A. Turbulent flows over smooth erodible sand beds in flumes [J]. Journal of hydraulic research，1997，35（4）：525-544.

[88] Seminara G，Colombini M，Parker G. Nearly pure sorting waves and formation of bedload sheets [J]. Journal of Fluid Mechanics，1996，312：253-278.

[89] Hoey T B，Ferguson R. Numerical simulation of downstream fining by selective transport in gravel bed rivers：Model development and illustration [J]. Water resources research，1994，30（7）：2251-2260.

[90] Hirano M. River bed degradation with armoring [J]. Transactions of the Japanese society for civil engineering，1971，195：55-65.

[91] Wong M，Parker G. Reanalysis and correction of bed-load relation of Meyer-Peter and Müller using their own database [J]. Journal of Hydraulic Engineering，2006，132（11）：1159-1168.

[92] Wu W. Depth-averaged two-dimensional numerical modeling of unsteady flow and nonuniform sediment transport in open channels [J]. Journal of hydraulic engineering，2004，130（10）：1013-1024.

[93] Wu W，Vieira D A，Wang S S Y. One-dimensional numerical model for nonuniform sediment transport under unsteady flows in channel networks [J]. Journal of Hydraulic Engineering，2004，130（9）：914-923.

[94] Pugh F J，Wilson K C. Velocity and concentration distributions in sheet flow above plane beds [J]. Journal of Hydraulic Engineering，1999，125（2）：117-125.

[95] 肖焕雄. 施工导截流与围堰工程研究 [M]. 北京：中国电力出版社，2002.

[96] Cantelli A，Wong M，Parker G，et al. Numerical model linking bed and bank evolution of incisional channel created by dam removal [J]. Water Resources Research，2007，43（7）：W07436.

[97] Cantelli A，Paola C，Parker G. Experiments on upstream‐migrating erosional narrowing and widening of an incisional channel caused by dam removal [J]. Water Resources Research，2004，40（3）：W03304.

[98] Hydrologic Engineering Center of USACE. HEC-RAS：River Analysis System Hydraulic Reference Manual Version 4.1 [M]. Davis CA：US Army Corps of Engineers，2010.

[99] 周兴波，陈祖煜，陈淑婧，等. 基于 MIKE11 的堰塞坝溃决过程数值模拟 [J]. 安全与环境学报，2014，06：23-27.

[100] Hou J，Liang Q，Simons F，et al. A stable 2D unstructured shallow flow model for simulations of wetting and drying over rough terrains [J]. Computers & Fluids，2013，82（17）：132-147.

[101] Smith L S，Liang Q. Towards a generalized GPU/CPU shallow-flow modelling tool [J]. Computers & Fluids，2013，88（12）：334-343.

[102] Liang Q，Marche F. Numerical resolution of well-balanced shallow water equations with complex source terms [J]. Advances in Water Resources，2009，32（6）：873-884.

[103] Hou J，Simons F，Mahgoub M，et al. A robust well-balanced model on unstructured grids for shallow water flows with wetting and drying over complex topography [J]. Computer Methods in Applied Mechanics & Engineering，2013，257（15）：126-149.

[104] 侯精明，马利平，陈祖煜，等. 金沙江白格堰塞湖溃坝洪水演进高性能数值模拟 [J]. 人民长江，2019，50（4）：8-11，70.

[105] 陈祖煜，雷盼，张强，等. 白格堰塞体风险后评估——再次堵江洪水分析和应对措施 [J]. 水利规划与设计，2020，1：1672-2469.

[106] Hanson G J，Temple D M. Performance of bare-earth and vegetated steep channels under long-du-

ration flows. Transactions of the ASAE，2002，45（3）：695-701.

［107］ Gissinger E H，Little W C，Murphey J B，et al. Erodibility of stream bank materials of low cohesion［J］. Transactions of the ASAE，1981，24（3）：624-630.

［108］ Moore W L，Masch F D. Experiments on the scour resistance of cohesive sediments［J］. Journal of Geophysical Research，1962，67（4）：1437-1446.

［109］ Briaud J，Ting F C，Chen H C，et al. SRICOS：prediction of scour rate in cohesive soils at bridge piers［J］. Journal of Geotechnical and Geoenvironmental Engineering，1999，125（4）：237-246.

［110］ Wan C F，Fell R. Investigation of Rate of Erosion of Soils in Embankment Dams［J］. Journal of Geotechnical and Geoenvironmental Engineering，2004，130（4）：373-380.

［111］ Brown C A，Graham W J. Assessing the treat to life from dam failure［J］. Water Resources Bulletin，1988，24（6）：1303-1309.

［112］ 薛澜. 推进国家应急管理体系和能力现代化［J］. 中国应急管理科学，2020（2）：7-9.

［113］ 马宝成. 坚持总体国家安全观全面推进新时代应急管理体系建设［J］. 国家行政学院学报，2018（06）：52-56＋188.

［114］ 游志斌. 健全国家应急管理体系 提高处理急难险重任务能力［N/OL］. 光明日报，2020.

［115］ 国家安全生产监督管理总局. 生产安全事故应急预案管理办法［OL］，2009.

［116］ 应急管理部. 应急管理部关于修改〈生产安全事故应急预案管理办法〉的决定［OL］，2019.

［117］ 国家防汛抗旱总指挥部办公室. 关于明确水库水电站防汛管理有关问题的通知［OL］，2006.

［118］ 国家发展和改革委员会. 水电站大坝运行安全监督管理规定（发改委23号令）［OL］，2015.

［119］ 杜效鹄，周兴波. 关于我国水电站大坝安全与应急管理有关问题的报告［R］. 北京：水电水利规划设计总院，2020.

［120］ FERC. Engineering Guidelines for the Evaluation of Hydropower Projects［R］. Washington，DC：Federal Energy Regulatory Commission，2015.

第**6**章

发 展 展 望

党中央、国务院高度重视水库安全问题,党的十九届五中全会通过的制定国民经济和社会发展第十四个五年规划和二〇三五年远景目标的建议,明确提出要"加快病险水库除险加固",坚持安全第一,加强隐患排查、预警和除险。按照党中央、国务院决策部署,2025年底前,应完成现有病险水库除险加固和每年安全鉴定后新增的病险水库除险加固,并配套完善重点小型水库雨水情和安全监测设施,实现水库安全鉴定和除险加固常态化,确保水库安全运行。

实施大坝病险检查评估及除险加固工作,虽然目前已有较为完善的安全性评估方法,较为有效的除险加固技术,已在我国各类水库大坝病险评估和除险加固工程中广泛应用。但由于水库大坝病险问题复杂,大坝缺陷检查、监测、检测、病险评估以及除险加固工作仍然面临较多的技术难题和挑战,主要包括:

(1)现有检测、监测、检查技术尚无法适应病险坝的复杂情况。隐蔽工程先天质量缺陷,加上结构老化、性能劣化,现有隐患探测、安全监测、检测及安全诊断技术还很难精准查明隐蔽工程质量缺陷和安全隐患的具体部位、范围和严重程度,致使无法确保除险加固方案的针对性、合理性、有效性。

(2)深水检测装备相对落后,应对险情效率低下。目前国内外现有深水渗漏检测定位技术和设备多为试验性应用,准确性不高;人工潜水虽能实现百米级的水下检测与作业,但效率低,成本高,安全风险大。因此,一旦百米以上深水区出现渗漏等险情,往往需要放空水库或降低库水位才能查明渗漏部位,不仅贻误最佳抢险时机,也影响水库发电、供水等效益的发挥。

(3)高水头、高速水流区水下修补,质量保障能力低下。高水头、大泄量、高流速下的泄洪建筑物特别是事故闸门前的洞身(含门槽)结构发生空蚀、冲刷、破损,或深水区大坝结构破损,通常会降低库水位甚至放空水库,以尽力创造干地施工条件进行处理,水下修补成功率低下。

(4)突发事件应对能力相对薄弱。近几年极端气候导致强地震、地质灾害频发,对大坝安全的不利影响日渐突出;而溃坝、滑坡突发事件的监测预警能力较差,抢险物料和设备储备不足,除险加固技术和设备实用性不强,面对复杂险情,束手无策,不能有效排除险情。

(5)安全评价方法未能科学反映有些大坝的客观实际。运行水库(或电站)的大坝安全评价,尤其是大坝防洪安全性、结构安全性、渗流安全性的评价,目前采用的标准和方法大多套用设计规范，部分大坝安全评价未能科学反映工程实际情况，安全评价成果的准确性、合理性存疑，有必要进一步完善大坝安全评价标准和评价方法。

上述技术难题亟待进一步研究和技术创新，需要采用新方法、新材料、新工艺、新设备进行技术攻关。

随着大坝安全管理水平的不断提升、水库大坝除险加固经验的不断积累、相关领域理论及技术的不断发展，大坝安全检查、监测、检测、安全性评估、除险加固等技术方面仍有较大的发展空间，未来需要从以下几个方面入手，推进大坝检查、监测、检测和病险评估及除险加固技术不断创新和发展。

6.1 加快推进空天地监测检测一体化系统研究与应用

大坝安全监测包括仪器监测和巡视检查，传统的大坝安全缺陷感知方法主要依靠各类变形、渗流、应力应变和环境量监测仪器，以及水电站运行人员人工巡视检查发现缺陷的蛛丝马迹、监测缺陷的发展规律，并采用超声波法、水下摄像法、示踪法和伪随机流场法等检测手段进一步查明缺陷的起源以及缺陷对大坝安全的影响，为缺陷处理提供准确可靠的基础资料和技术支撑。

随着卫星定位、卫星遥感、计算机视觉、射频识别、网络通信、人工智能等科学技术的发展及产品国产化推进，以往昂贵的专用于针对缺陷检测的设备和技术将越来越多地用于水利水电工程安全日常监测中，结合传统的水利水电工程安全监测仪器，建立高空卫星遥感，低空影像，声波，水下多波束雷达，坝体内部传感器等物物联动的大坝工况、内外缺陷和潜在风险监测体系，从传统的监测、检测专业分工，转向多学科相融合的自动、实时、精准、全面感知水利水电工程运行环境和结构安全信息的一体化监测系统。通信和网络技术的发展将现场感知的各类结构化数据和图片、文档、音频、视频等非结构化数据信息传到云端，借助云计算、大数据分析、人工智能等技术，由专业机构进行信息管理分析，以提高缺陷识别和病险坝评估、诊断的准确性，提升加固补强处理的有效性。其中有以下几个方面的技术发展值得关注。

6.1.1 "北斗"高精度、全天候、无限量程变形监测

传统的大坝（边坡）变形监测传感器高精度、小量程，在研究大坝在各种荷载作用下的变形性态，为科学研究，指导设计、施工和运行，防患于未然方面发挥重要作用，但当结构发生可能导致病险坝的变形时，传统传感器也随之损坏，无法持续监测。传统的大地测量方法虽属大量程、高精度的变形监测方法，但测量仪器大多依靠进口设备，监测大坝（边坡）变形，存在观测条件受气象因素限制多，观测工作量大、周期长，无法实现全天候、全自动化、连续观测等弊端，在台风、暴雨、地震等极端工况下急需监测数据时难有作为。近年来，有少量水电站采用基于 GPS 定位技术进行大坝变形监测，建设和维护费高，且核心技术和设备尚未完全自主可控。

经过 30 多年的努力，2020 年 6 月我国成功发射北斗卫星导航系统第五十五颗导航卫星，完成北斗三代全球组网。随着北斗系统建设和服务能力的发展，已广泛应用于交通运输、测绘地理信息、电力调度、救灾减灾等领域，其定位、遥感和短报文技术在大坝病险

缺陷监测领域有着广泛的应用前景。基于"北斗"定位的高精度变形监测技术、设备、数据分析方法，以及预报预警的研究也在大力推进，随着技术的成熟，在不久的未来，北斗监测技术在水利水电工程将会得到广泛的推广应用，为大坝（边坡）监测、病险坝评估和应急工作提供全天候、可靠及时的信息支撑。

6.1.2　基于遥感技术的精细化、多样化、体系化监测

遥感技术是 20 世纪 60 年代兴起的一种探测技术，是根据电磁波的理论，采用各种传感仪器对远距离目标所辐射和反射的电磁波信息进行收集、处理，并最后成像，从而对地面各种景物进行探测和识别。现代遥感技术主要包括信息的获取、传输、存储和处理等环节。

遥感器的种类很多，主要有照相机、电视摄像机、多光谱扫描仪、成象光谱仪、微波辐射计、合成孔径雷达等。传输设备用于将遥感信息从远距离平台（如卫星、飞机、船、潜航器等）传回地面站。信息处理设备包括彩色合成仪、图像判读仪和数字图像处理机等。

目前遥感技术在水利水电工程的地质勘查、缺陷检查方面也有不少应用，但大多采用国外的遥感设备、平台和软件，价格昂贵，一般只在特殊需要时请专业机构来检测，不能保障实时性、连续性，而且还受国家关系等其他方面的制约。

目前我国已发射 30 多颗遥感卫星，卫星遥感正向精细化、多样化、体系化发展，逐步进入了多层次、多角度、全方位、全天候的对地观测时代。自主遥感器、传输设备和信息处理设备等遥感关键技术也在同步发展，包括传感器电磁波谱全波段覆盖，各类传感器组合应用，提高感应分辨率；图像信息处理实现光学-电子计算机混合处理；遥感技术与GIS、GNSS 形成一体化的技术系统，可实现遥感分析解译的实时化、定量化与精确化。水利和能源行业的技术中心已联合科研机构，自然资源部、国内知名厂商开展基于遥感技术在水利水电行业的各类应用研究，包括大坝智能检测技术及装备研究，提高大坝检测效率、精度、速度及智能化水平，突破恶劣赋存环境下缺陷识别与高精度定位等技术瓶颈以及基于遥感卫星的水库资源、地质缺陷监测研究等。

随着遥感器搭载设备、应用软件和装备的专业化和国产化研究成功，将充分发挥高空卫星遥感"即时性、客观性、准确性、全面性"的特点，结合无人机、无人船定期低空固定线路自主飞行、航行检查技术，开展库容、库区滑坡、泥石流等大型地质灾害的监测；采用固定激光扫描、合成孔径雷达等技术用于大坝（边坡）日常监测；采用钻孔内窥法、超声波法、井间 CT 法等方法检查、监测裂缝深度、渗漏通道等。

6.1.3　基于机器视觉的日常检查监测

在中国视觉技术的应用开始于 20 世纪 90 年代，国内大多机器视觉公司基本上是靠代理国外各种机器视觉品牌起家，随着机器视觉的不断应用，公司规模慢慢做大，技术上已经逐渐成熟。随着经济水平的提高，3D 机器视觉也开始进入人们的视野。

在水利水电工程中基于 CCD 摄像的垂线坐标仪、引张线仪、激光的接收端读数仪，以及用摄像机自动识别水尺水位读数等已经用到了部分机器视觉的技术，也有利用高清摄像技术依靠专业公司采用潜航器进行水下检查，无人机进行坝面裂缝检查，钻孔电视进行

内部岩性检查，但由于大多采用进口设备，无自动识别裂缝、渗水等功能，且价格昂贵，尚未用于日常监测。

随着计算能力的增强，人工智能技术的发展，更高分辨率的摄像机，更快的扫描率和软件功能的提高，更大图像以及更快的速度进行传输和处理，摄像设备搭载设施的研发，以及基于云计算和边缘计算的多级数据管理平台的构建，适合水利水电工程检查、监测的机器视觉集成产品将越来越多。

传统的巡视检查方法主要依靠目视、耳听、手摸、鼻嗅等直观方法，辅以锤、钎、量尺、放大镜、望远镜、照相机、摄像机等工器具进行。未来采用机器视觉不但可以远程自动完成日常巡视检查中视觉感知工作，结合人工智能还可对缺陷（裂缝、渗水、析钙、冲刷、气蚀、露筋、孔洞、掉块、塌陷等）进行自动识别和评估，而且能借助各类视觉感应器和智能化搭载设备的集成产品，如在无人机、无人船、水下机器人、巡检机器人、固定轨道、固定地点等安装的摄像设备，用于不适于人工作业的大坝上下游面、高陡边坡、水下堵头、长引水隧洞、排水道、检查孔等危险工作环境或者人工视觉难以满足要求的日常巡检和监测。

6.1.4　智能传感器应用

智能传感器系统是一门现代综合技术，是当今世界正在迅速发展的高科技新技术，但还没有形成规范化的定义。早期，人们简单机械地强调在工艺上将传感器与微处理器两者紧密结合，认为"传感器的敏感元件及其信号调理电路与微处理器集成在一块芯片上就是智能传感器"。

近年来，随着电子自动化产业的迅速发展与进步，促使传感器技术特别是集成智能传感器技术日趋活跃发展，随着半导体技术的迅猛发展，国内外一些著名的公司和高等院校正在大力开展有关集成智能传感器的研制。目前国内的一些变形监测仪器、摄像机也已具备了早期智能传感器的功能，但未能在水利水电工程各类埋入式传感器中推广应用。

目前水利水电工程中应用的各类埋入式传感器主要通过有线电缆或光缆传输信号，采取人工标识、记录传感器性能参数和埋设位置等信息，存在记录不全、资料遗失等现象，若出现电缆破损断裂，很难识别与电缆线对应的传感器。随着国产芯片技术的发展和普及，就可以将带有微处理器，具有采集、处理、交换信息的能力的各类传感器应用到水利水电工程。

6.1.5　智能移动终端推广应用

目前小型工程的人工观测和巡视检查仍以"纸＋笔"记录方式，监测信息的处理、查询展示、统计分析、监控预警等主要通过 PC 端进行，存在便携性不够、实时性不足等。近年来，随着移动互联网等新一代信息技术的快速发展，以及智能手机等移动终端设备性能的提升和普及使用，已有科研院所和电力企业研发了一些基于移动终端的大坝安全监测应用软件系统，并投入实际使用。随着经验总结和标准规范的制定，大坝安全监测智能移动终端可先在缺少仪器监测和专业人员的小型工程推广应用，也可与机器视觉技术联合在大型工程中应用。

6.1.6 复杂条件下的隐患快速探测

裂缝、渗漏、锈蚀等大坝缺陷具有隐蔽性强、条件复杂、赋存环境恶劣等特点，以无损检测为主的传统检测手段，如采用超声波法检测混凝土内部缺陷，采用电磁感应法或超声横波法检测混凝土内部钢筋埋设情况等，利用钻孔内窥法、超声波法、井间 CT 法等方法检测裂缝深度，采用探地雷达法、地震法检测土石坝密实度。这些新技术在一定程度上提高了检测效果，但在检测精度、效率、智能化以及深水下检测等方面仍面临着一系列的问题，比如：大体积结构混凝土内部缺陷快速探测问题，复杂水文、地质、干扰等条件下的大坝渗漏通道快速探测和精细化定位问题等。

随着传感器、物联网、大数据、人工智能等技术的迅速发展，有必要利用无人船、无人车、无人机、微型胶囊等装备搭载的各类检测设备，研究基于高清图像和 GNNS 信息的建筑物三维模型重建和缺陷定位动态显示技术，以及裂缝及缺陷高精度自动识别和提取技术，以提高大坝裂缝等表面缺陷的检测精度、速度；采用数值模拟和物理模拟等方法，结合混凝土裂缝渗漏、止水结构渗漏、集中孔洞渗漏、黏土铺盖表面散渗等多种典型渗漏水声辐射噪声的特性规律和水下双目立体视觉成像技术等，研究基于高精度声学探测技术和高精度视觉成像技术融合的新型渗漏声呐、视觉探测系统和声学数据处理及可视化软件，实现渗流场快速探测和三维显示。

6.1.7 深水复杂环境下检查检测及处理一体化装备

20 世纪 90 年代以后陆续兴建的一批特高坝，随着服役时间增长，出现工程安全隐患的概率大幅增加，有些工程安全隐患发生在大坝水下上百米深的混凝土或金属结构隐蔽部位，有些发生在人员难以进入的长引水隧洞内，大坝上游坝面深水下裂缝和缺陷检修、过流孔洞进口部位冲磨空蚀破坏水下检修、坝趾冲淘破坏水下检修以及下游消力池冲磨空蚀破坏水下检修，均是目前突出的技术难题，需从技术思路、检查设备、检修手段等方面攻坚克难，突破 100m 水深的极限，这就对水下检查检测修复技术提出了新要求。

国内有关科研机构也开展了相应的技术攻关，如南京水利科学研究院中、船重工 702 研究所等多家单位联合研制了大坝深水检测载人潜水器"禹龙"号，并在新安江、锦屏一级等工程进行了试验，悬浮作业、附着物清理、渗漏示踪、激光测距等，取得了较好的成效。随着水下机器人、小型化载人潜水器等装备的研发，以及水下高清视频及信号传输技术发展，将来在深水环境下对大坝开展检查检测及补强加固不再是难题。

6.1.8 基于无人船的水库智能巡查等智能巡检技术装备

针对库区范围大、巡航面积大、人工巡检工作强度大效率低且库区水流条件复杂人工巡查危险性高频次低等实际问题，在水库智能巡检过程中可采用无人船搭载智能监测检测装备（如水下无人潜器、无人机等）及各类遥感器、传感器，根据巡检定位、路线生成、指标属性识别和实时采集信息传输等需求，进行硬件及信息集成，采用图像智能识别、多波束探测、浅地层剖面探测等技术将智能控制集中一体，并实现各智能设备与后端数据库的互通互联，同时利用定位技术记录巡检轨迹和巡检点的位置，获取缺陷位置信息，实现对库区滑坡、库区水下地形探测的智能巡查。

6.2 进一步完善大坝安全评价技术

自从电力行业 1987 年开始水电站大坝安全定期检查、水利行业 1995 年开始水库大坝安全鉴定以来，经过 30 余年的实践，积累了大量的经验，大坝安全评价技术日臻完善。国家能源局和水利部分别发布了《水电站大坝运行安全评价导则》DL/T 5313、《水库大坝安全评价导则》SL 258，分别明确了水电站大坝、水库大坝安全评价的统一技术标准，在大坝安全管理中发挥了重要的作用。随着我国社会经济的不断发展，以及国内外大坝安全管理技术、坝工及相关领域技术的不断进步，今后大坝安全评价技术有必要也有可能进一步完善。在大坝安全评价标准、防洪安全性评价方法、结构安全性评价方法、渗流安全性评价方法等方面的完善尤为必要。

6.2.1 大坝安全评价标准

我国水利水电工程建设技术标准体系较为健全，从最基本的总体安全度到具体结构的设计，都有明确的规定。对于新建工程的设计，根据其工程规模、效益和在经济社会中的重要性，确定工程等别，并据此确定建筑物别及相应的防洪安全标准、结构安全标准、抗震安全标准等。水利工程的等别及防洪安全标准按《水利水电工程等级划分及洪水标准》SL 252 确定，结构安全标准由具体建筑物设计标准确定，如《混凝土重力坝设计规范》SL319、《混凝土拱坝设计规范》SL 282、《碾压式土石坝设计规范》SL 272 分别规定了不同级别的大坝应达到的结构安全度要求。水电工程的等别、建筑物级别、防洪标准、抗震标准、结构整体稳定安全标准等按《水电枢纽工程等级划分及设计安全标准》DL 5180 确定，结构安全标准由具体建筑物设计标准确定，如《混凝土重力坝设计规范》NB/T 3526、《混凝土拱坝设计规范》DL/T 5346、《碾压式土石坝设计规范》DL/T 5395 分别规定了不同级别的重力坝、拱坝、土石坝应达到的结构安全度要求。按上述标准设计的水利水电工程的安全性与国标水准总体一致，适合我国的国情，与社会经济发展水平相适应，大量工程建设实践表明，按这些标准建设的工程，安全性是有保障的。

目前，大坝安全评价采用的标准大多套用设计规范。事实上，已建水利水电工程不同于拟建工程，后者如坝址地质条件、坝基处理、坝体混凝土浇筑、土石坝填筑施工质量等因素的不确定性远小于前者，且部分工况已经过实际运行考验；此外，有些大坝投运后，所在河流上下游陆续建成了众多水利水电工程，这些梯级水库的防洪调度往往相互关联、相互影响。因此，对于已建工程的安全评价而言，有理由怀疑直接套用设计标准的合理性，尤其对于不能满足现有设计标准的，有必要分类深入研究提出具体安全评价标准，包括防洪安全性和结构安全性两类标准。

对于防洪标准，需研究确定与下游经济社会发展水平及风险大小相适应，以及流域上下游梯级水库相协调的标准。一是随着下游社会经济发展水平的提高、人口数量的增加，溃坝对下游的影响与工程建设时相比可能已经或将会有较大增加，虽然现行《水利水电工程等级划分及洪水标准》SL 252、《水电枢纽工程等级划分及设计安全标准》DL 5180 对失事后损失巨大或影响十分严重的大坝都有建筑物级别提高一级并相应提高洪水标准的规定，但表述过于原则性，可操作性不强，另外，对于影响确实非常严重的大坝，仅提高一级，相应的防洪标准是否已经足够，也值得进一步研究。美国对于影响非常严重的大坝，即使工程规模不是很大，防洪标准也要求达到 PMF。其做法值得今后研究时参考和借鉴。二是对于梯级水库群而言，若上游水库的防洪标准低于下游水位且其溃坝洪水将对下游水库造成较大影响，应研究提高上游水位防洪标准的原则或标准。三是我国的脱贫攻坚战现已取得决定性胜利，一些偏僻地区的村民已通过搬迁移民脱贫，有些大坝的下游影响人员可能已大幅度减少，对于此类大坝应研究是否一定要坚守原设计标准或现行规范要求的标准，宜研究提出降低防洪标准的可操作性的原则或标准。

对于结构安全度标准，即容许安全系数大小，需研究确定与下游经济社会发展水平及风险大小相适应，以及考虑特定结构影响因素不确定性的安全度标准。一是根据大坝失事后对下游的影响的严重性，与防洪标准提高或降低同理，研究提出提高或降低结构容许安全系数的原则或标准。二是考虑已建工程的实际不确定性因素，研究提出不同于新建工程结构容许安全系数的原则或标准。事实上，安全系数的实质是为了考虑荷载、材料强度和计算结果的不确定性。这种不确定性在工程的规划设计阶段和建成后的实际运行阶段是不同的。在设计阶段，对地基的了解主要来自有限的钻孔和少量平硐，开工以后，通过地基开挖、现场观察、固结灌浆、帷幕灌浆、地质缺陷处理、排水孔的钻孔和压水试验等，对地基的了解就深入得多。在设计阶段，只有少数室内混凝土强度试验资料，开工以后，有大量现场取样试验资料、接缝灌浆及检查孔资料，对混凝土强度的了解也深入多了。同样，土石坝的坝体、防渗体的性状，通过施工过程的实际填筑质量控制和部分土工试验，较设计阶段有了更多的了解。施工过程对坝体应力的影响也已掌握，蓄水初期的变位、扬压力、温度等观测资料，有利于对坝体质量的进一步了解；很多大坝经多年的高水位运行考验，同时通过对大量变形、渗流、应力应变等监测成果的分析，也有助于人们加深对结构性态的认识。因此，对于已建工程而言，人们对结构认识的不确定性比拟建工程小得多，安全评价采用的容许安全系数与规划设计阶段相比可适当减小，目前套用设计阶段安全系数的局面似可适当改变。安全系数的取值是一个严肃的问题，有必要通过大量仔细的工作，制定一套适合运行期的容许安全系数。

6.2.2 防洪安全性评价方法

防洪安全性评价时对设计洪水及调洪要素，如洪水过程线、泄流曲线、库容、调洪原则等都需要进行复核，最终通过调洪演算并复核坝顶高程是否满足要求来评价大坝防洪安全性。其中入库洪水复核成果对防洪安全性评价影响最大。而现行入库洪水复核计算成果有时存在明显偏大或偏小的现象，有必要研究更合理的洪水复核计算方法。防洪安全评价值得研究完善之处有：

（1）合理考虑上游水库的拦洪削峰作用。目前我国水库大坝设计和安全评价中，一般采用天然洪水作为设计依据。事实上，水库群建成投入运行后，洪峰经过水库调蓄后会变小变缓，不同时段特别是短时段设计洪量也会变小。对于上游建有调蓄性能且其防洪标准相当或较高的水库，大坝防洪安全评价时若不考虑上游水库的削峰作用，而仍采用天然洪水，洪水复核成果将偏大。

（2）合理考虑上游水库溃坝对入库洪水的影响。若上游兴建有设计标准相对较低的水库，当流域发生超过其防洪标准的洪水时，这些水库可能发生溃坝。目前大坝防洪安全评价，对上游溃坝这种极端洪水考虑不多，但这种洪水实质上会极大影响下游水库大坝安全。因此，有必要研究合理考虑上游溃坝影响的入库洪水计算方法。

（3）以入库洪水而不是坝址洪水作为评价依据。目前我国已建水库一般以坝址设计洪水作为水库防洪设计依据。实际资料表明，入库洪水与坝址洪水存在差别，不同水库特性及不同典型的时空分布，两者差异的大小也不同。有学者对 32 座水库入库洪水进行了研究分析，入库洪水与坝址洪水的洪峰流量的比值在 1.01~1.54 之间。因此，采用入库洪水作为评价依据更符合建库后的实际情况，若仍采用坝址设计洪水的，应估算其不利影响。

（4）缺乏流量、降雨资料的中小流域进一步明确洪水计算要求。目前很多中小流域无流量和降雨资料，一般采用审定的各省暴雨径流查算图表计算设计洪水。实践表明，鉴于目前《暴雨径流查算图表》大多都是在 20 世纪 70 年代后期编制，没有包括 80 年代以来的雨洪资料。近年来全球厄尔尼诺现象加剧，极端暴雨时有发生，仅据此计算，成果可能偏小。如华北某座位于河北、山西交界处的抽水蓄能电站，设计时洪水按工程所在省暴雨等值线图计算，投运后坝址设置的雨量站 2016 年观测到极端暴雨，经设计单位根据雨量站资料复核，校核洪水较原设计增加了约 98%。因此应进一步明确洪水计算要求，如搜集与分析 20 世纪 80 年代以来的较大暴雨洪水资料，以检验并修正设计成果；若工程位于省界河流时，充分考虑邻省暴雨洪水分析成果，并应用邻省《暴雨洪水图集》进行查算，以作进一步的地区综合分析和检验等。

（5）考虑泄洪安全或行洪通道对大坝防洪安全的影响。随着社会经济的发展，部分水库下游多年未泄洪造成下游行洪通道占用或堵塞，实际泄洪时受下游淹没限制，或地方政府给水库增加了新防洪任务，导致大坝防洪不安全。对于水库下游控泄要求的大坝，应根据实际情况进行调洪计算，分析对大坝安全影响。

6.2.3　结构安全性评价方法

大坝结构安全评价主要是在设计施工复查基础上，通过现场检查、监测资料分析、必要的专项检测、计算分析等进行综合评价。计算分析最大的优势是能够从局部到整体全面揭示结构性态以弥补监测和巡检的不足，但目前工程中计算分析大多采用传统设计计算方法，在计算模型概化、计算参数及计算荷载确定、计算方法选取等方面无法精准反映实际建成的大坝，尤其对存在一定结构缺陷的大坝，其计算结构可能与实际性态相差更大。因此，结构计算在如何更准确地模拟大坝真实结构性态方面推陈出新是今后大坝结构安全评价的重要课题。以现场检查、安全监测以及专项检查成果为真实输入信息，通过数值计算方法更真实地模拟结构真实工作性态，并以高精度计算结果为主要依据评价大坝安全将是今后大坝安全评价技术的发展方向。此外，随着大数据、云计算、人工智能等新一代信息技术的飞速发展，为大坝安全领域突破传统的评价技术提供了可能，应用大数据和人工智能技术进行大坝安全评价有望成为未来大坝安全评价领域研究和应用的发展热点。可从以下几方面进一步研究和改进：

（1）在结构计算方法方面，以有限单元法为代表的连续介质分析方法仍是现阶段最为成熟的方法。混凝土坝结构分析中往往需要考虑裂缝、施工层面、地质构造等复杂非连续接触关系，土石坝采用连续介质力学方法进行计算分析无法全面反映土石体的松散特性，因此仅仅采用连续介质分析方法进行模拟和计算无法模拟结构真实状态，需要研究借助其他方法进行更精准的大坝安全评价。现阶段结构数值计算方法，例如扩展有限元、非连续变形分析、复合单元、离散元、流形元等方法的研究也取得了很大进展，将一种或多种方法结合应用于大坝结构仿真计算有望为大坝结构安全评价寻找到更为有效的途径。

（2）在结构计算对象方面，目前大坝结构安全评价中坝体和坝基往往是分开计算和评价或者以关注坝体结构为主，如拱梁分载法、材料力学法、极限平衡法计算抗滑稳定均忽略了坝体与基础的相互作用；计算中大多也未考虑大坝运行过程中出现的结构变化如存在的缺陷及其处理措施等对结构的影响。为更精准地评价大坝结构，应将坝体和基础作为一个整体考虑，研究两者对大坝结构整体的影响以及相互作用关系及其精细模拟方法，此外需要真实准确地考虑坝基地质构造及其处理措施、大坝运行过程中出现的缺陷及其处理措施，并研究相关结构变化的快速模拟方法。

（3）在计算参数方面，为更加准确地掌握结构真实运行性态，研究各类材料的瞬时以及时效力学特性是仿真计算的重要前提。因此需结合室内试验研究基于监测资料的结构反分析方法以获取材料瞬时和时效变形特性，基于材料专项检测成果、室内试验和数值试验研究材料长期强度特性及其演化规律，最终得到能够用于大坝结构三维非线性长期仿真计算的材料真实力学参数。

（4）在计算荷载方面，一方面需要研究荷载的真实模拟方法，如库盆水压的合理模拟方法、真实温度荷载的模拟、复杂边界条件的正确模拟方法等；另一方面需要考虑真实的荷载历史，如从坝基开挖开始模拟岩体卸荷、坝体施工、分期蓄水以及投运后的整个运行过程等。

（5）在大坝结构安全性评价方面，在开展大坝全过程三维非线性仿真分析计算，得到反映大坝真实安全状况的变形、应力状态基础上，一方面是需要研究基于仿真计算的大坝点安全评判标准和局部片域安全评判标准；另一方面是研究大坝整体安全控制标准。

（6）在大坝结构安全智能评价技术方面，利用大数据和人工智能算法进行大坝安全评价首先需要解决的是"知识"的积累，即研究基于海量关于大坝结构的设计、施工、运行数据（有评判成果或规则的情况下还包括标签数据）以及类似工程的结构性态数据，通过统计、分类、聚类、特征分析等算法进行数据挖掘工作，最终需要的"知识"是基于数据挖掘成果而构筑的大坝安全数据库和知识图谱。在此基础上，还需研究通过统计分析、机器学习、深度学习等方法进行数据分析，结合大坝安全数据库和知识图谱进一步开展基于大数据的大坝结构智能安全评价，从而真正意义上实现对工程师解决问题的智能模拟。

6.2.4　渗流安全性评价方法

渗流安全性主要是评价渗控措施和渗流性态是否满足要求，目前主要采用在设计施工复查基础上，通过现场检查和监测资料分析进行现状评价，辅以简单计算分析和经验类比的方法进行综合评判。大坝渗流安全评价是一个复杂的工程问题，现场检查、监测资料分析只能对有限的可及范围内的渗流安全进行评价，经验类比法也只能进行大致评判，无法全面揭示大坝渗流状态。实际工作中遇到的某些渗控效果评价问题，如复杂地质条件及非常规防渗措施下两岸绕坝渗流安全性、深厚覆盖层坝基防渗墙防渗安全性等，亟待研究更科学的评价方法。进行更切合实际的高精度渗流性态仿真计算分析可能是今后提高大坝渗流安全评价水平的发展方向。

有限元法是目前最为常用的渗流计算方法，为了精确反映大坝真实渗流状态，计算方法、模型、参数等均需要最大程度上与实际运行情况保持一致。计算模型应考虑大坝与坝基的真实情况尤其是考虑深厚覆盖层及相应防渗措施、地质缺陷、防渗体缺陷等影响的整体三维模型；计算参数应基于监测资料、现场试验成果、室内试验成果等资料，通过研究智能优化算法反演获得；土石材料的饱和-非饱和渗流特性也是影响渗流评价的因素，需要予以关注；计算方法必须突破传统的稳定渗流分析，需仿真模拟边界条件的变化过程以及渗流场的演化，最大程度上做到仿真计算与实际运行状况的一致。此外，流固耦合效应是影响渗流安全的重要因素之一，真正考虑流固耦合的渗流仿真计算方法也是今后大坝渗流安全评价中需要研究的问题。

近年来，随着颗粒离散元方法的发展，为全面揭示大坝渗流安全状况提供了可行的途径。颗粒离散元方法没有过多假定和简化，而是从最基本的力学原理出发模拟颗粒间的相互作用关系及流体在颗粒孔隙中的流动规律，能够从细观力学关系出发计算得到结构宏观特性，尤其适用于土石坝变形渗流机理的模拟。通过颗粒离散元进行整个大坝和坝基渗流安全评价需要突破的一个方面是解决百亿数量级颗粒的计算求解问题，尽管目前还无法轻易实现，随着超级计算机、分布式计算、量子计算等技术的快速发展，不断提升的算力在未来有望能够满足工程计算需求；另一方面是解决参数标定问题，这方面可通过室内试验和数值试验研究解决。通过颗粒离散元仿真分析能够直接得到大坝及坝基的宏细观渗流状态，并且能够直接从颗粒运动进行结构渗透稳定评判，是今后开展大坝渗流安全评价的可能改进提高方向。

6.2.5　基于风险的安全评估方法

早在 2005 年，国际大坝委员会就发布了名为《大坝安全管理中的风险评估》的第 130 号公报。美国、加拿大和澳大利亚等国在大坝安全风险管理方面走在前列，目前，国际上大坝安全管理模式正由传统的工程安全管理向风险管理转变。我国开展大坝风险管理研究较晚，但也取得了一定的进展，风险管理的理念逐渐被业界接受。

风险管理主要包括风险标准的建立、风险因素辨识、溃坝概率计算、溃坝后果评价、风险计算评估和风险处理等内容。风险评估需要研究的技术要点很多，主要有风险标准确定、溃坝模式研究、溃坝概率计算方法研究、溃坝洪水研究以及溃坝后果评价方法研究。其中，风险标准确定、溃坝概率计算两项是制约该方法实际应用的主要因素，需要花大力气研究。

风险标准的制定，虽然国内有一些学者在这方面进行了一些研究探索，但仍需要从我国的国情出发，综合考虑经济发展情况、社会价值观、法律体制等多方面因素，形成各方都能接受的标准。

溃坝概率计算方法，常见的有专家经验法、事件树法和结构可靠度法等。其中专家经验法和事件树法受专家主观影响极大，以此来判断某一风险事件发生的可能性时，专家的个人经验将大大影响风险结论，成果的客观性、唯一性不足。对于结构可靠度计算法，鉴于被评价大坝的相关力学参数、荷载等随机变量的样本不足，数量众多的中小型水库、水电站大坝甚至没有力学参数样本，获得反映客观实际的随机变量分布特征参数几乎不可能，因此，通过结构可靠度理论定量计算实际溃坝概率，计算成果的可信度较低，国际上也没有依此计算大坝风险的实例，目前也仅停留在研究层面。

6.3 不断推进大坝除险加固技术创新和发展

混凝土面板堆石坝和心墙堆石坝的水下堵漏治理、碾压混凝土坝的层间渗漏治理、泄洪设施结构损伤的水上修复处理、泄洪消能建筑物流速不大部位的水下修补、大坝震后加固处理、工程边坡治理等技术已日渐成熟，应用已日趋广泛。然而，随着西部特大型、巨型水电站的陆续投产，已面临高水头下的混凝土面板堆石坝的面板破损水下修补，高水头、大泄量、高流速引发泄洪设施结构冲刷破损的修复，危险边坡或高陡边坡的应急加固治理施工等诸多的技术难题，需要进一步研究和技术创新。

6.3.1 高水头下混凝土面板堆石坝的面板破损水下修补

面板破损部位位于深水区，低于泄洪设施的进水口底板高程，即使具备放空水库或大幅降低库水位的条件，但对工程的发电、供水、灌溉等综合效益影响很大；因此，通常会选择在水下进行处理。

国内某大型水电站面板分期施工缝破损部位在正常蓄水位以下85～90m，破损长度约184m、宽度约2～4m、深度一般为10～15cm，最大深度约40cm。曾采用部分降低库水位方案，在水头45m的情况下对施工缝部位的面板进行了整形切割及凿除局部混凝土、对受损部位的部分钢筋整形、面板施工缝设置插筋、浇筑PBM水下混凝土的水下修复处理。面板修复处理后，前期大坝渗漏量明显减少；其后水下检查发现，原修复部分的新老混凝土又重新脱开，破损再次发生或破损范围扩大；同时，高水位时的大坝渗漏量又逐年增加，目前已几乎恢复到处理前的量值，急需研究新技术和新工艺重新对破损面板进行水下处理，可从以下几个方面研究处理技术。

（1）水下缺陷检测设备和检测工艺的研究：研究适合面板水下大面积缺陷扫描、水下渗漏区域的渗流检测和面板水下脱空检测等自动高效、精确度高、适应面板缺陷检测的设备和水下检查的工艺；（2）水下施工设备及工艺研究：研究原面板混凝土界面高压冲洗、打磨、切割和锚固等作业设备及其工艺，确保新老材料界面结合良好；（3）水下粘结材料的研究：研究选择修补混凝土与面板混凝土接触面胶粘剂，确保水下和高压环境下其界面粘结能力强和耐久性好；（4）水下耐久性好、强度高的修补材料研究：研究选择具备固化快、粘结力强、早期强度高，并与原面板混凝土线膨胀系数等指标差别不大、适应水温环境、能协调变形且耐久性好等性能的修补材料；（5）水下灌浆设备和工艺的研究：研究施工缝及面板脱空灌浆的钻孔设备、灌浆材料和灌浆工艺，确保缝内和脱空部位灌浆效果；（6）接缝及破损部位表面大面积柔性材料修复工艺的研究：针对接缝和破损部位表面大面积防渗，研究采用PVC/HDPE土工膜水下粘结、锚固结构的柔性修复材料和工艺，确保高效可靠的表面防渗处理效果；（7）水下作业机器人的研究：修复施工在水深45m或更深的条件进行，针对潜水员水下施工时间短、施工效率低，研究作业机器人完成部分或全部处理工作量。

随着水下修补材料、新工艺、新技术的研发，以及机器人水下作业技术的快速发展，不久的将来，深水区修补面板等结构破损将不再是技术难题。

6.3.2 泄洪设施进水口结构高流速冲刷破损干地施工修复

近期国内某大型水电站泄洪洞事故（检修）闸门上游的中隔墩破损严重，已影响泄洪洞的正常运行。正常蓄水位时，泄洪洞事故（检修）闸门中隔墩部位的水头超过 90m，泄洪时中隔墩部位流速达到 30m/s，对于承受高水头和高速水流冲击及水压力强烈波动作用的混凝土结构，深水混凝土浇筑目前的施工技术还难以保证修补质量。因此，该工程拟选择干地施工方案。

国内曾有甘肃刘家峡、四川龚嘴、福建水口三个水电站泄洪设施冲刷破损采用干地施工修复，在进水口布置最大自重达 306t 的浮体检修门的成功挡水实例。而该工程的浮体检修门自重至少达 800t，封堵过程中还存在泄洪洞进水口四周起伏不平、与浮体检修门接触部位止水困难、闸门接触部位集中应力大、大型浮体检修门安装与定位很困难等问题。因此，该工程拟研究采用浮式拱围堰以创造干地施工条件，主要从以下几个方面进行研究：

（1）浮式拱围堰与进水口接触面体型研究：根据进水口混凝土结构和周边山体的承载能力及其差异、接触面不平整等缺陷，研究浮式拱围堰与混凝土结构和周边山体接触面的体型、表面处理工艺；（2）浮式拱围堰水上运输、安装、就位研究：研究浮式拱围堰箱型结构和内部空腔设置气囊，以控制充水或排水调节以确保拱围堰随意沉浮，以及水上运输采用拖轮牵引到指定地点充水、下沉、就位的措施；（3）接触面止水的研究：研究浮式拱围堰与进水口结构接触面以及各拱垂直方向叠拱接触面进行注浆止水的埋设管路布置。抽干围堰内积水后，创造进水口内"干地作业"的环境。

国内现场工程应用性试验研究成果表明，浮式拱围堰可以创造干地施工的条件。尽管浮式拱围堰施工技术在国内外尚无工程应用先例，但相信在不久的将来，浮式拱围堰将会应用在高水头泄洪洞进水口结构修复及大坝上游面水下修补的加固工程。

6.3.3 泄洪设施高流速冲刷破损水下修补

目前国内泄洪设施大泄量、高流速抗冲耐磨部位的局部混凝土破损，当采用干地施工条件修补后，修补材料可以和原混凝土牢固结合，其修复质量可以达到原混凝土结构标准。二滩水电站 1 号泄洪洞 2 号掺气坎设计流速达 45m/s，泄洪后检查发现掺气坎以下底板、边墙遭遇大面积损坏，采用环氧树脂、界面胶粘剂、无声破碎剂、自锁锚杆等新材料、新工艺、新技术进行了修补。泄洪洞经接近 3600m³/s 泄量、闸门全开 24h 泄洪考验，泄洪后检查修复部位完整，无任何损伤。

而对于高水头、大泄量、高流速的泄洪洞事故（检修）闸门进水口洞身混凝土结构、中隔墩、门槽等冲刷破损部位，以及消力池护坦结构的冲刷破损或局部冲毁，通常会尽量考虑采用干地施工条件进行处理。对于没有条件或实施干地施工有困难的工程，国内一些工程也进行了水下修补，但在大泄量、高流速泄洪后检查，能确保修补质量的成功实例不多。因此，需要从以下几个方面入手，对关键技术进行研究：

（1）泄洪设施水下缺陷检测设备和检测工艺的研究：研究适合泄洪设施、复杂构造的水下渗流检测、水下缺陷扫描、长距离泄洪洞的水下爬行机器人等自动高效、精确度高、适应泄洪设施的水下混凝土缺陷检测设备和水下检查工艺；

（2）水下施工设备及工艺研究：研究原新老混凝土接合面高压冲洗、打磨、切割、涂刷、植筋及焊接等作业设备及其工艺，确保新老材料界面接合良好；

（3）水下粘结材料的研究：研究修补混凝土与原混凝土接触面的胶粘剂，确保其粘结能力强和耐久性好；

（4）水下抗冲磨材料的研究：研究选择凝固速度快、强度高、流动性好、抗冲耐磨、适应水温环境、能协调变形且耐久性好等性能的修补材料；

（5）水下作业机器人的研究：针对泄洪构筑物体型复杂、泄洪洞内半封闭作业空间等不适合人工修复的区域，开展可作业机器人的研究。

随着水下修补工程经验的积累和实践中不断完善，水下检测、水下修复材料、水下施工技术的不断创新和发展，以及泄洪设施水下修补成功实例的逐步增加，高流速部位的水下修补技术也将被越来越多的工程所采纳。

6.3.4 危险边坡或高陡边坡应急加固治理

近年来受强烈地震和极端气象事件影响，西部地区山体滑坡等地质灾害事件处于多发态势；边坡一旦发生险情，一方面边坡加固治理需要运输材料、搭建脚手架，有些高陡边坡还缺少施工道路，修路及搭建脚手架等工作耗时较长；另一方面危险边坡随时都有垮塌的风险，搭建脚手架并在脚手架上进行治理作业的风险很大。因此，如何解决危险边坡或高陡边坡滑坡期间加速变形的应急加固治理，就需要研究选择机器人来完成高风险作业的相关工作。

煤矿开采是公认的高危行业，目前国内仿生机器人已应用到部分煤矿的开采作业，但仍处于起步阶段，还存在智能化水平相对较低、灵活性差等问题。而大管径、厚壁钢管采用新型无导轨机器人全自动焊接已在国内水利水电工程等行业获得成功应用，机器人已具有自动行走、焊接位置自动识别、焊接工艺参数存储记忆、焊接电源联动控制，焊枪位置实时控制等功能。经超声检测，焊缝质量合格且为一级焊缝，可满足现场焊接施工需求。说明随着科学技术的发展，智能化机器人已逐步走进作业风险高且技术难度大的作业场所。

研究仿生机构、仿生感知、仿生控制、仿生驱动和仿生材料等关键技术研制机器人；通过在现场对机器人进行遥控，钻机随机器人行走到达确定的钻机安装位置；机器人把锚杆移送到钻机上并安装好进行钻孔，在金属架中转动选择最佳的锚杆钻进角度，通过遥控钻机把锚杆插入边坡等作业。21世纪欧洲已有一些国家开始探索并研究利用能够登山的四条腿机器人直接在危险坡面进行加固治理施工，目前已完成上述工作的现场试验工作。

随着仿生机器人智能化技术快速发展，将在危险边坡治理中迎来应用前景。

6.4 加大数字化智能化技术的应用

随着物联网、云计算、大数据、5G、人工智能等新一代信息技术的快速发展，利用新的技术手段、技术装备和新的管理理念，研究水利水电工程数字化建造和运维智能化技术，改进大坝及水库管理，提高技术水平和工作效率具有重要意义。

1）人工智能技术在大坝安全领域的应用研究

大坝安全领域人工智能的应用研究，其主要目标是使机器能够胜任一些通常需要人类智能才能完成的复杂工作，如对缺陷识别、信息噪声识别、大坝安全评判诊断等。可开展以下几方面的研究：

（1）缺陷识别。水工建筑物的缺陷如裂缝、渗水的出现具有突发性和不确定性，目前主要通过人工巡检并判断，但受限于检查范围和工作环境，往往识别缺陷的工作量和难度均较大。基于数字图像处理技术、感光成像技术、红外补光技术等，通过摄影测量图片对渗水及裂缝位置信息、结构尺寸、裂缝发展趋势进行识别、判断，将有助于降低人工参与度，提升识别率。

（2）信息噪声识别。工程信息往往来源多样，格式各异，并易受环境和传感器精度影响，噪声较多，干扰工程人员对信息的判断。传统的噪声识别需要预设模型，为保证精度往往会在建模和模型维护上花费大量的人力。有必要通过卷积神经网络等深度学习人工智能技术，建立基于深度学习的大坝安全信息降噪模型，实现多类别安全信息粗差的快速、准确、智能识别。

（3）大坝安全诊断。以往通过系统实现大坝安全诊断，存在技术难度大、准确性低的问题。传统通过单测点监控指标或模型来评判大坝安全，往往存在"以偏概全"现象，与专家评判结论相去甚远。有必要研究和推广基于专家系统的大坝安全诊断方法，依托相关大坝安全规范和专家经验，建立评判规则库以模拟专家的思维方式，通过逐级推理最终得到人机符合性较高的大坝安全诊断结论。

（4）智能推荐算法。工程安全领域对于专家推荐、技术方案推荐、同类工程推荐、专业知识推荐等有较多的需求。为了更加有效地挖掘利用海量数据的价值，使技术、管理人员更便捷地从海量数据中获取到真正有用的信息，更有效地触达所需的知识、技术和人力资源，研究适合工程安全领域的智能推荐算法有较大意义。

2）水下建筑物缺陷智能检测与识别方法研究

水下工程长期运行，存在结构安全、渗漏安全、水下淤堵、金属结构锈蚀变形等方面的安全隐患。针对复杂环境水下检测工作量大、人为操控难度大、检测精度低、水下缺陷的主动检测与识别的难题等问题，通过自动智能水下缺陷检测、水下缺陷特征判别规律、多源传感器检测设备集成、基于环境感知、目标定位和机械手智能检测技术、多源数据融合及处理技术以及集成研究，研发水下缺陷探测设备，实现在作业过程中自动查找缺陷，从而快速地发现水下建筑物的安全隐患，并减少作业人员的干预。

3）开展除险加固工程数字化智慧化建设管理

大坝除险加固工程往往是对其中的部分建筑物进行拆除、修复、加固或改建，原有管涵、监测仪器、线路等探测、定位、保护难度大，存在工程管理效率低、施工全过程管控工作量大、隐蔽工程质量管控难等痛点，为提高工程质量和施工管理效率，可采用数字化施工管理技术。对工程的技术、进度、质量、安全、投资、环水保、物资等各方面进行数字化管控，包括工程设计管理、进度管理、质量管理、投资管理、安全管理等功能。在构建除险加固工程 BIM 信息模型的基础上，集成工程施工质量、进度、安全、造价等工程建设信息，展示全面、有序的数据信息。在大坝除险加固实施过程中，利用物联网、大数据、人工智能等技术手段对施工建造过程的关键问题进行管理。如灌浆智能管理，实时采集灌浆数据（压力、流量、密度和抬动），定制分层次预报警功能；通过灌浆功率预测模型，生成智能灌浆策略；利用检查孔的相关指标实现对灌浆质量的综合评价。如智能碾压管理，采用卫星定位、实时动态差分、耦合增强现实技术等，通过对碾压作业区压实质量的在线分析，并针对操作手碾压过程的智能实景引导，实现对大坝碾压混凝土浇筑碾压施工过程的智能监控、压实度智能预测和碾压智能引导。

通过数字化管控系统减少工程管理的工作量、改进管理效率，并以全量全过程信息可视化展示以供管理者辅助决策。

6.5 创新发展建议

大坝病险原因多样，情况复杂，针对大坝缺陷检查、监测、检测和病险评估以及除险加固工作面临的技术难题，为提高病险评估和除险加固的技术水平，提出如下建议：

（1）进一步开展新材料、新技术、新工艺、新设备的研发和应用。在充分利用现代化监测、检测技术和设备的基础上，进一步开展新材料、新技术、新工艺、新装备的研发、实践与推广，充分运用大数据、云平台、物联网、移动互联网和人工智能等高新技术，实现动态化监测、智能化探测；在全面感知水库大坝多源信息基础上，通过数据融合及处理技术以及集成，实现大坝安全智能化诊断，进一步提到水库大坝安全诊断技术水平。

（2）加大深水探测技术、装备的研发力度。攻克深埋、深水、长距离等复杂隐患准确探测技术和设备等技术难题，进一步提升隐蔽工程、深水区域、高速水流区域等特殊部位的险情探测技术水平；利用现代信息等技术手段大力研发更加有效的深水隐患探视与智能监测、隐患和险情快速诊断、科学决策等关键技术、材料和装备，提升深水区域安全隐患的探测能力。

（3）继续深化攻关，突破深水及高速水流区修补技术和装备瓶颈。研发深水区大坝结构缺陷及泄洪建筑物高速水流区的缺陷检测设备和检测工艺、新老界面处理工艺及锚固材料、修补材料及修复工艺、智能化作业设备及作业环境，提升深水区及高速水流区水下修复质量，为确保高坝大库安全运行提供技术保障。

（4）提高突发事件应对能力。针对不同类型水库大坝突发事件特点，研发溃坝险情预警、快速检测和诊断成套技术和小型化、智能化装备；针对土石坝穿坝建筑物，研发接触渗漏、溃坝堵口和毁损快速抢险与修复技术、材料和装备；针对超标准洪水，研发快速构建应急泄洪通道的装备和工艺，大幅提高水库大坝应急抢险能力和水平；针对高陡边坡因地震等自然灾害引发的滑坡险情，研发抢险物质运送、边坡除险加固智能化技术和设备，提高高陡边坡险情应急能力。

（5）建立大坝风险评价制度和风险管理体系。充分考虑水库大坝的潜在风险，进一步开展溃坝模式和溃坝概率研究；开展溃坝后果评估方法研究，重点开展溃坝造成下游生命、社会、生态、环境等方面损失评估方法的研究；根据不同地区的经济发展水平，开展大坝风险标准研究，制定不同的风险标准；充分考虑下游公共安全，开展基于风险的大坝安全评价体系研究；应用风险分析的理论和方法进行风险分析、应用风险标准评价风险程度、应用风险转移和决策技术降低和控制风险，开展大坝风险管理系统研究，全面提高大坝安全管理水平。